Smart fortwo

Modellreihe 451
2007–2014

**1,0 l-Benzinmotoren und
0,8 l-Dieselmotoren
mit und ohne Turbolader**

Motor
buch
Verlag

Einbandgestaltung: Luis dos Santos

Bilder/Zeichnungen: Christoph Pandikow; Silke Pandikow; Flex Elektrowerkzeuge GmbH; Robert Bosch GmbH; Daimler AG

Text und redaktionelle Bearbeitung: Christoph und Silke Pandikow

Vielen Dank für die tatkräftige Unterstützung an:
Flex Elektrowerkzeuge GmbH, Steinheim (speziell Martin Seidler); Annemarie Schneider; Nina Pandikow

ISBN 978-3-613-03988-9

2. Auflage 2024

Postfach 103743, D-70032 Stuttgart
Ein Unternehmen der
Paul Pietsch Verlage GmbH & Co.

Sie finden uns im Internet unter:
www.motorbuch-verlag.de

Herstellung: Ipa, 71665 Vaihingen/Enz
Druck und Bindung: Graspo, CZ-76302 Zlin
Printed in Tschechien

S PB 4599

Inhalt

Ein Ratgeber stellt sich vor

»An den neuen Autos kann ich doch nichts mehr selber machen«, ist ein Satz, den wir häufig hören, dem wir aber ebenso wenig zustimmen wie Sie. Denn wozu sollten Sie sonst dieses Buch in den Händen halten? Wahr ist, dass durch den vermehrten Anteil von Elektronik und vor allem die Vernetzung der Systeme im Fahrzeug mancher Fehler nicht so leicht zu orten ist. Wahr ist aber auch, dass moderne Autos durch den Einsatz der Elektronik wesentlich zuverlässiger, sicherer und umweltfreundlicher sind, als die simpel aufgebauten, aber auch wartungsintensiven Fahrzeuge früherer Tage. Es liegt uns also fern den Fortschritt zu verdammen, auch wenn er uns und Ihnen ab und zu einen Streich spielt.

Hilfe zur Selbsthilfe

Was Sie tun können, wenn das Auto den Dienst verweigert, oder besser noch: was Sie tun können damit es gar nicht erst so weit kommt, soll Gegenstand dieses Ratgebers sein. Und auch wenn Sie den Fehler vielleicht nicht selbst beheben können – wir zeigen Ihnen, wie Sie die Ursache präzise einkreisen können. Und zwar ohne Profi-Ausrüstung. So können Sie der Werkstatt wichtige Informationen liefern und kostbare Arbeitszeit für die Fehlersuche einsparen.

Tipps und Wissenswertes

Damit Ihnen niemand etwas vormachen kann, gewähren wir Einblick in die Autotechnik, erläutern Fachbegriffe und informieren Sie über Wissenswertes aus der Welt der Technik. Darüber hinaus erhalten Sie Tipps, die zum Teil bares Geld wert sind: So können Sie zum Beispiel die Lebensdauer Ihrer Scheibenwischer erheblich verlängern. Wie das geht, erfahren Sie im Kapitel »Fit durch den Winter«. Diesem Thema widmen wir übrigens ein ganzes Kapitel, da in der kalten Jahreszeit besonders viel zu beachten ist. Das fängt bei der Wahl der richtigen Bereifung an und endet mit einem Paar robuster Schuhe im Kofferraum noch lange nicht. Denn immer noch wagen sich zu viele Autofahrer mit Sommerreifen auf die Piste. Fest in dem Glauben »wird schon gut gehen«. Damit auch wirklich alles gut geht, sollten Sie dieses Buch von Anfang bis Ende durchlesen.

Sicherheit hat Vorrang

Wie durch den Winter, wollen wir Sie mit diesem Ratgeber natürlich auch durch die übrigen Jahreszeiten begleiten. Ihre Sicherheit und Zufriedenheit stehen dabei an erster Stelle. Wichtiger als das Reparieren von sicherheitsrelevanten Baugruppen erscheint uns in diesem Band das frühzeitige Erkennen eines Schadens. Genau dabei wollen wir Sie unterstützen. Ein Störungsbeistand ist daher fester Bestandteil eines jeden Kapitels. Zudem bieten wir Ihnen ein Diagnose-Schema, das ganz allgemein eventuelle Unzulänglichkeiten am Auto entlarvt. Und zwar bevor etwas schief geht. Auch bei einem anstehenden Termin zur Hauptuntersuchung kann diese Schnelldiagnose jede Menge Ärger und Geld sparen. Abgesehen davon haben wir regelmäßig wiederkehrende Überprüfungsarbeiten für Sie zusammengefasst. Diese dürfen Sie sich gerne kopieren und für sich abheften.

Reparaturen in der heimischen Garage

Sollten Sie bereits im Umgang mit Werkzeug geübt sein, werden wir Sie Schritt für Schritt durch die einzelnen Arbeitsgänge führen. Dabei beschränken wir uns in dieser Reihe auf leichte Wartungs-, Pflege- und Reparaturmaßnahmen, die Sie ohne weiteres in der heimischen Garage durchführen können. Welche Grundausstattung Sie dafür benötigen und wie das Ganze ideal in Ihre Garage passt, haben wir für Sie gleich am Anfang dieses Buches zusammengefasst. Gut ausgestattete Werkstätten, ob privat oder gewerblich betrieben, möchten wir auf den entsprechenden Band »Reparaturanleitung« des Bucheli-Verlages verweisen. Dort wird mit gewohnter Präzision das Zerlegen komplizierter Baugruppen wie Motor und Getriebe beschrieben.

Für mehr Spaß am Auto

Zum Schluss möchten wir Sie auf ein besonderes »Schmankerl« unseres Buches hinweisen: Zu jedem Kapitel bieten wir Ihnen einen Überblick zum Thema »besser machen«. Dort stellen wir Ihnen eine Auswahl von empfehlenswerten Zubehör- und Anbauteilen vor, die Sie in Eigenregie montieren können. Damit Sie in Zukunft noch mehr Freude an Ihrem Auto haben.

Damit Sie sich besser zurechtfinden

Wenn Sie etwas Bestimmtes in diesem Buch suchen, haben Sie verschiedene Möglichkeiten. Natürlich können Sie auf das vertraute Inhaltsverzeichnis zurückgreifen. Aber auch beim schnellen Durchblättern werden Sie sich leicht zurechtfinden. Den Hinweis, in welchem Kapitel Sie sich bewegen, finden Sie oben links. Dazu die Information, ob es sich in diesem Abschnitt um theoretisches Wissen, konkrete Arbeitsanleitungen oder Vorschläge zur Optimierung handelt. Rechts oben auf jeder Seite haben wir den Bereich dargestellt, der im jeweiligen Abschnitt behandelt wird. Damit können Sie das Buch auf der Suche nach bestimmten Inhalten auch durch die Finger laufen lassen, ohne zuerst im Inhaltsverzeichnis suchen zu müssen.

INFORMATION

Bevor Teile ausgebaut oder etwas auseinandergenommen wird, ist es immer besser, die theoretischen Zusammenhänge zu kennen. Wenn Sie dieses Zeichen sehen, erklären wir die Funktion der Technik, ihre Bedeutung für das gesamte Auto und Ihren Alltag damit. Oder wir informieren Sie ganz einfach auch einmal über den historischen Hintergrund der Entwicklung. Dieser Abschnitt soll Sie also mit der Technik Ihres Autos vertraut machen. Mit dem nötigen theoretischen Wissen im Hinterkopf schraubt es sich viel leichter.

ARBEITSSCHRITTE

So bald am Auto gearbeitet wird, werden Sie dieses Symbol sehen. Auf diesen Seiten erhalten Sie Schritt für Schritt Anleitungen zum Ein- und Ausbau von Teilen. Bei der Auswahl haben wir uns strikt daran gehalten, was in der heimischen Garage noch machbar ist und was nicht. Und damit Sie sehen, dass wir uns gerne die Finger für Sie schmutzig machen, haben wir uns bewusst gebrauchtes Werkzeug benutzt und uns nicht ständig die Hände gewaschen. Wir hoffen, dass die Fotos Ihnen dennoch Appetit auf das Schrauben machen.

BESSER MACHEN

Nicht alle Fahrzeuge müssen serienmäßig bleiben. In der Praxis gleicht sogar kaum ein Auto dem anderen. Autos werden tiefer gelegt, Karosseriebauteile werden verändert oder die Innenausstattung individualisiert. Vielleicht benutzen Sie dieses Buch ja auch, um Ihr Auto gezielt zu verbessern.
Damit wir uns richtig verstehen: Dieses Buch ist keine Tuninganleitung, aber immerhin stellen wir Ihnen verschiedenste zusätzliche Teile vor und verraten Ihnen, worauf Sie beim Einkauf von Zubehörteilen achten sollten.

Rechte und Pflichten

Sie haben einen Wagen erworben und sind der Meinung, er ist kaputt oder funktioniert nicht so, wie er sollte? Bevor Sie sich unnötig aufregen, sollten Sie sich zuerst kundig machen, wie es um Ihre Rechte steht. Dann müssen Sie sicherstellen, dass Sie keinem Irrtum unterliegen und es sich hier tatsächlich um einen Mangel handelt

Was ist ein Mangel?

Vereinfachte Darstellung des § 434 BGB:
Eine Sache ist frei von Mängeln, wenn sie sich für die Verwendung eignet für die sie gemäß Kaufvertrag gedacht war, oder sie sich für die gewöhnliche Verwendung eignet oder die Beschaffenheit aufweist, die man üblicherweise erwarten kann. Das beinhaltet auch Eigenschaften, von denen der Käufer aufgrund von Aussagen, die in der Werbung oder von Mitarbeitern des Verkäufers gemacht wurden, ausgehen kann. Liegt also tatsächlich ein Mangel vor, wie z. B. eine deutlich geringere Höchstgeschwindigkeit als im Prospekt angegeben, sollten Sie sich auf das Gespräch mit dem Kundendiensttechniker vorbereiten und Ihr Recht einfordern. Damit Sie Ihr Anliegen präzise und fachlich richtig an den Mann bringen können, nachfolgend einige Begriffserklärungen und Zusammenhänge:

Gewährleistung, Sachmangelhaftung & Garantie

Garantie und Gewährleistung (Letzteres ist die so genannte Sachmangelhaftung) sind zwei völlig verschiedene und vor allem unabhängige Sachverhalte. Diese beiden Begriffe werden oft umgangssprachlich miteinander verwechselt. Um nicht missverstanden zu werden, sollten Sie diese Begriffe unbedingt voneinander trennen.

Die **Garantie** ist eine freiwillige und zusätzliche Leistung des Verkäufers oder Herstellers. Sie kann nach Belieben ausgestaltet oder befristet sein, und sie folgt aus einer eigenständigen Vereinbarung im Rahmen des Kaufvertrages bzw. in Verbindung mit dem Kaufvertrag. Die Garantie kann an bestimmte Voraussetzungen geknüpft sein, kann bestimmte Kosten ausschließen und auch die Leistungen einschränken. Dies könnte beispielsweise bedeuten, dass die Garantie nur greift, wenn Sie das Fahrzeug regelmäßig in der dem Händler angegliederten Werkstatt warten lassen und Sie nur die Materialkosten und nicht die Arbeitszeit bei einem Schaden erstattet bekommen. Also sollten Sie sich die Garantiebedingungen vor dem Kauf genau anschauen, um diese später nicht durch ein Falschverhalten zu verwirken. Auf Verlangen müssen Ihnen die Garantiebestimmungen, wenn sie Ihnen zugesprochen werden, auch in schriftlicher Form ausgehändigt werden.

Die **Gewährleistung** (Sachmangelhaftung) folgt aus den gesetzlichen Regelungen zum Kaufvertrag. Eine Gewährleistung ist in dem Augenblick gegeben, wenn ein rechtsgültiger Kaufvertrag geschlossen wird. Eine Ausnahme ist nur möglich, wenn die Gewährleistung wirksam ausgeschlossen ist. Ein vollständiger Ausschluss der Gewährleistung im Rahmen eines Kaufvertrags zwischen einem Unternehmer (z. B. Kfz-Händler) als Verkäufer und einer Privatperson als Käufer ist nicht möglich. Die Gewährleistung kann aber z. B. bei Abschluss eines Kaufvertrages zwischen Privatpersonen vollständig ausgeschlossen werden. Dies muss dann aber ausdrücklich und individuell im Kaufvertrag geregelt sein.

Mit dem **Gewährleistungsrechts-Änderungsgesetz** vom 01.01.2007 ergaben sich unter anderem folgende Neuerungen:

- Bei neuen Sachen beträgt die Frist grundsätzlich 2 Jahre ab Datum der Übergabe.
- Bei gebrauchten Sachen kann eine Frist von 1 Jahr vereinbart werden (nicht in Allgemeinen Geschäftsbedingungen!), wobei nur Kraftfahrzeuge, die älter als ein Jahr (ab Erstzulassung) sind, als gebrauchte Sachen gelten.
- Innerhalb der ersten sechs Monate hat bei einer Reklamation der Händler zu beweisen, dass die Sache zum Zeitpunkt der Übergabe dem Vertrag entsprach (also keinen Mangel hatte). Nach sechs Monaten hat der Kunde die Beweispflicht (bisher hatte ausschließlich der Kunde die Beweispflicht).

Diese beschriebenen Regelungen, die das Recht des Endkunden stärken, sind verständlicherweise bei den Händlern nicht so gut angekommen, und diese suchen nach Möglichkeiten, wie sie die Gewährleistung einschränken oder gar ausschließen können. In den letzten Jahren hat darum der Handel mit Bastlerfahrzeugen und Schrottfahrzeugen massiv zugenommen. In solchen Verträgen werden dann sämtliche Gewährleistungsansprüche ausgeschlossen, obwohl die Fahrzeuge teilweise mit frischer Plakette der Haupt- und Abgasuntersuchung versehen sind. Solche und ähnliche Vorgänge können die Gerichte allerdings recht gut einschätzen und entscheiden meistens zugunsten des Verbrauchers. Ebenso verhält es sich mit den Verkäufen, die »im Auftrag« stattfinden. Ein Händler, der in seinem Namen die aktuelle Hauptuntersuchen und weitere Instandsetzungsarbeiten durchgeführt hat, wird es vor Gericht schwer haben zu beweisen, dass er den Verkauf nur vermittelt hat. Er wird damit auch nicht die gesetzlichen Regelungen beschneiden können. Je klarer die Vereinbarung und je genauer die Fahrzeugbeschreibung, desto geringer ist das Haftungsrisiko. Wir raten Ihnen, einen Musterkaufvertrag für Gebrauchtfahrzeuge sowie einen Gebrauchtfahrzeuge-Zustandsprüfbericht zu verwenden. Damit lassen sich kostspielige Prozesse und unangenehme Streitigkeiten vermeiden.

Zusammenfassung:
Eine freiwillige Garantie besteht also zusätzlich zur gesetzlichen Gewährleistung (Sachmangelhaftung) und ist im Umfang der Leistungen, im Vergleich zur Gewährleistung meistens eingeschränkt. Allerdings greift sie oft auch noch für Mängel, die erst nach dem Kauf auftreten, was so nicht auf die gesetzliche Gewährleistung zutrifft.

Zum Reizthema Farbabweichung

Farbabweichung kann ein Sachmangel sein. Das Oberlandesgericht Köln hat zu diesem Thema eine wichtige Entscheidung getroffen: Danach gehört die Farbe eines Neufahrzeugs zu den Beschaffenheitsmerkmalen und stellt ein äußerliches Merkmal des Fahrzeugs dar, welches für den Käufer im Rahmen der Kaufentscheidung maßgeblich ist. Ergeben sich Abweichungen im Farbton des bestellten zu dem tatsächlich gelieferten Fahrzeug, so kann der Käufer hierauf grundsätzlich Gewährleistungsansprüche geltend machen. Durch das OLF Köln bestätigtes Urteil des LG Aachen vom 26.04.2005 (Az. 12 O 493/04).

Das Recht der Nachbesserung

Seit dem 01.01.2002 gibt die neue Rechtslage sowohl dem Käufer als auch dem Verkäufer einen Anspruch auf Beseitigung eines Mangels. Anstatt von Nachbesserung spricht jetzt das Gesetz von Nacherfüllung. Grundsätzlich hat der Händler das Recht bis zu drei Mal nachzuerfüllen. Hierbei hat der Verkäufer die zum Zwecke der Nacherfüllung erforderlichen Aufwendungen zu tragen, das sind Transport-, Wege-, Arbeits- und Materialkosten. Zu beachten ist in diesem Zusammenhang, dass der Verkäufer sein Recht einen Mangel nachzubessern behält, auch wenn Reparaturen bereits in einer fremden Werkstatt erfolglos waren. Der Verkäufer muss sich diese Nachbesserungsversuche nicht zurechnen lassen, er kann auf eine Nacherfüllung im eigenen Firmensitz bestehen. OLG Köln vom 14.02.2006 (Az. 20U 188/05).

Wandlung und Preisnachlass

Hat sich ein erheblicher Mangel nach drei Nacherfüllungsversuchen immer noch nicht beseitigen lassen oder fehlen zugesicherte Eigenschaften, haben Sie das Recht auf Wandlung oder Preisnachlass. Dies ist dann auch der Zeitpunkt, an dem Sie einen Rechtsanwalt zu Rate ziehen sollten. Sie werden sich auf jeden Fall eine Nutzungspauschale, die abhängig ist von der genutzten Laufleistung des Fahrzeugs, anrechnen lassen müssen. Eine Wandlung ist grundsätzlich nur dann möglich, wenn sich das Fahrzeug noch im Originalzustand befindet.

Der Kulanzantrag

Nach Ablauf der Gewährleistungszeit und gegebenenfalls der Garantiezeit bleibt Ihnen immer noch die Möglichkeit der Kulanzregelung beim Händler. Die Kulanz bezeichnet im Allgemeinen ein Entgegenkommen zwischen den Vertragspartnern nach Vertragsabschluss. Sie regelt den Ablauf der freiwilligen Reparatur- und Serviceleistungen nach Ablauf der gesetzlichen oder individualvertraglichen Gewährleistungspflicht.

Hinweis: Dieses Kapitel soll nur erste Hinweise geben und erlaubt daher keinen Anspruch auf Vollständigkeit. Obwohl es mit der größtmöglichen Sorgfalt erstellt wurde, kann eine Haftung für die inhaltliche Richtigkeit nicht übernommen werden.

Lernen Sie Ihr Auto kennen

Egal, ob Sie Ihren Smart schon lange besitzen oder ihn eben erst erworben haben – nehmen Sie sich die Zeit und erkunden Sie Ihr Fahrzeug gründlich. Denn selbst wenn Sie die Bedienungsanleitung gelesen haben, wovon wir selbstverständlich ausgehen, kennen Sie bestimmt noch nicht alle Details Ihres Autos.

Die Fahrgestellnummer

Die Fahrgestellnummer enthält bereits etliche – in Zahlen- und Buchstabencodes verschlüsselte – Informationen zu Ihrem Smart. Deren Bedeutung können Sie als Do-it-Yourselfer nun kennen lernen und auch entziffern. Die Fahrgestellnummer finden Sie an verschiedenen Stellen Ihres Fahrzeuges angebracht: in den Unterlagen für den Service, auf der Querwand hinten im Motorraum und auf dem Typenschild auf dem vorderen Querträger.

Stelle	Bedeutung	Beispiele	Auswertung
1 2 3	Welthersteller-code	WME	WME=x Smart GmbH TCC=MCC AG
4 5 6	Baureihe	451	Sie entspricht den Stellen 1-3 des Fahrzeug-Baumusters 451=fortwo
7	Karosserie-form	3	Sie entspricht der Stelle 4 des Fahrzeug-Baumusters: 3=Coupé; 4=Cabrio
8 9	Motorcode	31	Er entspricht den Stellen 5-6 des Fahrzeug-Baumusters
10	Lenkung	1	entspricht der Stelle 7 des Fahrzeug-Baumusters 1=Linkslenker, 2=Rechtslenker
11	Herstellerwerk	K	Hallen J/K/L K=Hambach, Montage Gebäude 4 Z=PVZ (Versuch)
12	Laufende Nummer	000001	fortlaufende Produktionsnummer

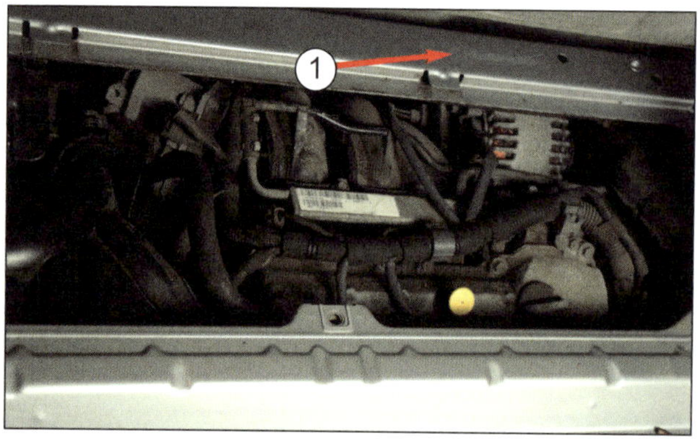

Die Fahrgestellnummer: Die Fahrgestellnummer (1) ist hinter der Motorraumklappe auf der rechten Fahrzeugseite eingeschlagen. Die Kofferraummatte muss angehoben werden.

Das Typenschild

Das Fahrzeugtypenschild ist auf der Fahrerseite im Türrahmen aufgeklebt und kann dort abgelesen werden.

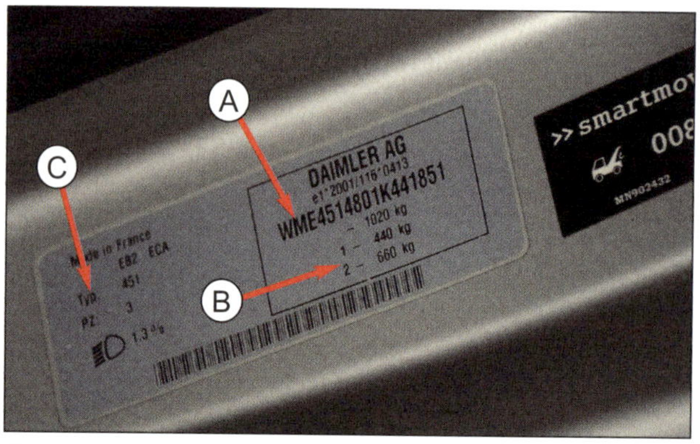

Typenschild im Motorraum: Angebracht auf der linken B-Säule enthält die Plakette Fahrgestellnummer und Achslasten: A Fahrzeugidentifizierungsnummer, B variable Angaben wie z. B. Achslasten, zulässiges Gesamtgewicht, zulässiges Zuggewicht, C Typ-Kennnummer.

Die Motorkennnummer

Die Motornummer befindet sich im unteren Bereich hinten am Zylinderkurbelgehäuse.

Die Getriebekennnummer

Die Getriebekennnummer befindet sich im unteren Bereich hinten am Getriebegehäuse (3).

Der Fahrzeugschein

Eine sehr ergiebige Informationsquelle ist der Fahrzeugschein. Neben der Fahrgestellnummer finden Sie weitere, für die Ersatzteilbeschaffung oder den Reparaturauftrag wichtige Angaben und Schlüsselnummern (Angaben in Klammern gelten für neue Zulassungsbescheinigungen):

- zu 2: Herstellercode (2.1)
- zu 3: Typ und Ausführung (2.2)
- zu 32: Datum der Erstzulassung (B)
- zu 4: Fahrgestellnummer (E)

Natürlich ist es nicht der richtige Begriff, aber »Zulassungsbescheinigung Teil 1« wird sich sicher nie im Volksmund durchsetzen. Auch die zwar europäisch einheitliche, aber für uns doch neue optische Ordnung löst bei der Suche nach den Informationen meist Hilflosigkeit aus. Deshalb haben wir die wichtigsten Informationen zum »schnell mal finden« kenntlich gemacht. HSN und TSN sind die Kürzel für den Herstellercode (früher »Ziffer2«) und den Typcode (früher die ersten drei Ziffern der »Ziffer3«) des Fahrzeugscheins. Diese beiden Nummern zusammen mit der Erstzulassung helfen bei der Teilebeschaffung im Zubehörmarkt.
Auch wenn diese Informationen bereits auf der Rückseite des Fahrzeugscheins vermerkt sind, hat man meist die Kennnummer vergessen, bis man im Fahrzeugschein auch nur in die Nähe der Information gekommen ist. Aus diesem Grund schlüsseln wir diese Informationen hier an dieser Stelle auf.

Motornummer: Auf einer ebenen Fläche im Bereich der Achswelle am Kurbelgehäuse ist die Motornummer (1) eingraviert.

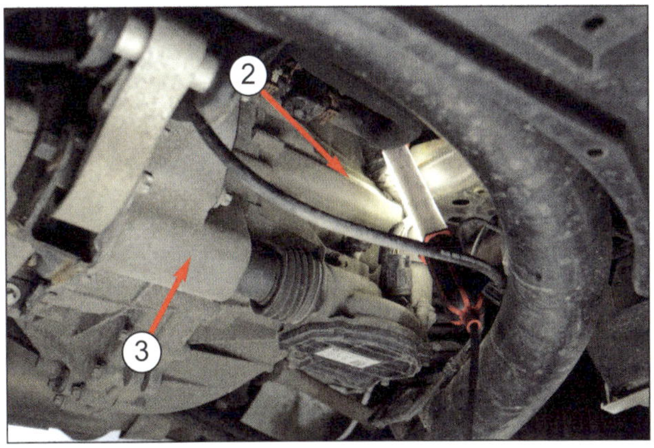

Getriebenummer: Nicht bei allen Fahrzeugen ist die Getriebenummer unten am Block eingeschlagen (3). Die Getriebenummer findet sich auf dem Aufkleber im Bereich (2).

Serviceheft, Beschreibungen und der Schlüssel: Alles wichtig um mit Ihrem Smart umgehen zu können.

Fahrzeugschein:

1 HU/AU Termin
2 Halter des Fahrzeugs
3 Kennzeichen
4 Hubraum
5 Typbezeichnung
6 Fahrgestellnummer
7 Erstzulassung
8 Herstellercode (HSN)
9 Typcode (TSN)
10 Leistung

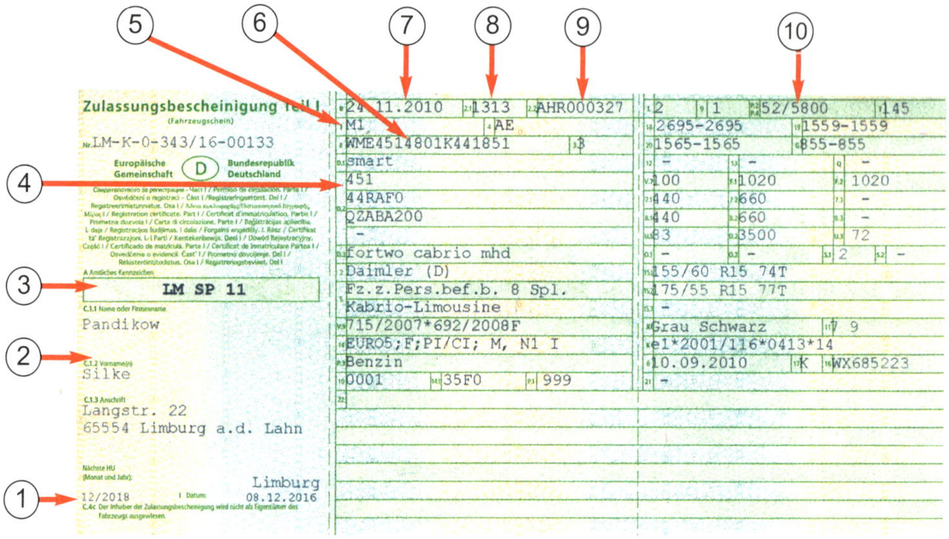

B	Erstzulassung
D.1	Hersteller
D.2	Typ
D.3	Handelsbezeichnung
E	Fahrgestellnummer
F.1	Zulässiges Gesamtgewicht
F.2	Zulässiges Gesamtgewicht in Deutschland
G	Leergewicht
H	Gültigkeitsdauer
I	Ausstellungsdatum dieses Scheines
J	Fahrzeugklasse (Pkw, Lkw)
K	EG Typennummer
L	Anzahl der Achsen
O.1	Anhängelast gebremst
O.2	Anhängelast ungebremst
P.1	Hubraum des Motors (in cm^3)
P.2 / P.4	Motorleistung (in kW)
P.3	Kraftstoffart
Q	Leistungsgewicht (nur bei Motorrädern)
R	Farbe des Fahrzeuges
S.1	Sitzplätze mit Fahrersitzplatz
S.2	Stehplätze
T	Höchstgeschwindigkeit (in km/h)
U.1	Standgeräusch (in dB/A)
U.2	Drehzahl zum Standgeräusch
U.3	Fahrgeräusch (in dB/A)
V.7	CO2 Ausstoß (in g/km) kombinierter Wert
V.9	Schadstoffklasse
2	Kurzbezeichnung Hersteller

2.1	HSN Herstellerschlüsselnummer
2.2	Prüfziffer und TSN-Typschlüsselnummer
3	Prüfziffer für die Fahrgestellnummer
4	Art des Aufbaus (EG-Bezeichnung)
5	Bezeichnung der Fahrzeugklasse und des Aufbaus
6	Erstellungsdatum der EG-Typennummer
7.1	Zulässige Achslast Achse 1
7.2	Zulässige Achslast Achse 2
7.3	Zulässige Achslast Achse 3
8.1	Zulässige Achslast in Deutschland Achse 1
8.2	Zulässige Achslast in Deutschland Achse 2
8.3	Zulässige Achslast in Deutschland Achse 3
9	Anzahl der Achsen
10	Codenummer zur Kraftstoffart
11	Codenummer zur Fahrzeugfarbe
12	Rauminhalt des Tanks bei Tankfahrzeugen (in m^3)
13	Stützlast (in kg)
14	Bezeichnung der nationalen Emissionsklasse
14.1	Codenummer zu der Schadstoffklasse
15.1	Bereifung auf der Achse 1
15.2	Bereifung auf der Achse 2
15.3	Bereifung auf der Achse 3
16	Nummer der Zulassungsbescheinigung Teil 2 (Fahrzeugbrief)
17	Merkmal zur Betriebserlaubnis
18	Länge in mm
19	Breite in mm
20	Höhe in mm
21	Sonstige Vermerke
22	Bemerkungen und Ausnahmen

Generation zwei

Angefangen hat alles damit, ein Fahrzeug auf die Beine zustellen, das unterhalb der Polo-Klasse angesiedelt sein sollte. An dieser Projekt-Idee arbeiten neben den renommierten Herstellern auch einige Hochschulen und Universitäten. Nicolas G. Hayek, der Gründer der Swatch-Gruppe, ging die Vermarktung seiner Idee eines Kleinwagens sehr umfassend an. Neben dem Preis, der vor allem günstig sein sollte, spielten noch weitere Faktoren eine wichtige Rolle.

Bestandteile der Idee waren auswechselbare Karosserieteile (ähnlich wie bei den Swatch-Uhrengehäusen). Auch war eine Zusammenarbeit mit der Bahn vorgesehen, die es ermöglichen sollte, den Smart für weite Reisen mitzuführen. Als Partner war zuerst VW vorgesehen. Erst mit Mercedes-Benz als Partner wurde aus dem Konzept ein Fahrzeug. Das Unternehmen »Smart« wurde dann 1994 als gemeinsame Tochtergesellschaft von Daimler-Benz und der SMH SA (Société Suisse de Microélectronique et d'Horlogerie) als Micro Compact Car AG gegründet. Im Laufe der Entwicklung des »City Coupé« (der Vorläufer des »fortwo«) stieg Hayek aus dem Projekt aus, da er sich an den steigenden Entwicklungskosten nicht mehr beteiligen wollte und Daimler-Benz sich weigerte, Technologien wie Radnabenmotoren einzusetzen um ein Sprit sparendes Auto konsequent umzusetzen.

Der große Bruder Smart forfour: Basis und Konzept des großen Smart haben nur wenig miteinander zu tun.

Bezeichnung und die Bautypen

Die Markteinführung des Smart begann mit dem Bautyp »C450«, dem fortwo-Coupé. 2000 kam dann als Cabriovariante die offene Karosserievariante »A450« hinzu. 2002 ergänzte der »Crossblade« (R450) die Fahrzeugfamilie. Roadster-Cabriolet (R452) und Roadster-Coupé (C452) komplettierten ab 2003 die Smart-Familie. Der große Bruder »forfour« (W454) wurde ab 2004 auf der Basis des Mitsubishi-Colt vertrieben. Nach der ersten Smartgeneration kam 2007 die zweite Generation auf den Markt. Trotz veränderten Abmessungen und der Anpassung an gesetzliche Anforderungen der unterschiedlichen Vertriebsmärkte blieb der Charakter des Smart erhalten. Etwa 90%

Der Smart Roadster: Cabrio mit Gokart-Feeling und Großserientechnik zur Alltagsnutzung.

Smart I als Coupé und Cabriolet: Ein Kultauto mit Großserientechnik, das gekonnt Nutzen und Spaß verbinden kann.

Der Unterschied ist hinten: Scheibe beim Roadster oder Glashaube beim Roadster-Coupé.

Das Smart Crossblade: Kurze Scheibe und Türbügel. Weiter offen geht im Auto kaum.

Der E-Smart: Wie dafür erfunden und schon in den ersten Konzeptionen vorgesehen – der Elektroantrieb.

Smart fortwo (451) mit Cabriolet: Ein Alltagsauto mit Großserientechnik, das Nutzen und Spaß verbinden kann.

der Technik wurden neu überarbeitet. Die Fahrzeuglänge wuchs um 19,5 cm und auch das Abgasverhalten wurde verbessert. Ein neues Getriebe mit verbessertem Ansprechverhalten und neue Motoren sind nur Beispiele in der Weiterentwicklung des Kleinwagens. Die interne Bezeichnung »C451« weist auf das Coupé hin, die Bezeichnung »A451« stellt das Cabriolet dar. War anfangs die Umsetzung eines elektrisch betriebenen Smart nur schwer realisierbar und sehr kostenintensiv, gehört nun der E-Smart auch in die Familie.

Wir werden uns aber in diesem Buch nicht mit dem elektrischen Antrieb befassen. Der Umgang mit den elektrisch betriebenen Varianten macht eine spezielle Ausbildung oder zumindest detaillierte Kenntnisse im Umgang mit der Spannungsversorgung erforderlich. Die Batteriespannung des Antriebssystems liegt zwischen 339 und 391 V. Das entspricht in etwa der Netzspannung im Drehstromnetz. Allerdings liefert die Batterie eine Gleichspannung, die dann vom Fahrtregler entsprechend zu einer Wechselspannung modelliert wird. Für die Arbeiten an diesem System ist eine spezielle Ausbildung erforderlich. Der erforderliche Umfang, auch hinsichtlich der Sicherheit, würde den Rahmen dieses Bandes sprengen.

Neue Motoren

Als Erstes fällt auf, dass der kleine 600 cm^3-Benzinmotor entfallen ist. Er wurde durch einen 1-Liter-Benziner ersetzt. Dieser war dann sowohl mit Turboaufladung als auch mit Saugmotor lieferbar. Die Abgaswerte wurden verbessert und der Kraftstoffverbrauch gesenkt.

Eine Besonderheit sind die »MHD« Benziner-Modelle. Das Kürzel bedeutet »Micro Hybrid Drive“. Eigentlich schließt man aufgrund der Bezeichnung auf ein Fahrzeug, das zeitweise oder zumindest elektrisch unterstützt zu bewegen ist. Die Bezeichnung aber weist nur auf ein Start-stop-System hin, das beim Rollen unter 8 km/h den Motor abschaltet und beim Lösen der Bremse selbsttätig startet. So konnte im Stadtverkehr Kraftstoff eingespart werden. Dieses System sollte eigentlich auch für den Dieselmotor angeboten werden. Dieses Vorhaben wurde aber nicht umgesetzt.

Unterscheidung im Design

Zehn Jahre, nachdem die ersten Smart der Vorserie vom Band gerollt sind, kommt der neue Smart fortwo

Neuerungen im Smart fortwo Coupé 2010: 1 LED Tagfahrlicht, 2 Instrumententafel in neuem Design, 3 Ambiente, 4 Stoffmuster und Farben, 5 Netztaschen an den Lehnenseiten, 6 Ablagebox für die Mittelkonsole, 7 erweiterte Farbpalette mit Mattfarbtönen, 8 Bodypanel-plus-Paket mit lackierten Stoßfängern vorne und hinten sowie lackierten Seitenschwellern.

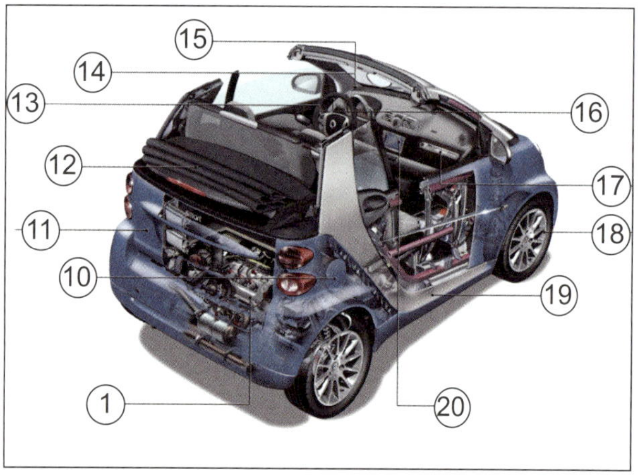

Neuerungen im Smart fortwo Cabrio 2010: 9 Motoren mit besseren Abgaswerten und stärkerem Brabusmotor, 10 lackierter Tankdeckel, 11 Einhandbedienung für die Rückwandtür, 12 neue Verdeckfarben kommen hinzu, 13 Tempomat, 14 Bordcomputer, 15 neues Design der Zifferblätter, 16 Surround Sound System, 17 Handschuhfach mit Klemmleiste, 18 Drei neue 15-Zoll-Leichtmetallräder, 19 Tridion-Sicherheitszelle in Weiß, 20 Audio-System mit Bildschirm und Navi.

auf den Markt. Das Design des kleinen Cityflitzers war schon in der ersten Modellreihe sehr markant und hat natürlich auch zu Plagiaten geführt, deren Vertrieb allerdings sich zu keiner Zeit gegen den Smart durchsetzen konnte. Zuerst einmal erscheint die zweite Modellserie fast unverändert. Die markante Silhouette des Kleinen ist fast unverändert geblieben. Genauer betrachtet sind aber schon optisch viele Details bereits von außen zu erkennen. Die Veränderung der Karosserie war beispielsweise auch hinsichtlich des Fußgängerschutzes erforderlich. So sollte der Zugang zu neuen Märkten wie beispielsweise den Vereinigten Staaten ermöglicht werden. Die Formgebung ließ die Karosserie nicht nur messbar wachsen. Auch optisch ist der Größenzuwachs erkennbar. Die neuen Abmessungen erlauben das legendäre Quer-Einparken in Parklücken nicht mehr.

Mit seinen knapp 2,7 m ist er nun einfach zu lang geworden. Die Kotflügel vorne und hinten sind bulliger geworden. Das Design wirkt im Gesamten abgerundeter. Verändert haben sich sofort erkennbar die Scheinwerfer. Anstatt der kleinen Scheinwerfer des ersten Modells und den Doppelovalen des Facelifts, sind nun größere Scheinwerfer im Frontbereich verbaut worden. Anstatt der optischen Dreiteilung des Rücklichtes, sind nun die Funktionen der Heckbeleuchtung in jeweils zwei Leuchtenkammern untergebracht. Die Nebelscheinwerfer und Nebelrückleuchten verschwanden im neuen Modell im unteren Bereich der Stoßfänger. Ab 2010 kamen dann noch im Frontbereich LED-Tagfahrlichter hinzu. Auch mit dem Modellwechsel ab 2014 wurden die Cabriovariante und die elektrische Variante zuerst einmal weiter verkauft.

Unterscheidung in der Ausstattung

Die Ausstattungslinien des Herstellers erscheinen zuerst einmal ganz klar und einfach gegliedert. Allerdings waren viele Bestandteile auch als Sonderzubehör bestellbar oder auch heute noch problemlos nachrüstbar. Die Idee, über eine vorhandene Ausrüstung die Ausstattungslinie erkennen zu können, funktioniert eher selten. Zudem ergeben sich noch Abweichungen durch Sondermodelle und Händleraktionen. Der Vollständigkeit halber möchten wir die wichtigsten Merkmale tabellarisch gegenüberstellen (Tabellen rechs).

Zusätzliche Serienausstattung smart fortwo Cabrio:

- Elektrisches »tritop-Textil-Verdeck« (vollautomatisch) mit Glasheckscheibe und Innenhimmel
- Abnehmbare Seitenholme
- Ablagefach für Seitenholme in Heckklappe

Die Ausstattungslinien:

Merkmale Karosserie außen	Pure	Pulse	Passion
Volldach	X		
Panorama(Glas)dach		X	X
15 Zoll Stahlräder	X		
15 Zoll 6-Speichen-Leichtmetallräder		X	
15 Zoll 12-Speichen-Leichtmetallräder			X
Breitreifen		X	X
»tridion«-Sicherheitszelle in Schwarz	X	X	
»tridion«-Sicherheitszelle in Silber			X
Spiegelkappen und Kühlergrill Schwarz	X	X	
Spiegelkappen und Kühlergrill Silber			X

Merkmale Innenausstattung	Pure	Pulse	Passion
Manuelle Fensterheber	X		
Elektrische Fensterheber		X	X
Automatische Klimaanlage und Staub-, Pollenfilter			X
2-Speichen-Lenkrad	X		
3-Speichen-Ledersportlenkrad mit Lenkradschaltung und Lederschaltknauf		X	
2-Speichen-Lederlenkrad und Lederschaltknauf			X
Polsterfarbe grau	X		
Polsterfarbe schwarz		X	
Polsterfarbe schwarz, rot oder beige			X
Stoffelemente auf der Instrumententafel	X		
Stoffelemente auf Türverkleidung und Kniepad		X	X
Akzentteile in Grau	X	X	
Akzentteile in Schwarz, Rot oder Beige			X
Ausstattungslogo im Spiegeldreieck		X	X
Gepäckraumabdeckung Rollo inkl. Netztasche			X

Merkmal Technik	Pure	Pulse	Passion
»softip« (manuelle Schaltfunktion)	X	X	
Zusätzliche Schaltwippen am Lenkrad		X	
»softouch« (automatisches Schaltprogramm)			X
Automatische Klimaanlage und Staub-, Pollenfilter			X

- Verdeckfernentriegelung über 3-Tasten-Komfortschlüssel

Aktive Sicherheit

Man spricht von aktiven und passiven Sicherheitselementen eines Fahrzeuges. Die Bedeutung dieser Begriffe ist meist aber gar nicht klar. Aktive Sicherheitseinrichtungen tragen zusammen mit den Elementen der passiven Sicherheit zu Schutz für die Fahrzeuginsassen bei.
Bauteile, die zur aktiven Sicherheitsausrüstung eines Fahrzeuges zählen, sind diejenigen, die einen Unfall verhindern können. Betrachten wir zuerst einige Bauteile, die der aktiven Sicherheit zugerechnet werden. Für ein besseres Verständnis gliedern wir diese in vier Gruppen:

Überlebenswichtig: Der Airbag verhindert nachweislich schlimmere Verletzungen.

Aktive Sicherheit: Übersichtlichkeit und inovative Bedienungvermindern die Gefahr von Ablenkung.

Konstruktive Maßnahmen zur aktiven Sicherheit:
In dieser Gruppe werden die Bauteile eingeordnet, die durch die Gestaltung und Auslegung der Karosserie realisiert werden. Dazu zählen beispielsweise eine leichtgängige aber nicht rückmeldungsfreie Lenkung, die dem Fahrer den Fahrbahnkontakt vermitteln kann, eine ausgewogene und für möglichst alle Betriebszustände gelungene Abstimmung des Fahrwerks, wirkungsvolle Bremsen und durchzugsstarke Motoren.

Ergonomische Maßnahmen zur aktiven Sicherheit:
Unter diesen Aspekt fällt die Fahrzeugausrüstung, die die Fahrzeugbedienung erleichtert und ein »entspanntes Fahren« ermöglicht. Der Konzentrationserhalt des Fahrers ist ein wichtiger Gesichtspunkt für die Unfallvermeidung. Man kann sich leicht vorstellen, welchen Einfluss komplizierte Bedienelemente haben können, wenn man sich die Gesetzeslage hinsichtlich der Benutzung von Telefonen während der Fahrt anschaut. Jeder kleine Moment der Unaufmerksamkeit bedeutet eine potentielle Gefahr in einen Unfall verwickelt zu werden. So gehören Fahrzeugausrüstungen wie gute Sitze, das Belüftungs- und Klimatisierungssystem, gute Rundumsicht und möglichst günstig angeordnete Schalter und Anzeigen dazu.

Aktive Sicherheit der Karosserie
Neben den schon aus der geschlossenen Version bekannten Sicherheitssysteme wie das ABS und auch das sehr präzise auf das Fahrzeug abgestimmte Fahrwerk, das im Smart verbaut wurde, finden Sie auch so genannte »Schwingungstilger«, die dem cabriotypischen Zittern oder einem Querschütteln während der Fahrt aktiv entgegenwirken. Die Antriebseinheit aus Motor und Getriebe, die vorne quer eingebaut ist, übernimmt auch schon eine solche Funktion. Sie ist an fünf Punkten (mit Schaltgetriebe), bei den Automatikvarianten an vier Punkten aufgehängt, die genau berechnet wurden. Mit den etwa 200 kg Masse wirkt die Antriebseinheit den Karosseriebewegungen entgegen. Besonders fällt der konstruktive Aufwand auf, wenn man sich das etwa 10 kg schwere Graugussgewicht im Fahrzeugheck betrachtet. In der Zusammenarbeit dieser Tilgermassen wird der Fahrkomfort und damit auch die Fahrsicherheit deutlich erhöht.

Maßnahmen zur Regelung für aktive Sicherheit:
In diese Gruppe werden die Bauteile eingegliedert, die auf der Elektronik basierende Eingriffe in elektronische oder hydraulische Regelsysteme vornehmen.

PRAXISTIPP

Achtung Airbagsystem

Wir stellen Ihnen an dieser Stelle einige wichtige Hinweise zu den Airbagsystemen vor. Es handelt sich um Sprengsätze nach dem Sprengstoffgesetz. Der Umgang ist klar geregelt. Ohne fachliche Eignung sollten Sie Montagearbeiten an Komponenten des Airbagsystems schon zur eigenen Sicherheit unterlassen.

- Prüf-, Montage- und Instandsetzungsarbeiten dürfen nur von geschultem Personal durchgeführt werden.
- Keinesfalls mit Prüflampe, Voltmeter oder Ohmmeter prüfen.
- Pyrotechnische Bauteile dürfen nur im eingebauten Zustand und mit vom Hersteller frei gegebenen Fahrzeugdiagnose-, Mess- und Informationssystemen geprüft werden.
- Bei Arbeiten an pyrotechnischen Bauteilen und am Airbag-Steuergerät muss das Masseband der Batterie bei EINGESCHALTETER Zündung abgeklemmt werden. Anschließend den Minuspol abdecken.
- Nach dem Abklemmen der Batterie ist eine Wartezeit von 10 Sekunden erforderlich.
- Das Anklemmen der Batterie muss bei EINGESCHALTETER Zündung erfolgen. Hierbei darf sich keine Person im Innenraum des Fahrzeugs aufhalten. Ausnahme: Fahrzeuge mit Batterie im Fahrzeuginnenraum. Halten Sie sich hierbei nicht im Wirkungsbereich der Airbags und der Sicherheitsgurte auf. Wenn nach dem Wiederanklemmen der Batterie die Zündung nicht eingeschaltet ist – Kontrollleuchten im Schalttafeleinsatz leuchten nicht – halten Sie zum erstmaligen Einschalten der Zündung Kopf und Arm entfernt vom Lenkrad und einem eventuell verbauten Knieairbag, damit Sie sich nicht im Wirkungsbereich der Airbags und der Sicherheitsgurte befinden.
- Vor dem Hantieren mit pyrotechnischen Bauteilen des Rückhaltesystems, zum Beispiel dem Trennen der elektrischen Steckverbindung, muss sich der Mechaniker elektrostatisch entladen. Das elektrostatische Entladen wird durch das Berühren von geerdeten Metallteilen, zum Beispiel durch kurzes Anfassen des Türschließkeils, erreicht.

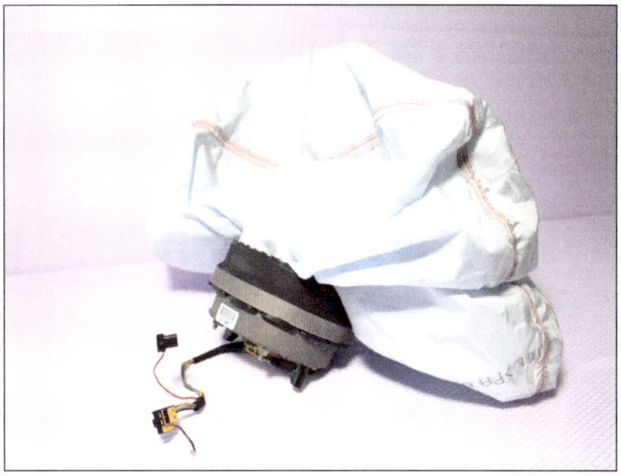

EXPLOSIONSGEFAHR: Die Kräfte, die der Airbag bei der Zündung freisetzt, können Sie tödlich verletzen!!!

Eingriffe werden beispielsweise in das Bremssystem vorgenommen. Das Anti-Blockier-System (ABS) verhindert, dass ein Rad überbremst wird und ermöglicht so sehr kurze Bremswege mit sicherer Lenkbarkeit des Fahrzeuges auch während der Bremsung.

Passive Sicherheit

Die passiven Sicherheitselemente:
Sie kommen dann zum Tragen, wenn der Unfall gerade passiert. Die Komponenten der passiven Sicherheit stellen alle konstruktiven Maßnahmen dar, die dazu dienen, die Fahrzeuginsassen vor Verletzungen zu schützen oder zumindest die Verletzungsgefahren zu verringern. Der Begriff »passive Sicherheit« bezieht sich auf das Kollisionsverhalten (Crashtests) und berücksichtigt über den Schutz der Insassen hinaus auch den Schutz anderer Verkehrsteilnehmer. Auch hier lassen sich Merkmale in drei Gruppen aufteilen:

Insassenschutz:
Unter dem Begriff Insassenschutz versteht man den Schutz des Fahrzeugführers und seiner Mitfahrer. Zu den wichtigsten Bauteilen gehören neben dem Gurtsystem die Airbags und eine »verformungssteife« Fahrgastzelle mit Knautschzonen in Front-, Heck- und Seiten-Bereich. Diese Komponenten sorgen für einen weitestgehend schützenden Abbau der Aufprallenergie und den sicheren Halt der unfallbeteiligten Fahrzeuginsassen. Auch das Smart Cabriolet ist mit Airbagsystemen ausgerüstet. Zusätzliche Knieposter halten das Verletzungsrisiko im Falle eines Unfalles so klein wie möglich. Kopfstützen an den Vordersitzen und Kopf- und Nackenstützen, die im Rücklehnenoberteil integriert sind, erhöhen, wie auch die für alle Sitzplätze vorhanden 3-Punktgurte, die Sicherheit erheblich. Die Gurte sind mit Gurtkraftbegrenzern ausgerüstet um die Höchstkraft zu beschränken und möglichen Verletzungen durch den Gurt beim Unfall zu mindern. Der Umgang mit den Airbagsystemen erfordert eine besondere Sachkenntnis. Grundsätzlich ist es verboten Arbeiten an sicherheitsrelevanten Systemen durchzuführen, die entweder nicht durch den Hersteller freigegeben wurden oder besondere Kenntnisse erfordern. Airbag-Systeme sind Sprengmittel im Sinne des Gesetzgebers. Für den Umgang mit den sprengmittelhaltigen Bauteilen muss ein Sachkundenachweis vorliegen. Zur Auslösung einer Airbageinheit kann im ungünstigen Fall schon die elektrostatische Aufladung der Kleidung ausreichen. Es handelt sich um Systeme mit eingebauten Sprengladungen, die bei unsachgemäßer Behandlung leicht schwere bis zu tödliche Verletzungen verursachen können. Um Ihnen das zu verdeutlichen und auch den Ablauf der Vorbereitungen für Arbeiten am und auch rund um das Airbagsystem näher zu bringen, stellen wir Ihnen eine typische Vorgehensweise im Praxistipp »Achtung Airbag« vor. Nehmen Sie diese Arbeiten nicht auf die leichte Schulter und holen Sie sich sachkundige Hilfe (jemanden mit der entsprechenden Airbagschulung) um Unfälle zu vermeiden.
Diese Serienausrüstung kann natürlich auch nur dann funktionieren, wenn sie nicht durch nachträgliche Einbauten daran gehindert wird. Hinsichtlich des Airbagsystems bedeutet das schon, dass nicht geeignete Schonbezüge über den Sitzen einen Einfluss auf das Entfaltungsverhalten des Luftsacks haben können. Auch falsche Reinigungsmittel, die einen nicht kalkulierten Einfluss auf den Weichmacher in der Kunststoffabdeckung des Airbags haben, zeigen einen solchen Einfluss. Wer denkt schon daran, dass ein chemischer Reiniger für den Automobilbereich irgendeinen negativen Einfluss auf dieses System haben könnte. Meist ergibt auch die Befragung des Verkäufers wenig bis keine neuen Erkenntnisse über die Verwendbarkeit des Reinigers. Die Inhaltsstoffe werden schließlich meist nicht detailliert beschrieben.

Partnerschutz:
Unfälle passieren eben nicht nur in einem Fahrzeug. Im Normalfall sind immer andere Verkehrsteilnehmer oder auch Verkehrspartner an einem Unfall beteiligt. Gerade bei Fußgängern, Radfahrern und natürlich

auch den Bikern ist kein System vorhanden, das eventuelle Unfallfolgen verringern kann. Dieser Aspekt wird bei der Fahrzeugentwicklung heute auch mit einbezogen. Frontbereiche sollen immer auch so konstruiert sein, dass sie die Aufprallenergie aufnehmen oder verringern können, die bei einem Fußgängerunfall den Verkehrspartner erheblich verletzen könnte. Hierin findet sich dann auch der Grund für Kunststoffstoßfänger und Motorhauben ohne Flächenverstrebungen.

Passive Sicherheit Karosserie:
Von außen ist es fast oder gar nicht zu erkennen. Die Karosserie des Smart II-Cabriolet unterscheiden sich an kleinen aber sehr wichtigen Details zu der Karosserie der Serienlimousine. An die Karosserie wurden die gleichen Maßstäbe angelegt. Das fehlende Dach macht aber einige Verstärkungen erforderlich. So erfüllte die Cabrio-Karosserie die gegenwärtig und mittelfristig zu erwartenden Anforderungen an die passive Sicherheit. Die Konstruktion ermöglichte eine erhöhte Torsions- und Verwindungssteifigkeit der Karosserie, was nicht nur einen hochwertigen Eindruck hinterlässt, sondern auch eine lange Lebensdauer erwarten ließ. Was sich ja bereits bei den Fahrzeugen, die noch heute meist im guten Zustand auf dem Markt sind, bewahrheitet hat. Die Basis für die Konstruktion ist wie schon erwähnt die geschlossene Modellvariante. Die Unterschiede beginnen aber von innen heraus. Zusätzliche Verstärkungsprofile, dickere Karosseriebleche und stärkere Verbindungen und Versteifungen sorgen für eine höhere Festigkeit und Verwindungssteifigkeit der Karosserie. Aus den mit einem Rohr verstärkten A-Säulen und Scheibenrahmen vorne mit der verklebten Windschutzscheibe und dem Überrollbügel sowie dem doppelwandigen Stegblech hinter der Rückenlehne bildet die Karosserie einen käfigartigen Überlebensraum, für die eigentlich am meisten gefürchtete Unfallart, dem Fall eines Überschlages und des seitlichen Abrollens. Verstärkungen finden sich auch in dem Bereich, wo man sie zuerst einmal nicht vermutet. Stärkere Bleche im Bereich der Schweller und auch im Schachtbereich der rahmenlosen Tür- und Heckfenster im Seitenteil tragen ihren Teil zur Festigkeit bei.

Tridionzelle (Fahrgastzelle) beim Coupé: An wichtigen Stellen kommt hochfestes Stahlblech (rot) zum Einsatz um die Fahrgastzelle zu stabilisieren. Zusammen mit den Versteifungen und Verstrebungen (gelb) ergibt sich eine Sicherheitszelle mit erstaunlichen Eigenschaften in Sachen Crashsicherheit.

Tridionzelle (Fahrgastzelle) beim Cabrio: Wie beim Coupé wird mit hochfesten Blechen und Versteifungen eine Fahrgastzelle, die so genannte Tridionzelle aufgebaut, die sehr gute Crasheigenschaften aufweist.

Abmessungen und Gewichte

Abmessungen und Gewichte sind stark von der Ausstattung und der Fahrzeugausführung abhängig. Die angegebenen Werte können deshalb lediglich als »Daumenwert« herangezogen werden.

Länge	2695 mm
Breite	1559 mm
Höhe	1542 mm
Radstand	1867 mm
Leergewicht	825 kg – 945 kg
Anhängelast ungebremst	–
Anhängelast gebremst	450 kg
Stützlast	45 kg

Motorvarianten

Der Smart steht für eine stetige Weiterentwicklung und Perfektionierung der Fahrzeuge. Für den Smart 451 (II) waren 5 Benzinmotoren und 2 Dieselmotoren mit unterschiedlichen Einspritzanlagen, Leistungen und Motordaten verfügbar. Die technischen Daten der Motoren finden Sie am Schluss dieses Bandes. Unterscheiden wir die Motoren nach Bautyp Baureihe und Motortyp. Diese Informationen können Sie dann brauchen, wenn Sie beispielsweise einen gebrauchten Motor zuordnen wollen.

Die Benziner

Hubraum	Motorcode	Bezeichnung	Leistung
999 cm³	M132E10	1,0	45 kW (61 PS)
		1,0 mhd	
		1,0	52 kW (71 PS)
		1,0 mhd	
	M132E10 AL	1,0	62 kW (84 PS)
		1,0 Brabus	72 kW (98 PS)
			75 kW (102 PS)

Die Diesel

Hubraum	Motorcode	Bezeichnung	Leistung
799 cm³	OM660	0,8 CDI	33 KW (45PS)
	DE 8LA		40 KW (54PS)

Verdeck – Material und Betätigung

Markant schon von außen sind die hochwertigen Verdecke aus Stoff auf den Fahrzeugen. Neue Verdeckstoffe lassen sich durchaus schon für um 300 Euro in Internetportalen erstehen. Ein Schaden muss also nicht zwingend dauerhaft mit Gewebeklebeband notrepariert bleiben. Ein Wechsel ist durchaus machbar. Die Montage werden wir in den folgenden Abschnitten genauer betrachten. Auf die automatische Betätigung und den Schaltplan hierzu werden wir später noch intensiver eingehen. Der Smart Cabrio erlaubt unterschiedliche Stufen der Frischluftzufuhr von oben. In der ersten Stufe wird das Faltdach oben zurückgefahren. Die zweite Stufe legt das zurückgefahrene Faltdach und das Heckverdeck auf dem Kofferraum ab. Achten Sie darauf, dass Gegenstände im Gepäckraum nicht zu hoch gestapelt sind. Es könnten beim Öffnen oder Schließen des Heckverdecks die Gegenstände im Kofferraum oder/und das Verdeck beschädigt werden. In der letzten Stufe können dann die Dachholme entnommen werden. Die Dachholme sind nicht verschlossen. Bei geöffnetem Verdeck ist Diebstahl der Seitenholme möglich. Demontieren Sie deshalb die Seitenholme und verstauen Sie sie im Gepäckraum oder schließen Sie das Verdecksystem. Das Herausnehmen der Dachholme ergibt auch eine Besonderheit, die so genannte Targadachstellung.

Faltdach öffnen:
Das Verdeck kann sowohl per Schlüssel als auch von innen per Schalter in der Mittelkonsole geöffnet werden. Das Verschließen ist aus Sicherheitsgründen nur mit den Schaltern im Innenraum möglich. Das Faltdach kann sowohl bei stehendem als auch bei fahrendem Fahrzeug geöffnet und geschlossen werden.

Öffnung per Schlüsseltasten:
■ Drücken Sie etwa zwei Sekunden auf die Taste zur Verdecköffnung. Das Verdeck öffnet sich vollständig.

Öffnung per Schalter in der Mittelkonsole:
■ Stecken Sie den Zündschlüssel ins Zündschloss und drehen Sie ihn auf die Stellung 1.
■ Drücken Sie entweder kurz auf die Taste zur Verdecköffnung in der Mittelkonsole oder halten Sie die Taste gedrückt, bis das Faltdach vollständig geöffnet ist.

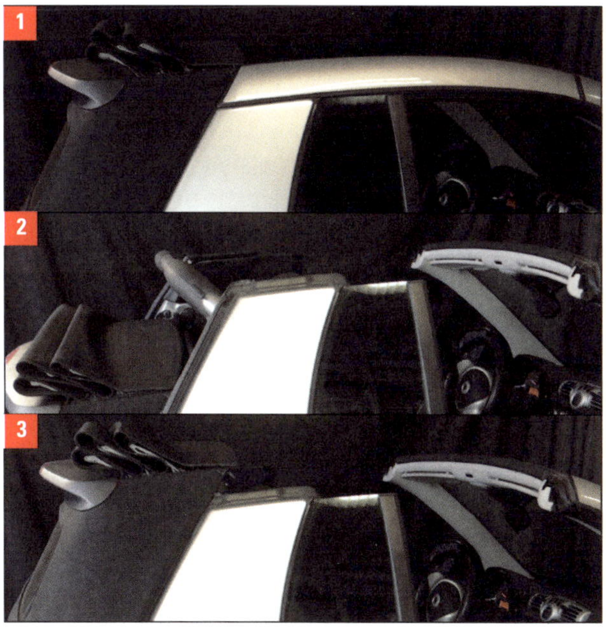

Verdeckstellungen in vielen Varianten: 1 Faltdach geöffnet, 2 Cabriolet-Öffnung, 3 Targa-Öffnung.

Heckverdeck öffnen:
Das Heckverdeck wird in den älteren Modellen manuell betätigt. Bei den neueren (451er Modellen) erfolgt diese Funktion elektrisch.
■ Öffnen Sie das Faltverdeck vorne.
■ Stecken Sie den Zündschlüssel ins Zündschloss und drehen Sie ihn auf die Stellung 1.
■ Drücken Sie auf die Taste zur Verdecköffnung in der Mittelkonsole oder halten Sie die Taste gedrückt, bis das Heckverdeck vollständig geöffnet ist.

Dachholme ausbauen:
■ Öffnen Sie zumindest das Faltverdeck vorne oder auch zusätzlich das Heckverdeck.
Entriegeln Sie die Dachholme an der B-Säule nacheinander oben und nehmen Sie sie heraus.
■ Verstauen Sie die Dachholme in der Verkleidung der Heckklappe.

Die Targadachstellung:
Die »Targadachstellung« beim Smart ist dann erreicht, wenn das Faltverdeck geöffnet, das Heckverdeck geschlossen und die Dachholme ausgebaut wurden.
■ Öffnen Sie das Faltverdeck und das Heckverdeck.
■ Nehmen Sie die Dachholme heraus und verstauen Sie diese sicher in der Verkleidung der Heckklappe.
■ Schließen Sie das Heckverdeck. Ohne die eingebauten Dachholme ist das Schließen des Faktverdecks nicht möglich. Kontaktschalter in der A-Säule verhindern das.

Rad- und Reifenkombinationen

Im Laufe der Jahre sind unzählige eintragungsfähige Radreifenkombinationen für den Smart auf dem Markt, sodass es nicht sinnvoll ist einzelne Felgen, Radsätze oder Reifen im Detail vorzustellen. Wir möchten Ihnen in diesem Abschnitt wichtige Grundlagen für die Umrüstung von Rädern und Reifen an die Hand geben.

Das Bindeglied zur Straße ... die Reifen
Reifenunterbau, Gummimischung und das ausgefeilte Reifenprofil machen moderne Reifen zu echten Hightech-Produkten, die einen wichtigen Beitrag zur passiven Sicherheit Ihres Autos leisten. Sie tragen das Gewicht eines Fahrzeugs, fangen kleinere Stöße der Fahrbahn ab und übertragen die Kräfte, die bei Antrieb, Bremsen und Kurvenfahrt entstehen. Die Reifen an den Vorderrädern bringen es durchschnittlich auf eine Laufleistung von 30.000 bis 50.000 Kilometer, die Pneus der Hinterräder auf 15.000 bis 35.000 Kilometer. Aber auch wenn Sie Ihr Fahrzeug nur selten bewegen – spätestens nach sieben, acht Jahren sind die Reifen am Ende, weil sich die Mischung des Gummis mit der Zeit auflöst und/oder versprödet bzw. verhärtet.

Hinweise für die Benutzung von »Noträdern«:
Serienmäßig ist der Smart weder mit Reserverad noch mit einem Notrad ausgerüstet. Für das Vorgängermodel gab es ein Zubehörrad, was hinter dem Beifahrersitz mit einem Halter befestigt wurde und als Sonderzubehör mitgeführt wurde. Einen Wagenheber sucht man bei dem Kleinen auch vergebens. Auch dieser muss gesondert mitgeführt werden. Dazu kommt das Rad- und Felgenabmessungen der Achsen vorne und hinten unterschiedlich sind. Eine Reifenpanne passiert statistisch recht selten. Ein Reifenschaden der sich nicht mehr durch das serienmäßige Dichtset reparieren lässt noch seltener. Wenn ein Reserverad unbedingt mitgenommen werden soll, muss es den Abmessungen des Vorderrades entsprechen. Das ist schmaler als das Hinterrad. Hier könnte dann auch ein nicht benötigtes Rad aus dem Sommer- oder Winterradsatz Ihres Fahrzeuges zum Einsatz kommen. Prüfen Sie grundsätzlich, ob eine ausreichende Freigängigkeit zwischen Reifen und Felge, den Karosserieteilen bei einer Montage hinten vorhanden ist. Dieses »Notrad« ist dann, wie der Name schon sagt, nur für die Notsituation gedacht. Es ist nicht für den langfristigen Betrieb geeignet und muss so schnell wie möglich gegen ein vorgeschriebenes Rad ersetzt werden. Das »Notrad« verschlechtert die Fahreigenschaften des Fahrzeuges merklich. Gerade bei schlechter Witterung muss die Geschwindigkeit, wie beim Einsatz eines Notrades bei anderen Fahrzeugen auch, deutlich unter die vorgeschriebenen 80 km/h verringert werden. Nach der Montage muss der Fülldruck des »Notrades« so schnell wie möglich geprüft und wenn erforderlich korrigiert werden. Der zulässige Luftdruck ist auch hier von der Modellvariante abhängig und ist im Fahrerhandbuch sowie im Tankdeckel ausgewiesen. Vollgasbeschleunigungen, starkes Bremsen und schnelle Kurvenfahrten müssen vermieden werden. Die Verwendung von Schneeketten auf einem Notrad ist nicht sinnvoll. Das gleiche gilt dann auch für den Einsatz eines Vorderrades als »Notrad«. Die Abmessungen passen weder zu der Spurbreite der Hinterräder noch genau in den Radkasten. Ob hier

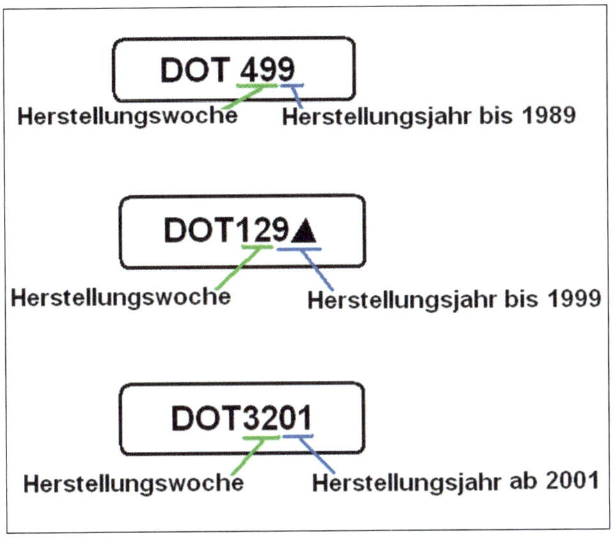

Produktionsprägung: Auf der Reifenflanke findet sich in einer ovalen Vertiefung hinter der Dot-Nummer das Kürzel für das Produktionsdatum.

noch ausreichend Platz für die Schneeketten verbleibt ist fraglich.

Produktionsdatum:
Das Reifenherstellungsjahr ist verschlüsselt auf jedem Reifen angegeben. Gerade bei älteren Fahrzeugen kommt es vor, dass schon sehr alte Reifen montiert sind. Achten Sie beim Reifenkauf gerade bei gebrauchten Radsätzen darauf, dass die Reifen nicht älter als vier Jahre sind. Grundsätzlich dürfen zwar auch ältere Reifen gefahren werden. Allerdings werden die Reifen mit zunehmenden Alter härter und verlieren damit Ihren Grip. Das bedeutet, die Verzahnung zwischen Straße und Reifen wird schlechter. Das bewirkt natürlich eine schlechtere Antriebsleistung. Aber, und das ist wesentlich schlimmer, der Bremsweg verlängert sich genauso.

Reifen und Luftdruck:
Durch das Gewicht des Fahrzeuges wird der Reifen im Bereich seiner Aufstandsfläche auf der Fahrbahn verformt. Diese Verformung nennt man Abplattung. Am drehenden Rad läuft diese Abplattung um den Umfang herum. Diese zwangsmäßige Verformung des Reifens ergibt einen größeren Rollwiderstand. Hieraus ergeben sich wiederum ein höherer Reifenverschleiß und Kraftstoffverbrauch und, nicht zu vergessen, ein höheres Sicherheitsrisiko. Ein zu hoher Luftdruck

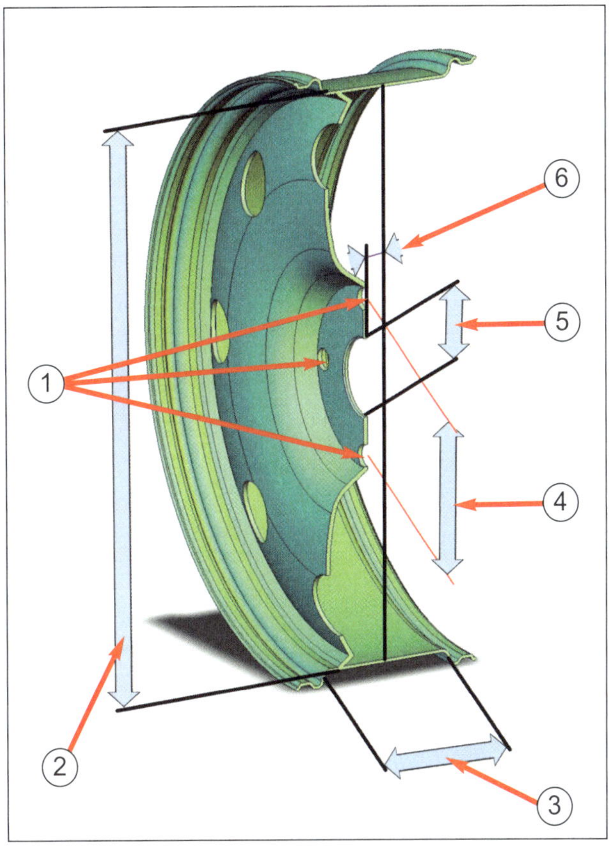

Abmessungen an der Felge: 1 Anzahl der Befestigungslöcher, 2 Durchmesser der Felge, 3 Felgenbreite, 4 Lochkreis, 5 Zentrierbohrung, 6 Einpresstiefe.

führt zu Mittenverschleiß und schlechtem Abrollkomfort. Grundsätzlich sollte immer der Luftdruck eingehalten werden, den der Hersteller in Tankdeckel und/oder Fahrerhandbuch angibt.

Felgendimensionen:
Als Größe wird der Durchmesser der Felge an der Stelle bezeichnet, auf der der Reifen sitzt. Die Bezeichnung 6 J x 15 H2 zum Beispiel bezeichnet eine Tiefbettfelge (x) mit einer Breite von sechs Zoll und einem Durchmesser von 15 Zoll. Der Buchstabe »J« steht für die Form des Felgenhorns.
H2 weist auf eine an beiden Schultern der Felge rundum laufende Erhöhung (Hump) hin. Sie verhindern, dass bei schneller Fahrt durch eine Kurve der Reifenwulst durch die Seitenkräfte von der Schulter der Felge ins Tiefbett gedrückt wird. Das Tiefbett ist für die Reifenmontage unerlässlich. Die Smartfelge weist drei Löcher aus (LK 3x112).

Investition in die Zukunft

Ohne das richtige Werkzeug geht nichts. Wenn Sie vorhaben, sich intensiv um Ihr Auto zu kümmern, müssen Sie sich zunächst Gedanken um das nötige Handwerkszeug machen. Was Sie dazu unbedingt brauchen und wie Sie alles in der heimischen Garage unterbringen können, wollen wir Ihnen in diesem Kapitel zeigen.

Egal, ob Sie nun häufig oder eher selten, aus purer Lust am Basteln oder um Geld zu sparen am Auto schrauben: Sie müssen dafür zuerst die richtigen Voraussetzungen schaffen. Leider ist das mit Kosten verbunden. Doch wenn Sie bedenken, was eine Arbeitsstunde in der Werkstatt kostet und dass hochwertiges Werkzeug fast ein Leben lang hält, rechnet sich die Investition früher oder später.

Was muss ich als Erstes anschaffen?

Beginnen Sie mit einem Ordnungssystem, bestehend aus einer stabilen Werkbank mit Unterschränken und einem abschließbaren Schrankaufsatz. Ohne ein Ordnungssystem und eine stabile Werkbank sollten Sie nicht beginnen, denn Ordnung und Sauberkeit sind beim Schrauben oberstes Gebot. Das Schöne daran: Das Ganze passt problemlos in eine normale Einzelgarage und bietet Ihnen auf Jahre die nötige Sicherheit. Bei einer Markenfirma wie Gedore kostet eine solche Kombination rund 4200 Euro ohne Inhalt. Der lässt sich mit der Zeit ergänzen. Lassen Sie sich doch von nun an zum Geburtstag oder zu Weihnachten hochwertiges Werkzeug schenken: Die Schränke werden sich schneller füllen, als Sie denken.

Woran erkenne ich gutes Werkzeug?

Gutes Werkzeug kann in der Regel nicht billig sein. Ein Ring-/Maulschlüssel kostet je nach Größe zwischen fünf und 15 Euro, sodass ein Satz mit den zehn gebräuchlichsten Größen schon auf rund 80 Euro kommt. Noch größer sind die Qualitäts- und Preisunterschiede bei den Steckschlüsselsätzen – oft auch Umschaltknarren mit Nüssen genannt.
Ein solider Kasten mit 19 Teilen und Verlängerungen kostet an die 200 Euro, hält dafür aber auch höchste Belastungen aus. Auch das Gewicht ist ein gutes Indiz: Je schwerer das Werkzeug ist, umso stabiler ist der Stahl. Nehmen Sie zum Vergleich ein paar Schlüssel in die Hand und achten Sie auf Maßhaltigkeit und die Oberfläche.

Was tun, wenn ich keine Garage habe?

Der ideale Ort zum Schrauben ist natürlich eine in sich abgeschlossene Garage – je größer umso besser. Aber auch wenn Sie lediglich über einen Stellplatz verfügen oder gar im Freien arbeiten müssen, gibt es eine Lösung: Ein Werkstattwagen (links im Bild) lässt sich nach getaner Arbeit leicht wegräumen. Zum Beispiel in den Keller. Nur allzu schwer beladen sollte er dann nicht sein. Achten Sie beim Kauf auf die Lagerung der Schubladen. Ein Werkstattwagen in Profi-Qualität kann ohne Inhalt um die 1000 Euro kosten.

Was kostet mich das alles?

Zunächst einmal viel Geld und bitte sparen Sie dabei nicht zu sehr. Ansonsten kostet es nämlich auch noch Ihre Gesundheit. Natürlich müssen Sie nicht auf Anhieb 8000 Euro ausgeben, so viel kostet nämlich die Ausrüstung in unserer voll ausgestatteten Garage im Bild links. Allerdings handelt es sich hier auch um einen kompletten Werkzeugsatz eines Markenherstellers in Profi-Qualität. Damit werden normalerweise Werkstätten ausgerüstet. Wir haben die Ausstattung zudem um einige pfiffige und günstige Hilfsmittel, zum Beispiel aus dem Programm von Conrad Elektronik ergänzt, auf die wir später noch genauer eingehen.

Lohnt sich das denn?

Wir meinen: Ja! Wie viel Geld Sie letztendlich ausgeben wollen, bleibt Ihnen überlassen. Beachten Sie dabei aber immer den Grundsatz: Weniger (dafür aber von hoher Qualität) ist mehr als viel (und viel kaputt). Rechnen Sie einfach über die nächsten 15 Jahre…

Die Grundausstattung

Gutes Werkzeug kann billig sein, ist es in der Regel aber nicht. Ein Satz Ring-/Maulschlüssel kostet schon rund 80 Euro. Noch größer sind die Qualitäts- und Preisunterschiede bei den Steckschlüsselsätzen – oft auch Knarrenkästen genannt. Das wichtigste Teil ist hierbei die Knarre selbst. Die Sperrklinken sollten austauschbar sein, gute Hersteller bieten dafür Ersatzteile und einen Service an. Besonders wichtig ist das bei einem Drehmomentschlüssel, der regelmäßig kalibriert werden sollte. Drehmomentschlüssel nach der Arbeit immer entspannen!
Sehr wichtig ist auch die Qualität von Schraubendrehern und Zangen. Damit werden hohe Kräfte übertragen, die das Werkzeug aushalten muss.

Schrauben ist gefährlich

GEFAHRENHINWEIS

Ob nun reines Hobby oder beruflich: Das Schrauben birgt gewisse Risiken. Vom kleinen Kratzer bis hin zum tödlichen Unfall ist schon alles vorgekommen. Beachten Sie daher stets folgende Grundregeln:

- Benutzen Sie nur hochwertiges Werkzeug!
- Schrauben Sie möglichst immer von sich weg!
- Sichern Sie angehobene Lasten lieber doppelt!
- Sorgen Sie für ausreichende Belüftung!
- Tragen Sie wann immer möglich Schutzkleidung!
- Das gilt ganz besonders für die Augen!
- Wenden Sie niemals Gewalt an, meist gibt es eine andere, elegantere Lösung für das Problem!
- Sorgen Sie dafür, dass immer jemand in der Nähe ist, der Ihnen in Notfällen helfen kann!

Dass Essen, Trinken und offenes Licht sowie Zigaretten am Arbeitsplatz nichts verloren haben, setzen wir als selbstverständlich voraus. Lagern Sie aber auch keine Flüssigkeiten in Trinkflaschen. Selbst an destilliertem Wasser kann ein Mensch sterben! Und zu guter Letzt: Legen Sie sich zur Sicherheit einen Verbandskasten und einen Feuerlöscher bereit.

Der Werkzeugwagen: Was sich in diesem Rollcontainer alles verbirgt, sehen Sie auf den Bildern rechts. Diese Luxusversion ist abschließbar und hat laufruhige Gummiräder.

Schraubendreher: Entscheidend sind der Griff und die Qualität der Spitze. Je drei Größen von Schlitz- und Kreuzschlitzschraubendrehern sollten für den Anfang genügen.

Ring-Maulschlüssel: Ein kompletter Satz dieser Kombinationsschlüssel von acht bis 22 Millimeter reicht in den meisten Fällen. Zusätzlich gibt es Spezialschlüssel.

Steckschlüssel: Auch Nüsse und Knarre genannt. Ein guter Kompromiss ist ein Satz mit dem Verbindungsmaß 3/8 Zoll. Niemals an der Umschaltknarre sparen!

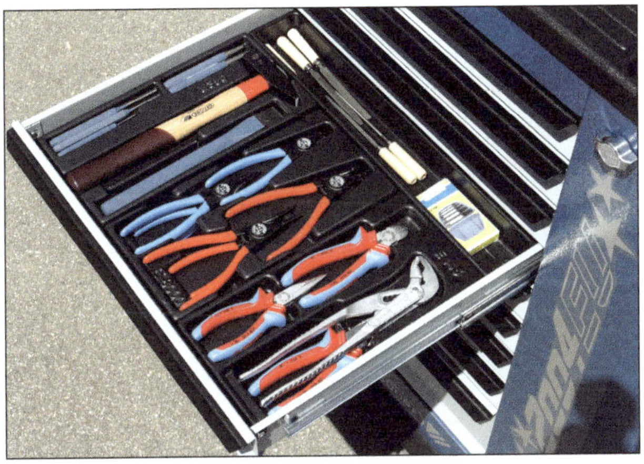

Zangen: Wichtig sind eine verstellbare Wasserpumpenzange, eine Flach- oder Spitzzange sowie eine Kombizange mit integriertem Seitenschneider.

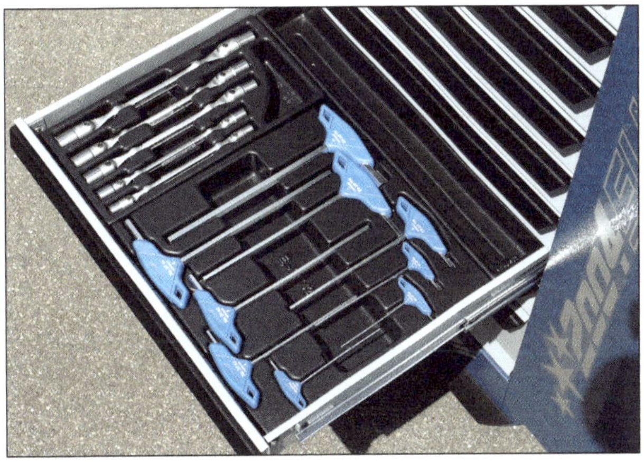

T-Griffe: Werden meist im Karosseriebereich eingesetzt. Das übertragbare Drehmoment ist nicht sehr hoch, dafür sind auch tief sitzende Schrauben gut zu ereichen.

Torx-Abteilung: Immer mehr Schraubverbindungen haben Torx- oder Vielzahnköpfe. In diesem Fach ist alles versammelt, was beim Arbeiten an Torx-Schrauben dienlich ist.

Spezialaufgaben: Selten benötigte Werkzeuge wie Bremsleitungsschlüssel, Messschieber oder auch die verschiedenen Spezialbits sollten ein extra Fach bekommen.

Gekröpfte Schlüssel: Manche Schrauben lassen sich überhaupt nur mit einem gekröpftem Schlüssel erreichen. Es gibt verschiedene Ausführungen, auch für Spezialfälle.

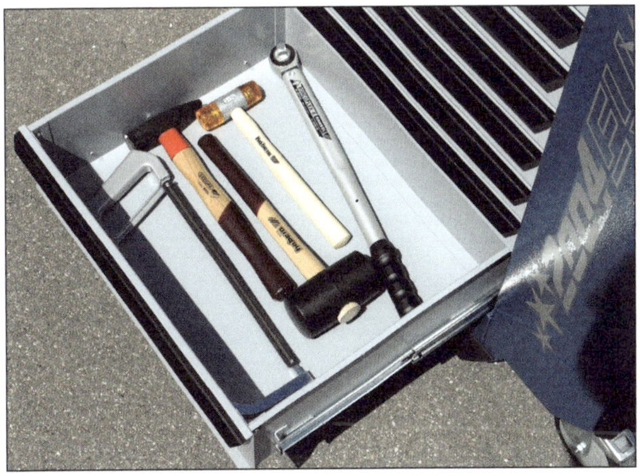

Hammer, Säge, Drehmoment: Die schweren Werzeuge sollten immer im untersten Schubfach ihren Platz finden. Meistens ist dieses Fach auch größer als die anderen.

Nützliches Zubehör

Wenn Sie genügend Platz haben, können Sie das gesamte Werkzeug auch in einer Werkbank-/Werkzeugschrank-Kombination unterbringen. Lassen Sie aber noch etwas Platz übrig, denn neben gutem Werkzeug beherbergt die Schraubergarage auch immer einige nützliche Helfer.

Sicherer Stand: Stabile Auffahrrampen sind für die meisten Arbeiten unter dem Auto völlig ausreichend. Zwar können Sie die Räder nicht abnehmen, dafür steht das Auto sicher.

Beste Bedingungen: Auf einem solchen Reifenbaum sind nicht benötigte Räder perfekt untergebracht. Zwischen den Rädern bleibt etwas Luft, das Gewicht trägt die Felge.

Des Schraubers Traum: Mit einem cleveren Werkstatt-System können Sie sich auch auf begrenztem Raum ein wahres Schrauberparadies schaffen. Tatsächlich steht diese Einzelgarage, was die Ausrüstung angeht, einer Profi-Werkstatt kaum nach. Alles was jetzt noch fehlt ist eine Hebebühne, doch diese braucht leider vier Meter Raumhöhe.

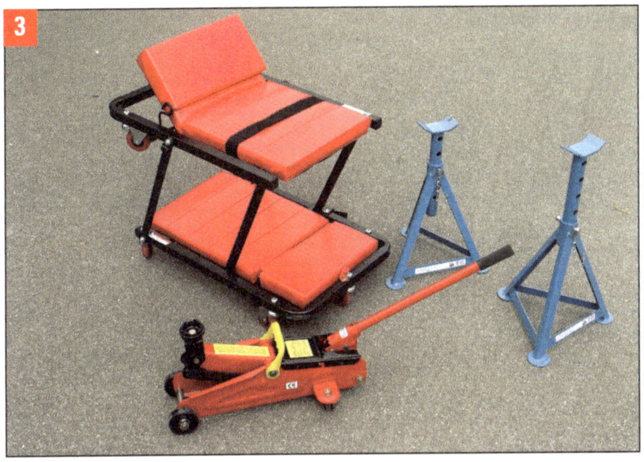

Helfer für unten: Unterstellböcke und ein hydraulischer Wagenheber sind ein Muss. Ein Rollbrett, das sich zum Hocker falten lässt, ist dagegen schon fast Luxus.

Werkstattapotheke: Auch ein kleines Sortiment von chemischen Produkten gehört zur Werkstatt. Unverzichtbar sind Teilereiniger und Sprühfett, aber auch die Kupferpaste werden wir noch brauchen.

Ampellösung: Damit wir die kostbare Werkbank nicht mit dem wertvollen Blech rammen, haben wir einen Abstandswarner montiert. Gefunden bei Conrad-Elektronik.

Es werde Licht: Wenn Sie nicht sehen, woran Sie schrauben, ist das Scheitern vorprogrammiert. Es gibt wirklich genug Möglichkeiten, für ordentliches Licht zu sorgen.

Ölige Helfer: Für den Ölwechsel empfehlen wir eine solche Wanne und ein Trichterset. Wer absaugen will, braucht eine Pumpe, die für Öl geeignet ist.

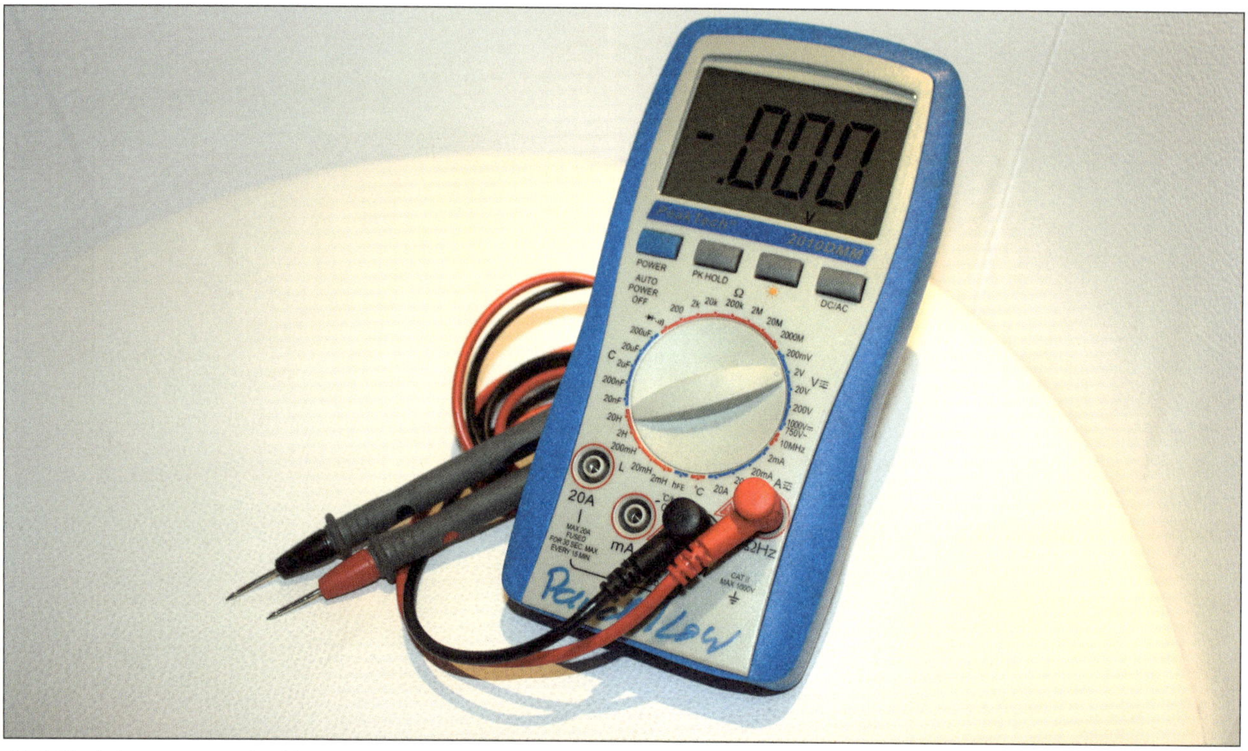

Multifunktionsmessgerät: Ohne Multimeter geht es heute leider nicht mehr. Ein einfaches Multimeter mit möglichst großem Display und brauchbaren Messspitzen kostet ab 40 Euro aufwärts. Es sollte möglichst keine automatische Bereichswahl (Auto-Range) haben. Für die Vergesslichen unter den Schraubern sorgt eine »Auto-Power-Off«-Schaltung für eine batterieschonende, automatische Abschaltung des Gerätes bei Nichtgebrauch.

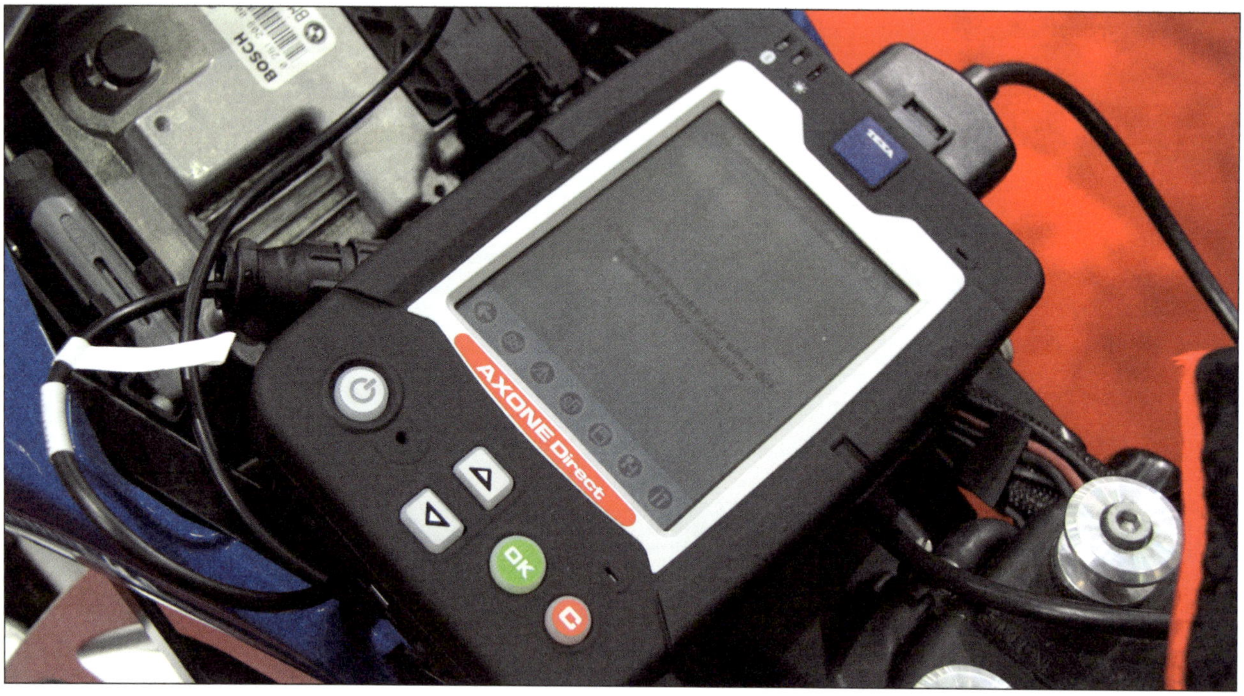

Diagnose-Tool: Um den Fehlerspeicher auszulesen oder auch Prüffunktionen der Eigendiagnose ausführen zu können, reicht meist schon ein Diagnosetool, welche durchaus schon um 100 Euro in diversen Onlineversteigerungen angeboten werden. Wichtig hierbei ist, dass die entsprechende Software mitgeliefert wird

In der Werkstatt

Was braucht die Werkstatt?

Aufgrund der vielen Ausstattungsvarianten und verfügbaren Extras moderner Autos, ist eine genaue Bestimmung des Fahrzeugtyps nicht immer nur anhand der Fahrgestellnummer möglich. Wenn Sie also eine Werkstatt aufsuchen, die Ihren Wagen noch nicht kennt, sollten Sie alle Unterlagen mitnehmen (Serviceheft, Radiocode, ABEs und Zubehörunterlagen). Berücksichtigen Sie auch vorhandenes Zubehör wie Sonderfelgen mit Schloss. Bei Arbeiten an der Wegfahrsperre oder den Schließsystemen werden in der Regel alle Fahrzeugschlüssel benötigt. Ansonsten räumen Sie Ihr Auto aus und entfernen alle privaten Sachen und auch die Musik-CDs. So gibt es hinterher keine Diskussionen, ob Dinge fehlen oder nicht.

Diese Angaben braucht die Werkstatt:

- Schlüsselnummer (Hersteller)
- Schlüsselnummer (Typ)
- Zulassungsdatum
- Motorisierung
- Fahrgestellnummer

Das müssen Sie dabei haben:

- Fahrzeugschein
- Serviceheft
- Adapter oder Schlüssel für Felgenschlösser
- Radiocode
- alle Schlüssel (bei Arbeiten am Schließsystem)

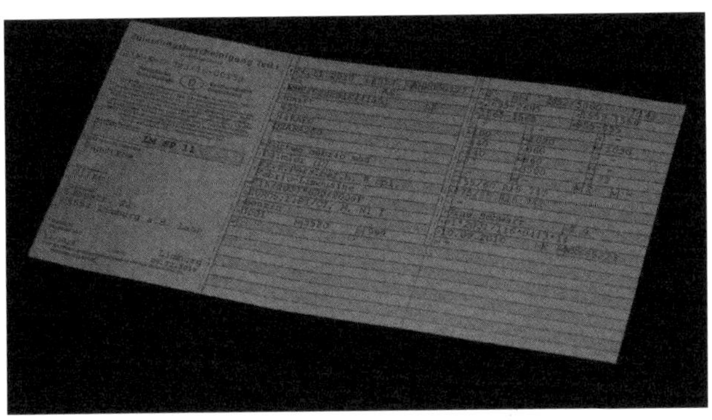

Der Fahrzeugschein: Hier findet die Werkstatt die wichtigsten Daten und auch die Fahrgestellnummer.

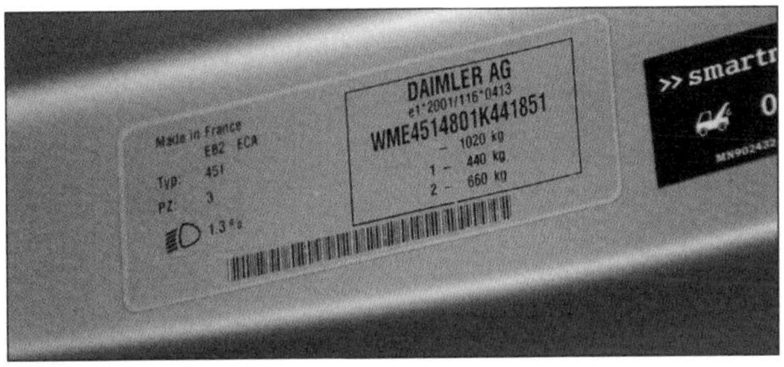

Das Typenschild: Das Typenschild finden Sie im Einstieg im Bereich der B-Säule links.

Eine klare Auftragserteilung

Um nicht mit einer Reparaturrechnung konfrontiert zu werden, die weit über dem Erwarteten liegt, sollten Sie der Werkstatt Ihres Vertrauens ein Kostenlimit angeben und darauf bestehen Sie zu kontaktieren, falls es zu unerwarteten Mehrarbeiten kommt. Erteilen Sie Ihren Arbeitsauftrag immer schriftlich, denn mündliche Absprachen sind nur schwer einklagbar und beweisbar. Die Kopie des schriftlichen Arbeitsauftrags in ihrer Tasche gibt Ihnen die Rechtssicherheit. Dank moderner EDV-Anlagen ist es auch oft kein Problem, auf die Schnelle einen schriftlichen Kostenvoranschlag zu erhalten. Dieser ist ebenfalls verbindlich und in der Regel noch detaillierter als der Arbeitsauftrag. Beachten Sie bitte: Der tatsächliche Rechnungsbetrag darf bis zu 10% über den geschätzten Kosten liegen, ohne dass es einer erneuten Zustimmung Ihrerseits bedarf. Eine termingerechte Fertigstellung einer Standardreparatur ist heutzutage üblich.
Oberste Voraussetzung für ein gutes Arbeitsergebnis in der Werkstatt und einen geringen Geldschwund in Ihrem Geldbeutel ist eine exakte Fehlerbeschreibung mit Angabe des gewünschten Ergebnisses.

Fehlerbeschreibung

Nehmen wir einmal an, Ihr Auto klappert hin und wieder und Sie möchten dieses in einer Werkstatt beseitigen lassen. Bei unserem jetzigen Beispiel spielt es keine Rolle, ob Sie selbst bezahlen oder andere Ansprüche stellen. Denn im Vordergrund steht erst einmal ein nicht funktionierendes Auto, das repariert werden soll, und dem Schaden ist es schließlich egal, wer die Rechnung bezahlt.

Damit also der Werkstattmeister nicht viele Stunden und Kilometer in Ihrem Auto zurücklegen muss, um ein Klappern zu lokalisieren, das eventuell gar nicht das ist, das Sie meinen, sollten Sie möglichst präzise Angaben machen. Der vorhandene Fehler muss reproduzierbar sein. Das heißt, Sie sollten genau beschreiben, wann der Wagen klappert.

Eine gute Hilfestellung bieten hier die W-Fragen:

Wann tritt das Problem immer auf? »Beim Befahren von Unebenheiten, wie zum Beispiel über die Brücke XY in eine bestimmte Richtung. Bei Temperaturen unter null Grad ist das Klappern am deutlichsten zu hören, die Motortemperatur spielt dabei keine Rolle.«

Wie kann man das Geräusch verstärken oder abschwächen?
»Die Geschwindigkeit, mit der man über die Brücke fährt ist egal, aber man darf kein Gas geben um das Klappern zu hören.«

Wo kommt das Geräusch her? »Es scheint von vorn rechts zu kommen, wenn ich meine Hand auf das Armaturenbrett lege, kann ich es sogar fühlen.«

Wieso sind Sie nicht schon früher damit gekommen?
»Weil das Klappern erst seit ein paar Wochen vorhanden ist.«

Wer hat zuletzt an dem Wagen Hand angelegt? »Sie haben hier den letzten Kundendienst gemacht, ich habe nur die Winterräder montiert.«

Was haben Sie schon dagegen unternommen? »Ich habe schon alle losen Gegenstände aus dem Wageninneren entfernt, aber es hat sich nichts geändert.«

Bei einer präzisen Fehlerbeschreibung können Sie sicher sein, dass der Mechaniker den Fehler schneller eingrenzen kann, und auch das Reparaturergebnis ist für alle Beteiligten einfach und schnell überprüfbar. Diese W-Fragen sind mit leichten Abwandlungen auf nahezu alle Mängel anwendbar. Möglicherweise finden Sie das Problem auch selbst, wenn Sie sich die richtigen Fragen stellen. Denn niemand kennt Ihren Wagen besser als Sie selbst. Oftmals sind es Kleinigkeiten, die Sie nebenher erwähnen, aber dem Mechaniker die richtige Richtung weisen.

Der Ton macht die Musik

Oft treten Probleme auf, wenn es um Leistungen der Gewährleistung oder Garantie geht. Auch wenn Sie sich im Recht fühlen und vielleicht auch Recht haben, beachten Sie bitte, dass Sie meistens nur mit einem Angestellten sprechen, und dessen Motivation entscheidet in der Regel über die Art und Dauer Ihrer Auftragsabwicklung. Damit Ihr Anliegen zur vollsten Zufriedenheit bearbeitet wird, sollten Sie die üblichen zwischenmenschlichen Verhaltensregeln einhalten, auch wenn Sie schon eine halbe Stunde in der Warteschlange stehen. Nicht jeder Zeitpunkt ist gleich gut für einen Werkstattbesuch, der Freitag vor einem langem Wochenende oder Ferienbeginn ist kein so guter Tag. Wir empfehlen Ihnen, sich vorher anzumelden und dem entsprechenden Mitarbeiter eine kurze Schilderung Ihres Anliegens zu geben, oft kann dieser schon im Vorfeld wichtige Informationen bereitstellen oder auf etwas hinweisen, das Sie nicht vergessen sollten mitzubringen.

Wenn es doch zu Differenzen kommt

Versuchen Sie, den Vorgang noch einmal mit dem Verantwortlichen sachlich durchzugehen, eventuell auch unter Beteiligung des Mechanikers oder Meisters. Dieses Gespräch sollte in einen separaten Raum stattfinden und nicht vor weiteren Kunden. Für das Unternehmen kann es sehr schädlich sein, wenn laute Streitereien vor der Kundschaft ausgetragen werden, entsprechend wird die Reaktion ausfallen. Nehmen Sie ruhig sachkundige Verstärkung mit, Ihr Gegenüber wird auch nicht alleine sein. Ein Zeuge kann später sehr wichtig sein. Sollte das nicht das gewünschte Ergebnis bringen, haben Sie noch die Möglichkeit ein Schlichtungsverfahren einzuleiten. Ein solches Verfahren, welches unter der Regie der jeweils zuständigen Handwerkskammer durchgeführt wird, stellt ein Angebot sowohl an das Mitgliedsunternehmen der Handwerkskammer als auch an dessen Auftraggeber dar, sich außergerichtlich zu einigen. Ziel eines Schlichtungsverfahrens ist, die Streitigkeiten zwischen dem Handwerker und dessen Auftraggeber schnell und unbürokratisch, möglichst durch eine gütliche Einigung, beizulegen. Sollte dies alles nicht funktionieren, können Sie immer noch den teilweise langwierigen und möglicherweise auch kostspieligen juristischen Weg einschlagen. So weit sollten Sie es aber nicht kommen lassen.

Schiedsstellen nutzen

Wenn sich Unstimmigkeiten wirklich nicht ausräumen lassen, helfen die Schiedsstellen der Kfz-Innung kostenlos weiter. Ihre Werkstatt muss dazu aber Mitglied der Innung sein, was Sie am entsprechenden Innungs-Schild erkennen. Als neutrale Institution soll die Schiedsstelle Streitigkeiten aus Werkstattaufträgen und Kaufverträgen über gebrauchte Kraftfahrzeuge ohne gerichtliche Auseinandersetzung beilegen helfen. Bereits vor Gericht anhängige Streitigkeiten werden nicht bearbeitet. Seit Jahren erfolgreiche Schiedsstellen geben folgende Tipps zur (schriftlichen) Anrufung:

- Zuerst klären, ob Werkstatt oder Händler Innungsmitglied ist, erkennbar am Schild.
- Im Telefongespräch den Fall kurz schildern und beurteilen lassen, ob er für ein Schiedsverfahren geeignet ist. Streitigkeiten über den Kaufpreis von Gebrauchtwagen sind vom Schlichtungsverfahren ausgeschlossen. Auf einem Fragebogen ist dann der Antrag konkret zu formulieren. Für allgemeine Rechnungsprüfung ist die Schiedsstelle nicht zuständig.
- Reparaturauftrag oder Kaufvertrag, Rechnungen, eventuell auch Notizen über Telefonate mit Datum und Uhrzeit sowie Zeugenaussagen sind dem Fragebogen beizufügen. Wie vor Gericht müssen die Ansprüche bewiesen werden.
- Zur Beweissicherung können auch ausgebaute Fahrzeugteile gehören. Deshalb eventuell schon beim Reparaturauftrag darauf hinweisen, dass ausgebaute Teile ausgehändigt werden sollen.

Hinweis:
Wenn Sie bei Fahrzeugabholung Grund zur Reklamation haben, kann die Werkstatt trotzdem auf Bezahlung in voller Höhe bestehen.

Auf der Rechnung (Arbeitslohn und Material müssen getrennt ausgewiesen sein!) notieren, dass die Zahlung unter Vorbehalt erfolgt!

Rechnungsfehler können Sie innerhalb von sechs Wochen reklamieren.

WISSENSWERTES

Die Kfz-Schiedsstellen

Zahn der Beschwerden wächst
Die Beschwerden von Werkstattkunden und Gebrauchtwagenkäufern bei den Schiedsstellen des Kraftfahrzeuggewerbes nehmen von Jahr zu Jahr zu. Das deutet aber nicht auf schlechtere Arbeit in den Kfz-Meisterbetrieben hin. Die Mehrzahl der Kundenaufträge wird nach wie vor beschwerdefrei ausgeführt. Die wachsende Beschwerdezahn resultiert aus der stärkeren Aufklärung der Kunden über ihre Rechte aufgrund von Sachmangelhaftungsrecht (Gewährleistung) und Garantie.

Gründe für Beschwerden
Rund 80 Prozent der Beanstandungen betreffen Werkstattleistungen und 20 Prozent den Gebrauchtwagenhandel. Die häufigsten Beschwerdegründe sind vermeintlich unsachgemäße Ausführung der Werkstattarbeiten, die Rechnungshöhe und technische Mängel.

Auf Innungsschild und Zusatzzeichen achten
Der Kunde sollte beim Werkstattbesuch oder Gebrauchtwagenkauf auf das Meisterschild der Kfz-Innung (Bild 12) und das Zusatzzeichen zum Meisterschild »Gebrauchtwagen mit Qualität und Sicherheit« achten. Nur dann kann im Streitfall die Schiedsstelle der Kfz-Innung tätig werden.
Die Kfz-Schiedsstellen schaffen es in den meisten Fällen, Meinungsverschiedenheiten zwischen Kunden und Kfz-Meisterbetrieben schnell, unbürokratisch und für den Verbraucher kostenlos zu beseitigen. Der Spruch der Schiedsstelle ist für den Kfz-Betrieb verbindlich. Dem Kunden steht in jedem Fall der Rechtsweg weiterhin offen.

Adressen im Internet
Die Kfz-Schiedsstellen setzen sich aus je einem Vertreter der regionan zuständigen Kraftfahrzeuginnung, eines Automobilclubs und einer technischen Überwachungsorganisation zusammen. Zudem führt stets ein zum Richteramt befähigter Jurist den Vorsitz. Informationen über das Schiedsstellenverfahren vermitteln die regional zuständigen Kraftfahrzeuginnungen. Die Adressen der bundesweit rund 130 Schiedsstellen sind im Internet zu finden. Nutzen Sie dazu die Adresse:
www.kfzschiedsstellen.de

Smart Waschtag

Sein eigenes Auto zu pflegen macht Spaß. Sie sichern damit nicht nur den Wert, sondern lernen Ihr Auto auch bis in den letzten Winkel kennen. Das ist die ideale Voraussetzung, wenn wir später beginnen wollen Teile zu demontieren. Das Verdeck stellt auch besondere Ansprüche an die Pflege.

Wagenpflege und Werterhalt

Ein Auto zu besitzen ist für die meisten Menschen weitaus mehr als nur eine bequeme Alternative zu Straßenbahn oder Fahrrad. So auch für Sie. Schließlich haben Sie sich bewusst für ein bestimmtes Modell entschieden, in Ihrer Lieblingsfarbe und mit genau den Ausstattungsmerkmalen, die Sie mögen. Der Lack funkelt in der Sonne, der Innenraum riecht angenehm. Da stellt sich zu Recht ein gewisser Besitzerstolz ein, zumal ein Auto auch eine hübsche Stange Geld kostet. Diesen Wert gilt es zu erhalten, denn vielleicht kommt der Tag, an dem Sie sich doch von Ihrem Schmuckstück trennen wollen oder müssen. Dann geht es um Bares, und wie so oft im Leben zählt hier der erste Eindruck. Und stellen Sie sich einfach vor, Sie müssten ein jahrelang vernachlässigtes Auto vor dem Verkauf in Form bringen. Eine Wahnsinns-Arbeit, nur für den Käufer! Also pflegen Sie Ihr Auto regelmäßig. Sie werden sehen, das macht sogar Spaß! Wie das am besten geht und was Sie dabei beachten müssen, erfahren Sie hier.

Waschanlage oder Handwäsche?

Eine der wichtigsten Fragen, die ebenso heiß wie häufig diskutiert wird. Und leider können auch wir keine eindeutige Antwort darauf geben. Einerseits ist die Maschinenwäsche natürlich die bequemste Variante und auch in Sachen Umwelt erste Wahl (siehe auch Kasten auf Seite 34), andererseits haben die Vertreter der Handwasch-Fraktion natürlich recht, wenn sie vor Kratzern und anderen Beschädigungen warnen. Denn natürlich gehen in Waschanlagen manchmal Außenspiegel zu Bruch oder die Bürsten hinterlassen auf dunklen Lacken leichte Kratzer. Das passiert allerdings nur bei schlecht gewarteten oder veralteten Anlagen, aber auch genauso, wenn der Schwamm bei der Handwäsche nicht sauber ist. Wie die meisten Fahrzeuge hat auch die Karosserie Ihres Smart viele tückische Stellen. Dazu gehören zum Beispiel die Falze und Kanten an den Türinnenseiten oder auch am Kofferraum. Die Reinigung in der Waschanlage allein kann also zu unbefriedigenden Resultaten führen, und Sie müssen am Ende ein paar Stellen doch von Hand nachputzen.

Woran erkenne ich eine gute Waschanlage?

Zunächst einmal ist natürlich die neuere und weniger frequentierte Waschanlage die bessere Wahl. Moderne Anlagen steuern die Bürsten optisch und besitzen genügend Flexibilität, um auch mit den ungewöhnlichen Formaten moderner Autos zurecht zu kommen. Wenn Sie eine alte Anlage sehen, die noch mit Fühlern arbeitet, die über die Konturen der Karosserie schleifen, fahren Sie am besten gleich weiter. Auch gebogene oder ausgefranste Borsten sind kein gutes Zeichen. Dann wird diese Waschanlage sehr oft benutzt, ohne dass der Betreiber gerne Geld investiert. Die Folge ist eine Breitseite für den Lack, da die Borstenenden keine saubere Arbeit leisten können. Beobachten Sie einfach einen Waschgang eines anderen Kunden und achten Sie auch darauf, ob das Auto zu Beginn des Waschganges mit genügend Wasser benetzt wird. Denn auch hier wird manchmal gespart oder verstopfte Düsen werden erst gar nicht gereinigt.

Schadet häufiges Waschen dem Lack?

Heutige Lacke sind außerordentlich resistent gegen Umwelteinflüsse. Sie müssen selbst bei relativ frisch lackierten Teilen (zum Beispiel nach einer Unfallreparatur) keine Angst haben. Die größere Gefahr geht von Vogelkot, Insekten oder Pflanzensäften aus, die den Lack mit der Zeit angreifen. Also am besten gleich abwaschen!

Wichtige Hilfsmittel und Putzutensilien

Egal, ob Sie nur von Hand waschen oder Ihren Wagen zunächst durch eine Waschanlage jagen – Sie brauchen in jedem Fall noch ein paar Dinge, um Ihr Schmuckstück perfekt in Form zu bringen. Denn auch die beste Waschanlage lässt manchmal ein paar Stellen aus. Am besten entfernen Sie mit einer gründlichen Vorbehandlung hartnäckige Verunreinigungen und warten dann mit Schwamm und Leder bewaffnet am Ausgang der Waschanlage, um sofort nacharbeiten zu können.

Und natürlich sollten Sie sich bei dieser Gelegenheit auch gleich den Stellen widmen, die eine Waschanlage niemals erreichen kann: Hierzu zählen beispielsweise die Innenseiten der Scheiben oder auch die Einstiegsleisten. Wir haben darum für Sie hier die wichtigsten Utensilien zusammengestellt, die Sie beim Waschgang unbedingt parat haben sollten.

GEFAHRENHINWEIS

Putzen gefährdet die Umwelt

Ausnahmsweise gilt dieser Gefahrenhinweis nicht Ihnen, sondern der Umwelt. Den Wagen vor der eigenen Hautür zu waschen ist längst nicht mehr überall erlaubt und das aus gutem Grund: Mit dem Abwasser können gefährliche Stoffe in das Grundwasser gelangen. So zum Beispiel Öl oder Chemikalien, die Sie zum Reinigen verwenden. Auch der Trinkwasserverbrauch ist nicht zu unterschätzen. In Waschanlagen werden diese Stoffe durch Abscheider aufgefangen und das Wasser mehrmals aufbereitet und erneut verwendet. Auch die verschmutzten Lappen sind im Grunde genommen Sondermüll, besonders wenn Sie damit dicke Ölkrusten beseitigt haben. Wir raten Ihnen deshalb, grundsätzlich einen ausgewiesenen Waschplatz aufzusuchen. Am besten einen, der überdacht ist, so müssen Sie auch nicht darauf achten, dass Ihnen die Sonne unter Umständen hässliche Wasserflecken in den Lack brennt. Und Sie sind unter Ihresgleichen: Autoliebhaber, die ihr Fahrzeug nicht nur als Fortbewegungsmittel sehen, sondern es mit Hingabe pflegen. Also ein guter Ort für Benzingespräche. Putzen gefährdet die Umwelt.

Das Grundrüstzeug: Unterschiedliche Pflegesubstanzen und vor allem die richtige Auswahl an Tüchern, Schwämmen und Bürsten sind zur gründlichen Reinigung unerlässlich.

Der große Schwamm: Ein weicher Schwamm ist bei der Handwäsche das wichtigste Putzutensil. Er eignet sich aber auch gut zur Vorreinigung oder dem Nachputzen.

Gegen Insektenreste: Besonders hartnäckig können Insektenreste auf den Streuscheiben der Scheinwerfer anhaften. Rücken Sie dem Fliegendreck mit einem Zellstoffpapier und etwas Schaumreiniger oder Insektenlösemittel zu Leibe.

Vorbehandlung

Vor einer gründlichen Reinigung sollten Sie Ihren Wagen auch einer gründlichen Vorbehandlung unterziehen. Widmen Sie sich akribisch den großen Flächen der Karosserie. Inspizieren Sie gleichzeitig die gesamte Karosserie auf Kratzer. Später gehen wir darauf ein, wie Sie Ihren Smart vor Kleinschäden mit relativ geringem Aufwand und vor allen Dingen vertretbaren Kosten schützen können. Arbeiten Sie von oben nach unten, fangen Sie mit dem Dach an und verteilen Sie von dort den Waschschaum auf die restliche Karosserie. Hilfreich ist die Waschbürste, um alle Stellen am Dach zu erreichen, ohne auf Tuchfühlung mit der Fahrzeugflanke gehen zu müssen. Geben Sie aber Acht, dass die Dreckreste Ihres Vorgängers nicht mehr im Bürstenkopf hängen und so Ihre Lackoberfläche verkratzen. Besonders die Felgen müssen Sie sich gesondert vornehmen.

Grober Dreck an der Karosserie: Die starken Verschmutzungen lösen Sie zunächst mit der Waschbürste. Vorsicht: Kontrollieren Sie den Bürstenkopf, bevor Sie loslegen. Zurückgebliebener Sand und Staub könnten Ihren Lack verkratzen.

Bremsstaub an den Felgen: Der schwarze Abrieb an den Radzierblenden und Felgen sieht nicht nur hässlich aus, er greift auch das Material an. Daher immer gut einschäumen.

Kleiner Schwamm und Bürste: Die Feinarbeit an den Felgen erledigen Sie am besten mit einem kleinen Haushaltsschwamm und einer Bürste an einem fexiblen Drahtstiel.

Dampfstrahler marsch: Den Schaum mit dem Dampfstrahler von oben nach unten abwaschen. Dabei stets auf genügend Abstand, insbesondere von den Reifenflanken achten.

GEFAHRHINWEISE

⚠ Vorsicht beim Dampfstrahlen

Ein Dampfstrahler ist an sich eine tolle Erfindung: Heißes Wasser, das unter extrem hohen Druck aus einer Düse schießt, löst fast jede Schmutzkruste. Besonders gut natürlich dicke Ölkrusten an Motor und Getriebe. Hiervon raten wir aber dringend ab. Denn die im Motorraum verbauten Elektronikteile können durch die eindringende Feuchtigkeit erheblichen Schaden nehmen. Die Folge könnte ein kostspieliger Austausch des Motorsteuergerätes sein. Der Motorraum sollte daher nur mit geeigneten, so genannten Kaltreinigern und in Handarbeit, oder noch besser vom Profi gesäubert werden. Auch für den Kühler ist ein Dampfstrahler Gift. Denn der scharfe Strahl dringt mit großem Druck durch die feinen Lamellen und kann diese deformieren. Bleiben noch die Felgen. Tatsächlich kann der Dampfstrahler hier im Kampf mit Bremsstaub und anderen Verschmutzungen viel bewirken. Meistens reflektieren die Speichen den Strahl jedoch in die Richtung, in der Sie gerade stehen. Und wehe Sie kommen dem Reifen zu nah! Auch in der Seitenwand moderner Pneus kann der enorme Druck des Wasserstrahls Schaden anrichten. Also wenigstens 50 cm Abstand halten!

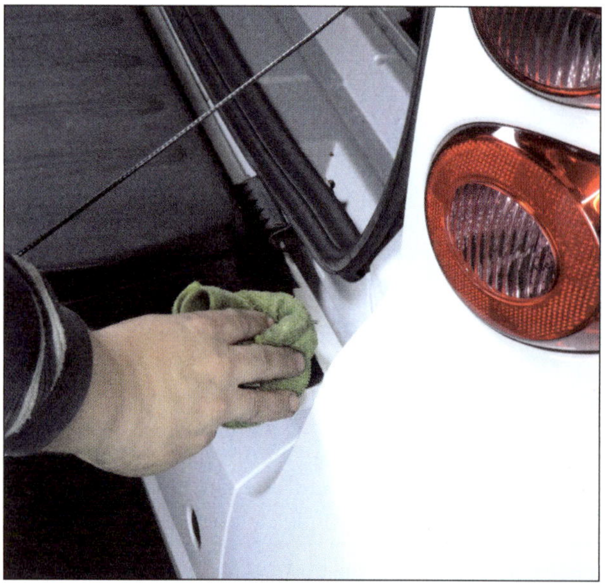

Heckdeckel innen: Kontrollieren Sie die Umlaufkante des Heckdeckels auf Restverschmutzungen. Reiben Sie die betreffenden Stellen gründlich, aber vorsichtig sauber.

Türkanten: Jede Tür einzeln öffnen und mit dem Tuch nachfahren. Genauso an den Einstiegsleisten und eventuell auch die Schwellerkanten behandeln.

Spiegelgehäuse und Glas: Restfeuchtigkeit an den Seitenspiegeln mit dem Tuch vorsichtig abwischen. Dabei das Gehäuse mit dem Lappen von hinten festhalten und abreiben.

Denn an den Rädern setzt sich aggressiver Bremsstaub fest und kann dort die Oberfläche angreifen. Reinigen Sie daher die Felgen mit der Bürste vor, um anschließend noch mit dem kleinen Haushaltsschwamm (Vorsicht im Umgang mit der Scheuerfläche) und einer Bürste nachzuarbeiten. Für Insektenreste an der Front empfiehlt sich ein Insektenreiniger zur Vorbehandlung. Zum Schluss waschen Sie den Wagen großzügig mit dem Dampfstrahler ab. Halten Sie dabei aber unbedingt genügend Abstand.

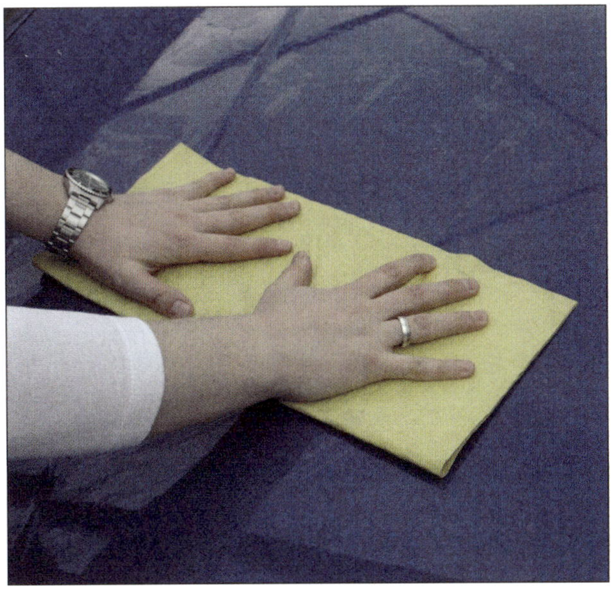

Große Flächen: Um die restlichen Wassertropfen zu entfernen ist das gute alte Leder immer noch unschlagbar. Aber Vorsicht: Niemals über noch schmutzige Stellen wischen!

Nachbehandlung der kritischen Stellen

Ein perfektes Finish macht den Unterschied. Also ist nach dem Waschgang nochmals Handarbeit angesagt. Nehmen Sie sich insbesondere der schwierigen Stellen an. Hierzu zählen wie bereits erwähnt die Einstiegsleisten, aber auch die Innenseiten und Aussparungen der Türen und des Heckdeckels. Fahren Sie auf gar keinen Fall sofort nach der Wäsche los, denn sonst war die Arbeit bis dahin vergebens. Die noch feuchten Stellen, zum Beispiel an der Unterkante der seitlichen Schweller, nehmen sofort wieder Straßenschmutz auf, der durch die Räder und den Fahrtwind aufgewirbelt wird.

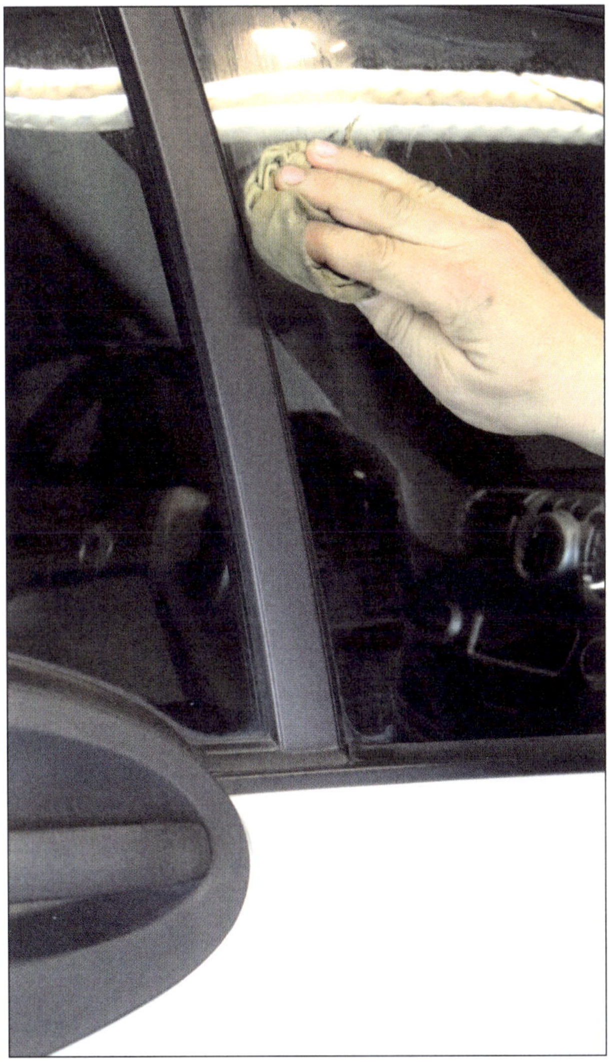

Scheiben: Für den klaren Durchblick sorgt ein fusselfreies Tuch, mit dem die Scheiben innen und außen abgewischt werden. Ohne Reiniger geht auch das Leder: Nachbehandlung der kritischen Stellen.

WISSENSWERTES

Nanotechnologie

Als Forschungsfeld mit Zukunftspotential bietet die Nanotechnologie schon heute viele Anwendungen im und rund ums Fahrzeug. Beispiele sind blendungsfreie Tachoverglasungen oder auch Verbundglas, das Infrarotstrahlung absorbiert und so die Wärmeeinwirkung aufs Fahrzeuginnere reduziert. Der berühmteste Nanoeffekt ist aber der Lotusblüteneffekt, der selbstreinigende Oberflächen ermöglicht. Zur längerfristigen Versiegelung der Lackoberfläche bieten nun auch einige Pflegefachbetriebe diesen Lackschutz an.

Nach dem Vorbild der Natur: Nanopartikel reduzieren die Benetzbarkeit und verhindern dadurch Schmutzanhaftungen an der Oberflächen.

Was für den Oberflächenschutz durch Anstreichfarben an Häuserfassaden oder auch Dachziegeln gut funktioniert, birgt beim bewegten Fahrzeug noch gewisse Schwierigkeiten. Die Rauigkeit der mikroskopisch kleinen Strukturen, welche eine geringe Benetzbarkeit und damit auch ein hohes Maß an Selbstreinigung bewirken, könnten nämlich schnell durch Insekten verkrustet werden. Dennoch bieten immer mehr Pflegefachbetriebe Nanotechnologie als Langzeitschutz an. Im Unterschied zu einer Wachsversiegelung hält der Nanoschutz mitunter bis zu drei Jahre und das bei vergleichbaren Kosten. Wenige Fahrzeughersteller bieten mittlerweile auch den Nanoschutz ab Werk. Eine Nanoschicht im Klarlack sorgt für höhere Resistenz gegen mechanische Beanspruchung und Korrosion. Was in der Praxis eine höhere Kratzfestigkeit bedeutet. Die Forschung arbeitet derzeit an weiteren praktischen Anwendungen. Selbstreinigende Felgen oder auf Knopfdruck wechselnde

Polieren und Konservieren

Dem Lackkleid sollten Sie von Zeit zu Zeit eine Politur gönnen. Dadurch kann der Schmutz nicht so leicht anhaften und auch das Wasser perlt einfach ab. Das ist übrigens ein guter Indikator für den richtigen Zeitpunkt: Bildet das Wasser größere Pfützen auf der Karosserie, sollten Sie die Oberfläche neu versiegeln. Im Handel sind zahllose Produkte zu finden, vom leichten Mittel bis zum schleifenden Reiniger für stark verwitterte Lacke. Lesen Sie also die Beschreibung aufmerksam durch und verwenden Sie im Zweifelsfall stets das weniger aggressive Produkt. Etwas anders sieht es unter dem Smart aus. Obwohl hier ab Werk ausreichend Korrosionsschutz vorhanden ist, sollten Sie bei Gelegenheit nochmals nacharbeiten. Die Falze und Hohlräume freuen sich über eine Extraportion Wachs, die das Eindringen von Feuchtigkeit und den daraus resultierenden Kantenrost um Jahre verzögert. Dazu muss allerdings der Unterboden zuerst von allen Verkleidungen befreit werden. Behalten Sie diese Spezialbehandlung also im Kopf, wenn Sie weiter hinten im Buch beginnen Teile des Unterbodens zu demontieren. Langfristigen Schutz kann auch die Versiegelung mit Wachs vom Fachmann bieten. Sie kostet summiert auf die Wirkdauer, etwa so viel wie die Wagenwäschen, die man sich dadurch ersparen kann, und hält bis zu einem ganzen Jahr. Neuerdings bieten manche Pflegefachbetriebe auch die Versiegelung mittels Nanotechnologie (siehe Kasten) an. Diese Art das Fahrzeugäußere zu versiegeln kostet zwar mehr, hält dafür aber auch mitunter bis zu drei Jahre.

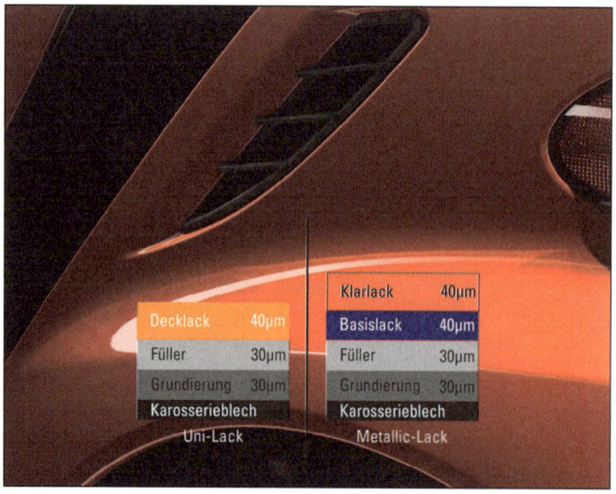

Lackschichten: Durch unterschiedlich dicke Schichten ist die Lackoberfläche aufgebaut und schützt das Blech darunter vor Korrosion.

Türschloss: Gelegentlich ein paar Spritzer Öl halten die Verriegelungsmechanik in Gang. Gelspray verteilt sich bis in den letzten Winkel und haftet länger als normales Öl.

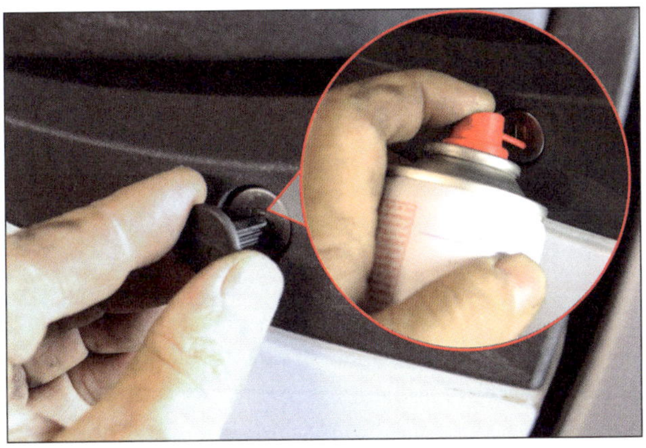

Schließzylinder: Die Mechanik der Schließzylinder können Sie mit Sprayölen in Gang halten. Benutzen Sie bei der Anwendung ein Tuch, um überschüssiges Öl aufzufangen.

Türscharniere: Quitschende Scharniere sind nervig und außerdem der Beleg mangelnder Fürsorge. Beugen Sie durch regelmäßige Öl-Anwendung vor. Dabei auch gleich die Türfeststeller an den im Bild angezeigten Stellen schmieren.

Kleiner Schmierdienst

Überall, wo sich Teile der Karosserie relativ zueinander bewegen, entstehen Reibungskräfte, die nach und nach aber vor allen Dingen bei mangelnder Schmierung das Material der Kontaktflächen verschleißen. Türen, Schlösser und Scharniere müssen daher mit einem Spritzer Öl in Gang gehalten werden. Die Aufbringung der Schmiermittel macht Ihnen wenig Aufwand. Die meisten Spraydosen haben zum gezielten Einbringen einen Sprühkopf als längliches und flexibles Röhrchen. Dadurch ersparen Sie sich zumindest aufwändige Demontagen. Der langfristige Effekt dieser Arbeit ist aber dennoch nicht zu unterschätzen. Empfehlenswert sind so genannte Gelsprays. Sie haften aufgrund ihrer weniger flüchtigen Konsistenz besser und verteilen sich zugleich sehr weitläufig bis in den letzten Spalt. Außerdem haften diese Mittel länger als normales Öl an.

Pflege des Innenraumes

Natürlich gibt es unzählige Mittelchen für die Pflege unterschiedlichster Materialien. Und jede Woche kommt ein Neues hinzu. Wir können daher keine konkrete Produktempfehlung aussprechen, wollen Ihnen aber gerne erklären, welche Art von Produkt an welcher Stelle angebracht ist.

Glas: Für die Reinigung der Scheiben gibt es normale Haushaltsmittel. Wichtig ist ein nicht fusselnder Lappen. Sie können aber auch Spiritus nehmen und mit Zeitungspapier nachreiben.

Aufwändige Geschichte: Die Reinigung des Innenraumes nimmt viel Zeit in Anspruch und braucht eine Menge unterschiedlicher Mittel. Auf den ersten Blick erkennen wir in diesem Cockpit verschiedene Materialien und Oberflächen. Fast jede braucht eine andere Behandlung. Hier natürlich nicht im Bild: die unangenehmen Gerüche. Aber auch dafür gibt es Lösungen: Eine Schale Essigwasser über Nacht in den Fahrzeuginnenraum gestellt wirkt Wunder.

Knöpfe und Schalter: Etwas Cockpitspray auf einen Lappen sprühen und die Knöpfe gründlich säubern – schon setzt sich kein Speck mehr darauf ab.

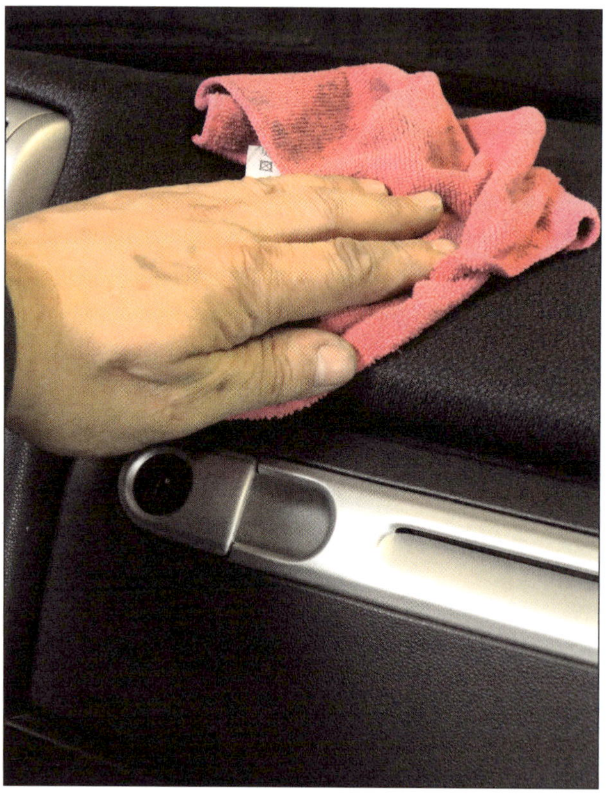

Kunststoffoberflächen: Bewährt haben sich antistatische Mittel (Cockpitspray), die verhindern, dass Staub und Schmutz vom Kunststoff angezogen werden.

Textilien: Schwierig zu reinigen, da sich der Schmutz in den Fasern festkrallt. Probieren Sie Polsterreiniger, aber zunächst an einer unauffälligen Stelle, um die Verträglichkeit zu testen.

Gläser aus Kunststoff: Hier ist größte Vorsicht angebracht. Zu scharfe Mittel oder schmutzige Lappen verursachen sehr schnell Kratzer oder blinde Stellen.

Lüftungsdüsen: Zum Entfernen von Staub empfiehlt sich ein handelsüblicher Malerpinsel mit langen Borsten, der sich auch für sonstige schwer zugängliche Stellen eignet.

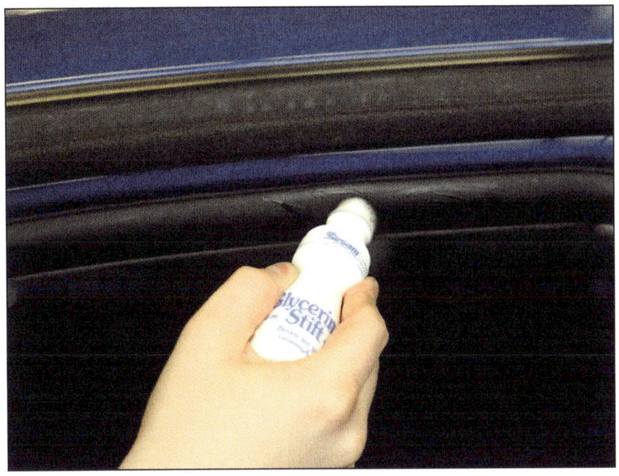

Gummidichtungen: Diese müssen innen wie außen geschmeidig bleiben. Besonders wichtig ist das im Winter. Spezielle Gummiplegemittel geben dem elastischen Material zusätzlich den Glanz.

Wertsteigerung durch Aufbereitung

Vielleicht kommt irgendwann leider auch mal die Zeit und Sie müssen oder wollen sich von Ihrem Smart trennen. Möchten Sie nun zur Wertsteigerung beitragen und einen höheren Erlös erzielen, gibt es vor dem Verkauf verschiedene Dinge zu beachten. Erstens sollten Sie Ihren Smart dem Nachbesitzer in einem technisch einwandfreien Zustand überlassen. Der TÜV nimmt Wertgutachten vor und checkt das Fahrzeug auf etwaige Mängel. Verschiedene Prüfpunkte werden in einem detaillierten Bericht aufgelistet, dazu gehören Bremsen, Lenkung, Fahrwerk, Antrieb, Auspuffanlage, Elektrik und Beleuchtung, Karosserie und Lackierung sowie der Innenraum. Ein Gebrauchtwagenzertifikat sorgt zusätzlich für Vertrauen und dient als neutrale Verhandlungsbasis. Außerdem bleiben Sie und der Käufer vor bösen Überraschungen bewahrt, die unnötigen Ärger verursachen. Doch was kann man, außer dem technischen Check-up und der obligatorischen Wagenreinigung innen und außen, noch tun?

Komplettsanierung innen und außen

Eine Möglichkeit, den Wagenwert zu steigern, ist die professionelle Aufbereitung Ihres Fahrzeugs. Innenraum und Karosserie erhalten dabei eine Komplettsanierung, kleinere Mängel und Schönheitsfehler werden beseitigt oder zumindest retuschiert. Ihr Smart steht anschließend im frischen Glanz da und macht so gleich auf den ersten Blick einen guten Eindruck. Ein Smart, der vor allem als urbanes Fortbewegungsmittel dem harten Autoalltag ausgesetzt war, trägt wahrscheinlich auch dementsprechende Spuren davon. Kleine Kratzer oder Beulen außen, die Löcher der Handyhalterung im Armaturenträger oder des Rauchers Unachtsamkeit, die sich im Sitzpolster als Brandloch verewigt hat. Die vielfältigen Methoden der Kleinreparaturen helfen diese Schönheitsfehler bei relativ geringem Aufwand zu beseitigen. Aller Euphorie vorangestellt sollten Sie sich aber im Klaren sein, dass die Aufbereitung keinen Neuwagen hervorzaubert. Machen Sie sich daher mit den Leistungen Ihres Profiaufbereiters vertraut und besprechen Sie ausführlich den erwünschten Umfang Ihrer Fahrzeugrenovierung. Machen Sie ihn auf kritische Stellen aufmerksam. So fällt eine sorgfältige Einschätzung, wie das erreichbare Ergebnis aussehen könnte, leichter.

Auspolieren kleiner Kratzer

Kleinere Kratzer lassen sich oft mit wenig Aufwand und ohne besondere Hilfsmittel entfernen.
Wichtig hierbei ist, dass die Kratzer nur in der obersten Lackschicht vorhanden sind.
Zuerst einmal muss das Fahrzeug gründlich gewaschen werden. So wird sichergestellt, dass man beim Polieren nicht mit Schmutzpartikeln die nächsten Kratzer in den Lack einarbeitet. Für den nächsten Schritt darf das Blech der zu polierenden Stelle nicht heiß sein. Bei einem zum Beispiel durch die Sonne aufgeheizten Lack trocknet die Politur zu schnell ab und erschwert die Arbeit ungemein. Für das Auspolieren reicht ein etwas kräftigerer Lackreiniger aus. Er über-

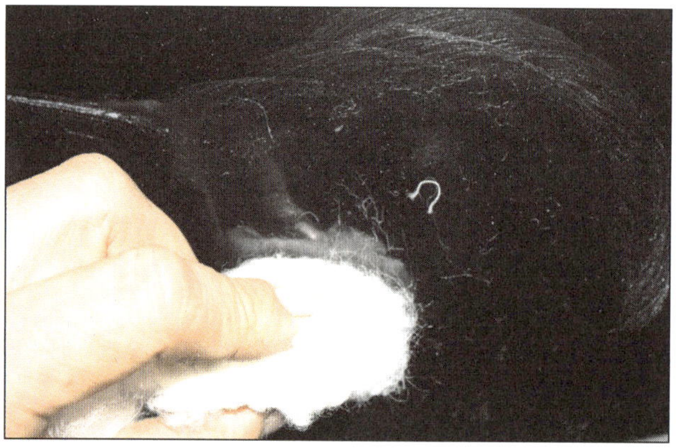

Auspolieren eines Kratzers: Auch wenn es nicht so aussieht, es wird geschliffen.

nimmt die Schleifarbeit. Der Trick liegt darin, die Lackdicke etwas abzuschleifen, um sie wieder in die gleiche Höhe zu bekommen wie den Kratzer. So fällt diese Stelle nicht mehr auf. Je nach Aggressivität des Lackreinigers, kann das sehr schnell gehen. Grundsätzlich sollte dann in einem zweiten Schritt die Umgebung des Kratzers leicht mitbehandelt werden. So wird vermieden, dass sich diese aufbereitete Stelle von dem umliegenden Lackbild abhebt.

Eine weitere Möglichkeit ist das Polieren mit Nassschleifpapier. Die Körnung sollte dann aber um 1500 liegen. Die Vorarbeit wird dann mit dem Schleifpapier und viel Wasser erledigt.
Es sollte aber trotzdem mit Lackreiniger nachgearbeitet werden. Im nächsten Schritt werden die Rückstände des Lackreinigers vollständig entfernt. Zum Abschluss wird die geschliffene Fläche mit einer Wachspolitur versiegelt und nach dem Abtrocknen der Wachsschicht gründlich mit einem weichen Lappen poliert.

Auspolieren eines Kratzers mit Schleifpapier: Sieht eigenartig aus, ist aber sehr effektiv. Wichtig ist die Handhaltung und etwas Erfahrung.

PRAXISTIPP

Aufbereitung vom Profi

Die Abwägung, ob es sich für die vorhandenen Kleinschäden an Ihrem Fahrzeug lohnt einen Profi zu engagieren oder nicht, wird dann relevant, wenn Sie sich von Ihrem Wagen trennen wollen oder müssen. Denn auch bei der Fahrzeugwartung und -pflege hat sich leider die »Geiz-ist-geil«-Mentalität in letzter Zeit bemerkbar gemacht. Trotz des gestiegenen Anteils älterer Fahrzeuge in Deutschland (das Durchschnittsalter des bundesweiten Fahrzeugbestandes beträgt mittlerweile acht

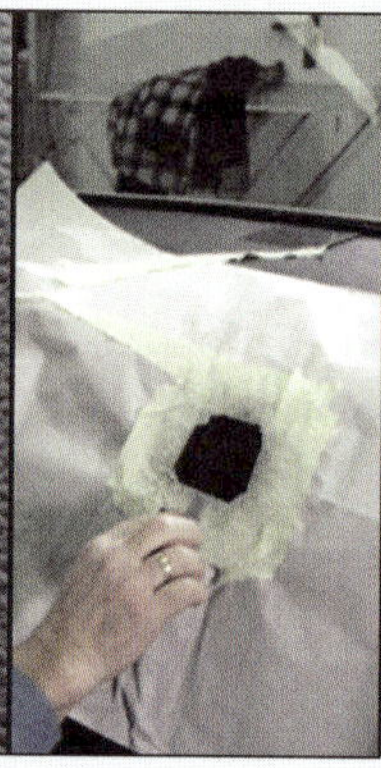

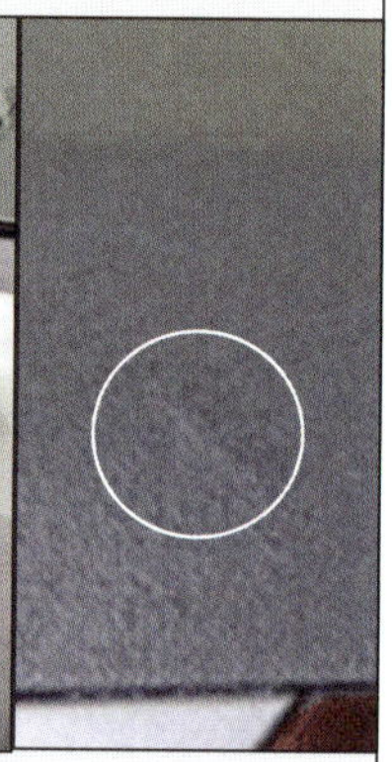

Befriedigendes Resultat: Ein Loch im Armaturenträger vor und nach der Reparatur.

Jahre), scheinen sich immer weniger Besitzer um den Allgemeinzustand ihres Fahrzeugs Gedanken zu machen. Wartung und Kundendienst werden vernachlässigt, die Motivation sinkt, in das Fahrzeug und den fälligen Service Geld zu investieren. Die Folge sind sich anhäufende Kleinmängel, die in ihrer Summe das Gesamtbild und die Erscheinung eines Kfz schnell trüben. Dies ist eine Chance für Besitzer wie Sie, die pfleglich mit Ihrem Automobil umgehen. Sie können sich mit Ihrem ordentlich gepflegten Fahrzeug hervorheben und zusätzlich durch eine optische Generalüberholung den Wiederverkaufswert steigern. Praxistests haben gezeigt, dass professionell aufbereitete Fahrzeuge in aller Regel einen deutlich höheren Verkaufspreis erzielen als ohne vorherige Verschönerungsmaßnahmen. Die Schönheitskur kann so eine Wertsteigerung von bis zu 1000 Euro erzielen. Rechnet man die ca. 400 bis 500 Euro Aufwendungen ein, bleibt immer noch ein schöner Überschuss von mehreren hundert Euro.

Mehr als ärgerlich: Beulen und Kratzer

Die Karosserie des Smart ist sehr widerstandsfähig. Doch irgendwann ist es vielleicht doch passiert: Es fällt irgendein Gegenstand auf das Blech oder der Lack ist durch einen tiefen Kratzer verunziert. Im Prinzip bleibt Ihnen dann fast nichts anderes übrig, als die Fahrt zum Lackierer bzw. Karosseriebauer anzutreten. Reparaturversuche zu Hause sind bei allem Aufwand meistens nicht von dauerhaftem Erfolg. Daher wollen wir Ihnen hier bildhaft zeigen, wie der Profi einer Beule in einem Karosserieblech zu Leibe rückt.
Smartrepair ist hier das Zauberwort, das Dellen von geschickter Hand verwinden lässt, oftmals ohne lackieren zu müssen. Ist die Beule von innen nicht zugänglich, muss sie von außen Stück für Stück herausgezogen werden. Hierzu verwendet der Profi einen Zuganker, der an die betroffene Stelle aufgeklebt wird. Mit dieser Behelfsvorrichtung kann der Profi durch Ziehen die Einwölbung wieder herausbekommen. Danach wird der Anker wieder entfernt und die Stelle geglättet sowie anschließend lackiert.

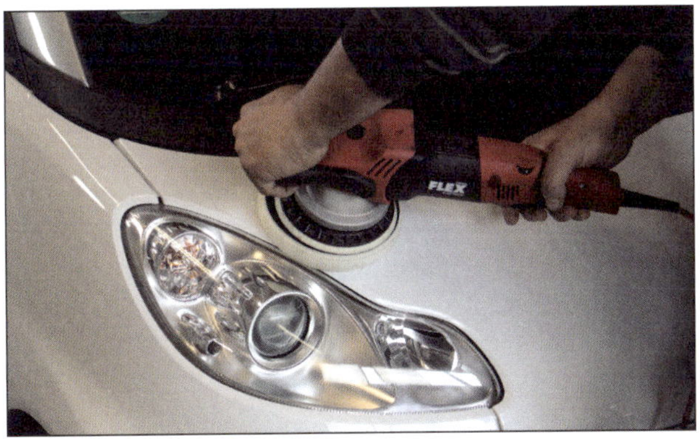

Polieren der Fläche: Zum Abschluss muss nun Glanz entstehen.

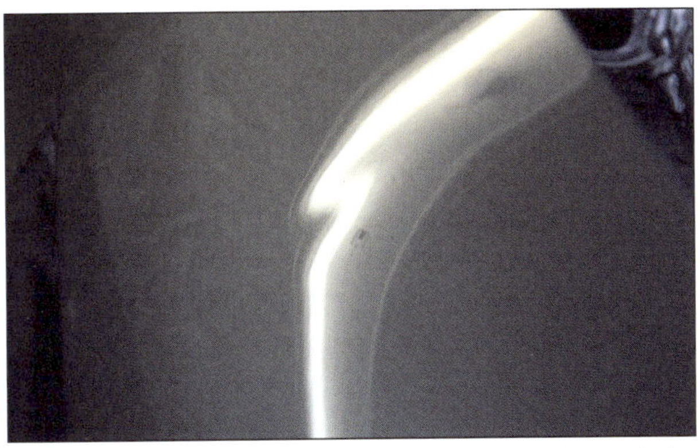

Punktabzug in der B-Note: Diese Delle kann nicht nur beim Leasing Abzug bedeuten.

Zugwerkzeug: So sieht ein Werkzeug für die hartnäckigeren Beulen aus. Die Anker werden aufgeklebt.

Schlagfertig: Der Randbereich der Beule wird leicht angeschlagen.

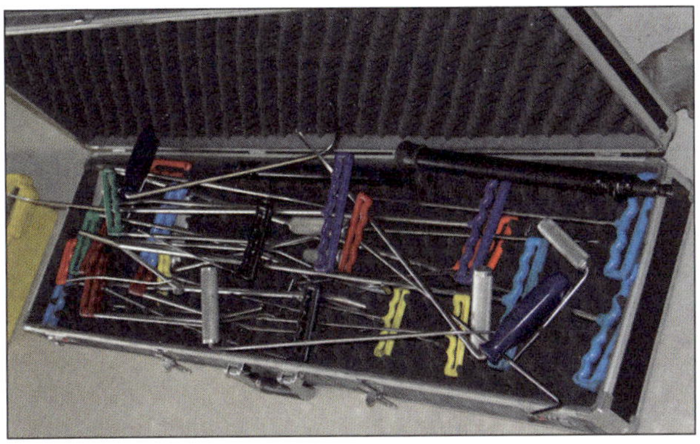

Augenmaß und Erfahrung sind sehr wichtig: Die Delle wird mit einem speziellen Werkzeug ausmassiert.

Verdeckpflege

Regelmäßige Wäsche ist die wichtigste Pflegemaßnahme für das Verdeck. Staub, Schmutz und Ruß setzen sich auf ihm ab. Eine verschmutzte Fahrzeughaube wirkt umso unansehnlicher, je heller die Verdeckfarbe ist. Für helle Verdecke empfiehlt zum Beispiel Volkswagen eine wöchentliche Wäsche mit normalem Autoshampoo. Wird nach der Wagenwäsche ein Waschkonservierer aufgetragen, sollte dieser allerdings nicht auf das Verdeck gelangen. Es kann dadurch fleckig werden. Oft genügt schon eine einfache Trockenreinigung. So können Sie z. B. Staub mit einer weichen Bürste (ohne Metallborsten) entfernen. Bürsten Sie immer in der Geweberichtung von vorn nach hinten. Vor jeder Nassreinigung sollte der Verdeckbezug in gleicher Weise ausgebürstet werden. Feuchten Sie ihn anschließend mit reichlich Wasser an. Vogelkot ist ausgesprochen aggressiv und muss umgehend vom Verdeck wie auch vom Lack abgewaschen werden. Er könnte sonst das Material zumindest angreifen und zerstören. Wenn Sie Ihren Wagen an einer Selbstwasch-Station wieder auf Glanz bringen, darf das Verdeck keinesfalls mit dem Hochdruckreiniger behandelt werden. Zu hoher Wasserdruck und auch heißes Wasser schaden dem Verdeckmaterial. Die Wagenwäsche kann auch in der Waschanlage stattfinden. Wählen Sie ein Programm ohne anschließende Wachsbehandlung. Das heiß aufgetragene Wachs kann Flecken auf dem Verdeckbezug hinterlassen und im schlimmsten Fall sogar die Kunststoffschicht angreifen. Hat sich der Schmutz in dem Dachbezug festgesetzt oder ist dieser Bezug verfleckt, sollten Sie nur ein Reinigungsmittel verwenden, das speziell für Cabrio-Dächer vorgesehen ist – so etwa die Verdeckreiniger-Pflegekombination 395/96 von Tunap oder C1 Cabrio-Verdeckreiniger von Dr. O. K. Wack Chemie. Letzterer ist ein Kraftschaum. Er wirkt sehr intensiv und zugleich schonend für das Verdeck. Im Prinzip funktioniert er wie alle Schaumreiniger: Er nimmt den Schmutz auf und bindet ihn im Schaum und kann lange einwirken, weil er auch auf der Schräge nicht abläuft. Das Mittel lässt sich auf den Punkt genau auftragen und ist also auch sehr ökonomisch für einzelne Flecken geeignet. Die Aerosoldose mit 400 ml erlaubt 8 bis 12 Anwendungen bei vollflächiger Beschäumung. Auf jeden Fall ist die Arbeit auch mit diesen Mitteln etwas mühselig, denn das Verdeck muss mit einer Bürste behandelt werden. Gut geeignet ist nach unserer Erfahrung eine Handbürste.

Kunststoffpflege von A1: zur Wahl stehen bei der Firma A1 die Varianten »Matt« und »Glänzend«.

Führungen in den Dachholmen: Auch die Führungen und Rastungen müssen gereinigt und regelmäßig gepflegt werden.

Verdeckpflege beim Stoffdach: Zuerst mit viel Wasser die Verschmutzungen ausspülen.

Verdecke aus Textilmaterial

Die Smart-Cabriolets sind ab Werk mit einem Verdeck aus Verdeckstoff ausgestattet. Dieses Textilmaterial ist aber weniger robust im Umgang und nimmt mangelhafte Pflege besonders übel. Ein Fahrzeug mit Textildach sollte grundsätzlich in einem zumindest überdachten Unterstand stehen. Anhaltende Sonneneinstrahlung greift Gewebe, Gummierung und Farbe an. Staub auf dem Verdeck entfernt man mit einer weichen Bürste. Dabei in Richtung der Gewebelinien bürsten. Verdeck auch vor der Wagenwäsche abbürsten. Grundsätzlich sollte der Verdeckstoff aber nur mit klarem Wasser abgespült werden. Vogelkot sofort mit viel Wasser abwaschen, denn er greift die Gummierung des Verdeckstoffes an. Flecken im Verdeck dürfen nie mit Fleckenwasser oder anderen chemischen Mitteln behandelt werden. Einzige Möglichkeit: Reiben Sie vorsichtig mit einem Kreppgummi. Für Waschanlagen ist das Textil-Verdeck nicht geeignet. Wer seinem Stoffdach etwas Gutes tun will, der erspart ihm moderne Reinigungstechnik und lässt lieber Handarbeit walten. Durch die schonendere Behandlung bei der Handwäsche ist die Imprägnierung länger wirksam. Mit viel klarem, höchstens lauwarmem Wasser gut vorspülen und mit etwas echter Kernseife oder einer Mischung von 1–2 Teelöffeln mildem Geschirrspül- oder Feinwaschmittel auf 10 Liter Wasser das Dach abwaschen. Verwenden Sie dazu eine weiche Bürste, die Sie ohne aufzudrücken geradlinig von vorne nach hinten streichen. Stark verschmutzte Verdecke, vor allem solche in helleren Farben, einige Zeit einweichen lassen, bevor abgebürstet wird. Anschließend reichlich nachspülen und gut im Freien abtrocknen lassen, aber nicht bei direkter Sonneneinstrahlung. Das feuchte Dach muss bis zum vollständigen Trocknen geschlossen sein, der Stoff könnte sonst schrumpfen.

Angebote und Pflegehinweise im Internet

Im Internet finden Sie eine ganze Reihe von Angeboten für die Verdeck-Pflege. So offeriert www.speed-sport-cabrio.de/Pflege z. B. »Vinyl-Pflege« zur Reinigung und Versiegelung aller Kunststoff-Verdecke. Speziell bei hellen Verdecken soll regelmäßige Anwendung des Mittels in der 1000-ml-Sprühflasche erfolgen. Für undichte Nähte am Stoffverdeck gibt es Textilstoff-Nahtschutz, ein Dichtungsmittel. Ferner werden Polyglas-Scheibenpolitur für verblüffende Erfolge bei verkratzten und stark verschmutzten Plastik-Heckscheiben sowie Spezialkleber zur Verdeckmontage (200-ml-Dose mit Pinsel) empfohlen. TUNAP bietet zur Cabrio-Verdeckpflege ein Komplett-Set mit Reiniger, Imprägnierung, 2 Schwämmen und einem Paar Handschuhe »zum Einführungspreis von EUR 46,00« an. Im BMW-Zubehörhandel wird ebenfalls ein Cabrio-Pflegeset mit Verdeckreiniger, Imprägnierer, Heckscheibenreiniger und Wachs-Shampoo angeboten. Dazu noch: Gummipflegemittel, Verdeck-Reparatursatz, Verdeck-Kleber.

Auftragen des Reinigers: Schaumreiniger zum Lösen der Verschmutzungen.

Einmassieren des Reinigers: Schaumreiniger in den Verdeckstoff einmassieren und nach einer Einwirkzeit wiederum mit viel Wasser ausspülen.

Imprägnierung des Stoffdachs: Die Nähte sind sehr wichtig, und das Stoffdach wird weitere Verschmutzungen besser abweisen.

Fit durch den Winter

Auto fahren macht auch im Winter Spaß, vorausgesetzt, Sie haben den Wagen fit für die kalte Jahreszeit gemacht. Auch Sie selber müssen sich natürlich auf den Winter und seine Tücken einstellen und sich rechtzeitig ein paar Gedanken machen.

Eine Frage der Traktion

Mit Heckantrieb und Heckmotor: der Smart hat im Schnee grundsätzlich gute Karten. Die Antriebskraft wird schon hinten dank des Motorgewichtes in Traktion umgesetzt. Deshalb sind gute Winterreifen Pflicht. Auch von der Schneekettenpflicht auf manchen Passstraßen sind Sie trotz der überragenden Traktion nicht entbunden. Die Schneeketten sollten immer auf der Hinterachse montiert werden. Die in allen Modellen serienmäßig vorhandenen elektronischen Regelsysteme wie ABS, ASR und ESP helfen natürlich auch im Winter. Damit übertrifft der Smart sogar die Selbstverpflichtung der europäischen Automobilindustrie (ACEA vom 1. Juli 2004), nach welcher alle Fahrzeuge unter 2,5 t zulässigem Gesamtgewicht serienmäßig zumindest mit ABS ausgestattet sein sollen. Beim Herausschaukeln aus Schneeverwehungen sollten diese Fahrhilfen kurzfristig abgeschaltet werden. Es kann in bestimmten Fällen passieren, dass die Fahrdynamikregelung in das Notprogramm fällt und die Warnlampe leuchtet. Zum Beispiel, wenn Sie die Vorderräder lange auf einer glatten Stelle durchdrehen lassen und dabei stark lenken, oder auch bei der Verwendung von Schneeketten aufgrund unterschiedlicher Abrollumfänge der Räder. Starten Sie in solchen Fällen den Motor neu um die Systeme zu reaktivieren.

Winterausrüstung mitnehmen

Damit Sie gut gerüstet sind, empfehlen wir Ihnen die folgenden Utensilien mitzuführen: A) eine fertige Mischung Frostschutz für die Scheibenwaschanlage; B) damit der Sprit nicht ausgehen kann, einen Reservekanister; C) eine warme Decke, falls Sie festsitzen und der Sprit doch ausgeht; D) eine kleine Schaufel für eine Tiefschneehavarie. Damit kann der Schnee vor den Rädern weggeschaufelt werden; E) eine Kopflampe, bei der Sie im Dunklen die Hände frei haben; F) ein Seil oder besser noch einen langen Schwerlast-Spanngurt. Damit können Sie andere Autofahrer aus dem Graben ziehen oder selbst geborgen werden. Mit Hilfe der Ratsche und einem Baum können Sie sich sogar selbst helfen; G) ein Starthilfekabel.

Startschwierigkeiten im Winter vermeiden

Der Motorstart wird unter winterlichen Bedingungen schnell mal zu einem Problemfall. Denn nicht nur das Motoröl wird bei niedrigen Temperaturen dickflüssiger, sondern auch die Batterie gibt bei Frost weniger Leistung ab. Zusammengenommen können dies im Winter K.o.-Kriterien für das Fortkommen sein.

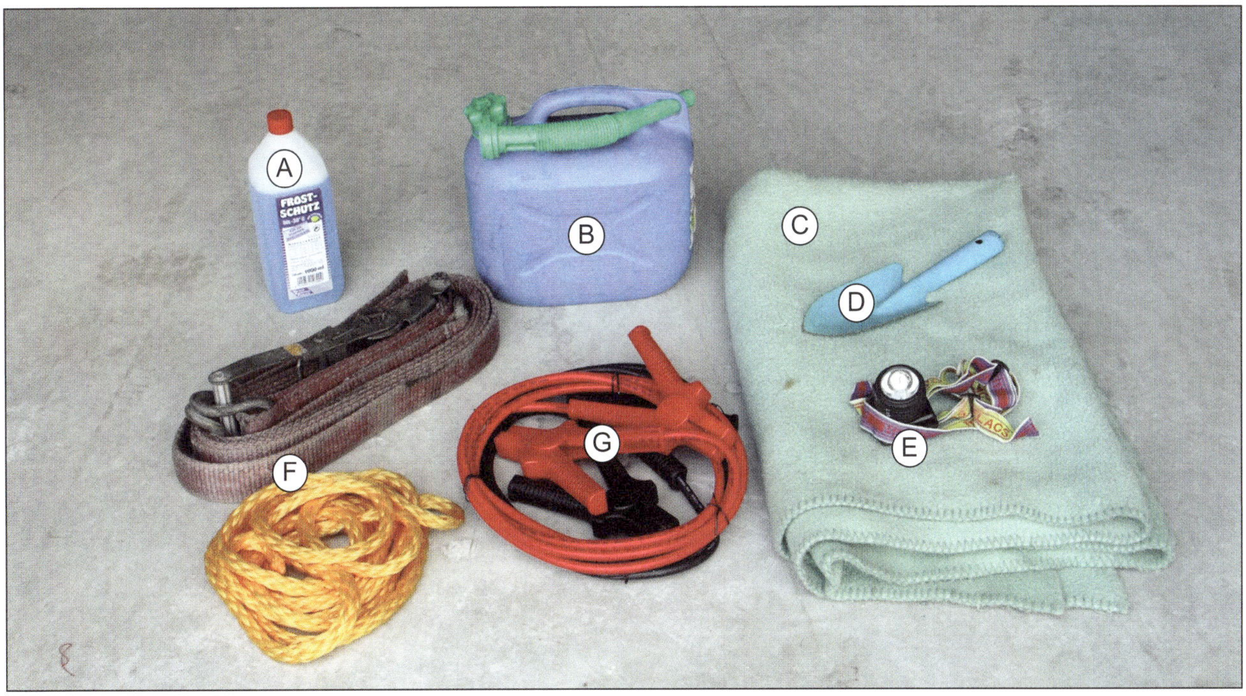

Winter-Grundausrüstung: (A) Frostschutz für die Scheibenwaschanlage, (B) Reservekanister, (C) Decke, (D) kleine Schaufel, (E) Kopflampe, (F) Abschleppseil oder Spanngurt, (G) Starthilfekabel.

Denn gerade jetzt braucht der (Anlasser) Motor mehr Leistung, um die erhöhten Reibwiderstände zu überwinden. Sie können es der Batterie aber so leicht wie möglich machen. Schalten Sie vor dem Start unnötige Verbraucher ab, hierzu zählen zum Beispiel die Lüftung oder das Radio. Das Licht sollte beim Startvorgang aus sein, ebenso die Innenraumbeleuchtung oder Sitzheizung. Wenn Sie dies beachten, wird die Batterie am wenigsten in Anspruch genommen und kann Startschwierigkeiten im Winter vermeiden.

Winterreifen

Grundvoraussetzung für sicheres Vorankommen bei Minusgraden sowie Eis und Schnee ist die richtige Bereifung Ihres Smart. Denn die vier Handtellerflächen aus Gummi zwischen Ihnen und der Fahrbahnoberfläche stellen nun mal das wichtigste Bindeglied zur Straße dar. Seit 2006 schreibt selbst die Straßenverkehrsordnung eine »geeignete Bereifung« (§2 Abs.3a) für den Winter vor. Wie diese aber auszusehen hat oder welche Spezifikationen sie erfüllen muss, ist nicht näher definiert. Ganzjahresreifen können für unkritische Wetterlagen mit milden Temperaturen ausreichend sein. Bei plötzlichem Kälte- und Schneeeinbruch sind sie aber schlichtweg ungeeignet. Weder die geübte Hand noch die Elektronik können dann bei unzureichender Bodenhaftung/Bereifung das Fahrzeug noch kontrollieren. Gehen Sie also auf Nummer sicher, was das Vorankommen auf vier Rädern angeht – verwenden Sie einen vernünftigen Satz Winterreifen. Welche Winterreifen geeignet sind und vor allen Dingen passen, erfahren Sie auf den folgenden Seiten genauso, wie Sie ohne Risiko beim Winterreifenkauf auch Geld sparen können und die Winterreifen auch sicher anbringen. Damit Sie keinen Fehlgriff machen, haben wir die wichtigen Prüfkriterien ebenfalls aufgeführt.

Die 7-Grad-Empfehlung

Ob die so genannte 7-Grad-Empfehlung als Marketingmaßnahme oder aufgrund früherer Reifenentwicklungen entstanden ist, lässt sich auch von uns nicht mehr nachvollziehen. Ihre Kernaussage ist, dass Winterreifen bei Temperaturen bis 7 Grad Celsius angeblich bessere Eigenschaften als Sommerreifen hätten. Dem entgegen haben verschiedene Tests jedoch solche pauschalen Aussagen widerlegt. Denn auch bei Temperaturen knapp über dem Gefrierpunkt können mit Sommerreifen sowohl auf nasser als auch auf trockener Fahrbahn

WISSENSWERTES

Das Schneeflockensymbol

Der großen Verunsicherung vieler Autofahrer, welche Reifen sich im Winter am besten eignen, soll durch das Schneeflockensymbol Einhalt geboten werden. Die Entstehungsgeschichte dieses Symbols rührt auch aus dem zum Teil betriebenen Missbrauch mit der »M+S«-Kennung (engl.: Mud and Snow = Matsch und Schnee), die nicht als geschützte Kennzeichnung für unbeschränkte Wintertauglichkeit gilt. Denn nicht alle mit M+S gekennzeichneten Reifen weisen die Lamellenein-

Schneeflockensymbol

Garant für Wintertauglichkeit: Reifen mit der Schneeflocke zusätzlich zur M+S-Kennung

schnitte in den Profilblöcken auf, die für gute Traktion auf Schnee sorgen. Daher tragen etwa auch Reifen für den Geländeeinsatz dieses Symbol. Doch gerade gröbere Allradreifen sind für den Einsatz im Winter höchst ungeeignet. Für die Experten des Deutschen Verkehrssicherheitsrats ist der Winterreifen mit Schneeflockensymbol daher Favorit für die sichere Fahrt. Die auf der Reifenflanke dargestellte Schneeflocke hat sich im Jahr 2002 europaweit als freiwilliges Hersteller-Kennzeichen von Winterreifen zusätzlich zur M+S-Markierung durchgesetzt. Angebracht wird sie aber nur an Reifen, die auch streng den vorgegebenen Spezifikationen entsprechen. Dies gilt für Reifen, die im Vergleich mit einem Standard-Referenzreifen mindestens sieben Prozent mehr Traktion auf Schnee bieten und zudem über einen um ebenfalls sieben Prozent kürzeren Bremsweg verfügen. M+S-Reifen hingegen müssen per Definition nur ein besonders grobes Profil besitzen. Die M+S-Kennzeichnung auf der Reifenflanke allein fordert aber keine bestimmte Schnee-Performance.

kürzere Bremswege erzielt werden, als mit vergleichbaren Winterreifen. Winterreifen sind vor allen Dingen für winterliche Straßenverhältnisse ausgelegt. Sie verfügen über eine kälteresistente Gummimischung, die bei Minustemperaturen weniger verhärtet und damit eine bessere Verzahnung und Kraftübertragung mit dem Untergrund ermöglicht. Winterreifen sind mit dem M&S-Symbol und einer stilisierten Schneeflocke gekennzeichnet (s. Kasten S. 49). Anders als bei Sommerreifen ist es bei Winterreifen erlaubt, abweichend von den einzuhaltenden Angaben des Fahrzeugscheines, Reifen mit niedrigerem Geschwindigkeitsindex einzusetzen. In Deutschland ist in diesem Fall auch ein Aufkleber mit dem Aufdruck »140 km/h« im Sichtbereich des Fahrers anzubringen.

Richtige Winterreifen für den Smart

Die Wahl der richtigen Winterreifen für den Kompaktwagen fällt angesichts der vielen Angebote auf dem Markt nicht leicht. Muss es ein teurer High-Performance-Pneu sein oder reicht auch das günstige No-Name-Fabrikat? Die Fahrzeughersteller empfehlen immer Markenreifen, da hier die Qualität keinen Schwankungen unterliegt und auch die Modellwechsel nachvollziehbar werden. Darüber hinaus sind aber auch jede Saison neue Modelle verfügbar. Ausgiebige Tests, zum Beispiel vom ADAC, zeigen, welche Winterreifen auch für die Dimensionen empfehlenswert und welche weniger geeignet sind. Die Tests gehen daher auf unterschiedliche Eigenschaften der Pneus ein, beispielsweise die Bremseigenschaften, auch bei trockener, unbeschneiter Fahrbahn. Sie können Ihre Kaufentscheidung nach den für Sie relevanten Kriterien fällen, dabei sollte aber in jedem Fall die Fahrsicherheit vor Sparsamkeit stehen.

Bessere Haftung dank Lamellen

Durch Forschung und Entwicklung der Reifenhersteller kam man nicht nur darauf kälteresistente Gummimischungen zu verwenden, sondern auch die einzelnen Profilblöcke mit feinen Lamellen-Einschnitten und vielen Rillen zu versehen. Diese dienen als scharfe Greifkanten beim Abrollen des Rades auf der Fahrbahn. Der dynamische Prozess an der Auflagefläche erhöht die Verzahnungskräfte besonders mit losem Untergrund wie z. B. Schnee. Mit anderen Worten: Der lamellierte Reifen hat dadurch, dass er sich in den Untergrund reinkrallt, mehr Grip. Die Lamellen sind andererseits

Fast so gut wie Stollen: Stollen sind am Autoreifen tabu, aber mit Lamellen wird dennoch ein guter Kraftschluss auf Schnee erreicht.

auch ein guter Verschleißindikator: Mit zunehmender Abnutzung verschwinden die unterschiedlich tief geschnittenen Lamellen. Ihre beschriebene Wirkung nimmt ab. Unter 4 mm Profildicke verlieren Winterreifen auf Schnee daher ihren Nutzen und sollten durch neue ersetzt werden. Es spricht allerdings wenig dagegen, Winterreifen im Frühjahr noch bis auf eine Profiltiefe von rund 3 mm aufzubrauchen.

Geringer Geräuschpegel

Auch bei der Minderung der Geräuschemission ging man mit Cleverness vor: Die Lamellenprofile erlaubten zum einen eine geringere Höhe der einzelnen Profilblöcke, was sich insbesondere auf das Geräusch verursachende Eigenschwingverhalten positiv auswirkte. Zum anderen wurden die Profilblöcke unterschiedlich groß gestaltet, sodass die nach dem Abrollen nachschwingenden Blöcke unterschiedliche Eigenschwingfrequenzen aufweisen. Ein eigendynamisches und geräuschvolles Schwingen bei einer bestimmten Geschwindigkeit wird so unterbunden.

Schneeketten anlegen üben

Spezielle Schneeketten für den Smart gibt es beim Händler oder auch im Zubehörhandel. Ein gutes Set umfasst zwei Schneeketten im wasserfesten Transportbeutel, das problemlos im Kofferraum verstaubar ist und sich auch als Unterlage bei der Montage verwenden lässt. Schneeketten können aber auch beim ADAC ausgeliehen werden. Dringend zu empfehlen ist für die Montage eine zusätzliche Fußmatte mitzuführen. Das erspart einem die obligatorischen durchweichten Hosen besonders im Kniebereich. Gefütterte Arbeitshandschuhe erleichtern die Arbeit mit den kalten Schneeketten im Schnee erheblich.

PRAXISTIPP

Gebrauchte Winterreifen

Seit dem 01. Januar 2006 sind Autofahrer verpflichtet, im Winter ihr Fahrzeug mit »geeigneter Bereifung« auszurüsten. Damit gibt es für Autofahrer keine Ausrede mehr, auf Winterreifen zu verzichten. Wer dennoch ohne erwischt wird, riskiert ein Bußgeld und im Falle eines Unfalls sogar den Versicherungsschutz. Nicht selten ist der Erwerb von Winterrädern, also dem Komplettsatz von Reifen und Felgen, aber auch eine Kostenfrage. Bares Geld lässt sich beim Kauf gebrauchter Winterreifen sparen. Diese finden Sie zum Beispiel bei Winterreifen-Börsen, die vielerorts meist Anfang November stattfinden. Achten Sie auf Hinweise in Ihrer Tageszeitung oder informieren Sie sich im Internet, z. B. auf den Seiten des ADAC. Notieren Sie sich vor dem Kauf unbedingt die für Ihr Fahrzeug passenden Reifengrößen. Sie sind im Fahrzeugschein hinterlegt. Der Reifenhersteller Continental schafft zudem auf seinen Internetseiten mit dem »Reifenkonfigurator« Klarheit. Nach Eingabe der Schlüsselnummer (s. Fahrzeugschein), werden auch alternative Reifengrößen aufgeführt. Haben Sie nun einen passenden Satz gefunden, inspizieren Sie ihn nach den Prüfkriterien: Profiltiefe, Reifenalter und Erscheinungsbild (Beschädigungen etc.), bevor Sie zugreifen. Informationen zu den Bezeichnungen und Beschriftungen finden Sie auch in diesem Buch.

Münztest: Winterreifen bieten nur genug Traktion auf Schnee, wenn die Profiltiefe mindestens vier Millimeter beträgt. Das entspricht etwa dem goldenen Rand einer Ein-Euro-Münze.

Trockenübung hilft: Schon ein paar Gartenhandschuhe schützen die Finger, es empfiehlt sich die Anleitung evtl. in einer Klarsichthülle zu verstauen.

Scheibenwaschanlage

Der einwandfreie Zustand der Waschanlage an Ihrem Smart ist ein wichtiges Sicherheitsmerkmal. Denn saubere Scheiben und eine klare Sicht sind Grundvoraussetzung für Ihre Sicherheit beim Fahren. Damit Sie unterwegs auch bei widrigsten Umständen wie Regen oder Schnee den Durchblick behalten, sollten Sie sich regelmäßig von der fehlerfreien Funktion Ihrer Wischanlage überzeugen. Die meisten Arbeiten sind leicht zu erledigen. Wir zeigen Ihnen auf den folgenden Seiten, worauf Sie insbesondere zu achten haben und welche Arbeitsschritte nötig sind. Hierzu gehören zum Beispiel die Kontrolle der Wischergummis und gegebenenfalls deren Austausch.

Wischwasser

Vergessen Sie nicht das Wischwasser aufzufüllen und achten Sie dabei auf den richtigen Wischwasserzusatz. Smart empfiehlt das eigene Scheibenreinigungskonzentrat. Die Verwendung eines falschen Waschmittelzusatzes kann zum Aufschäumen an den Spritzdüsen führen, was ein Grund unzureichender Waschleistung sein kann. Smart proklamiert für das Scheibenreinigungskonzentrat eine optimale Strahlverteilung an den Düsen. Außerdem bietet es im Mischungsverhältnis ein Drittel Konzentrat zu zwei Drittel Wasser einen Frostschutz bis zu Temperaturen von -25 °C. Damit dürfte auch im Winter eine sichere Funktion der Waschdüsen gewährleistet sein.

Eigenarten der Wischeranlage

Zuerst einmal erkennt man keinen Unterschied zu einer konventionellen Scheibenwischeransteuerung. Im Schaltplan wird aber schnell klar, dass die einzige Komponente, die vom Lenksäulenschalter direkt angesteuert wird, die Waschpumpe ist. Die Wischermotoren werden über das SAM (Signalerfassungs- und Ansteuer-Modul) angesteuert. Die Schalter übermitteln die vom Fahrer gewählte Schaltposition über ein Spannungssignal an das SAM. Hieraus ergeben sich zwei große Vorteile. Zum einen muss die Schaltereinheit nicht mehr den Arbeitsstrom der Wischermotoren aushalten können, zum anderen werden so externe Ansteuerungen wie durch den Licht- und Regensensor möglich. So werden eine flexible Intervallsteuerung sowie die automatische Wischerfunktion möglich. Die Ansteuerung durch den Licht- und Regensensor wird durch die Erfassung der Lichtbrechung der Wassertropfen im Sensorbereich auf der Scheibe möglich.

Die Helligkeitserfassung des gleichen Sensors ermöglicht zusätzliche externe Ansteuerungen der Scheinwerfer. Diese Funktion wird dann zur Ausleuchtung des Fahrzeugumfeldes beim Abstellen bei Dunkelheit genutzt. Diese Funktion nennt sich »Coming-home« und erfolgt auch über das Bordnetzsteuergerät SAM.

Licht- und Regensensor auf der Frontscheibe: Er erfasst die Helligkeit zur Lichtsteuerung und Regentropfen auf der Frontscheibe. Nachrüsten ist möglich.

Wischerblätter

Wischerblätter prüfen

Die Pflege der Wischergummis wird nur allzu gerne vernachlässigt. Dies kann sich aber später bei einer langen Fahrt im Regen bitter rächen. Eingerissene und poröse Gummilippen ziehen Schlieren, anstatt die Scheibe vom Wasser zu befreien. In der Dunkelheit laufen Sie dadurch Gefahr im Blindflug unterwegs sein zu müssen, da der Blendeffekt durch die Lichtbrechung stark zunimmt. Heben Sie zur Kontrolle die Wischerarme von der Scheibe und fahren Sie mit der Fingerkuppe die Auflagefläche ab. Rillen und Vertiefungen sind ein klares Indiz für den fälligen Austausch. Kontrollieren Sie auch die Wischermechanik. Sie darf nicht verbogen sein.

Sichtkontrolle der Scheibenwischergummis: Rissbildung und abgerissene Lippen machen einen Wechsel der Gummis zwingend notwendig.

Wischerblatt wechseln

Scheibenwischerblatt vorne:
Das Wechseln der Wischergummis macht heutzutage keinen Sinn mehr. Komplette Scheibenwischer sind auch von den Top-Markenherstellern zu erschwinglichen Preisen in jedem Autozubehörladen und im Internet zu erwerben.

- Schalten Sie die Zündung aus und ziehen Sie den Zündschlüssel ab.
- Klappen Sie den Wischerarm (1) hoch.
- Verrastung (A) am Wischerblatt (2) ausclipsen.

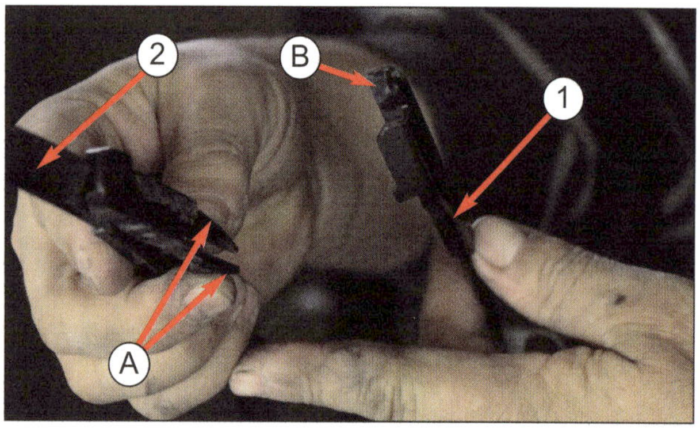

Scheibenwischerblatt vorne: 1 Wischerarm, 2 Wischerblatt A Rasten am Wischer, B Nase am Wischerarm.

- Führung (Pfeil B) aushängen und Scheibenwischer abnehmen.
- Die Montage erfolgt sinngemäß in umgekehrter Reihenfolge.
- Kontrollieren Sie die Länge der Scheibenwischer genau. Sie müssen auf dem Glas aufsitzen und dürfen weder den Scheibenrahmen noch sich untereinander berühren.
- Wischerblattaufnahme in den Wischerarm einschieben, bis sie hörbar verrastet.
- Wischerarm vorsichtig auf die Frontscheibe zurückklappen.
- Prüfen Sie die Funktion der Waschdüsen und die Endlage der Wischer auf der Scheibe anhand der Markierungen.

Wischerblatt hinten wechseln:
Der Scheibenwischer ist direkt im Wischerarm eingeclipst. Achten Sie darauf, dass der neue Wischer im Wischerarm einrastet. Sollte er zu lose einliegen, wechseln Sie den Wischerarm mit. In diversen Internetplattformen sowie auch im Zubehörhandel lassen sich kostengünstige Sets erwerben.

- Klappen Sie den Wischerarm (1) hoch.
- Verrastung (A) am Wischerblatt (2) ausclipsen.
- Führung (Pfeil B) aushängen und Scheibenwischer abnehmen.
- Die Montage erfolgt in umgekehrter Reihenfolge.

Achten Sie auf die Einbaulage des Scheibenwischers. Er muss auf dem Glas aufsitzen und darf den Scheibenrahmen nicht berühren.

Wischerblatt, Einbaulage prüfen

Scheibenwischerblätter vorne:
Die Endlage, in der sich die Wischerblätter beim Abschalten befinden sollen, ist beim Smart durch einen kleinen Punkt auf der Windschutzscheibe gekennzeichnet. Sie dürfen höchstens 10 mm von dieser Markierung nach oben oder unten abweichen. Sollten Ihre Wischer nicht in dieser Position stehen bleiben, müssen Sie neu eingerichtet werden.

Scheibenwischerblatt hinten:
Die Endlage, in der sich das Wischerblatt beim Abschalten befindet, ist nicht gesondert gekennzeichnet. Der Wischerarm muss in Ruhestellung auf der rechten Scheibenhälfte stehen bleiben. Das Wischerblatt muss parallel zum Scheibenrand ausgerichtet werden. Das Wischerblatt darf nirgends anstoßen. Andernfalls kommt es zu Schäden an der Wischermechanik. Sollte Ihr Wischer nicht in dieser Position stehen bleiben, muss er neu eingerichtet werden.

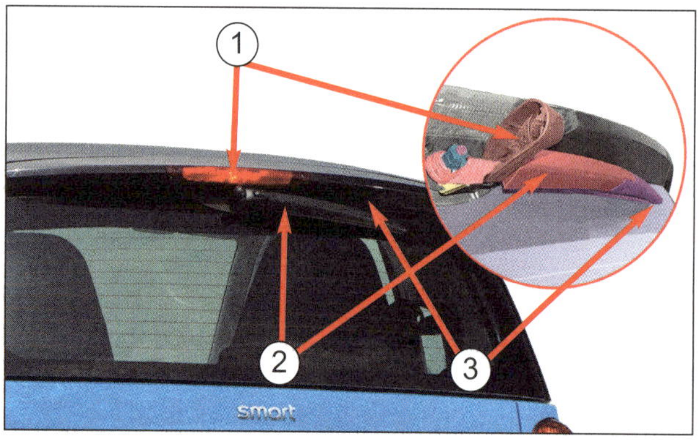

Scheibenwischerblatt hinten: 1 Waschdüse in der Wischerwelle, 2 Wischerarm, 3 Wischerblatt.

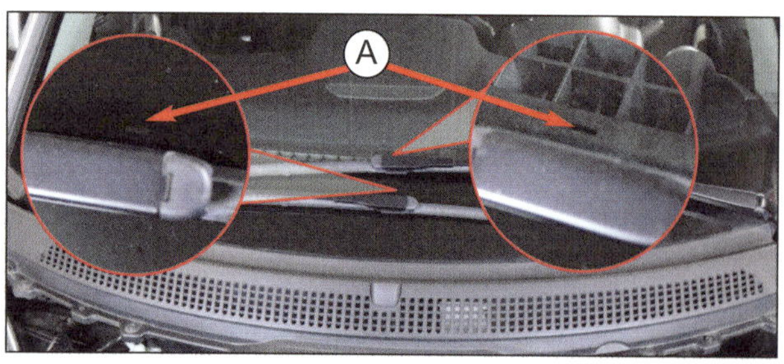

Endablage der Scheibenwischer auf der Scheibe: Die Markierungen auf der Scheibe sind in Höhe der Wischergummis.

Montagearbeiten am Wischerarm

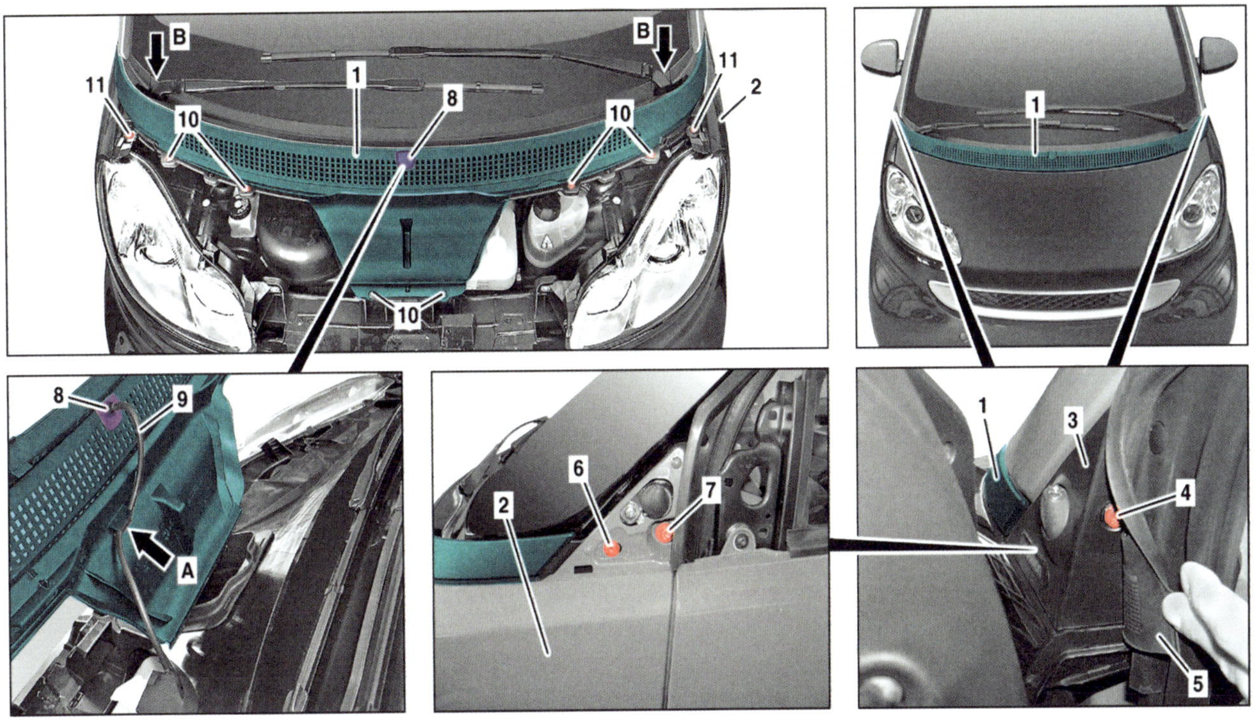

Montageübersicht zur Verkleidung vor der Windschutzscheibe: 1 Verkleidung vor der Windschutzscheibe, 2 Kotflügel, 3 Blende Kotflügel, 4 Spreizclip, 5 Kantenschutz, 6 Schraube, 7 Schraube, 8 Spritzdüse, 9 Schlauch, 10 Schraube, 11 Schraube, Pfeil A und B Einbaulage des Schlauches.

Wischerarm De- und Montage

Verkleidung vor der Windschutzscheibe aus- und einbauen (Bild oben):

- Zuerst muss die Wartungsklappe (Motorhaube) ausgebaut werden.
- Den Antennenstab herausdrehen.
- Die linke und rechte Tür öffnen, Kantenschutz (5) im Bereich der linken und rechten Blende des Kotflügels (3) beiseite drücken und den Spreizclip (4) ausbauen.
- Linke und rechte Blende des Kotflügels (3) leicht nach oben schieben und abnehmen.
- Die Schrauben (6, 7) herausschrauben.
- Die Schraube (11) im Bereich der Leuchteinheit vorn links und vorn rechts herausschrauben.
- Die Schrauben (10) der Verkleidung (1) herausschrauben.
- Die Verkleidung (1) vorsichtig nach vorn und die Blenden (Pfeile B) gleichzeitig nach hinten abnehmen, bis der Schlauch (9) der Spritzdüse (8) zugänglich ist.
- Schlauch (9) von der Spritzdüse (8) abziehen und Verkleidung (1) beiseite legen.
- Die Spritzdüse (8) mit einer geeigneten Zange von hinten aus der Verkleidung (1) lösen und abnehmen.
- Der Einbau erfolgt sinngemäß in umgekehrter Reihenfolge.
- Prüfen Sie die Führungshülse der Schraube (7) auf richtigen Sitz.
- Achten Sie auf die Einbaulage des Schlauches (9) (Pfeil A) und der Blenden (Pfeile B) in der Verkleidung (1).

- Stellen Sie Spritzdüse (8) der Scheibenwaschanlage ein.

Scheibenwischerarm vorne:
- Den Wischermotor in Endstellung laufen lassen und die Zündung ausschalten.
- Die Verkleidung (1) an Mittelstück vor Windschutzscheibe ausbauen.
- Abdeckkappe der Mutter (3) entfernen.
- Mutter (3) am Wischerarm (2) abschrauben.
- Abzieher (5) auf der Wischerarmwelle (4) positionieren und den Wischerarm (2) mit Abzieher (5) lösen.
- Abzieher (5) abnehmen.
- Wischerarm (2) abnehmen.

Der Einbau erfolgt sinngemäß in umgekehrter Reihenfolge.

- Richten Sie die Wischerarme vor der Montage wie schon beschrieben aus.

Scheibenwischerarm hinten:
- Den Wischermotor der Rückwandtür anlaufen lassen und in Endstellung abschalten.
- Die Abdeckkappe (2) hochklappen und die Mutter (5) lösen.
- Geeignete Mutter (4) auf die Wischerarmwelle ersatzweise aufdrehen. Der Abzieher (1) muss sich beim Abziehen des Wischerarmes (3) auf der Mutter (4) abstützen, da sonst die Wischerarmwelle beschädigt wird.
- Wischerarm (3) mit Abzieher (1) lösen und Abzieher (1) abnehmen.
- Mutter (4) abnehmen, Mutter (5) abschrauben und Wischerarm (3) abnehmen.

Der Einbau erfolgt sinngemäß in umgekehrter Reihenfolge.

- Richten Sie die Wischerarme vor der Montage wie schon beschrieben aus.

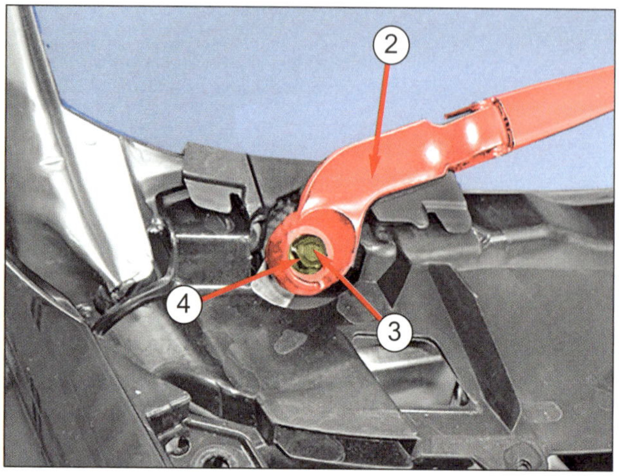

Wischerarm vorne: 2 Wischerarm, 3 Mutter, 4 Wischerarmwelle.

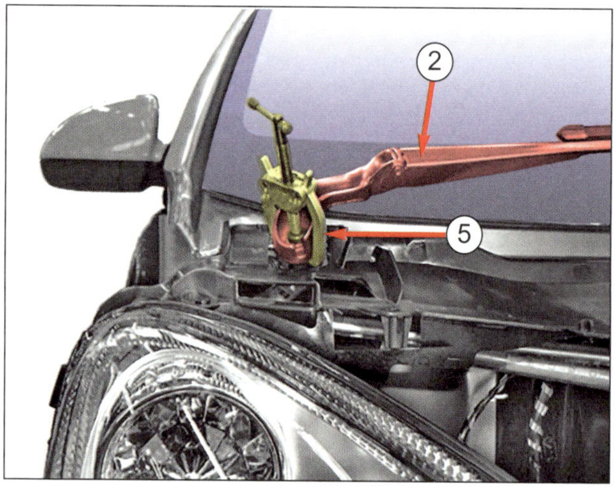

Abzieher am Wischerarm vorne: 2 Wischerarm, 5 Abzieher.

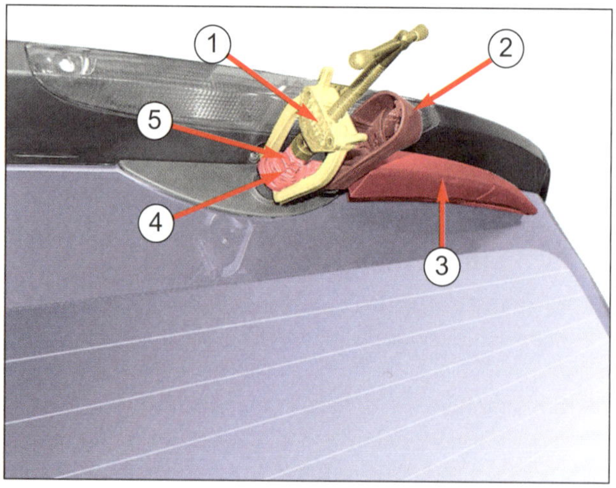

Abzieher am Wischerarm hinten: 1 Abzieher, 2 Abdeckkappe am Wischerarm, 3 Wischerarm, 4 Mutter, 5 Mutter.

Waschdüsen

Waschdüsen einstellen

Waschdüsen vorne:

- Wartungsklappe vorne (Motorhaube) öffnen.
- Zündung einschalten und Wischerschalter auf Stufe »2« drehen. Wenn sich die Wischerarme vorn (5) nahe der Umkehrlage (der höchsten Stellung) befinden, die Zündung ausschalten und Wischerschalter auf Stufe »0« zurückdrehen.
- Elektrische Steckverbindung am Wischermotor trennen.
- Scheibenwaschdüse Windschutzscheibe (3) wie auf dem Bild dargestellt mit einer Nadel einstellen.

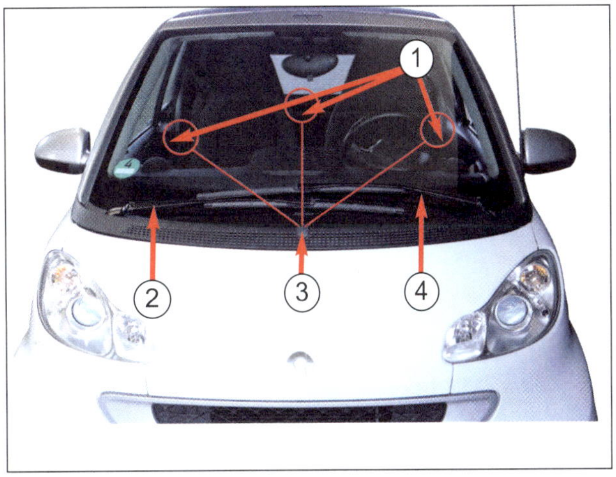

Waschdüse vorne: 1 Auftreffpunkte für das Waschwasser, 2 Wischerarm rechts, 3 Waschdüse, 4 Wischerarm links.

Waschdüsen hinten:

Um ein Verkratzen der Heckscheibe zu vermeiden, Wischerblatt hinten nicht trocken laufen lassen. Die Scheibenwaschdüse Heckscheibe (1) lässt sich nicht punktuell ausrichten, da sie sich mit dem Wischerarm mitbewegt. Sie sollte im mittleren Bereich vor dem Wischerblatt hinten (3) auf die Heckscheibe spritzen.

- Waschfunktion von einer zweiten Person betätigen lassen und den Auftreffpunkt beobachten.
- Scheibenwaschdüse Heckscheibe (1) wie auf dem Bild dargestellt mit einer Nadel einstellen.

Wischer hinten: 1 Waschdüse, 2 Wischerarm, 3 Auftreffpunkt des Waschwassers auf der Heckscheibe.

Waschdüsen ausbauen

Waschdüsen vorne:

- Wartungsklappe (Motorhaube) ausbauen.
- Verkleidung vor der Windschutzscheibe (4) ausbauen.
- Schlauch von der Spritzdüse (5) abziehen und Verkleidung (4) beiseite legen.
- Die Spritzdüse (5) mit einer geeigneten Zange von hinten aus der Verkleidung (4) lösen und abnehmen .

Der Einbau erfolgt sinngemäß in umgekehrter Reihenfolge.

- Stellen Sie Spritzdüse (5) der Scheibenwaschanlage ein.

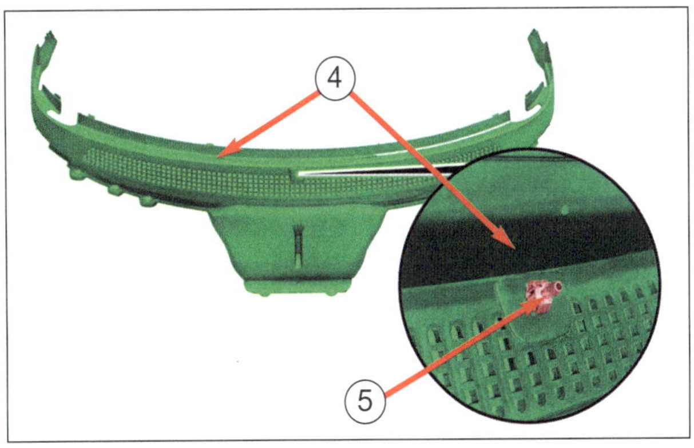

Waschdüse vorne: 4 Verkleidung vor der Windschutzscheibe, 5 Waschdüse vorne.

- Richten Sie die Wischerarme vor der Montage wie schon beschrieben aus.

Waschdüsen hinten:
Die Spritzdüse Heckscheibe (10) ist im Wischermotor der Heckklappe integriert.

- Wischerarm hinten demontieren.

- Heckklappe öffnen und die Heckklappenverkleidung oben demontieren. Dazu die beiden Schrauben zwischen den Scharnieren herausdrehen und die Verkleidung herausklappen.

- Schlauch (8) am Wischermotor Rückwandtür abbauen.

- Elektrische Steckverbindung (9) am Wischermotor der Heckklappe trennen.

- Schrauben (7) am Wischermotor der Heckklappe herausschrauben und den Wischermotor abnehmen.

Der Einbau erfolgt sinngemäß in umgekehrter Reihenfolge.

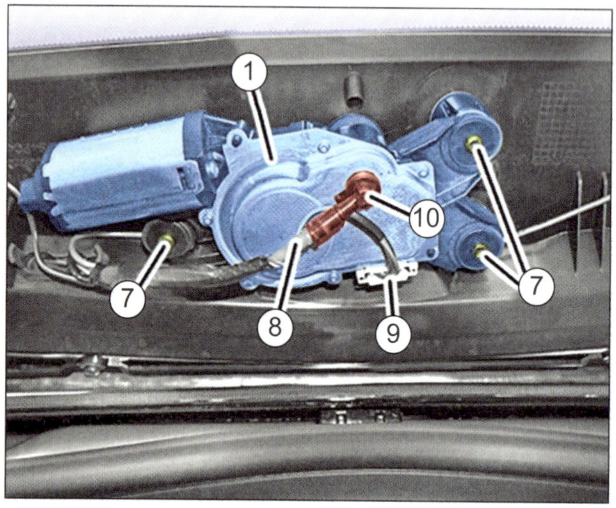

Waschdüse hinten: 6 Scheibenwischermotor hinten, 7 Schrauben, 8 Waschschlauch hinten, 9 Elektrischer Anschluss, 10 Waschdüse.

- Stellen Sie Spritzdüse (10) der Scheibenwaschanlage ein.

- Richten Sie die Wischerarme vor der Montage wie schon beschrieben aus.

Steinschläge

Steinschlag in der Frontscheibe: Um größeren Schaden zu vermeiden, bitte umgehend zum Autoscheibenfachmann!

Dichtungsgummis pflegen

Die Dichtungsgummis sind bei Minustemperaturen besonderen Anforderungen ausgesetzt. Kaputte Gummidichtungen sind nicht nur optisch ein Problem, sondern können im Extremfall zu Wassereinbruch und übermäßigen Scheibenbeschlag führen. Sparen Sie also nicht bei der Pflege, denn der Wechsel defekter Dichtungen ist aufwändig und insofern auch nicht billig. Verwenden Sie lieber regelmäßig einen Gummipflegestift. Dieser verhindert im Winter das Festkleben von Gummidichtungen an Türen, Scheiben und Kofferraumdeckeln. Zusätzlich wird das Gummi geschmeidig gehalten, was vor dem Brüchigwerden schützt.

Gummidichtungen:
Diese müssen innen wie außen geschmeidig bleiben. Besonders wichtig ist das im Winter. Spezielle Gumpflegemittel geben dem elastischen Material zusätzlich den Glanz zurück.

Schmieren und Pflegen: Den Gummidichtungen müssen Sie in der kalten Jahreszeit besondere Beachtung schenken. Verwenden Sie dazu am besten einen Glycerinstift. Er hält die Dichtungen geschmeidig.

Türschlossenteiser

Auch die Verwendung eines Türschlossenteisers kann nicht schaden, insbesondere wenn Sie an Ihrem Smart die Türen nicht per Funkschlüssel öffnen. Beachten Sie aber, dass der Enteiser nicht ins Fahrzeug gehört. Dort nutzt er im Fall der Fälle nämlich nichts. Das Feuerzeug ist im Übrigen keine Alternative. Denn durch die Erhitzung des Schlüssels riskieren Sie einen Schaden am integrierten Mikrochip der Wegfahrsperre. Haben Sie dennoch das Schloss auf diese Art geöffnet, kommen Sie erst recht nicht vom Fleck.

Am besten griffbereit in der Tasche: Den Türschlossenteiser nicht im Fahrzeug vergessen. Ist das Schloss zugefroren, bringt er Ihnen dort am allerwenigsten. Unterlassen Sie bitte auch das Zündeln mit dem Feuerzeug am Schlüssel.

PRAXISTIPP

Schmutz kostet Leuchtkraft

Waschen Sie, besonders in der schmuddeligen Jahreszeit, die Scheinwerfer häufiger als die Karosserie. Denn Schmutzpartikel auf den Abdeckgläsern schlucken die Lichtstrahlen oder leiten sie in die Irre. Folge: geringere Sichtweite, unkontrolliertes Streulicht, starke Blendung – vornehmlich bei Nebel. Schon nach einer etwa halbstündigen Fahrt auf feuchter Straße können die Scheinwerfer Ihres Autos zu über 60 Prozent verschmutzt sein. Entsprechend mager ist dann die Lichtausbeute – ein Gefahrenpotenzial für Sie und andere Verkehrsteilnehmer. Die am Smart angebrachten Halogenscheinwerfer können Sie beim Tankstellenstopp mit den vorhandenen Mitteln schnell von der Schmutzschicht befreien. Eine Reinigung unterwegs mit Wasser und Schwamm wirkt Wunder und sichert anschließend wieder die volle Leuchtkraft des Scheinwerfers. Achten Sie aber darauf, dass die Schmutzpartikel nicht die Klarglasleuchten der Scheinwerferabdeckung beschädigen oder verkratzen. Die Glasscheibe der Smart-Scheinwerfer kann nämlich nicht als separates Teil ersetzt werden. Dies hat zur Folge, dass im Fall von (durch falsche Pflege) verkratzten oder gebrochenen Glasscheiben (durch einen Unfall bedingt) der Austausch des kompletten Scheinwerfers fällig wird.

Bessere Wischerblätter

In der kalten und nassen Jahreszeit ist eine gute Sicht das A und O beim Autofahren. Wechseln Sie daher am besten zu Herbstbeginn die Wischerblätter gegen einen neuen Satz. Bei dieser Gelegenheit wäre der Umstieg auf die Aerotwin-Wischer aus dem Hause Bosch günstig. Diese etwas teureren Wischblätter werden durch mathematische Berechnungen individuell an die Wölbung der Windschutzscheiben, auch der des Smart, zugeschnitten. Der Anpressdruck ist damit gleichmäßig auf die gesamte Wischerblattlänge verteilt. Der übliche Spoiler wird überflüssig, was auch den Geräuschpegel und Luftwiderstand minimiert.

Standheizung nachrüsten

Eine Standheizung ist ein echter Zugewinn an Komfort und Sicherheit. Lästiges Scheibenkratzen entfällt und der bereits warme Motor läuft vom Start weg schadstoffarm und abgasreduziert. Den Einbau müssen Sie allerdings dem Fachmann überlassen. Am sinnvollsten ersteht man ein Komplettset in dem alle erforderlichen Module und Anschlusstücke mitgeliefert werden. Die Nachrüstung ist sowohl für Benzinmotoren als auch für Dieselmotoren recht problemlos durchführbar.

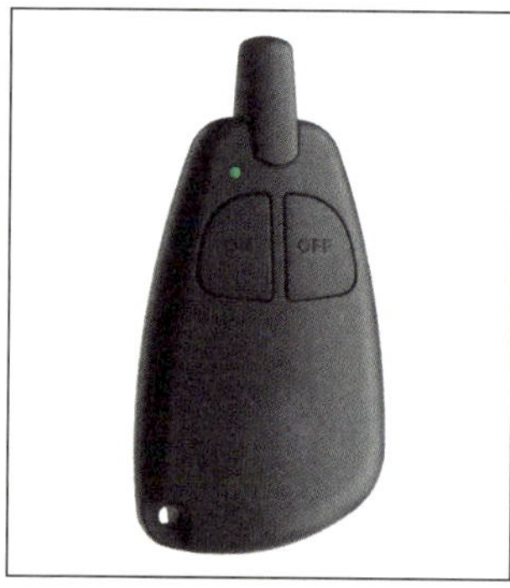

Starthilfebooster

Wollen Sie bei Fahrten in entlegene Wintergebiete auf Nummer sicher gehen, was das Starten des Motors betrifft, sollten Sie einen so genannten Starthilfebooster mit an Board haben. Dieser hilft Ihnen, auch wenn die Autobatterie den Dienst verweigert, sei es wegen der Kälte oder des schlechten Ladezustands (oder schlimmstenfalls beidem).
Der Starthilfebooster agiert dann als kleines Kraftwerk, sodass auch die müdeste Batterie Ihnen nicht zum Verhängnis werden kann und Sie Ihren Smart starten können.

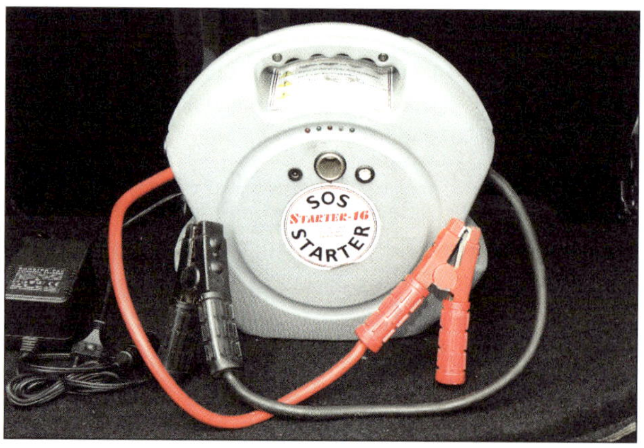

Sitzheizung nachträglich einbauen

Wer seinen Smart mit einem Komfortmerkmal erweitern möchte, hat dazu reichlich Möglichkeiten. Eine dieser Möglichkeiten ist die Nachrüstung einer Sitzheizung. Die im Zubehör angebotenen Carbon-Heizmatten sind wesentlich bruchfester als die ab Werk verbauten Elemente, ohne deshalb wesentlich mehr zu kosten.
Ein einfacher Nachrüstkit ist inklusive Schalter und Kabel schon für rund 100 Euro pro Sitz zu haben. Für den Einbau muss aufgrund der Airbags im Sitz ein Fachbetrieb hinzugezogen werden.

Fit für den Winter

Bereich	Worauf Sie achten sollten	Was zu tun ist
A Motor	**1** Motoröl	Das Motoröl wird durch extreme Kaltstarts und die großen Temperaturschwankungen stärker belastet als im Sommer. Vielleicht etwas kürzere Intervalle fahren und ein gutes Öl mit niedriger Viskosität spendieren. (Beachten Sie dazu unbedingt die Hinweise im Kapitel »Antrieb«).
	2 Kühlmittel	Ist der Frostschutzgehalt zu niedrig und das Kühlwasser friert ein, kann das Eis den Motor sprengen. Also rechtzeitig messen und einen anstehenden Wechsel auf den Herbst legen.
	3 Thermostat	Wenn im Winter der Thermostat nicht vollständig schließt, braucht der Motor lange, um warm zu werden. Beobachten und bei langer Warmlaufphase wechseln.
B Räder und Reifen	**1** Winterreifen	Winterreifen funktionieren auf Schnee nur gut, wenn noch mindestens 4 mm Profiltiefe übrig ist. Reifen im Oktober montieren. Falls Sie neue Reifen brauchen: Nicht erst auf die ersten Schneeflocken warten, denn dann hat der Reifenhändler garantiert keine Zeit.
C Licht und Sicht	**1** Beleuchtung	Kontrollieren Sie regelmäßig die Beleuchtungsanlage und reinigen Sie die Klarglasabdeckungen der Scheinwerfer. Im Winter sind einwandfrei funktionierende Scheinwerfer unentbehrlich.
	2 Verglasung **3** Scheibenwischer	Die Scheiben sollten frei von Kratzern und Steinschlägen sein. Spendieren Sie im Herbst neue Wischer und füllen Sie genügend Frostschutz in die Waschanlage.
D Karosserie	**1** Türen und Hauben	Sprühen Sie die Dichtungen großzügig mit Silikonspray ein. Das verhindert das Festfrieren.
	2 Schlösser und Scharniere	Die Gelenke freuen sich über eine Extraportion Öl bzw. Fett. Das verhindert nebenbei auch Korrosion.
	3 Lack	Gönnen Sie dem Lack regelmäßiges Waschen. So setzt sich erst gar keine Salzkruste fest.
E Elektrik	**1** Batterie	Lassen Sie eine Batterie-Kurzschlussprüfung durchführen, um festzustellen, wie viel Kapazität noch vorhanden ist. Batterien leiden unter Kälte, das gilt übrigens auch für die Fernbedienung.
	2 Heizung und Lüftung	Eventuell Reinluftfilter wechseln.

Fit durch den Sommer

Der Betrieb in der Sommerzeit, vielleicht auch mit einer Fahrt mit Familie und Gepäck in den Urlaub, will gut vorbereitet sein. Pannen und Defekte mit kleiner Ursache, die oft schon im Vorfeld erkennbar waren, sind dann besonders nervig.

Sommerreifen

Sommerzeit ist Reisezeit und die will gut vorbereitet sein. Nach dem Packen kommt Ihr Smart dran. Passen Sie in jedem Fall den Reifendruck dem Beladungszustand an. Im Tankdeckel oder in der Bedienungsanleitung finden Sie dazu eine tabellarische Übersicht. Auch bei Reifenreparaturkits ist eine Kontrolle erforderlich. Das Mindesthalbbarkeitsdatum des Reifenreparatursatzes muss beachtet werden. Die Notfallausrüstung wie Warndreieck, Sicherheitswesten und natürlich auch das Werkzeug sollten zweckmäßig und griffbereit untergebracht werden. Eine Reifenpanne findet eher selten auf einem Parkplatz statt. Wenn nun auf der Autobahn das halbe Auto wieder ausgeräumt werden muss, nur um die notwendigen Utensilien zusammenzusuchen, vergeht nicht nur Urlaubszeit, sondern die Gefährdung auf der Autobahn nimmt mit der Standzeit zu. Hilfreich ist es sicherlich, das Werkzeug in einer Solchen Tasche zu platzieren.

Vergewissern Sie sich, dass Ihre Sommerreifen noch genügend Profil haben. Gesetzlich vorgeschrieben sind zwar lediglich 1,6 mm Profiltiefe, wer jedoch mit diesen Reifen eine Vollbremsung hinlegen muss oder gar in den Regen kommt, hat schlechte Karten. Denn schon bei ca. 4 mm, also rund der Hälfte des Profils neuer Reifen, verlängert sich der Bremsweg aus 100 km/h bereits um mehr als zwei Wagenlängen.

Profiltiefe korrekt bestimmen

Zur Ermittlung der Profiltiefe empfiehlt sich ein Profiltiefenmesser (Bild 2). Entscheidend sind die Hauptprofilrillen. Messen Sie nicht auf den Erhebungen des TWI (Tread Wear Indikator = Profil-Abnutzungsanzeiger). Die Profiltiefe messen Sie in den Hauptprofilrillen an den am stärksten verschlissenen Stellen des Reifens. Die Positionen der TWI-Indikatoren (Bild 1) sind an der Reifenschulter sichtbar und zeigen die gesetzliche Mindestvorgabe von 1,6 mm an.

Bremsweg aus 100 km/h (regennasse Fahrbahn)

Profiltiefe	Bremsweg	Verlängerung (relativ)
8 mm	70 m	–
4 mm	82 m	17%
3 mm	87 m	24%
2 mm	97 m	39%

Erschreckende Zahlen: Die Profiltiefe ist ein entscheidender Sicherheitsfaktor vor allem bei Nässe (Quelle: www.kfztech.de)

1

2

PRAXISTIPP

Kleine Reifenkunde

Seit 01. Januar 2006 ist es Gesetz, dass laut Straßenverkehrsordnung (§2 Abs. 3a) bei Kraftfahrzeugen die Ausrüstung an die Wetterverhältnisse anzupassen ist. Hierzu gehört insbesondere eine »geeignete Bereifung«. Damit sollte es nun nicht mehr nur für Fachleute, sondern auch für alle Autofahrer selbstverständlich sein, dass Sommer und Winter ihre eigenen Reifen hinsichtlich Profil und Gummimischung benötigen. Gerade auf der Fahrt in den Urlaub kommt es darauf an, der Bereifung besondere Aufmerksamkeit zu schenken. Wer weiß schon, dass ein moderner Reifen aus bis zu 16 verschiedenen Gummimischungen bestehen kann, die zum Beispiel folgende Anforderungen erfüllen müssen: Geringst möglicher Abrieb, Rissfestigkeit, Rutschwiderstand, geringer Rollwiderstand, dynamische Beständigkeit, Luftdichtigkeit, Laufruhe sowie Alterungsbeständigkeit. Allerdings bestimmen nicht nur Gummimischung und Auslegung des Profils – zum Beispiel das Lamellenprofil eines Winterreifens – die Leistung eines Reifens. Mindestens genau so wichtig sind nach Aussage der Kfz-Innungsexperten die unterschiedlichen Profiltiefen. Zwar schreibt der Gesetzgeber hier nur einen Mindestwert von 1,6 Millimetern vor, aber in der Praxis ergeben sich andere und realistischere Werte. Auf eine einfache Formel gebracht: Profiltiefe Sommerreifen: Minimum 3 Millimeter, Profiltiefe Winterreifen: Minimum 4 Millimeter. Die Gründe für diese Empfehlungen sind zahlreich und absolut sicherheitsrelevant. Mit dem Minimumprofil von 1,6 Millimeter verlängert sich bei Nässe der Bremsweg bereits um das Doppelte. Wenn man weiter weiß, dass bei nasser Fahrbahn die Drainagerillen bei 80 km/h bis zu 25 Liter Wasser pro Sekunde und bei 140 km/h bis zu 43 Liter kanalisieren müssen, erübrigt sich wohl jede weitere Diskussion um falsche Sparsamkeit. Gerade vor der sommerlichen Urlaubsreise mit ihren erhöhten Anforderungen an Temperaturen, Fahrzeuggewicht und Geschwindigkeit raten die Fachleute der Kfz-Meisterbetriebe zu einer detaillierten Reifenkontrolle, bei der neben der Erhöhung des Luftdrucks speziell auf Beschädigungen an Lauffläche, Seitenwand und Ventilabdichtung sowie auf Profiltiefe geachtet werden muss. Gehen Sie also beim einzigen Bindeglied zwischen Ihnen und dem Straßenbelag keine unnötigen Risiken ein und kontrollieren Sie regelmäßig Ihre Fahrzeugbereifung.

Übersicht der Kontrollpunkte: 1 Kühlwasserbehälter, 2 Kühlmittelstand, 3 Wartungsklappe vorne (Motorhaube), 4 Scheibenwaschwasser, 5 Bremsflüssigkeit.

Wie funktioniert die Klimaanlage?

Eine Klimaanlage ist eine feine Sache, keine Frage, doch wie funktioniert dies Anlage eigentlich? Das Funktionsprinzip ist vergleichbar mit dem des heimischen Kühlschranks. Ein vom Motor angetriebener Kompressor (1) verdichtet das dampfförmige Kältemittel, welches sich dabei erhitzt. Beim anschließenden Abkühlen im Kondensator (10) wird das Mittel wieder flüssig. Durch ein Ventil (12) wird diese abgekühlte Flüssigkeit nun in den Verdampfer (13) eingespritzt. Beim Verdampfungsprozess wird nun der außen an dem Waben- und Röhrensystem vorbeiströmenden Luft aus dem Fahrgastraum Wärme und Feuchtigkeit entzogen. Die Luft kühlt ab und wird zurück in den Innenraum geleitet. Die Intensität der Abkühlung hängt im Wesentlichen vom Luftdurchsatz und der eingestellten Temperatur ab. Das heißt, je höher die Gebläsestufe und je niedriger die gewählte Temperatur, desto kälter wird es. Intelligente Klimasysteme zeichnen heutzutage zusätzliche Sensoren und Steuereinheiten aus. Diese bestimmen nicht nur anhand der Gurtschlösser die Anzahl der klimabedürftigen Insassen, sondern können auch mittels Fotodioden die Sonneneinstrahlung berechnen und so den hitzegeplagtesten Passagier ausmachen und dementsprechend die Kälteverteilung koordinieren.

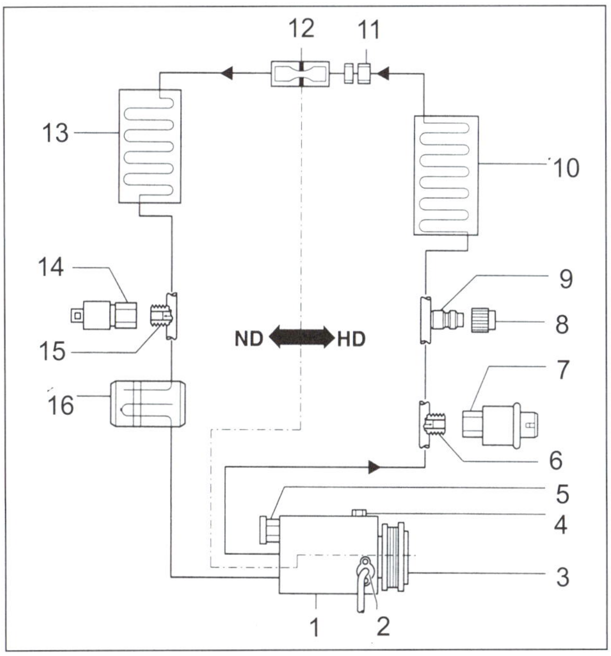

Funktionsprinzip Klimaanlage. Prinzip der Klimaanlage: Der Kreislauf ist in einen Nieder- und einen Hochdruckkreis aufgeteilt.

PRAXISTIPP

Gebrauch der Klimaanlage

Beim ausgiebigen Sonnenbad Ihres Fahrzeugs heizt sich der Innenraum auf Temperaturen bis zu 60 °C oder gar noch mehr auf. Sie sollten daher vor dem Losfahren zunächst alle Türen öffnen und die größte Hitze entweichen lassen. Danach erst die Fahrt antreten und zum zügigen Herunterkühlen zunächst volle Gebläsestufe wählen. Dann schnell kleiner drehen, um unnötige Zugluft zu vermeiden. Die automatische Klimaanlage regelt sensorgesteuert Temperatur, Gebläsestufe und Luftverteilung selbsttätig.

Einstellungssache: Reglereinheit der Klimaanlage.

Bei manuell geregelten Klimageräten übernehmen Sie diese Aufgaben selbst. Die Wohlfühl-Temperatur liegt im Sommer bei etwa 22 °C, bei extremer Hitze etwa drei bis vier Grad höher. Kurz vor dem Ziel die Klimaanlage abschalten, dann lässt sich ein Temperaturschock beim Aussteigen vermeiden. Im Winter ist eine Temperatur von etwa 21 °C ideal.

Apropos: Auch im Herbst und Winter sollten Sie gelegentlich die Klimaanlage aktivieren. Dies vermindert nicht nur durch die Aufnahme der Feuchtigkeit aus der Luft das Anlaufen der Scheiben, sondern dient auch dem Schutz des Klimasystems und seiner Aggregate vor Korrosion. Folgende Indizien deuten auf einen Defekt der Klimaanlage hin und erfordern einen sofortigen Werkstattbesuch: Schlechte Gerüche aus den Lüftungsdüsen, verminderte oder gar keine Kälteleistung der Anlage, erhöhter Kraftstoffverbrauch oder eine ständig beschlagene Windschutzscheibe. Vermeiden Sie durch unregelmäßige Checks auch, dass Bakterien und Pollen sowie Sporen dem Innenraumfilter übel zusetzen können. Vor allem bei Allergikern können Husten und Niesen gefährliche Situationen beim Fahren hervorrufen.

Die Klimaanlage

Beim Smart kommt eine automatische Klimaanlage zum Einsatz, die auf das übliche Display verzichtet. Die Temperaturanwahl erfolgt über den Temperaturregler in der Armaturentafel. Zusätzlich ist beim Diesel ein PTC-Zuheizer verbaut, der in bestimmten Betriebszuständen, z. B. Kaltstart, Teillast usw., das auftretende Heizleistungsdefizit ausgleicht und den Heizungswärmetauscher in seiner Aufgabe unterstützt. Der PTC-Zuheizer befindet sich im Beifahrerfußraum im Klimakasten. Er besteht aus drei Heizelementen mit jeweils 300 W Heizleistung. Die elektrische Leistung wird im PTC-Zuheizer zur Erwärmung der angesaugten Frischluft eingesetzt. Der Gebläseschalter muss hierfür mindestens auf Stufe 1 stehen.

Automatisches Klimasystem)

Die Climatronic hält vollautomatisch die gewählte Fahrzeuginnentemperatur. Die Temperatur der ausströmenden Luft wird automatisch verändert. Ein Nachregeln von Hand ist in der Regel überflüssig. Die Gebläsestufe- und Luftaustrittsregelung erfolgt über die Stellhebel der Heizung.

Arbeiten am Klimasystem

Das Schrauben am Klimatisierungs-System scheitert weniger an Sicherheitsrisiken. Es ist vielmehr die komplizierte Technik, die dem Heimwerker das Leben schwer macht. Im Klimaanlagensystem ist zum einen ein Kältemittel in einer bestimmten Menge vorhanden und zur Schmierung eine ganz bestimmte Menge Kompressoröl. Füllmengen für Kühlmittel und Öl werden vom Hersteller je nach System und verbautem Kompressor vorgegeben. Ein Hinweisschild auf dem Schlossträger im Motorraum gibt Aufschluss über das verwendete Kältemittel und Kältemittelöl. Befüllt und abgelassen werden kann Sie schadenfrei nur mit einem Klimaservicegerät. Die Arbeiten sollten Sie aufgrund der Gefahr von Kälteverbrennung (Gefrierbrand) der Haut lieber einem Mechaniker mit nachgewiesener Sachkunde überlassen. Er ist über die Gefahren informiert und im Umgang mit den Anlagen geschult.

Kältemittel

GEFAHRHINWEISE

Die Bauteile des Klimasystems finden Sie beim Smart vom Motorraum hinten, über dem Innenraum bis unter die Serviceklappe vorne verteilt. Doch Vorsicht: Hier müssen Sie sich selbst als passionierter Schrauber bremsen! Denn bei den Komponenten der Klimaanlage bestehen gesundheitliche Risiken und auch die Gefahr, Ihre Klimaanlage bei Reparaturversuchen zu beschädigen! So kann der Umgang mit Kältemitteln Erfrierungen bei Berührung verursachen oder gar zum Ersticken am Boden oder in unteren Räumen, wegen der Schwere des Mittels, führen.

Klimaanlagen dürfen also nur vom Hersteller oder in Service-Stützpunktwerkstätten instand gesetzt bzw. ersetzt werden. Riskieren Sie hier keine gesundheitlichen Schäden oder teure Nachreparaturen. Denn der Kältemittelkreislauf der Klimaanlage darf nicht geöffnet werden. Das Neubefüllen ist Werkstatt-Sache. Zudem könnten Sie sich bei unsachgemäßer Handhabung auch strafbar machen: Das Ablassen von Kältemittel in die Umwelt ist eine strafbare Handlung. Sollte Ihre Klimaanlage also der Wartung bedürfen, fahren Sie am besten gleich in Ihren Servicebetrieb.

Ob Klima oder nicht: Das Bedienfeld befindet sich immer in dieser Position der Mittelkonsole. Auch die automatischen Systeme wurden in dieser Position verbaut.

Der Pollenfilter

Funktion vom Staub- und Pollenfilter mit Aktivkohleeinlage

Pollenfilter waren zum Bauzeitraum noch deutlich teurer, wenn sie überhaupt für alle Fahrzeugmodelle erhältlich waren. Heutzutage ist der Preisunterschied nur gering und die Lieferfähigkeit dafür hoch.
Je nach Fahrzeugausstattung kann auch ein Staub- und Pollenfilter mit Aktivkohleeinlage verbaut sein. Der Filter mit »Aktivkohleeinlage« übernimmt die Aufgabe eines Staub- und Pollenfilters. Er kann aber zusätzlich auch gasförmige Schadstoffe wie z. B. Ozon, Benzol, Stickstoffdioxid usw. aus der durchströmenden Luft ausfiltern. Die Aufgabe der Aktivkohle ist es, die gasförmigen Verunreinigungen der durchströmenden Luft so lange aufzunehmen, bis die Frischluftklappe geschlossen ist und die Klimaanlage im Umluftbetrieb arbeitet. Die Aktivkohleschicht im Staub- und Pollenfilter wirkt auf die verschiedenen Schadstoffe in der Luft unterschiedlich: Bestimmte Schadstoffe werden fest in der Aktivkohleschicht gebunden. Andere werden wie in einem Katalysator in unschädliche Verbindungen umgewandelt. Für den Rest wirkt die Aktivkohle wie ein Kondensator. Bei ansteigender Belastung werden zunächst so viele Schadstoffe aufgenommen, bis eine bestimmte Sättigung erreicht ist. Nimmt der Anteil der Schadstoffe ab, gibt die Aktivkohleschicht die aufgenommenen Teilchen wieder kontinuierlich ab.

Montage des Staub- und Pollenfilters:
Der Staub- und Pollenfilter befindet sich links im Gebläsekasten. Zugänglich ist er vom Fahrerfußraum aus.

Demontage:

- Verstellen Sie den linken Sitz ganz nach hinten.
- Soweit die Schrauben (2) verbaut sind, Schrauben (2) am Deckel (1) herausschrauben. Wenn die Halter (Pfeile) am Deckel (1) beschädigt sind oder beschädigt werden, wird der Deckel (1) mit den Schrauben (2) befestigt.
- Halter (Pfeile) am Deckel (1) ausclipsen und Deckel (1) abnehmen.
- Kombifilter aus dem Klimakasten herausnehmen.
- Saugen Sie mit einem Staubsauger den Bereich um den Filterkasten und falls erforderlich auch den Bereich innen zum Lüfter hin gründlich aus. Reinigen Sie auch den Fußraum falls das erforderlich sein sollte.

Montage:

- Schieben Sie den Pollenfilter in den Klimakasten ein. Beachten Sie hierbei die Einbaurichtung.
- Setzen Sie den Deckel in das Gehäuse ein und verrasten Sie ihn mit den Haltenasen.
- Drücken Sie nun den Halterahmen so weit herunter dass die beiden Haltenasen (Pfeile) einrasten. Soweit die Schrauben (2) verbaut sind, die Schrauben (2) am Deckel (1) hineinschrauben. Wenn die Halter (Pfeile) am Deckel (1) beschädigt sind oder beschädigt werden, wird der Deckel (1) mit den Schrauben (2) befestigt.

Die weitere Montage erfolgt sinngemäß in umgekehrter Reihenfolge.

- Prüfen Sie die Funktion des Gebläses und der Schaltklappen der Heizungsanlage.

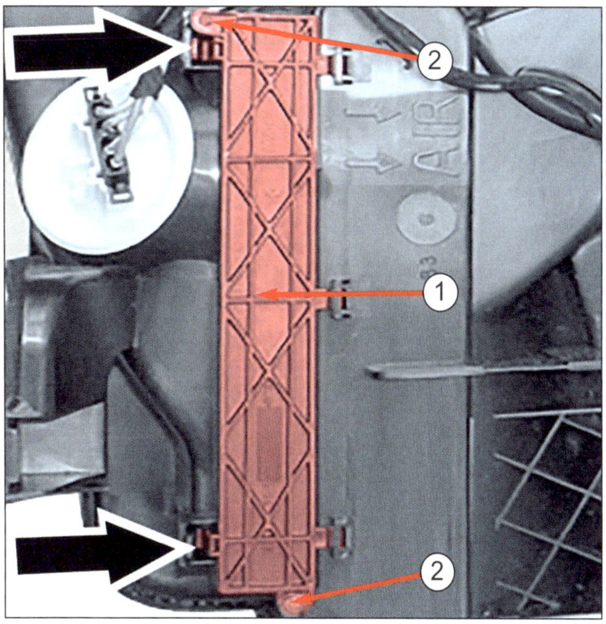

Zugang zum Pollenfilter (Kombifilter): Pfeile Rastnasen, 1 Deckel, 2 Schrauben.

Klimaanlage desinfizieren

Die Komponenten der Klimaanlage sollten regelmäßig, mindestens einmal im Jahr oder alle 15.000 Kilometer, desinfiziert werden. An den Wärmetauschern setzen sich sonst Bakterien ab, die zu üblen Gerüchen, beschlagenen Scheiben und sogar zu Erkrankungen der

Atemwege führen können. Sie brauchen dazu Desinfektionsspray und eine Atemschutzmaske. Sprühen Sie zunächst eine Ladung Spray in die Austrittsdüsen. Schalten Sie das Gebläse auf Umluft und maximale Geschwindigkeit. Um die Batterie nicht unnötig zu belasten, kann dabei der Motor laufen. Sprühen Sie nun das Desinfektionsspray in Ansaugrichtung vor den Wärmetauscher. Tragen Sie dabei eine Atemschutzmaske. Lassen Sie die Lüftung bei geschlossenen Scheiben rund 10 Minuten bei voller Leistung laufen. Die Luft im Innenraum wird dadurch mehrmals umgewälzt.

12V-Kühltasche für's Auto

Getränke und ein Vesper für unterwegs sind auf langen Reisen eine willkommene Erfrischung in den Pausen und stärken die Insassen für die Weiterfahrt. Zum Transport des Reiseproviants und dem Frischhalten empfiehlt sich daher logischerweise eine Kühlbox. Darin lassen sich dank des ausreichenden Stauvolumens (bei ca. 20 Liter Fassungsvermögen hält sich der Platzbedarf im Kofferraum noch in Grenzen) auch Lunchpakete und genügend Getränkeflaschen (bis zu 2 Liter große PET-Behälter) für die ganze Familie hervorragend transportieren und gekühlt aufbewahren. Den besten Kühleffekt erzielen Sie mit einer Kühltasche, die sich auch an die 12-Volt-Steckdose (Zigarettenanzünder bzw. zusätzliche Steckdose im Kofferraum) anschließen lässt. Besonders praktische Geräte können dann, am Urlaubsziel angekommen, auch gleich am normalen Stromnetz und an Steckdosen mit 230 Volt betrieben werden. Der Kostenpunkt dieser intelligenten Boxen liegt bei ca. 200 Euro. Die Bedienung erfolgt über ein Softtouch-Bedienpanel, dessen Elektronik über mehrere Thermostate die Regelung der Kühlboxtemperatur übernimmt. LEDs dienen zur Kontrolle der Funktionstüchtigkeit, um den Inhalt auf bis zu 30 Grad unterhalb der Umgebungstemperatur zu kühlen. Zusätzliche Kühlakkus helfen, eine konstante Kühlung auch über längere Zeit aufrecht zu erhalten. Für diesen Preis kann die Kühltasche fürs Auto aber noch mehr: Eine weitere Funktion erlaubt die Umschaltung von Kühl- auf Heizbetrieb, was nicht nur Pizzataxis freuen dürfte. Übrigens: Der ADAC empfiehlt auf langen Fahrten ausgiebige Pausen zur Erholung insbesondere des oder der Fahrer. Dabei sollte auch auf den Wasserhaushalt Acht gegeben werden! Also gilt es genügend Flüssigkeit (min 3 l), am besten Mineralwasser oder verdünnte Fruchtsäfte, zu sich zu nehmen, damit die Konzentration und Ausdauer bei Hitze nicht auf der Strecke bleibt. Wer nun meint, mit Klimaanlage gänzlich unbetroffen zu sein, irrt: Denn die Umwälzung über den Verdampfer entzieht der Luft die Feuchtigkeit, was gleichermaßen zu einem Austrocknungseffekt führt.

Frischhaltebox: Die Kühlbox im Auto versorgt die Insassen auf der langen Urlaubsreise mit Getränken und Snacks.

Urlaub und Reise

Gerade im Ausland ist die Absicherung auch im Falle des Unfalls oder auch nur einer Panne sehr wichtig.
Große Autofahrervereine wie der ADAC oder der AVD bieten Schutzbriefe an, die die Absicherung auch im Ausland garantieren. Auch über einige Kraftfahrtversicherer kann ein solcher Schutzbrief beantragt und abgeschlossen werden.

Engel auf Rädern

Nein, Schutzbriefe sind nicht für Weicheier oder Warmduscher. Sie sind gerade heute eine sinnvolle Ergänzung des Reisegepäcks. Eine Panne kann im Ausland erhebliche Kosten verursachen.
er bereits einen Abschleppdienst finanziell kennen gelernt hat, kann sich sicherlich noch an die nicht gerade günstig ausgefallene Rechnung erinnern. Gehen Sie ruhig davon aus, dass der freundliche Abschlepper in Frankreich oder Italien Ihnen auch keinen Freundschaftsrabatt anbieten wird. Ein Schutzbrief, der vertraglich die Kosten regelt und dafür sorgt, dass Ihr Auto auch tatsächlich wieder bei Ihnen zu Hause oder einer Werkstatt Ihres Vertrauens landet, ist dann Gold wert
Betrachten wir uns einige aus unserer Sicht sinnvolle Inhalte, die Ihnen ein Schutzbrief bieten sollte. Ein Vergleich der unterschiedlichen Anbieter fällt Ihnen dann wesentlich leichter.

Fahrzeug-Rücktransport

Fällt Ihr Fahrzeug im Ausland aus und kann vor Ort nicht oder erst wesentlich später repariert werden, sollte durch den Schutzbrief der Rücktransport zu Ihrem Wohnsitz organisiert und bezahlt werden. Zusätzliche Leistungen wie Abschlepp- und Einstellkosten sollten auch abgedeckt sein.

Fahrtkosten nach Fahrzeugausfall

Sollten Sie aufgrund einer Panne oder eines Unfalls liegen bleiben oder Ihr Fahrzeug ist gestohlen worden, sollte der Schutzbrief die Kosten für die Bahnfahrt zum Zielort und zurück zum Schadensort oder zurück zu Ihrem Wohnsitz übernehmen. Die Kosten für einen Mietwagen sollten dann für die Dauer des Fahrzeugausfalls, max. bis zu 7 Tagen, übernommen werden.

Übernachtung nach Fahrzeugausfall

Natürlich kann bei Panne oder nach einem Unfall auch schnell eine außerplanmäßige Übernachtung die Urlaubskasse belasten. In der Regel tragen die Schutzbrieforganisationen dann die zusätzlichen Hotelübernachtungen für Sie und alle Insassen des Fahrzeugs.

Abschleppen und Bergung

Für das Abschleppen oder die Fahrzeugbergung nach einem Unfall fallen schnell erhebliche Kosten an. In der Regel ist dies auch Leistung der großen Schutzbrieforganisationen.

Hilfe bei verlorenen oder defekten Fahrzeugschlüsseln

Der Schlüssel am Strand verbuddelt? Oder sonst wie verloren? Gerade bei den großen Organisationen wie dem ADAC werden auch solche kuriosen Vorfälle bearbeitet und die Kosten hierfür übernommen.

Ersatzteilversand

Gerade in den abgelegenen Winkeln dieser Erde sind nicht unbedingt alle notwendigen Ersatzteile immer greifbar. Um die Urlaubszeit nicht ins Ungewisse zu verlängern, wird sogar der Ersatzeilversand für solche Fälle auch weltweit organisiert.

Zuladung und Belastungen

Gerade für die Urlaubsfahrt muss alles mit, verstaut werden und Platz finden. Ein Faktor, der nicht nur schwer einzuschätzen ist, sondern in der Praxis auch kaum Beachtung findet, ist die Zuladung eines Fahrzeugs. Klären wir zuerst einige Begriffe:

Zulässiges Gesamtgewicht

Das zulässige Gesamtgewicht benennt das maximale Gewicht des Fahrzeuges, inklusive der Passagiere, des Gepäcks und natürlich auch der erforderlichen Träger und Halter.
Die Überladung des Fahrzeuges kann sich nicht nur negativ auf das Fahrverhalten auswirken, sondern kann im Falle einer Polizeikontrolle empfindliche Auswirkungen auf die Urlaubskasse haben. Der sicherste Weg ist das Fahrzeug im beladenen Zustand auf einer Waage wiegen zu lassen. Diese Waagen finden sich meist bei Deponien oder bei Schrotthändlern. In den meisten Fällen lassen sich die Kosten für das Einwiegen durch einen kleinen Obolus in die Kaffeekasse abgelten.

Leergewicht

Das Leergewicht eines Fahrzeuges setzt sich aus der Leermasse und dem zu 90% gefüllten Tank zusammen. Für die Beladung müssen Sie dieser Leermasse das Gewicht der Trägersysteme oder der Stauboxen hinzuziehen, wenn Sie die Zuladung über eine Personenwaage erfassen möchten.

Stützlast

Die Stützlast bezeichnet die Last, die auf die Anhängekupplung Ihres Fahrzeuges einwirken darf. Sie gilt auch für auf der Anhängekupplung verbaute Fahrradträger. Die Stützlast muss der Zuladung angerechnet werden.

Dachlast

Für den Smart ist eine Beladung auf das Dach nicht vorgesehen. Sie sollten auch nicht versuchen Lasten auf dem Dach zu transportieren. Das Verdeckgestell und auch der Dachaufbau oder das Panoramadach können hierbei Schaden nehmen. Zudem ist eine brauchbare Ladungssicherung nicht zu realisieren.

Anhängelast

Die Anhängelast ist die einzige Last, die bis auf die Stützlast durch den Anhänger keinen Einfluss auf das zulässige Gesamtgewicht hat. Sie ist in Abhängigkeit von Motorvariante und Sitzplatzanzahl derzeit bis zu 1600 kg groß.
Genauere Informationen erhalten Sie bei Ihrem Fachhändler oder Ihrem Lieferanten für die Anhängekupplung.

Zuladung: Egal wohin, das Gewicht muss nach Vorgaben verteilt werden und darf das zulässige Gesamtgewicht nicht überschreiten. Beim Cabriolet kann aber ein Teil der Beladung über eine Anhängekupplung realisiert werden. Auch hierfür gibt es schicke Gepäckboxen.

Vor und nach jeder großen Fahrt

CHECKLISTE

Bereich	Worauf Sie achten sollten	Was zu tun ist
A Motor	1 Motorölstand	Wurde der Motor lange auf Kurzstrecken betrieben, sammeln sich flüchtige Substanzen. Deshalb kann es sein, dass der Ölstand bei heißem Motor schlagartig absinkt. Nach den ersten 100 Kilometern nachmessen.
	2 Kühlmittelstand	Den Kühlmittelstand im kalten Zustand auf Maximum auffüllen.
	3 Zustand der Schläuche	Alle Wasserschläuche müssen dicht und elastisch sein. Schläuche kräftig kneten. Kalkablagerungen an den Anschlüssen und harte oder poröse Schläuche sind kein gutes Zeichen. Im Zweifel austauschen.
	4 Kühlerventilator prüfen	Lassen Sie den Motor im Leerlauf laufen, bis sich der Kühlerventilator ein- und später wieder ausschaltet. Sie werden Ihn brauchen, wenn Sie im Stau stehen.
B Räder und Reifen	1 Luftdruck	Der Luftdruck in den Reifen muss an die Beladung angepasst werden. Nach der Reise nicht vergessen den Luftdruck wieder abzusenken.
	2 Zustand	Die Reifen sollten natürlich auch am Ende der Reise noch genug Profil haben. Das sollten Sie besonders bei Winterreifen bedenken, die mindestens vier Millimeter Profiltiefe haben müssen.
C Fahrwerk	1 Stoßdämpfer	Wird das Auto richtig vollgeladen, sind die Stoßdämpfer besonders gefordert. Fahnden Sie nach Ölspuren und lassen Sie beim kleinsten Verdacht einen Stoßdämpfertest durchführen. Mit Wippen an der Karosserie lassen sich schwache Dämpfer kaum entlarven.
	2 Manschetten und Gelenke	Sind Achsmanschetten oder die Gummis der Gelenke rissig und porös, werden die Teile bei hoher Belastung rasant verschleißen. Besser vorher austauschen.
D Sonstiges	1 Beleuchtung	Schalten Sie alle Lichter durch und nehmen Sie Ersatzlampen für Scheinwerfer und Rückleuchten mit.
	2 Scheibenwaschanlage	Prüfen Sie die Einstellung der Spritzdüsen und füllen Sie den Vorratsbehälter mit geeignetem Gemisch bis zum Maximum auf.
	3 Zubehör	Einen Fünf-Liter-Reservekanister, einen Liter Motoröl und eine Rolle Textilklebeband mit auf die Reise nehmen.

Kleine Schäden und Pannen

Sie gehören zu den Tücken des Alltags und machen einem das Autofahrerleben schwer: kleinere Pannen und Schäden. Dennoch können gerade diese Kleinigkeiten eine umso größere Wirkung haben. Denn manchmal ist es nur eine Nichtigkeit wie die Batterien der Autoschlüssel, die das Fortkommen verhindern. Wie Sie in solchen und ähnlichen Fällen Ihren Smart wieder flottkriegen, steht in diesem Kapitel.

Womit muss ich immer rechnen?

Sie müssen zur Arbeit und sind spät dran. Es ist Winter, ungemütlich kalt und dunkel. Eine dicke Eisschicht überzieht die Scheiben. Schnell ein Guckloch kratzen und los, so denken Sie. Aber: Sie drehen den Schlüssel im Zündschloss und nichts passiert! Vielleicht ist das auch besser so, denn nur ein Guckloch freizukratzen ist lebensgefährlich und wird mit Bußgeld geahndet. Doch auch das Startproblem geht eventuell auf Ihr Konto. Oder es wäre mit etwas mehr Pflege und Aufmerksamkeit durchaus zu vermeiden gewesen. Die leere Batterie ist jedenfalls einer der Klassiker unter den kleinen Pannen und langweilige Routine für die gelben Engel vom ADAC. Damit Sie die Herren nicht langweilen und vor allem nicht stundenlang warten müssen, verraten wir Ihnen, was in einem solchen Fall zu tun ist. Ärgerlich ist zum Beispiel auch, wenn die Batterie im Schlüssel schwächelt und Ihnen eines Tages den Zugang zu Ihrem Smart verwehrt. Dann müssen Sie sich an die eigene Nase fassen, denn der regelmäßige Wechsel der Batterie ist kinderleicht und kostet nicht die Welt.

Was tun bei einer Reifenpanne?

Etwas anders sieht die Sache mit einem platten Reifen aus. Statistisch gesehen erlebt jeder Autofahrer nur etwa alle 70.000 km dieses Malheur. Dann aber heißt es richtig reagieren und umsichtig handeln. Schätzen Sie die Situation hinsichtlich Gefahrenpotenzial ein. Können Sie an dieser Stelle einen Radwechsel durchführen, ohne sich zu gefährden? Befinden Sie sich beispielsweise auf einer zweispurigen Autobahn ohne Standstreifen, unterlassen Sie zu Ihrer eigenen Sicherheit einen Radwechsel. Rufen Sie stattdessen sofort Hilfe per Handy oder versuchen Sie sich im Schritttempo zum nächsten Rastplatz zu retten.

Mit einer Panne weiterfahren oder lieber stehen bleiben – ab wann wird es kritisch?

Abgesehen von dieser Panne, die bei jedem Auto auftreten kann, gilt der Smart als relativ unkompliziert und robust. Verlassen Sie sich stets auf Ihren gesunden Menschenverstand und verzichten Sie im Zweifelsfall lieber auf einen Reparaturversuch vor Ort. Genauso wichtig ist es zu wissen, wann es besser ist, nicht mehr weiter zu fahren. Sie ersparen sich damit nicht nur teure Folgeschäden, sondern setzen auch nicht Ihre Gesundheit und die Ihrer Mitmenschen aufs Spiel. Wir haben darum in unseren Störungsbeiständen die wichtigsten Symptome aufgeführt, die auf einen schlimmen Schaden hindeuten. Oder auch auf Dinge hingewiesen, die einen schlimmen Schaden verursachen können. So reagieren alle direkt einspritzenden Diesel absolut allergisch auf eine Falschbetankung mit Benzin. Fatalerweise passt nämlich die dünnere Zapfpistole der Otto-Kraftstoffe immer in die große Öffnung der Dieselfahrzeuge, der große Rüssel der Diesel-Zapfsäule jedoch nicht in die kleinen Tankstutzen der Benziner. Sollten Sie Ihren falsch betankten Diesel dennoch starten, so werden Sie mit einiger Sicherheit aufgrund der Folgeschäden einen vierstelligen Euro-Betrag los.

Und wenn ich nun doch in die Werkstatt muss?

Lässt sich ein Abschleppen mit anschließendem Werkstattbesuch nicht vermeiden, sollten Sie unbedingt folgende Dinge beachten: Generell sind die Mitgliedschaft in einem Automobilclub und ein spezieller Schutzbrief immer von Vorteil, besonders fern der Heimat. Lesen Sie sich beizeiten in Ruhe das Kleingedruckte durch und legen Sie die entsprechende Notrufnummer in das Handschuhfach. Bestellen Sie einen Abschleppwagen nur über diese Nummer und lassen Sie sich vom Fahrer eine Bestätigung über seinen Auftraggeber zeigen. Es ist ja auch möglich, dass der Abschleppwagen rein zufällig des Weges kam... Schildern Sie der Werkstatt dann ganz in Ruhe und chronologisch den Schadenshergang. Je mehr die Werkstatt weiß, umso kürzer ist die Zeit für die Fehlersuche. Wichtige Informationen sind zum Beispiel:

- In welchem Betriebszustand trat der Schaden auf? (Temperatur, Geschwindigkeit, Drehzahl)
- Haben Sie vorher ungewöhnliche Geräusche oder ein ungewöhnliches Fahrverhalten bemerkt?
- Wie ist die Vorgeschichte des Wagens (wurden vor Kurzem Reparaturen oder Inspektionen durchgeführt)? Bestehen Sie auf einen schriftlichen Auftrag und einen Kostenvoranschlag. Ziehen Sie vor Reparaturbeginn eine finanzielle Grenze, über der die Werkstatt Ihr Einverständnis braucht.

Fahrzeug richtig aufbocken

Im Bordwerkzeug Ihres Smart finden Sie leider keinen Wagenheber. Einen solchen sollten Sie sich für den Fall der Fälle besorgen und mit der schon vorgestellten Fahrzeugtasche im Kofferraum verstauen. Damit lässt sich der Wagen für die meisten Arbeiten hoch genug anheben. Zur Sicherheit sollten Sie stets ein kleines Brett mit etwa den Abmaßen 30 cm x 30 cm und 2 cm Dicke unterstellen. Damit verringert sich die Gefahr, dass der Wagenheberfuß in den Boden einsinken kann. Wenn Sie ernsthaft unter dem Fahrzeug arbeiten wollen, raten wir dringend zur Verwendung von Unterstellböcken. Nur so können Sie Ihren angehobenen Smart sichern. Begeben Sie sich niemals unter das angehobene Fahrzeug, wenn dieses nicht durch Unterstellböcke gesichert ist, Sie begeben sich sonst durchaus in Lebensgefahr!

Fahrzeug aufbocken:
Der Wagen muss auf festem, ebenem Untergrund stehen.

- Feststellbremse aktivieren und zumindest eines der Räder gegenüber der Anhebestelle mit Holzkeilen, notfalls mit geeigneten Steinen, gegen Wegrollen sichern. Nur auf die Feststellbremse dürfen Sie sich nicht verlassen.

- Schwenken Sie die Kurbel des Wagenhebers durch Verdrehen heraus und öffnen Sie den Heber um etwa fünf Umdrehungen.

- Nun den Wagenheber senkrecht zum gekennzeichneten Aufnahmepunkt am Schweller heben. Der Wagenheberkopf muss waagerecht auf der Auflage am Schweller anliegen.

Achtung! Fahrzeug nur an diesen vorgesehenen Aufnahmepunkten anheben! Die Schweller sind in diesem Bereich extra hierfür verstärkt! Wagenheberkopf mit der linken Hand gegen den Aufnahmepunkt drücken, während man mit der rechten Hand die Kurbel im Uhrzeigersinn dreht und den Wagenheberfuß gegen den Boden drückt. Immer darauf achten, dass der Wagenheber senkrecht steht und nicht nach einer Seite abkippt!

- Bevor der Wagenheber auf die Arbeitshöhe hochgekurbelt ist, nochmals vergewissern, dass ein Wegkippen des Hebers ausgeschlossen ist. Ist der senkrechte Stand nicht gewährleistet, den Wagenheber nochmals neu ansetzen. Ansonsten nun auf nötige Höhe kurbeln.

- Der Unterstellbock darf nur an den Bodenverstärkungen angesetzt werden. Zwischen die Auflage des Bocks und den Fahrzeugboden sollten Sie einen Gummi- oder Hartholzklotz legen, der die Last verteilt. Kontrollieren Sie vor dem Ansetzen des Bockes, ob eventuell ein Blechfalz im Weg ist, der eingedrückt oder deformiert werden könnte, oder gar die Bremsleitung eingeklemmt werden kann.

- Der Dreibein-Unterstellbock steht am sichersten, wenn eines seiner Beine nach außen und zwei zur Wagenmitte hin zeigen. Achten Sie auf diese Stellung, wenn Sie das Fahrzeug aufbocken. Sonst kann es passieren, dass beim Anheben des Wagens der auf der anderen Seite bereits angesetzte Unterstellbock seitlich weggedrückt wird.

Werkzeugfach: Unter der Fußablage im Beifahrerfußraum.

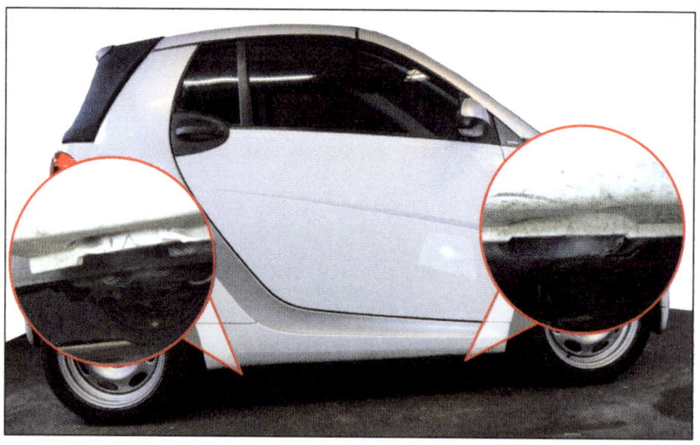

Wagenheberaufnahmen: Eindeutig am Schweller erkennbar.

Fahrzeug abschleppen

Beachten Sie beim Abschleppen aber folgende Grundsätzlichkeiten:
Nie den Wagen weiter als 50 km schleppen, ansonsten können Schäden am Getriebe entstehen.

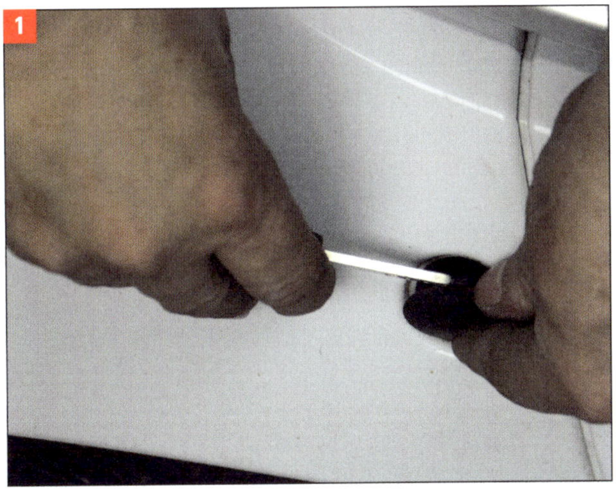

Abdeckung demontieren: Die Schraube, mit welcher diese fixiert ist, lösen Sie mit einem Kreuzschlitzschraubenzieher.

Abdeckung abnehmen: Die Abdeckung nach vorne wegziehen, dahinter verbirgt sich das Einschraubgewinde des Hakens.

WISSENSWERTES

Vorschriften beim Abschleppen

Beachten Sie nach einer Havarie beim Abschleppen die nach §15a der Straßenverkehrsordnung geltenden Grundsätze: Beim Abschleppen eines auf der Autobahn liegengebliebenen Fahrzeugs ist die Autobahn bei der nächsten Ausfahrt zu verlassen. Ist Ihr Fahrzeug außerhalb der Autobahn liegengeblieben, dürfen Sie nicht auf die Autobahn auffahren. Während des Abschleppens müssen beide Fahrzeuge das Warnblinklicht einschalten. Zudem steht der Nothilfegedanke im Vordergrund, das heißt, ein abzuschleppendes Fahrzeug ist nicht über weite Strecken zu transportieren, sondern nur bis zur nächstgelegenen oder nächstgeeigneten Werkstatt. Der Fahrzeugführer des abschleppenden Kfz benötigt eine Fahrerlaubnis der Klasse, die dem ziehenden Kfz zugehört. Der Lenker eines abzuschleppenden Kfz muss indes keinen Führerschein besitzen. Außerdem besteht kein gesetzliches Mindestalter zur Steuerung des abgeschleppten Fahrzeugs. Da derjenige allerdings für das Bremsen und Lenken verantwortlich ist und Sie für die Einweisung in diesen Vorgang, ist es ratsam sich im Zweifelsfall davon zu überzeugen, dass Ihr »Pannenhelfer« dies auch kann. Verwenden Sie eine starre Abschleppstange, damit auch das Bremsen ohne Pedalkraftverstärkung nicht zur bösen Überraschung wird.

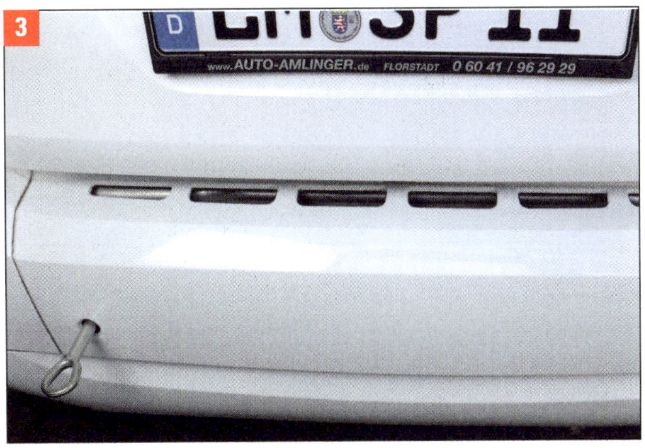

Festziehen: Den Abschlepphaken können Sie mit Hilfe des Radschlüssels als Hebel ordentlich festziehen.

Starthilfe geben

Verwenden Sie zur Überbrückung von einer vollen zu einer leeren Batterie spezielle Elektronik-Starthilfekabel. Damit schützen Sie die elektronischen Bauteile Ihres Smart vor gefährlichen Spannungsspitzen. Sicherheitshalber können Sie einen Verbraucher wie beispielsweise das Standlicht einschalten, um Spannungsspitzen zu vermeiden.

- Hilfsfahrzeug dicht an Ihr Fahrzeug heranfahren, damit die Batterien durch die Starthilfekabel verbunden werden können. Schalten Sie in Ihrem Fahrzeug alle Stromverbraucher ab.
- Die Pluspole mit dem Starthilfekabel verbinden, zuerst die leere, dann die volle Batterie anklemmen.
- Das andere Kabel zuerst am Minuspol der Fremdbatterie und dann am Minuspol der entladenen Batterie anschließen.
- Motor des Hilfswagens starten und mit erhöhter Drehzahl laufen lassen, damit die Lichtmaschine viel Strom liefert.
- Starten Sie Ihr Fahrzeug. Wenn der Motor nicht gleich anspringt, sollten Sie nach weiteren Versuchen immer wieder eine Pause einlegen, damit der Anlasser abkühlen kann. Dabei den Motor des Hilfsfahrzeugs weiterlaufen lassen – die leere Batterie in Ihrem Smart wird dadurch schon nachgeladen.
- Zum Abnehmen der Starthilfekabel zuerst den Minuspol der eigenen Batterie, dann den der Fremdbatterie abklemmen. Anschließend Kabel von den Pluspolen abnehmen, erst Vollbatterie, dann Leerbatterie.

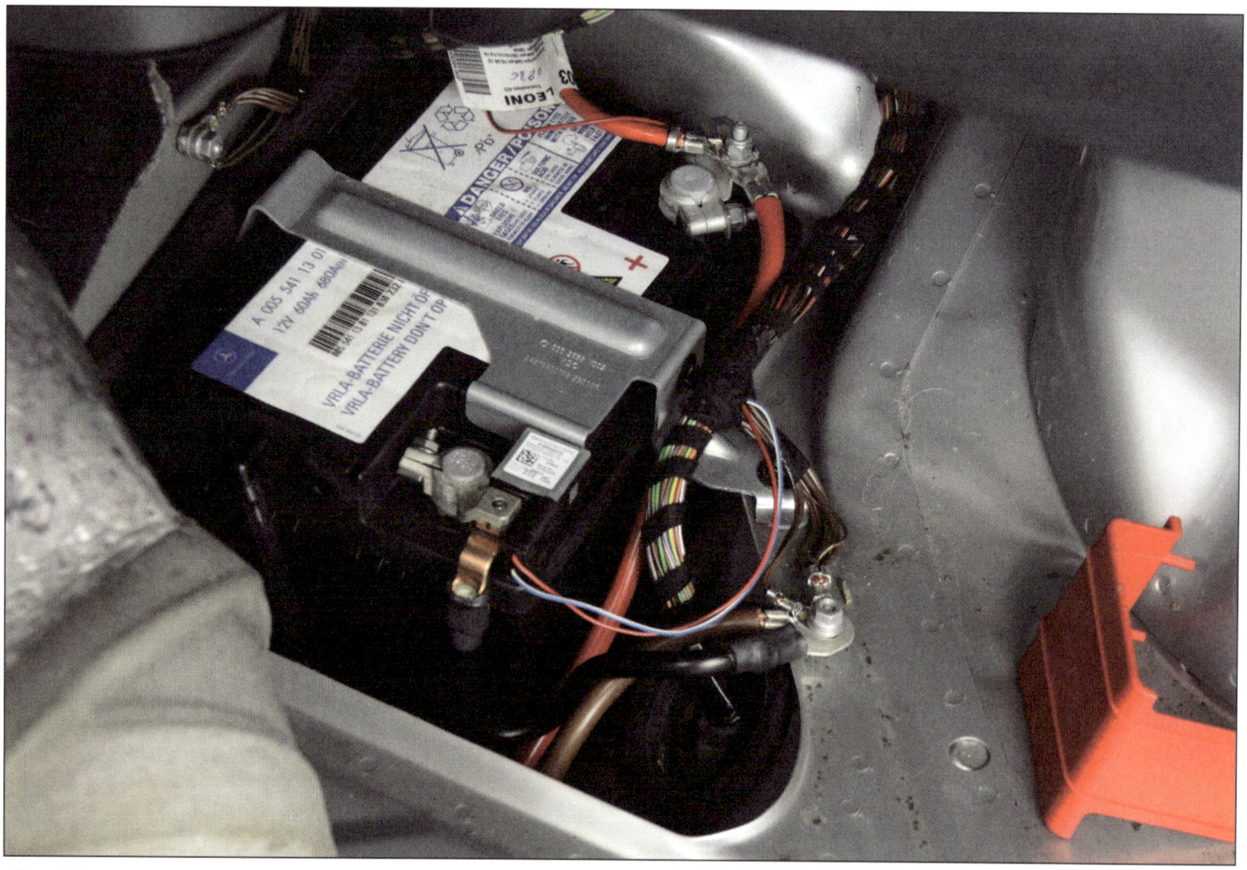

Anschluss an die Batterie: Rot als Pluskabel und schwarz als Minuskabel und Masseanschluss

Überhitzung durch Wasserverlust

Wenn der Motor überhitzt, droht ein kapitaler Motorschaden. In den meisten Fällen fehlt dem Motor Kühlwasser. Drehen Sie niemals den Ausgleichsbehälter sofort auf. Er steht gerade bei überhitzten Kühlsystemen unter hohem Druck. Das Kühlwasser kann durchaus überspannt sein. Das bedeutet, es hat eine Temperatur über 100 °C bzw. über 115 °C erreicht. Wasser ist bei ca. 100 °C schon gasförmig. Schwere Verbrennungen wären so unausweichlich! Stellen Sie den Motor sofort ab. Warten Sie einige Zeit ab und öffnen Sie den Kühlerdeckel langsam. Halten Sie niemals den Kopf in den Bereich des Kühlwasserbehälters, wenn Sie den Deckel abschrauben wollen. Vor dem eigentlichen Abdrehen hat der Kühlerdeckel noch eine Raststufe. Kurz nach dieser Stufe wird hörbar der Druck entweichen. Warten Sie ab, bis der Druckausgleich stattgefunden hat und drehen Sie den Kühlerdeckel langsam und sehr vorsichtig mit einem Lappen als Handschutz ab.
Bevor Sie jedoch nun fehlendes Kühlwasser auffüllen, sollten Sie als Erstes versuchen, die Ursache des Wasserverlustes zu lokalisieren.
Stellen Sie regelmäßigen Wasserverlust fest, kann das mehrere Ursachen haben. Ein undichter oder beschädigter Schlauch kommt als Ursache genauso in Frage wie eine beschädigte Wasserpumpe oder ein Schaden an Kopfdichtung oder anderen Teilen des Kühlsystems. Suchen Sie gezielt nach Wasserspuren im Motorraum. Zumeist lässt sich der Schaden recht gut einkreisen, wenn man den »weißen« Spuren folgt. Der Einsatz von »Kühlerdichtmitteln« ist sicherlich keine Lösung, die als Reparatur bezeichnet werden kann. Die chemischen Zusätze können zwar ein vorhandenes Leck zuerst einmal verschließen, bedeuten aber keine Betriebssicherheit. Defekte Bauteile und Dichtungen sollten am besten sofort getauscht werden.

- Wenn der Ventilator streikt und der Motor nur im Stand heiß wird, können Sie die Fahrt bei freier Strecke fortsetzen. Im Stand und an roten Ampeln dann jeweils den Motor abstellen.

- Stellen Sie die Heizung auf maximale Wärme bei höchster Gebläsestufe, um zusätzlich etwas Hitze aus dem Motor abzuführen.

- Ist ein Kühlerschlauch nur leicht undicht, zum Beispiel durch einen Marderbiss, können Sie den Schlauch provisorisch mit festem Gewebeklebeband umwickeln. Der Schlauch muss dazu fettfrei, trocken und am besten kalt sein. Wickeln Sie ein paar Lagen um die schadhafte Stelle, das hält locker bis nach Hause oder in die nächste Werkstatt. Anschließend sollte der Motorraum, oder besser gesagt jeder Schlauch und jedes Kabel, genau in Augenschein genommen werden. Marder ernähren sich nicht von Autoteilen, sie spielen nur damit. Ein durchgebissenes Zündkabel kann aber leicht einen Katalysatorschaden um 2500 Euro verursachen, wenn er nicht bemerkt wird und das Auto auf zwei Zylindern weiterlaufen soll. Im Zweifelsfall zuerst genau untersuchen und notfalls das Fahrzeug abschleppen. Eine Weiterfahrt kann leicht Schäden verursachen, die die Kosten des Abschleppens um das 10-fache übersteigen.

Nur für kurze Zeit: Bei kleinen Undichtigkeiten kann das Loch, aus dem das Kühlwasser tropft oder spritzt, mit zwei bis drei Lagen Gewebeband umwickelt werden. Das hält jedenfalls bis zur nächsten Werkstatt.

Falschbetankung beim Diesel – Elektronik im Notlaufprogramm

Zu meiner Lehrzeit durfte ich erleben, wie der Meister einen Kunden beschimpfte, »wie dämlich man sein müsse, den falschen Kraftstoff zu tanken«. Nach der Tankreinigung fuhr er dann selbst los um das Kundenauto wieder vollzutanken. Nicht mal eine halbe Stunde später mussten wir unseren Meister mit deutlich verfinsterter Miene von der Tankstelle abschleppen. Ein leichtes Grinsen der Werkstattbesatzung löste für den Rest des Tages lautstarke Wutäußerungen des Meisters und heftiges Türenschlagen aus – morgens noch gelästert und mittags selber falsch getankt...

Lachen Sie jetzt bitte nicht: Eine Falschbetankung kommt häufiger vor, als Sie denken. Etwas Hektik, schlecht beschriftete Zapfpistolen und schon ist es passiert – der CDI hat Benzin statt Diesel geschluckt. Wenn Sie es noch rechtzeitig merken, haben Sie Glück gehabt. Der Tank kann ausgepumpt werden. Wenn Sie aber den Motor starten und so lange fahren, bis er ausgeht (und das wird er früher oder später), kann die Rechnung in die Tausende gehen. Fatalerweise schmiert nämlich der Dieselkraftstoff auch die Hochdruckpumpe, und Benzin wäscht diesen Schmierfilm in Sekundenschnelle ab. Die Folge: Die Pumpe frisst und die Späne verteilen sich anschließend im kompletten Kraftstoffsystem. Starten Sie also auf keinen Fall den Motor und versuchen Sie auch nicht, die Falschbetankung mit Diesel aufzufüllen! Schon wenige Liter Benzin können zum kapitalen Schaden führen! Um es zu verdeutlichen: In diesem Fall müssen alle Bauteile des Kraftstoffsystems in der Regel erneuert werden. Das bedeutet im Extremfall alles zwischen Tankdeckel und Motorblock. Jede Leitung, jeder Schlauch, jeder Filter bis zum Pumpenelement.
Der Schaden beläuft sich schnell auf 3000 Euro und mehr. Nach der Falschbetankung also niemals Selbstversuche starten. Ohne Abschleppen und Absaugen des Tanks geht es nicht. Das wahrscheinlich länger anhaltende Geläster der Bekanntschaft ist leichter zu ertragen als die Werkstattrechnung.
Wenn Sie dagegen einen Benziner fahren, brauchen Sie sich nicht allzu viel Sorgen machen. Das wesentlich dickere Einfüllrohr der Diesel-Pistolen passt erst gar nicht in den Einfüllstutzen. Selbst wenn Sie sich innerhalb der Benzin-Palette vergriffen haben, ist das halb so schlimm. Der Klopfsensor der Motorsteuerung erkennt minderwertigen Kraftstoff und regelt entsprechend die Zündung in einen unkritischen Bereich. Trotzdem sollten Sie natürlich so bald als möglich den richtigen Kraftstoff nachtanken.

Wenn im Cockpit eine Warnleuchte leuchtet und der Motor nur noch mit halber Kraft läuft oder das Getriebe seltsam schaltet, befindet sich die Motorsteuerung im Notlaufprogramm. Dasselbe gilt für die Bremsen-Warnleuchte. Sie können damit noch einen sicheren Ort erreichen, dann sollten Sie allerdings der Sache auf den Grund gehen. Denn wenn Motor, Getriebe oder ABS/ESP in das Notlaufprogramm fallen, hat das meist einen schwerwiegenden Grund. In jedem dieser Systeme ist allerdings eine Rückfallebene hinterlegt, die dafür sorgt, dass Ihr Auto weiter mobil bleibt. Wenn Sie keinen schwerwiegenden Schaden entdecken, kann es aber auch sein, dass die Elektronik nur in einem bestimmten Betriebszustand einen nicht plausiblen Vorfall registriert hat. Dieser Vorgang wird im Fehlerspeicher abgelegt und kann mit einem Diagnosegerät ausgelesen werden. Viele Steuergeräte legen neben dem erkannten Fehler auch die Peripheriedaten dazu im Steuergerät ab. Aus diesem Grund sollte der Fehlerspeicher nicht einfach gelöscht werden, zumal das CAN-Bus-System je nach Fehler diesen auch in mehreren Steuergeräten hinterlegt haben kann. Das hilft dem Mechatroniker dann erheblich den Fehler »einzukreisen«.

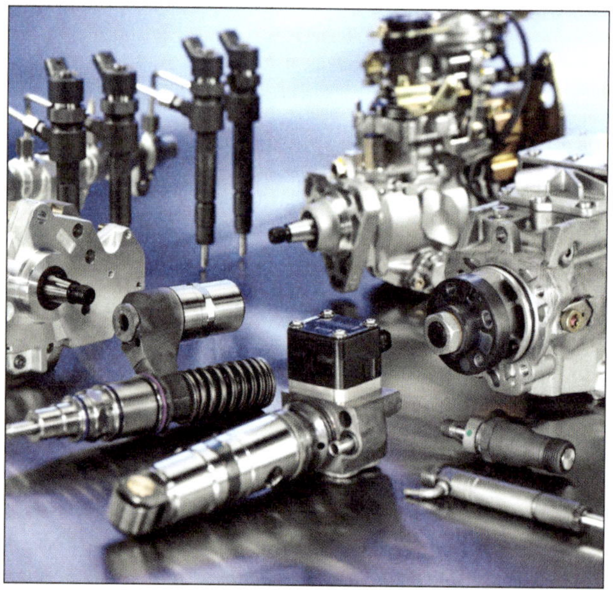

Empfindlich: Bauteile einer Einspritzanlage, die durch Falschbetankung Schaden nehmen können.

Grundausstattung für kleine Pannen

Der serienmäßige Ausstattungsumfang im Smart ist, was den Pannenfall angeht, einigermaßen akzeptabel: Abschleppöse und das Mobilitätsset für den Reifen. Natürlich kann man sich mit Reifendichtmittel und Kompressor behelfen. Allerdings nur auf eine Reifenpanne beschränkt. Schraubendreher und Kombizange, sowie ein einfaches Radkreuz sind zwar werksseitig nicht eingeplant, sollten aber trotzdem ein Plätzchen im Innenraum des Kleinwagens finden. Wenn Sie also auch folgende kleine Grundausrüstung mit sich führen, können Sie sich bei vielen anderen kleinen Pannen wahrscheinlich selbst helfen oder zumindest das Fortkommen sichern. Denn nicht nur ein platter Reifen kann Sie erheblich aufhalten, sondern auch ein leerer Tank. Vielleicht verliert der Motor auch aufgrund eines porösen Schlauches Wasser oder weil ein hungriger Marder herzhaft in die Schläuche gebissen hat. Mit folgenden Dingen sind Sie schon recht gut ausgestattet:

- Reifendichtmittel: dichtet kleinere Durchstiche im Reifen von innen ab. Vorsicht: Nicht in praller Sonne liegen lassen: Explosionsgefahr!
- Kühlerabdichtmittel: funktioniert ähnlich wie das Reifendichtmittel und hilft bei Marderbissen.
- Hochfestes Klebeband: Damit können Sie lose Karosserieteile befestigen (zum Beispiel nach einem Unfall) oder auch Kühlerschläuche flicken.
- Kabelbinder: Funktionieren bei guter Qualität sogar als Schlauchschellenersatz.
- Scheibenreinigungskonzentrat (auch pur anzuwenden) und Insektenlöser helfen Ihnen besonders in der Nacht oder wenn die Scheibe durch Öl oder Kühlwasser verschmiert ist.
- Reservekanister: sichert genügend Reichweite, um bis zur nächsten offenen Tankstelle zu gelangen.

Pannenset

Pannensets für die Reifen können das Reserverad ersparen. Die Voraussetzung ist aber, dass es sich um einen Plattfuß handelt, der keinen weiteren Schaden am Reifen zur Folge hatte. Wurde der platte Reifen weitergefahren oder zeigt er schon blaue Verfärbungen, sollte immer der Reservereifen zum Einsatz kommen.

Die Anwendung ist nicht weiter schwer und geht in den meisten Fällen auch schneller als ein Radwechsel. Nach Verwendung des Kits kann das Fahrzeug dann sicher bis zur nächsten Werkstatt weitergefahren werden.
Das Dichtmittel hinterlässt meist einen Schmierfilm auf Reifen und Felge, der für die Reparatur erst wieder entfernt werden muss. Zum Teil verweigern die Reifenhändler eine Reifenreparatur nach dem Einsatz von Dichtmitteln. Im Zubehörhandel gibt es Dutzende Varianten zu erwerben.

Smart bietet diese Dichtmittelkits auch als Originalteil an: Das Reifendichtmittel kann einzeln bestellt werden. Hinter der Ersatzteilnummer auf der Verpackung verbirgt sich die flüssige Dichtmasse.

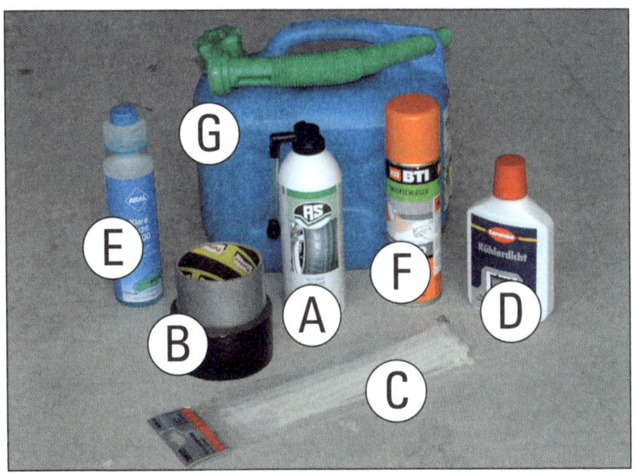

Das kleine Überlebensset: (A) Reifendichtmittel, (B) hochfestes Klebeband, (C) Kabelbinder, (D) Kühlerdichtmittel, (E) Scheibenreinigungskonzentrat, (F) Insektenreiniger, (G) Reservekanister.

Problemlösungen

Clips und Tricks

Natürlich gibt's es auch bei dem Smart einige Clips, Schrauben und Muttern, die sich im Laufe des Autolebens entweder verlieren oder nicht mehr lösen lassen. Selbstverständlich fällt das immer dann auf, wenn der Hersteller-Partner seine Pforten schon fest verschlossen hat. Mit wenigen Euros kann sich so das Schrauberherz ganz sicherlich erfreuen, wenn sich wenige Kleinteile in der Werkzeugkiste finden lassen:

Die Stopfensammlung.

Blechschraube mit Blechmutter: Sie hilft Verkleidungsteile wieder sicher zu befestigen.

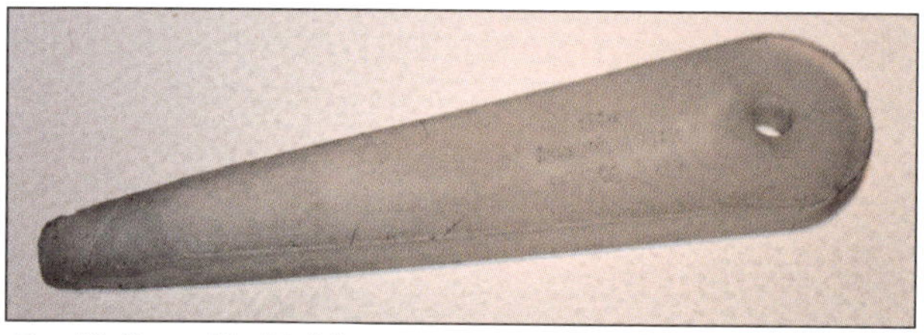

Der Keil zur Verkleidungsmontage 3409: Dieses Werkzeug erleichtert die Demontage der Verkleidungsteile an allen Fahrzeugen erheblich. Er ist aufgrund der empfindlichen Kunststoffoberflächen der heutigen Fahrzeuge aus einem PE-Kunststoff gefertigt, der sehr weich ist. Er eignet sich hervorragend, um aneinander geklipste oder eingerastete Rahmen, wie beispielsweise im Amaturenbrett, zu demontieren.

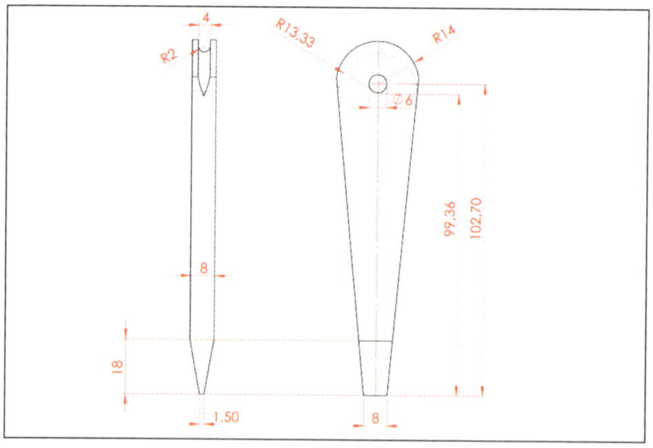

Der Keil zur Verkleidungsmontage T10039-1: Für die Selbermacher mit viel Geduld und handwerklichem Geschick stellen wir natürlich auch eine Zeichnung für den Selbstbau zur Verfügung. Die Abmessungen entsprechen dem Original. Der Werkstoff sollte dann ein PE-Kunststoff sein, um auch den schonenden Eigenschaften des Originals nahe zu kommen.

Kunststoffmutter: Sie eignet sich für alle Gewindestücke, die auch für die Blechmuttern oder Sicherungsringe geeignet sind. Kunststoffmuttern lassen sich aber deutlich besser festziehen und rosten nicht.

Kleinere Lackfehler beseitigen

Ganz klar können auch wir keine allgemeingültige Anweisung verfassen, die als Rezept für ein bestimmtes Fehlerbild eine genaue Vorgehensweise beschreibt. Aber wir möchten Ihren exemplarisch an einigen Beispielen eine mögliche Vorgehensweise vorstellen.

Wahl der »Waffen«

Dieser Fall beschäftigt sich mit einem kleinen Kratzer in der oberen Lackschicht, der es noch nicht geschafft hat die Klarlackschicht zu durchdringen. Für die Vorarbeit wählen wir ein 2000er-Nassschleifpapier. Zum Polieren wird der Roto-Exzenter von Flex mit einem mittelharten Schwamm mit grober Struktur und der Schleifpolitur verwendet. Zum Abschluss soll der weiche Schwamm mit feiner Struktur die Oberfläche auf Hochglanz bringen.

Kratzer ausschleifen

- Reinigen Sie die Schadstelle gründlich mit Reinigungsknete oder einem speziellen Lackreiniger.

- Schneiden Sie einen Streifen 2000er-Nassschleifpapier so zu, dass er auf einen Kunststoff- oder Hartschaumwürfel passt. Dieser Würfel verhindert, dass Sie nur einen Bereich der Schadstelle bearbeiten, sondern die gesamte Fläche um die Schadstelle.

- Schleifen Sie die Schadstelle mit viel Wasser an der Schleifstelle gerade so weit an, dass die Kratzer verschwunden sind.

Kleine Kratzer auspolieren

- Montieren Sie einen mittelharten Schwamm mit grober Struktur auf den Polierteller.

- Tragen Sie wenige Tupfer Politur (Schleifpolitur) auf dem Polierschwamm auf.

- Beginnen Sie die Politur mit langsamer Drehzahl zu verteilen und erhöhen Sie die Drehzahl etwas zum Polieren.

- Behalten Sie die Schadstelle im Auge und polieren Sie diese, bis die Oberfläche einigermaßen glatt erscheint.

- Montieren Sie nun einen weichen Schwamm mit feiner Struktur auf den Polierteller.

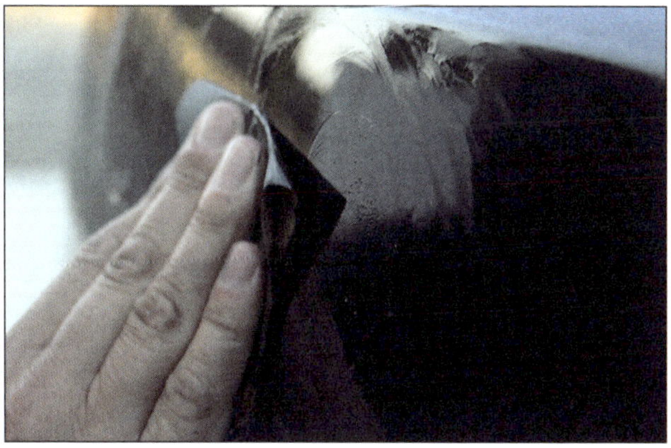

Schadstelle schleifen: Das Schleifpapier ermöglicht trotz seiner sehr feinen Körnung einen effektiven Farbabtrag. Vorsichtig schleifen! Ist erst der Lack ab, hilft nur noch lackieren.

Schleifpolitur: Die Schleifpolitur ist wie ein extrem feines Schleifpapier und trägt den Lack sehr fein und fast ohne Schleifspuren ab.

Feinpolitur: Die Finish-Politur verfeinert das Schleifbild derartig, dass nur eine glatte Fläche erkennbar ist.

- Tragen Sie wenige Tupfer Politur (Finishpolitur) auf dem Polierschwamm auf.
- Beginnen Sie die Politur mit langsamer Drehzahl zu verteilen und erhöhen Sie die Drehzahl etwas zum Polieren.
- Behalten Sie die Schadstelle weiterhin im Auge und polieren Sie die Oberfläche bis zum Hochglanz. Tragen Sie abschließend eine Versiegelung auf das ganze Karosserieteil auf.

Falls erforderlich, müssen Sie die Politur mehrfach auftragen und das Polieren weiterführen.

Steinschläge ausbessern

Steinschläge sind oftmals größer, als sie im ersten Moment erscheinen. Vor dem Austupfen der Schadstelle stehen die Reinigung der Schadstelle und das Auslösen der verbliebenen und teilweise noch festhängenden Farbsplitter auf dem Programm.

Wahl der »Waffen«

Dieser Fall beschäftigt sich mit einem Steinschlag, der die Lackschichten bis zum Blech durchschlagen hat. Im Randbereich des Einschlages befinden sich noch kraterförmig vom Blech abgelöste Lackreste. Um diese zu lösen, verwenden wir die Spitze eines scharfen Cuttermessers. Anschließend wird der Einschlagbereich mit einem Lackreiniger gründlich gereinigt. Zum Farbauftrag verwenden wir den passenden Lackstift mit der entsprechenden Farbnummer. Nach der Trocknung des Farbauftrags wählen wir für die Vorarbeit ein 2000er-Nassschleifpapier. Zum Polieren kommt wieder der Roto-Exzenter von Flex mit einem mittelharten Schwamm mit grober Struktur und der Schleifpolitur zum Einsatz. Zum Abschluss soll der weiche Schwamm mit feiner Struktur die Oberfläche auf Hochglanz bringen.

Schadensbereich reinigen

- Reinigen Sie die Schadstelle gründlich mit einem speziellen Lackreiniger.
- Kratzen Sie nun die Schadstelle mit der Spitze des Cuttermessers so weit aus, dass keine losen Lackpartikel mehr vorhanden sind.
- Reinigen Sie die Schadstelle erneut gründlich mit einem speziellen Lackreiniger.

Lackauftrag in den Schadensbereich

- Schütteln Sie den Lackstift gründlich durch, um eine gute Durchmischung der Bestandteile zu gewährleisten.
- Tragen Sie nun mit dem im Lackstift enthaltenen Pinsel den Lack genau auf die Schadstelle auf. Der Lackauftrag kann Tropfen für Tropfen erfolgen. Dazwischen können Trocknungszeiten liegen. Der Lack sollte die Schadstelle vollständig auffüllen.

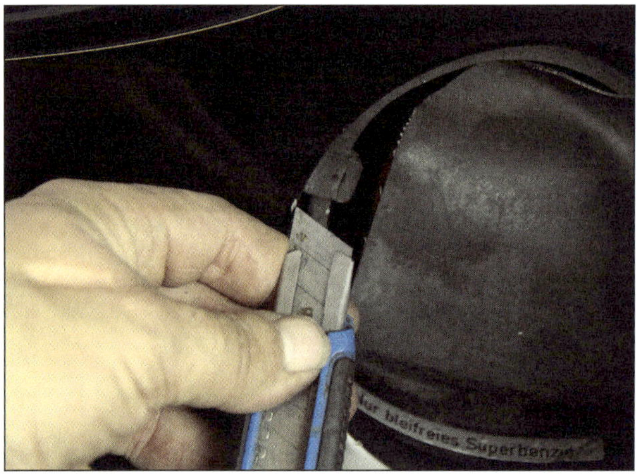

Steinschlag auskratzen: Das Auskratzen mit dem Cuttermesser ist vergleichbar mit Schleifen auf kleinstem Raum.

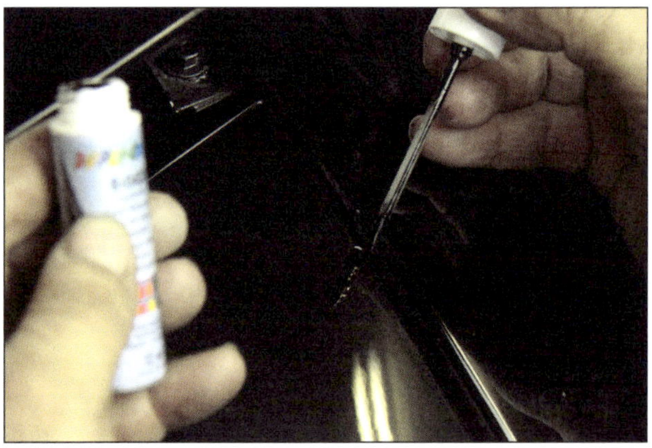

Farbauftrag in Tropfenformat: Es soll nur der eigentliche Schadensbereich aufgefüllt werden.

Anschleifen der Schadstelle: Erst wenn der Lack trocken ist, kann mit der Schleif- und Polierarbeit begonnen werden.

Oberfläche herstellen

- Schneiden Sie einen Streifen 2000er-Nassschleifpapier so zu, dass es auf einen Kunststoff- oder Hartschaumwürfel passt. Dieser Würfel hilft in diesem Fall, den Bereich der Schadstelle so zu bearbeiten, dass sie die gleiche Höhe wie die Fläche um die Schadstelle herum erreicht.
- Schleifen Sie die Schadstelle nach dem Trocknen mit viel Wasser an der Schleifstelle gerade so weit an, dass die Schadstelle unsichtbar ist.
- Montieren Sie einen mittelharten Schwamm mit grober Struktur auf den Polierteller.
- Tragen Sie wenige Tupfer Politur (Schleifpolitur) auf dem Polierschwamm auf.
- Beginnen Sie die Politur mit langsamer Drehzahl zu verteilen und erhöhen Sie die Drehzahl etwas zum Polieren.
- Behalten Sie die Schadstelle im Auge und polieren Sie diese, bis die Oberfläche einigermaßen glatt erscheint.
- Montieren Sie nun einen weichen Schwamm mit feiner Struktur auf den Polierteller.
- Tragen Sie wenige Tupfer Politur (Finishpolitur) auf dem Polierschwamm auf.
- Beginnen Sie die Politur mit langsamer Drehzahl zu verteilen und erhöhen Sie die Drehzahl etwas zum Polieren.
- Behalten Sie die Schadstelle weiterhin im Auge und polieren Sie die Oberfläche bis zum Hochglanz.

Falls erforderlich, müssen Sie die Politur mehrfach auftragen und das Polieren weiterführen.

Lackieransätze beipolieren

So genannte Lackieransätze entstehen immer, wenn im Rahmen der Teillackierung oder auch neudeutsch »Smart-Repair« nur ein Teil eines Karosserieteils lackiert wurde und der restliche Teil unbehandelt bleibt. Die Besonderheit an Lackieransätzen liegt darin, dass im Bereich, an dem die beilackierte Stelle auf den Originallack trifft, in jedem Fall mehr Lackauftrag festzustellen ist, als beim Originallack oder der Reparaturstelle selbst. Der Übergang wird bei den Profis nach dem letzten Farbdurchgang mit einer speziellen Verdünnung anlackiert, die den Verlauf des Reparaturlackes in den Originallack erleichtert.

Wahl der »Waffen«

Bei diesem Fall finden wir leichten Farbnebel vor, der durch die zuvor beilackierte Reparaturstelle im originalen Fahrzeuglack entstanden ist. Zum Polieren wird der Roto-Exzenter von Flex mit einem mittelharten

Komplettes Lackreparaturset von Dupli-Color: Alles vom Reiniger über den Filler bis zum Beispritzlack ist in diesem Karton zu finden. Es wird lediglich noch der Fahrzeugfarbton gebraucht.

Schwamm mit grober Struktur und der Schleifpolitur verwendet. Zum Abschluss soll der weiche Schwamm mit feiner Struktur die Oberfläche auf Hochglanz bringen.
Angst vor einem Temperaturanstieg beim Poliervorgang müssen Sie bei einer Rotoexentermaschine (exentrische Bewegung und Rotationsbewegung werden motorisch durchgeführt) nicht haben. Die Temperatur wird auch beim Beipolieren geringfügig ansteigen. Es besteht keine Gefahr für Lack und Kunststoffteile. Dafür ist die Schleifleistung etwas geringer.

Schadensbereich reinigen

- Reinigen Sie die Schadstelle gründlich mit einem speziellen Lackreiniger. Eine tiefer gehende Reinigung sollte nicht erforderlich sein, da das Karosserieteil zuvor lackiert wurde oder aus der Lackiererei kommt.

Oberfläche herstellen

- Montieren Sie einem mittelharten Schwamm mit grober Struktur auf den Polierteller.
- Tragen Sie wenige Tupfer Politur (Schleifpolitur) auf dem Polierschwamm auf, beginnen Sie die Politur mit langsamer Drehzahl zu verteilen und erhöhen Sie die Drehzahl etwas zum Polieren.
- Behalten Sie den Übergangsbereich im Auge und polieren Sie diese, bis die Oberfläche einigermaßen glatt erscheint.
- Montieren Sie nun einen weichen Schwamm mit feiner Struktur auf den Polierteller.
- Tragen Sie wenige Tupfer Politur (Finishpolitur) auf dem Polierschwamm auf und beginnen Sie wieder die Politur mit langsamer Drehzahl zu verteilen und erhöhen Sie die Drehzahl dann zum Polieren etwas.
- Behalten Sie den Übergangsbereich weiterhin im Auge und polieren Sie die Oberfläche bis zum Hochglanz. Falls erforderlich, müssen Sie die Politur mehrfach auftragen und das Polieren weiterführen.

Kaum zu erkennen: Der Lackansatz kann bei einem guten Lackierer auch in einer Fläche erfolgen. Trotzdem werden immer Kanten oder Sicken verwendet, um die Ansätze zu verstecken.

Schleifpolitur auf den Polierschwamm auftragen: Diese Menge an Schleifpolitur reicht bei dem Mittel der Firma Flex für ein ganzes Karosserieteil aus.

Hockglanzpolieren: Die Maschine wird mit weichem Schwamm möglichst gradlinig über die Lackoberfläche geführt.

Räder, Reifen und Radwechsel

Sie gehören zu den wichtigsten Teilen am Fahrzeug und stellen die Verbindung zur Fahrbahn her. Der richtige Umgang, die Radmontage und auch die versteckten Information zum Reifenalter finden Sie in diesem Kapitel. Auch Pannen, die Ursachen und der Umgang mit dem Reifenkompressor werden wir Ihnen näher bringen. Manchmal sind es nur Kleinigkeiten, die das Fortkommen verhindern können. Wie Sie in diesen Fällen Ihren Smart wieder flott kriegen, steht in diesem Kapitel.

Räder, Radwechsel

Reifen und Felgen

In der Kombination spricht man von den Rädern eines Fahrzeuges. Sowohl der Reifendurchmesser als auch die Reifenbreite beeinflussen das Fahrverhalten unter Umständen deutlich. Inwieweit andere Reifenhaftungspotenziale und auch andere Kräfte, die an der Lenkung entstehen, einen Einfluss auch auf die Regelungssysteme des Fahrwerks haben, wurde entweder noch nicht untersucht oder noch nicht veröffentlicht. Das Urteilsvermögen eines Sachverständigen muss hinsichtlich der Eintragungen auch um Kenntnisse über Einflüsse und Störungen bezüglich der Regelsysteme erweitert werden. Gerade in diesem Punkt ist es sehr erstaunlich, welche Rad-Reifenkombination abgenommen und eingetragen werden. Fahrwerksteile wie Spurplatten und Komplettfahrwerke weichen zum Teil erheblich von den Herstellervorgaben ab. Der Tuner will sein Produkt Fahrzeug schließlich auch deutlich von den Serienmodellen abheben.
Als verantwortungsbewusster Autofahrer sollten Sie grundsätzlich gerade die fachlichen Hintergründe hinterfragen und im Zweifelsfall auf Serienausrüstung oder zumindest auf baugleiche Bauteile zurückgreifen, die vom Hersteller auch freigegeben wurden.

Das Bindeglied zur Straße – der Reifen

Reifenunterbau, Gummimischung und das ausgefeilte Reifenprofil machen moderne Reifen zu echten Hightech-Produkten, die einen wichtigen Beitrag zur passiven Sicherheit Ihres Autos leisten. Sie tragen das Gewicht eines Fahrzeugs, fangen kleinere Stöße der Fahrbahn ab und übertragen die Kräfte, die bei Antrieb, Bremsen und Kurvenfahrt entstehen. Die Reifen an den Vorderrädern bringen es durchschnittlich auf eine Laufleistung von 15.000 bis 35.000 Kilometer, die Pneus der Hinterräder auf 30.000 bis 50.000 Kilometer. Aber auch wenn Sie Ihr Fahrzeug nur selten bewegen – spätestens nach sieben, acht Jahren sind die Reifen am Ende, weil sich die Mischung des Gummis mit der Zeit auflöst und/oder versprödet bzw. verhärtet.

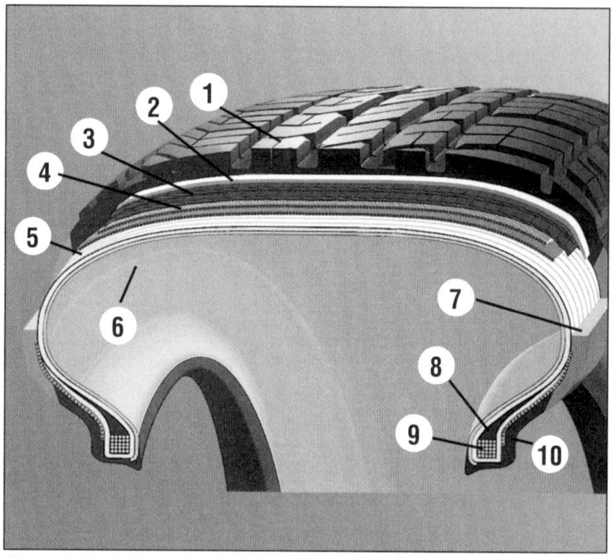

Das vielschichtige Innenleben eines Pkw-Reifens:
1 Laufstreifen: Profil und Mischung beeinflussen die Eigenschaften
2 Base: Senkt den Rollwiderstand
3 Nylon-Spulbandagen
4 Stahlcord-Gürtellagen: Steigern die Fahrstabilität
5 Karkasse: Form- und Festigkeitsträger des Reifens
6 Innenseele: Gasdichte Innenschicht ersetzt den Schlauch
7 Seitenteil: Schützt Karkasse vor Beschädigungen
8 Kernprofil: Unterstützt Lenk- und Fahrpräzision
9 Kern: Sorgt für festen Sitz auf der Felge
10 Wulstverstärker: Für präzises Lenkverhalten und hohe Fahrstabilität

Reifen und Luftdruck

Durch das Gewicht des Fahrzeuges wird der Reifen im Bereich seiner Aufstandsfläche auf der Fahrbahn verformt. Diese Verformung nennt man Abplattung. Am drehenden Rad läuft diese Abplattung um den Umfang herum. Diese zwangsmäßige Verformung des Reifens ergibt einen größeren Rollwiderstand. Hieraus ergeben sich wiederum ein höherer Reifenverschleiß und Kraftstoffverbrauch und, nicht zu vergessen, ein höheres Sicherheitsrisiko.
Ein zu hoher Luftdruck führt zu Mittenverschleiß und schlechtem Abrollkomfort. Grundsätzlich sollte immer der Luftdruck eingehalten werden, den der Hersteller in Tankdeckel und/oder Fahrerhandbuch angibt.

Anforderungen an den Reifen

Mit der Kreisfläche soll das Leistungsvermögen des Reifens dargestellt werden. Die Kreisteile zeigen den Anteil der Anforderung in der Gesamtanforderung an die Leistung des Reifens.

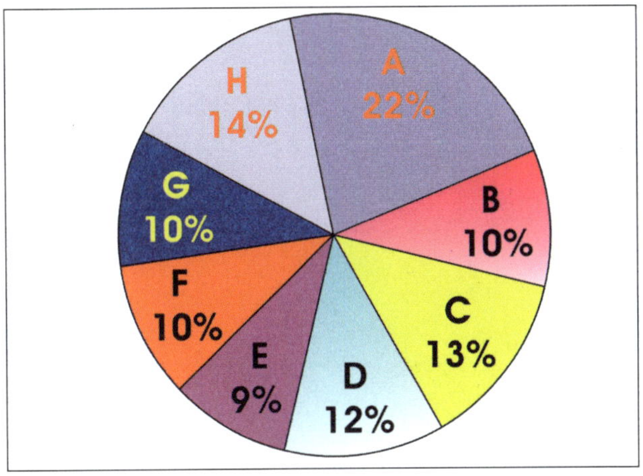

Anforderung an den Reifen: A Nassbremsverhalten, B Fahrkomfort, C Lenkpräzision, D Fahrstabilität, E Reifengewicht, F Lebenserwartung, G Rollwiderstand, H Aquaplaningverhalten.

An der begrenzten Form des Kreises kann man recht schnell die begrenzten definierten Eigenschaften einsehen, die ein Reifen für den Hersteller erfüllen muss. Es wird sehr anschaulich, was passiert, wenn eine Eigenschaft deutlicher hervortreten soll. Mindestens eine Eigenschaft muss dann für diese vorrangige Eigenschaft zurückgestellt werden. Das erklärt auch die durchaus unterschiedlichen Testergebnisse bei Reifentests.

Verschleißverhalten von Reifen

Die Anforderungen an die Reifen eines Autos steigen ständig, Faktoren wie steigendes Fahrzeuggewicht, höhere Geschwindigkeiten und höhere Fahrzeugsicherheiten verursachen naturgemäß einen größeren Verschleiß an den Reifen.

Radwechsel

Der Verschleiß an der Antriebsachse ist durch die höheren Lasten, die durch Antrieb und Radführung abgedeckt werden müssen, deutlich höher als der Verschleiß auf der anderen Achse. Solange das Ablaufbild »normal« ist und der Reifen auch gleichmäßig abgenutzt wird, sollten spätestens bei einer Profiltiefe von 1,6 Millimetern die Reifen gewechselt werden. Diese Möglichkeit gleicht auch die Sägezahnbildung der Reifen zum Teil aus.

Reifen mit Laufrichtungsbindung dürfen niemals entgegen ihrer Laufrichtung betrieben werden. Achten Sie auf die Laufrichtungsmarkierung (Pfeil) auf der Reifenflanke.

Einbaurichtung beachten: Typische Kennzeichnungen auf den Rädern zur Laufrichtungs- (ROTATION) oder Anbaurichtungs- (Outside) markierung am Reifen.

Standplatten am Reifen

Der Begriff Standplatten, oder auch Abflachung oder Abplattung, beschreibt eine ebene Fläche auf dem Reifenprofil, die durch das Abstellen des Fahrzeugs oder der Reifen über einen längeren Zeitraum verursacht wurde. Standplatten können Unruhe in der Lenkung verursachen, die gefühlsmäßig durchaus dieselben Symptome wie die Reifenunwucht aufweisen. Standplatten lassen sich nicht durch Auswuchten beseitigen. Dieser Fehler muss vor der Wuchtung durch den Monteur erkannt werden. In der Regel verschwinden diese Verformungen im normalen Betriebsalltag des Reifens wieder von selbst. In jedem Fall muss zuerst einmal der Reifenluftdruck überprüft werden. Es sollte auch ausgeschlossen werden, dass irgendwelche Schäden an den Reifen vorliegen. Sind diese Grundlagen geschaffen, können Sie auch durch Warmfahren des Reifens in vielen Fällen schon den Standplatten beheben. Auf einer Autobahn sollten Sie nun, soweit es Straße, Verkehr und Sichtverhältnisse zulassen, eine Strecke von 20–30 km mit etwa 120 km/h bis 150 km/h zurücklegen.

Anschließend sollte das Fahrzeug sofort angehoben und die Räder demontiert und neu gewuchtet werden. Die Ursachen für einen Standplatten können vielseitig sein:

- Das Fahrzeug stand mehrere Wochen auf einer Stelle, ohne dass es bewegt wurde.
- Der Luftdruck der Reifen ist zu gering.
- Das Fahrzeug wurde nach einer Lackierung in eine trockene Kammer gestellt.
- Das Fahrzeug wurde mit warmen Reifen in einer kühlen Garage oder Ähnlichem abgestellt. In einem solchen Fall kann schon über Nacht der »Standplatten« entstehen.

Radschrauben am Smart

An Ihrem Smart werden in der Serienausstattung pro Rad drei Radschrauben verwendet. Sie haben die Gewindebezeichnung M12x1,5x24 (10.9). Die Verwendung von kürzeren oder längeren Schrauben kann Schäden am Gewinde oder auch anderen Bauteilen der Radaufhängung verursachen. Die Radschrauben sollen nach Herstellerangaben angezogen werden. Für die Stahlfelgen ist ein Anzugsdrehmoment von 110 Nm erforderlich. Es ist nicht erlaubt und auch aus fachlicher Sicht unsinnig, die Bolzen oder das Gewinde einzufetten. Der Hintergrund hier liegt in der leichteren Lösbarkeit gerade nach dem Winter. Das Fett erleichtert tatsächlich das Lösen und auch das Festziehen der Radschrauben. Leider ist das Anzugsdrehmoment genau auf diesen Reibwert der Schraube ausgelegt.
Dreht diese sich jetzt leichter, wird die Schraube stärker belastet, als das vom Hersteller vorgesehen war. Die Folgen sind hier leicht abreißende oder sich selbst lösende Radschrauben sowie Schäden am Gewinde der Radnabe.

Lagerung von Reifen

Auch die Lagerung der Reifen muss mit Sorgfalt erfolgen. Aufgrund der Hintergründe für so genannte Standplatten sollten Reifen niemals aufrecht stehend gelagert werden. Reifen sollten immer gut geschützt vor Sonneneinstrahlung und größeren Temperaturschwankungen eingelagert werden. Auch vor Einwirkungen von Öl, Lösemittel oder Feuchtigkeit sollten sie geschützt werden. Grundsätzlich sollten die gerade demontierten Felgen am besten vor der Lagerung auf einem Felgenbaum gründlich gereinigt werden. Sauber und trocken stehen sie für den nächsten Einsatz bereit. Wer bei der Reinigung der Räder den Zustand und auch das Alter der Reifen genauer betrachtet, kann schon frühzeitig vor der jeweiligen Saison den eventuell notwendigen Ersatz bei seinem Reifenhändler in Auftrag geben.

Praktische Lagerung: Reifen auf einem Felgenbaum

WISSENSWERTES

Radschrauben

Für den Smart sind eine Vielzahl von Felgen auch im Zubehörhandel zu erwerben. Hier können unterschiedliche Radschrauben erforderlich werden. Ob nun Kegelsitzschrauben oder Kugelsitzschrauben zum Einsatz kommen ist zum einen gut zu erkennen, zum anderen aber auch in den Felgengutachten beschrieben. Das Selbe gilt auch für Radspurplatten, die das Verwenden von gleichen Felgeneinpresstiefen erlauben. Auch hier müssen Sie beachten welche Sitzbauform der Schraube vorgegeben ist. Die falsche Radschraube beschädigt den Sitz der Felge. Achten Sie immer darauf, dass die Radschrauben ausreichend tragendes Gewinde zur Verfügung haben. Sie müssen mindestens neun Gewindegänge eingeschraubt werden können bevor sie festgezogen werden müssen.

Zustand der Reifen kontrollieren

Die Vorderräder treiben das Fahrzeug an, lenken es und müssen die Hauptbelastung beim Bremsen aushalten. Sie sind daher auch früher verschlissen als die hinteren Pneus. Den Zustand der Reifen kontrollieren Sie am besten bei aufgebocktem Wagen.

■ Drehen Sie jedes Rad einmal komplett durch. Entfernen Sie Steinchen und andere Fremdkörper vorsichtig mit einem kleinen Schraubendreher aus den Profillamellen. Sitzt in der Reifendecke eine Glasscherbe oder ein Nagel, kann an dieser Stelle Luft entweichen.

■ Achten Sie auf Unregelmäßigkeiten wie Einstiche, Schnitte, Risse und herausgebrochene Profilstücke. Bei einem beschädigten Gummi dringt leicht Feuchtigkeit ins Reifeninnere. Sie können jedoch von außen nicht erkennen, ob der stabilisierende Stahlgürtel schon vom Rost angefressen ist. Lassen Sie den Reifen zur Sicherheit vom Fachmann prüfen. Das gilt übrigens auch bei auffälligem Reifenabrieb.

■ Das Reifenprofil muss über die gesamte Lauffläche mindestens 1,6 Millimeter tief sein. Bei dieser Marke wird auf der Lauffläche an mehreren Stellen ein Profilstandsanzeiger sichtbar. Die Buchstaben »twi« (tread wear indicator) auf der Reifenflanke zeigen, wo sich diese Anzeiger befinden. Das Fahrverhalten wird mit abnehmendem Profil schlechter, vor allem auf nasser Fahrbahn. Tauschen Sie Sommerreifen zur Sicherheit bereits bei einer Profiltiefe von zwei Millimetern, Winterreifen bei vier Millimetern.

■ Kontrollieren Sie, ob alle Reifen gleichmäßig abgefahren sind und sehen Sie sich die Seitenwände (Reifenflanken) der Reifen genau an. Beulen deuten auf eine Beschädigung des Reifenunterbaus hin.

TWI: Die Erhebung der TWI zeigt die Mindestprofitiefe an.

⚠ Risikofaktor geringer Luftdruck

GEFAHRHINWEISE

Prüfen Sie den Reifendruck regelmäßig alle drei bis vier Wochen. Bei Markenreifen ist ein Druckverlust von 1,5 Prozent im Monat normal. Verliert der Reifen mehr Luft, sollten Sie sich ihn genauer ansehen. Ein schlecht oder gar nicht gewarteter Reifen kann sich zum Risikofaktor entwickeln. Fahren Sie z. B. einen Reifen mit zu geringem Luftdruck unter sehr hoher Last, kann dies zu teilweisen Ablösungen der Reifenlauffläche führen. Diese Schäden bleiben jedoch oft längere Zeit verborgen. Wird der vorgeschädigte Reifen dann stark beansprucht, können durch die enormen Fliehkräfte bei hohen Geschwindigkeiten sogar einzelne Reifenteile abreißen. Passen Sie also auch stets den Reifendruck dem Beladungszustand an. Die Tabelle auf der Rückseite des Tankdeckels gibt Anhaltswerte für den korrekten Reifenluftdruck bezogen auf die Größe der Reifen und der Last.

Lebensgefährlich: Wird der Druck falsch gewählt, kann sich die Lauffläche vom Reifen ablösen.

Reifendruck prüfen

Den Luftdruck sollten Sie stets bei kalten Reifen messen. Denn während der Fahrt erwärmt sich der Reifen – der Reifendruck steigt. Sie erhalten daher falsche Werte, wenn Sie direkt nach einer Autobahnfahrt zum Luftdruckprüfer greifen. Erhöhen Sie den Luftdruck bei Winterreifen um 0,2 bar. Prüfen Sie den Reifendruck regelmäßig alle drei bis vier Wochen. Bei einem Markenreifen ist ein Druckverlust von 1,5 Prozent im Monat normal. Verliert der Reifen mehr Luft, sollten Sie sich ihn genauer ansehen.

Druck	Verlust im Monat	Verlust im 1/4 Jahr	Verlust im Jahr
2,2 bar	0,033 bar	0,099 bar	0,396 bar
2 bar	0,03 bar	0,09 bar	0,36 bar
1,8 bar	0,027 bar	0,081 bar	0,324 bar
1,5 bar	0,0225 bar	0,0675 bar	0,27 bar

Das Reifenbild

Im Fahrbetrieb kann es beispielsweise durch Fehleinstellungen der Achsgeometrie oder Überbeanspruchung durch zu schnelle Kurvenfahrt zu unterschiedlicher Reifenabnutzung kommen. Welche Ursache bei dem entsprechenden Reifenbild vorliegt und was Sie im entsprechenden Fall unternehmen sollten, finden Sie hier aufgeführt:

Außenseite abgefahren (Vorderreifen)
Flotte Fahrweise in Kurven. Reifen auf den Felgen drehen lassen oder gegen Hinterräder austauschen. Außenseiten stärker abgefahren als Profilmitte. Der Reifen wurde lange Zeit mit zu niedrigem Luftdruck gefahren. Gleichmäßige Auswaschungen. Vermutlich Stoßdämpfer defekt. Ungleiche Abnutzung (an mehreren Stellen). Unwucht im Rad. Auswuchten lassen. Stelle mit starker Abnutzung. Bremsung mit blockiertem Rad (Bremsplatte). Selbst das ABS kann kurzzeitiges Blockieren und damit einen gewissen Reifenverschleiß (Abflachungen) nicht verhindern.

Starke Abnutzung in der Profilmitte
Die mittige Abnutzung entsteht durch häufiges Fahren mit Höchstgeschwindigkeit. Die Reifen »bauchen« durch die Fliehkraft aus (die Reifenlauffläche wird runder) und nutzen daher in der Mitte stärker ab. Dieser Effekt tritt besonders deutlich an den Hinterrädern auf. Dasselbe Bild zeigt sich bei zu hohem Reifendruck.

Radunwucht

Eine Unwucht im Rad zeigt sich durch Vibrationen am Lenkrad oder Schütteln im Vorderwagen. Ursache ist eine ungleichmäßige Gewichtsverteilung am Rad, die auch für erhöhten Reifenverschleiß sorgt. Man unterscheidet statische und dynamische Unwuchten. Statische Unwucht zeigt sich bereits, wenn das Rad frei auspendelt: Der Schwerpunkt wird sich von selbst nach unten begeben. Ein Rad mit statischer Unwucht hüpft beim Fahren, die Stoßdämpfer verschleißen schneller. Dynamische Unwucht kommt erst beim schnellen Drehen des Rades vor. Die übergewichtige Stelle sitzt nicht in der Mittelebene des Rades, sondern etwas nach außen bzw. innen versetzt. Das Rad flattert und wackelt bei schneller Fahrt. Die Beseitigung einer Unwucht ist Sache der Werkstatt.

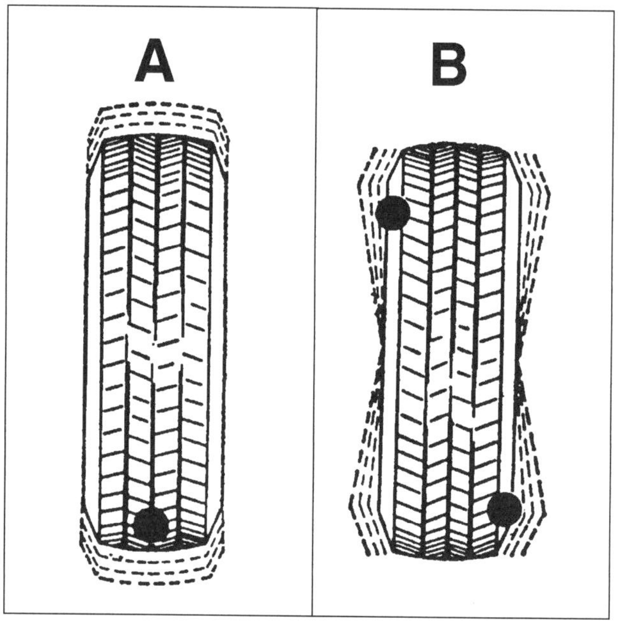

Statische (A) und Dynamische Unwucht (B): Beide sorgen für ein ungleichmäßiges Abnutzen der Reifen und fallen durch Flattern in der Lenkung beim Fahren unangenehm auf.

Rad- Reifenkombinationen am Smart

Grundsätzlich dürfen nur Felgen und Räder einer Bauart und Abmessung auf dem Fahrzeug verbaut werden. Ausnahmen stellen besondere Radreifenkombinationen dar, die dann aber auch mit entsprechenden Gutachten von einem technischen Sachverständigen der Prüforganisationen abgenommen werden müssen.

Die Smart-Unterlagen geben eine Vielzahl von Rad- und Reifenkombinationen vor, die selbst zusammengefasst und unter Verzicht der Felgendesigns noch immer eine mehrseitige Tabelle ergeben würden. Wir haben aufgrund des Umfangs und der ohnehin erforderlichen Erkundigung durch den Leser beim Smart-Händler auf diese Tabellen verzichtet und wollen an dieser Stelle lediglich einige Standardreifen vorstellen, die für die meisten Modelle verwendet werden dürfen. Diese Information erlaubt Ihnen beispielsweise die Beschaffung der Winterreifen oder klärt ab, inwieweit bei einem Fahrzeugwechsel auch neue Winterräder fällig werden. Die Felgendimensionen und die dazugehörigen ET (Einpresstiefen) geben Ihnen wertvolle Informationen über die werksmäßig geprüften Rad/Reifen-Kombinationen. Die Abstimmung der Werkstechniker lässt sich sicherlich nicht einfach übertreffen. Verwenden Sie auch beim Kauf im freien Zubehörhandel nur die freigegebenen Felgen- und Reifendimensionen. Erfragen Sie ruhig einmal Preise und natürlich die technischen Eckdaten von Reifen und Felge in der erwünschten Größe bei Ihrem Smart-Händler. Vergleichen Sie, ob die technischen Daten auch mit denen der Zubehörfelgen übereinstimmen.

Daten fur alle Fahrzeugtypen	
Anzugsdrehmoment Radschrauben	110 Nm
Anzahl der Radschrauben	3
Lochkreis der Radschrauben	112 mm
Lochkreis des Zentrierringes	57,1 mm
Reifendruck	Den Reifendruck finden Sie auf der Innenseite der Tankklappe

Auszug der zulässigen Rad-/Reifenkombinationen an Achse 1 bzw. Achse 2

Für den Einsatz von Rädern und Reifen, die nicht der Serienausrüstung entsprechen, sind in den Radgutachten Auflagen benannt, die erfüllt sein müssen um die Radreifenkombination fahren zu können. Auch der Einsatz von Radspurplatten unterliegt möglichen Auflagen. Diese Auflagen können je nach Felgen- oder Spurplattenhersteller anders ausfallen. Prüfen Sie diese vor der Montage und besser noch vor dem Kauf der Radspurplatten oder Felgen genau. Die Gesamt-Einpresstiefe (Gesamt-ET), die unten in der Tabelle aufgelistet ist, besteht aus der Einpresstiefe der Felge abzüglich der Distanzscheibendicke. So können Sie die erforderliche Spurplattedicke bestimmen.

Beispiel: ET der Felge = 23,5 mm abzüglich 18,5 mm Gesamt-ET ergibt eine erforderliche Spurplattendicke von 5mm.

Rad-Größe (Serie)	Gesamt-ET	Motorleistung	Reifen-Größe	Verwendung	Auflagen
4 1/2 x 15 ET 23,5	18,5 mm	72 kW	155/60R15 M+S	Vorderachse	Ja
		33 kW – 62 kW	155/60R15 74	Vorderachse	Ja
5 x 15 ET 34	29 mm	33 kW – 62 kW	175/55R15	Vorderachse	Ja
5 1/2 x 15 ET 22	17 mm	72 kW	175/55R15 M+S	Hinterachse	Ja
		33 kW – 62 kW	175/55R15 77	Hinterachse	Ja
6 1/2 x 15 ET 34,5	29,5 mm – 24,5 mm	33 kW – 62 kW	195/50R15	Hinterachse	Ja
	19,5mm – 14,5 mm			Hinterachse	Ja
5 1/2 x 16 ET 33,5 (ET 30)	28,5 mm – 25 mm	62 kW – 72 kW	175/50R16 77	Vorderachse	Ja
7 x 16 ET 38,5	33,5 mm – 28,5 mm	62 kW – 72 kW	175/50R16 77	Vorderachse	Ja
7 1/2 x 17 ET 33	28 mm – 13 mm	62 kW – 72 kW	215/35R17 79	Hinterachse	Ja

Im Laufe der Zeit werden immer weitere Felgen/Reifen-Kombinationen auf den Smart verbaut werden oder sind bereits verbaut worden. Hier bleibt nur die aktuelle Information über die einschlägigen Foren aber auch das Gespräch mit dem TÜV oder den Reifenhändlern.

Umrüsten von Rad-Reifenkombinationen

Tiefer, breiter, Keilformfahrwerk, diverse Fahrwerksumrüstsets werden für Tuningzwecke auch beim Smart herangezogen. Vielfach enden solche Tuning-Orgien in der totalen technischen Katastrophe. Bevor wir nun alles verteufeln, was nicht Original ist, möchten wir dem technisch interessierten Schrauber einige Überlegungen mit auf die Werkzeugkiste legen.

Negativ ist positiv

Ein Fahrzeughersteller wie Smart konzipiert seine Fahrzeuge so, dass sie auch in extremen Situationen beherrschbar bleiben sollen. Der Fahrer soll das nur an gutmütigem Fahrverhalten und notfalls auch an erfolgreich gemeisterten Extremsituationen merken. Nehmen wir einmal an, an Ihrem Fahrzeug platzt während der Fahrt der Reifen vorne rechts. Was wird passieren? Zuerst nimmt man mal an, dass das Fahrzeug sofort und extrem zu der rechten Seite ziehen wird. Der Hersteller allerdings hat diese Situation in der Lenkgeometrie anders ausgelegt. Zwar steht das Lenkrad nach dem Platzer schief, das Auto aber fährt geradeaus weiter.

Vereinfacht lässt sich die Reaktion des Fahrzeugs so darstellen: Eine konstruktive Auslegung ist der Lenkrollenhalbmesser einer Vorderachse. Der Smart ist werksmäßig mit einem »negativen« Lenkrollenhalbmesser ausgelegt worden. Das bedeutet nichts anderes, als dass der Drehpunkt des Rades auf der Fahrbahn etwas weiter nach außen als der eigentliche Mittelpunkt der Radaufstandsfläche auf der Fahrbahn gelegt wurde. Betrachten wir nun wieder den geplatzten vorderen rechten Reifen. Er wird einen deutlich höheren Rollwiderstand produzieren als das intakte linke Vorderrad. Da der Drehpunkt des Rades nicht im Radaufstandflächenmittelpunkt liegt, erzeugt der platte rechte Reifen eine Lenkbewegung nach links. Der linke Reifen läuft nun nicht mehr gerade zur Fahrbahn und erzeugt auch einen höheren Rollwiderstand. Die Lenkgeometrie will nun einen Kräfteausgleich der beiden Räder erzeugen und sucht sich den neuen »Mittelpunkt«. Sind die Rollwiderstände gleich, fährt das Fahrzeug wieder geradeaus. Der Kräfteausgleich bewirkt wiederum die Schiefstellung des Lenkrades. Derselbe Vorgang ergibt sich übrigens auch bei unterschiedlichen Reifen oder auch unterschiedlichem Luftdruck der Reifen.

Positiv ist negativ

Das Lieblingskind der Tuner ist der Umbau auf breite Reifen und natürlich auch auf Spurplatten oder Felgen mit kleineren Einpresstiefen. Beides bewirkt oftmals eine erhebliche Veränderung des Lenkrollenhalbmessers. Der im ungünstigsten Fall nun positive Lenkrollenhalbmesser bewirkt das Gegenteil der Überlegungen des Fahrzeugherstellers.

Betrachten wir nun wieder die Fahrsituation mit dem geplatzten vorderen rechten Reifen. Er wird einen deutlich höheren Rollwiderstand produzieren als das intakte linke Vorderrad. Da der Drehpunkt des Rades zwar auch nicht im Radaufstandflächenmittelpunkt liegt, sondern etwas weiter innen, erzeugt der platte rechte Reifen eine Lenkbewegung nach rechts. Zwar läuft der linke Reifen nun auch nicht mehr gerade zur Fahrbahn und erzeugt auch einen höheren Rollwiderstand, die Wirkrichtung ist aber leider nach rechts. Da keine Kräfte entgegenstehen, kann die Lenkgeometrie keinen Kräfteausgleich der beiden Räder erzeugen und lenkt nach rechts. Die Kräfte werden schlagartig auftreten und durch die unterschiedliche Radbelastung stark an- und abschwellende Gegenkräfte vom Fahrer einfordern. In der Regel wird es kaum möglich sein, das Fahrzeug auf der Straße zu halten und einen Unfall zu vermeiden.

An diesem Beispiel sieht man sehr drastisch, wie ungewollte Einflüsse auf das Fahrzeug ausgeübt werden können, die fatale Folgen nach sich ziehen können. Hinterfragen Sie ruhig auch die Auswirkungen der breiteren Räder auf das Fahrverhalten des Fahrzeugs und natürlich auch auf die Auswirkungen auf den Lenkrollenhalbmesser. Ein Händler, der nicht in der Lage ist diesen Zusammenhang darzustellen, ist sicherlich ungeeignet Ihr Fahrzeug durch Tuningmaßnahmen zu verbessern.

Neben der Veränderung des Lenkrollenhalbmessers verändern auch Höhenlage, Sturz, Spur und Nachlauf das Fahrverhalten des Fahrzeuges. Ohne tief gehende Kenntnisse über die Fahrwerkstechnik sollten Sie niemals Veränderungen, Reparaturen oder Umbauten an Achsbauteilen vornehmen. Rad-/Reifenkombinationen sollten grundsätzlich vom Hersteller freigegeben worden sein oder zumindest hinsichtlich der Abmessungen (inkl. der Einpresstiefe) den Vorgaben der Hersteller entsprechen.

Winterreifen

Für einen Winterreifen genügt die schmalste Reifenbreite, die für Ihr Fahrzeug angegeben ist. Je kleiner die Reifenaufstandsfläche Ihres Reifens, umso höher wird der Druck auf die Fläche. Investieren Sie das für breitere Pneus gesparte Geld lieber in einen zweiten Satz passender Felgen – das Ummontieren der Reifen im Frühjahr und Herbst kommt auf die Dauer viel teurer und birgt bei jeder Montage und Demontage die Gefahr der Beschädigung des Reifens. Zudem müssten die Räder übrigens nach jeder Montage neu ausgewuchtet werden. Felgen gibt es heutzutage in jedem Autofahrermarkt. Auch Aluminiumfelgen sind heute gar nicht oder kaum teurer als die Felge aus Stahl. Achten Sie darauf, dass die Abmessungen der Felge und die Einpresstiefen mit der Originalfelge übereinstimmen. Fragen Sie nach, ob die Originalradschrauben auf die neue Felge passen oder ob ein neuer Schraubensatz für die neuen Felgen fällig ist. Manche Händler und Werkstätten lagern Ihre Winterreifen gegen eine geringe Gebühr bis zum nächsten Tausch ein. Wenn die Höchstgeschwindigkeit der Winterreifen (bis zu 160 km/h) unter der Ihres Fahrzeugs liegt, sollten Sie sich zur Erinnerung einen entsprechenden Aufkleber ins Blickfeld (nicht an die Windschutzscheibe!) kleben. Nach jedem Radwechsel müssen die Räder nochmals nachgezogen werden. Das liegt nicht etwa an der möglichen Unfähigkeit des Monteurs, sondern daran, dass sich gebildete Oxidation, Farbreste oder sonstige Ablagerungen vom Schraubensitz abnutzen können und so eventuell ausreichend Spiel zum eigenständigen Lösen der Schraube entstehen kann.

Montieren der Sommer- oder Winterräder

Das Montieren der Sommer- und Winterräder können Sie schnell und sicher erledigen. Beachten Sie aber beim Anheben des Fahrzeugs die Sicherheitsbestimmung aus dem Abschnitt »Pannen unterwegs, Fahrzeug richtig aufbocken«. Nach Demontage der Räder müssen diese eingelagert werden. Empfehlenswert ist hierzu ein Felgenbaum, der verhindert, dass die Flanken oder Laufflächen während der Einlagerung belastet werden. Das Anzugsdrehmoment liegt bei 110 Nm, nach 100 km sollten Sie alle Schrauben nochmals zur Sicherheit mit einem Drehmomentschlüssel nachziehen!

- Suchen Sie eine ebene Stelle mit festem Untergrund für den Radwechsel. Ziehen Sie die Handbremse fest an und lösen Sie vor dem Anheben des Wagens alle Radbolzen zunächst nur um eine Viertelumdrehung.
- Heben Sie nun das Fahrzeug so weit an, bis das Rad ein paar Zentimeter über dem Boden ist.
- Entfernen Sie dann die Radbolzen und nehmen Sie das Rad ab. Wechseln Sie immer ein Rad nach dem anderen.
- Kontrollieren Sie den Zustand der Radnabe. Säubern Sie diese gegebenenfalls mit der Drahtbürste und tragen Sie eine hauchdünne Schicht Kupferpaste auf. Das schützt vor weiterer Korrosion.
- Setzen Sie jetzt das Rad an. Drehen Sie alle Radbolzen in das Gewinde ein und achten Sie darauf, dass das Rad gerade an der Nabe anliegt.
- Ziehen Sie zunächst alle Räder handfest an.
- Ziehen Sie die Radbolzen mit einem Drehmoment von 110 Nm an.

Anzugsfolge: Bei drei Radschrauben ist die Anzugsreihenfolge egal. Aber gleichmäßig muss der Anzug erfolgen.

STÖRUNGSBEISTAND

Reifen

Störung	Was kann das sein?	Was kann ich tun?
A Schwammiges Fahrverhalten	**1** Reifen zu geringer Luftdruck	Luftdruck prüfen.
	2 Stoßdämpfer undicht am Finger: tauschen.	Ölverlust mit Finger prüfen, bleibt Öl
	3 Stoßdämpfer verschlissen	Kolbenstange auf Riefen und Abplatzung prüfen.
	4 Spurwerte stimmen nicht	Achsvermessung durchführen.
	5 Federn erlahmt	Federn prüfen, ggf. austauschen.
	6 Gummis Querlenker hinten	neue Streben einbauen.
B Reifen	**1** starker, unregelmäßiger Verschleiß	Spurwerte stimmen nicht, Achsvermessung durchführen.
	2 Verschleiß innen	Zu viel negativer Sturz.
	3 Verschleiß außen	Zu viel positiver Sturz.
	4 Verschleiß in der Mitte	Zu viel Luftdruck.
	5 Verschleiß innen und außen	Zu wenig Luftdruck.
C Schütteln am Lenkrad	**1** Räder unwuchtig	Räder wuchten lassen.
	2 Spiel in der Lenkung	Kreuzgelenk prüfen.
	3 Spiel in Fahrwerksteilen	Traggelenk und Spurtstangen prüfen.
… beim Bremsen	**4** Bremsscheiben verzogen	neue Bremsscheiben und Beläge.
D Geräusche bei Kurvenfahrt	**1** Radlager defekt	Richtige Seite durch Wechselkurven feststellen.
	2 Spurwerte stimmen nicht	Reifenprofil kontrollieren (siehe B).

Fahrwerk

Als Fahrwerk werden die Teile des Fahrzeugs bezeichnet, die für die präzise Radführung mit bestmöglichem Bodenkontakt, die Richtungsstabilität und für eine komfortable und ausgeglichene Führung der Karosserie über dem Boden zuständig sind. Eigentlich gehören die Reifen auch schon dazu. Diese haben wir aber schon im letzten Kapitel behandelt und betrachten hier die Radführungskomponenten genauer.

Was ist eigentlich ein Fahrwerk?

Im Volksmund versteht man unter Fahrwerk eher nur die Stoßdämpfer und die Federn. Dass hinter diesem Begriff eine Konstruktion aus sehr vielen Bauteilen steht, die aufeinander abgestimmt den Spagat zwischen Komfort und präziser Radführung abdecken müssen, ahnt zuerst mal niemand. Zum Fahrwerk gehört alles, was zwischen Karosserie und Straße für die Radführung sorgt. Jede Veränderung, sei es durch Verschleiß oder aber auch durch Umbau, erfordert erhebliches Fachwissen durch den Monteur. Gerade bei Tuningmaßnamen rund ums Fahrwerk darf nie vergessen werden, dass es sich um ein Kraftfahrzeug handelt, das sicher im Straßenverkehr bewegt werden soll. Kunstwerke werden nicht gefahren, sondern ausgestellt.

Auslegung des Fahrwerks

Damit ein Fahrzeug überhaupt geradeaus fahren kann, ist der Bezug zur Hinterachse extrem wichtig. Jeder, der mal erlebt hat, wie ein Auto reagiert, wenn die Hinterachse ausbricht (das Fahrzeug übersteuert dann...), weiß, welche Auswirkung es hat, wenn die Hinterachse als so genannte spurgebende Achse das Fahrzeug nicht mehr führt. Alle Fahrwerkswerte beziehen sich immer auf die Hinterachse. Sie ist der Bezugspunkt für die Konstruktion und natürlich auch für die Fahrwerksvermessung. Aus diesem Grund ist es gelinde ausgedrückt unsinnig die Vorderachse einzeln zu vermessen. Ein Rad kann neben der Drehbewegung sich auch seitlich neigen oder auch nach vorn oder hinten versetzt werden. Die Räder werden sogar beim Einlenken angehoben oder abgesenkt. Alle diese Funktionen entstehen aus dem Zusammenspiel der Bauteile und sind gewollt.

Sogar die Veränderung der Höhenlage eines Fahrzeuges folgt solchen »Kennlinien« und hat selbstverständlich Einflüsse auf die Achsgeometrie und das Fahrverhalten. Auch wenn es kaum vorstellbar ist, haben sogar die Felgengröße und ihre Einpresstiefe Einfluss auf das Fahrwerk und seine Funktionen.

Ohne Reibung keine Kraftübertragung. Das kennen wir schon von der einen oder anderen Glatteisfahrt. Man kann sich vorstellen, dass für eine »spurgenaue« Fahrzeugführung der Kontakt der Reifen von entscheidender Wichtigkeit ist. Geht die Verbindung zwischen Reifen und Fahrbahn verloren, können weder Vortriebs-, Brems-, Seitenführungs- oder Lenkkräfte mehr übertragen werden. Wichtige Elemente für diese Aufgabe sind Federung und Stoßdämpfung. Bodenunebenheiten werden so durch Ein- und Ausfedern des einzelnen Rades möglichst ausgeglichen. Unerwünschtes Nachschwingen des Aufbaus verhindern die Stoßdämpfer.

Sie müssten eigentlich Schwingungsdämpfer heißen, da sie zwar auch Stöße dämpfen, aber in der Hauptsache durch Federn verursachte Schwingungen abschwächen.

Lenkung und Fahrsicherheit

Die Lenkung soll möglichst feinfühlig sein und zielgenaues Lenken ermöglichen. Sie ist genau auf die Achsen und die Lenkgeometrie abgestimmt. Wie bei fast allen Autos heutzutage kommt beim Smart eine Zahnstangenlenkung zum Einsatz. Sie gilt als besonders präzise und sorgt trotz der serienmäßigen Servounterstützung für ein noch direkteres und feinfühligeres Ansprechen der Lenkung. Die Lenkung ist ein Bauteil, von dem die gesamte Fahrsicherheit in besonderem Maße abhängt. Defekte, falsche Einstellungen und fehlerhafte Reparaturarbeiten können deshalb fatale Auswirkungen haben.

⚠ Lenkung und Fahrwerk

GEFAHRHINWEISE

Die Arbeiten an Teilen des Fahrwerks und der Lenkung sind nicht immer fürs Do-it-yourself geeignet. Sie setzen Erfahrung und oft auch spezielle Werkstattgeräte sowie Spezialwerkzeuge voraus. Fehlerhafte Reparaturen werden damit nicht nur zur Gefährdung für Sie selbst, sondern auch für andere Verkehrsteilnehmer. Denn genauso wie bei den Bremsen Ihres Smart kann nur die einwandfreie Funktion aller Teile des Fahrwerks und der Lenkung die Fahrsicherheit gewährleisten. Die Teile der Lenkung und des Fahrwerks sind nach einer Beschädigung, zum Beispiel durch einen Unfall, meist zu ersetzen. So dürfen Sie beispielsweise defekte Teile der Radaufhängung nicht etwa einfach richten oder schweißen – sie müssen grundsätzlich erneuert werden. Wenn Sie sich nicht sicher sind, ob Sie die betreffende Reparatur selbst ausführen können, oder wenn Sie die dafür benötigten Werkzeuge nicht besitzen – überlassen Sie die Arbeit besser der Werkstatt.

Die Vorderachse

Die Mc-Pherson-Vorderachse vorne besteht aus einem Querlenker unten und radführenden Federbeinen. Die Achse entspricht im Wesentlichen der Achse des Smart. Im Radlagergehäuse wird die Radnabe beim Fronttriebler bei Diesel- sowie Benzinervarianten von den Antriebswellen, die wiederum am Getriebe angeflanscht sind, angetrieben. Die Bauweise in den unterschiedlichen Antriebskonzepten unterscheidet sich nicht wesentlich. Zur Querstabilisierung wird ein Stabilisator verwendet, der verschraubt mit dem Achsträger über die Koppelstangen die Seitenneigung der Karosse mechanisch verringert. Der Dreiecklenker wird durch einen Hilfsrahmen aus Aluminium aufgenommen, der durch geringes Gewicht zu einer ausgewogenen Gewichtsverteilung des Fahrzeugs beiträgt.

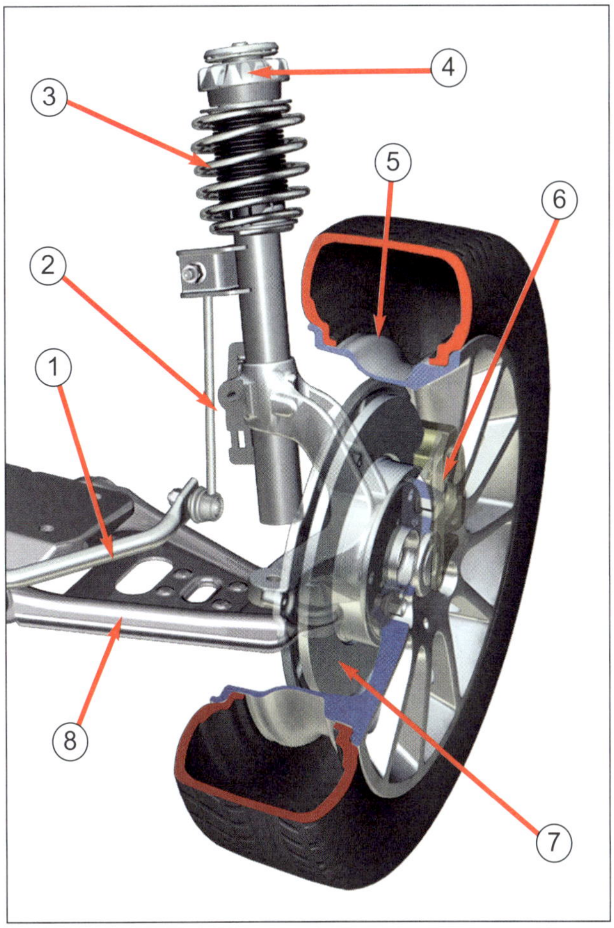

Bauteile der Vorderachse: 1 Schraube, 2 Karosserie vorn, 3 Federbein, 4 Mutter, 5 Innenvielzahnschraube, 6 Mutter, 7 Achsgelenk, 8 Radlagergehäuse, 9 Mutter, 10 Achslenker, 11 Gummimetalllager, 12 Mutter, 13 Lagerbock, 14 Koppelstange.

WISSENSWERTES

McPherson-Federbein

Fahrbahnunebenheiten erzeugen an den Rädern Auf- und Abwärtsbewegungen. Mit Hilfe der Federbeine, bestehend aus Federn und Dämpfern, werden diese Bewegungen der Räder durch Ein- und Ausfedern kompensiert und der Kontakt zur Straße gehalten. Die Kombination der Feder- und Dämpfereinheit am Fahrzeug beeinflusst dabei wesentlich den Fahrkomfort, die Fahrsicherheit und auch das Kurvenverhalten. Im Gegensatz zum Nutzfahrzeug kommt hierzu im Pkw fast durchgängig die Einzelradaufhängung zum Einsatz. Mit ihr können die ungefederten Massen gering gehalten werden und die Räder beeinflussen

McPherson-Federbein: Bauraum- und kostengünstige Einzelradaufhängung an der Vorderachse.

sich nicht gegenseitig beim Ein- und Ausfedern, wie beim Starrachsenprinzip. Als kostengünstig und platzsparend hat sich das sogenannte McPherson-Federbein erwiesen. Seinen Namen verdankt es seinem Erfinder, dem US-Amerikaner Earl S. McPherson, dessen Patent erstmals 1948 zum Einsatz kam. Es entstand aus dem Doppelquerlenker-Federbein und ist, durch seine kompaktere Bauweise, besonders zum Einsatz in Klein- und Mittelklassewagen geeignet. Die Platzersparnis resultiert aus der Ersetzung des oberen Querlenkers durch ein Schwingungsdämpferrohr, an dem die Achsschenkel befestigt sind. Das Stoßdämpferaußenrohr ist mit dem radlagertragenden Achszapfen und dem Spurstangenhebel fest verbunden. Beim Lenken schwenkt diese Einheit um die Stoßdämpferkolbenstange, die mit ihrem oberen Ende in einem Gummilager der Karosserie sitzt, während unten am Federbein ein frei bewegliches Kugelgelenk über einen Querlenker die zweite Verbindung zur Karosserie herstellt.

Achsgelenke kontrollieren

Die Kugelgelenke der Achsgelenke (rechts und links zwischen Querlenker und Lenk-Schwenklager) sitzen in einer Fett-Dauerfüllung in Kunststoffschalen. Staubkappen aus Kunststoff schützen sie vor Nässe und Schmutz. Die Gelenke sind wartungsfrei. Eine beschädigte Staubkappe bedeutet allerdings das vorzeitige Aus fürs Gelenk – eindringender Schmutz wirkt wie Schmirgelsand, Feuchtigkeit lässt es mit der Zeit festrosten.

- Fahrzeug vorne aufbocken, ideal wäre für die Prüfung eine Hebebühne.
- Lenkung nach einer Seite voll einschlagen.
- Staubkappen der Achsgelenke rechts und links auf Beschädigungen kontrollieren. Achsgelenke kontrollieren und dabei die Kappen zusammendrücken – so entdecken Sie auch versteckte Risse.
- Eine schadhafte Staubkappe kann nicht einzeln ersetzt werden, der Gelenkbolzen muss komplett ausgetauscht werden.
- Das Axialspiel prüfen, indem der Achslenker kräftig nach unten gezogen und wieder hochgedrückt wird (1).
- Das Radialspiel prüfen, indem das Rad kräftig nach innen und außen gedrückt wird (2).
- Hinteres Lager für Achslenker und Achslenker vorne genau prüfen. Dabei vor allem auf Risse des Gummilagers achten (3) und (4).

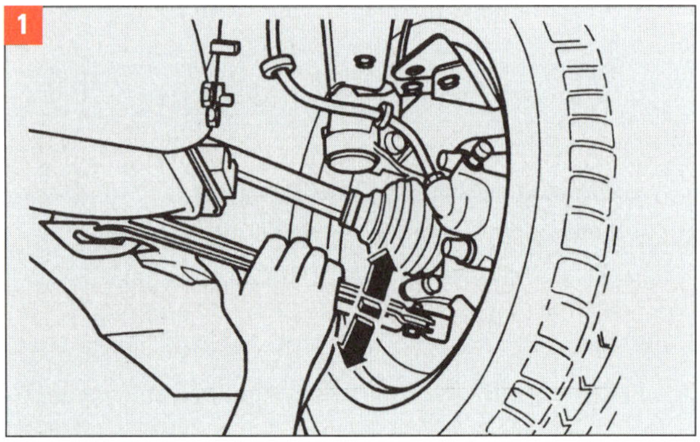

Axialspiel prüfen: Achslenker kräftig nach oben und unten drücken.

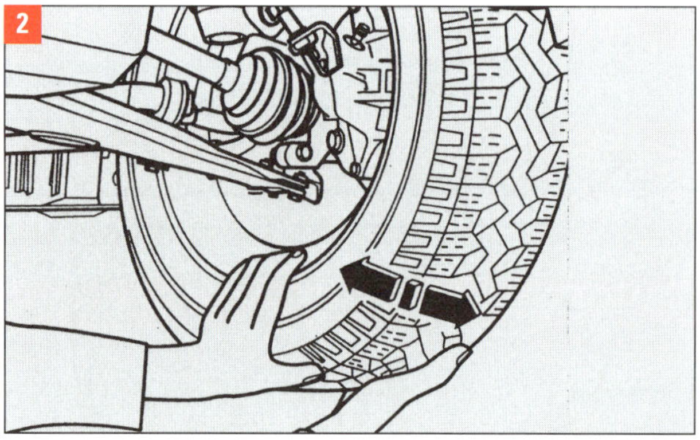

Radialspiel prüfen: Rad unten kräftig nach innen und außen drücken.

Querlenkerlager am Smart.

Achsgelenkbolzen am Smart fortwo: Im Querlenker verpresst.

Spurstangenköpfe und Manschetten prüfen

Manschetten der Lenkzahnstange

Die aus dem Zahnstangengehäuse austretende Zahnstange wird links und rechts durch eine Gummimanschette geschützt. Dringen durch einen rissigen oder beschädigten Faltenbalg Schmutz und Feuchtigkeit ein, verbinden sie sich mit dem Fett des Lenkgetriebes zu einer Schleifpaste, die ständig am Lenkritzel nagt. Eine verschlissene Manschette sollten Sie daher sofort ersetzen.

- Leuchten Sie mit einer Taschenlampe jeden Faltenbalg ab. Schlagen Sie die Lenkung voll nach rechts und links ein; ziehen Sie dann den Faltenbalg Stück um Stück auseinander, um Risse in den Falten zu erkennen.

Genau inspizieren: Nehmen Sie bei der Kontrolle der Manschette jede Falte einzeln in Augenschein.

Spurstangengelenk

Das Spurstangengelenk sitzt rechts und links zwischen Spurstange und Spurstangenhebel des Lenk-Schwenklagers. Selbstschmierender Kunststoff umhüllt den stählernen Kugelkopf, eine Manschette schützt ihn vor Schmutz und Feuchtigkeit. Spurstangenköpfe mit defekter Manschette oder Spiel müssen Sie umgehend ersetzen. Die Kontrolle sollten Sie im regelmäßigen Abstand, am besten einmal jährlich oder nach ca. 15.000 gefahrenen Kilometern, durchführen.

- Prüfen Sie, ob das Gelenk Spiel hat. Fahren Sie das Auto dazu am besten über eine Grube. Lassen Sie einen Helfer das Lenkrad mehrmals kurz nach links und rechts drehen. Sie können mit der Hand fühlen, ob die Spurstangengelenke Luft haben.

- Kontrollieren Sie die Manschetten der Spurstangengelenke auf Risse und Beschädigungen. Durch Auseinanderziehen der Falten lassen sich Undichtigkeiten am besten erkennen. Leuchten Sie dabei mit einer Taschenlampe jeden Faltenbalg einzeln ab.

- Ist die Manschette defekt, sollte der komplette Spurstangenkopf gewechselt werden (Werkstattarbeit).

Spurstangenkopf prüfen: Spurstangenkopf kräftig nach oben und unten drücken.

Manschette prüfen: Bei einem Defekt wie einem Loch oder einem Riss ist die Gelenkwellenmanschette auszutauschen.

Radeinstellung prüfen

WISSENSWERTES

Begriffe der Lenkgeometrie

Von der Stellung der Vorderräder wird die Straßenlage wesentlich bestimmt. Man unterscheidet:

Nachlauf: Abstand (in Fahrtrichtung) zwischen der gedachten Verlängerungslinie der Lenkdrehachse zum Boden und dem Mittelpunkt der Reifenaufstandsfläche. Durch den Nachlauf werden die Räder gezogen (und nicht geschoben). Sie neigen deshalb dazu, sich von selbst geradeaus zu stellen und diese Stellung auch beizubehalten (A in Bild 1).

Sturz: Die Neigung des Rades zu einer Senkrechten. Vermindert Fahrbahnstöße auf die Teile der Lenkung, reduziert Lenkkräfte und Reibung der Räder auf der Fahrbahn. Die Vorderräder haben positiven Sturz. Sie stehen oben im Radkasten geringfügig weiter auseinander als unten am Boden (B in Bild 1).

Spreizung: Die Neigung der Lenkungsdrehachse zu einer Senkrechten. Denkt man sich eine Linie dieser Achse zum Boden und misst den Abstand zur Mittellinie durch das Rad (Mittelpunkt der Reifenaufstandsfläche), erhält man den Lenkrollradius. Dieser soll möglichst klein sein, um die Störkräfte in der Lenkung zu verringern. Die Spreizung bewirkt zusammen mit dem Nachlauf, dass sich bei eingeschlagenen Rädern das Fahrzeug etwas anhebt. Lässt man das Lenkrad los, stellen sich die Räder selbst in die Mittelstellung zurück (C in Bild 1).

Vorspur: Der vordere Abstand der Räder einer Achse ist kleiner als der hintere (Bild 2). Das gleicht die Reibung zwischen Rad und Straße aus, die das linke Rad nach links und das rechte nach rechts drücken will. Die Vorspur verhindert Flattern der Räder und Radieren der Reifen. Bei der Fahrt durch eine Kurve schwenkt das kurveninnere Rad zur Unterstützung der Lenkbewegung und der Lenkkräfte stärker ein als das kurvenäußere. Die Vorspur geht in Nachspur über (Räder einer Achse hinten enger zusammen).

Spurdifferenzwinkel: Für die Vorderradaufhängung festgelegte Abweichung zwischen den Radeinschlagwinkeln bei Stellung eines Rades auf 20°.

Die richtige Stellung der Vorderräder entscheidet darüber, ob Ihr Fahrzeug auf ebener Strecke und in Kurven ruhig und sicher auf der Straße liegt. Nach harter Berührung des Bordsteins kann die Geometrie der Vorderradaufhängung bereits empfindlich gestört sein. Auch verschlissene Gelenke und Gummilager oder unsachgemäße Reparaturen wirken sich spürbar negativ auf das Fahrzeugverhalten aus.
Unternehmen Sie deshalb ganz gezielt eine kurze Probefahrt zur Überprüfung der Lenkgeometrie. Dazu müssen beide Vorderreifen dieselbe Reifensorte und Profiltiefe aufweisen und den vorgeschriebenen Luftdruck haben.

1

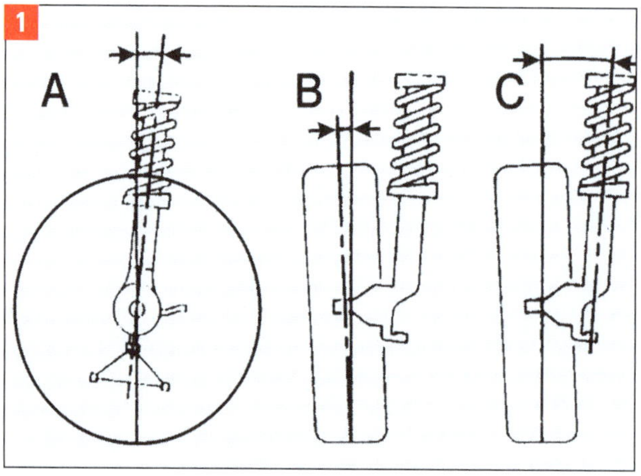

Lenkgeometrie – Die wichtigsten Radeinstellungen:
A – Nachlauf, B – Radsturz, C – Spreizung.

2

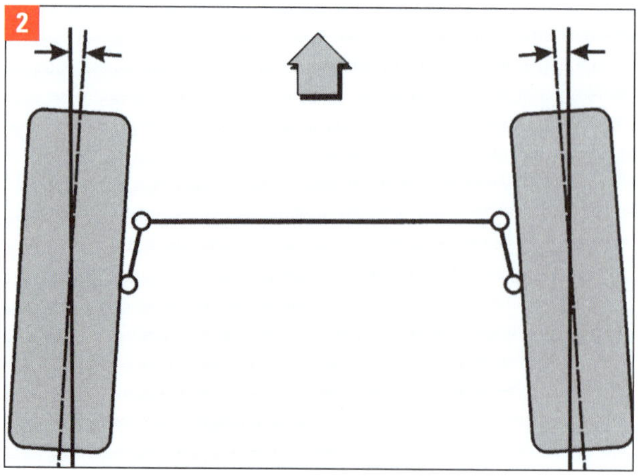

Lenkgeometrie – Der Stand der Räder:
Schematische Darstellung der so genannten Vorspur.

Zustand der Stoßdämpfer prüfen

Nach zwei verschlissenen Reifensätzen besitzen die Stoßdämpfer meist nur noch die Hälfte ihrer Wirkung. Sie sind dann reif für den Austausch. Schlechte Dämpfer gehören zu den schleichenden Verschleißerscheinungen.
Die meisten Fahrer gleichen Mängel am Stoßdämpfer mit der Zeit unbewusst durch verändertes Fahrverhalten aus. Lassen Sie zu Ihrer Sicherheit das Bauteil zur exakten Diagnose einmal im Jahr auf dem Prüfstand eines Automobilclubs oder von TÜV/DEKRA kontrollieren.
Die Schaukelmethode, bei der man den Wagen am betreffenden Kotflügel aufschaukelt und plötzlich loslässt, ersetzt keine Prüfung. Damit können Sie nur einen total ausgefallenen Stoßdämpfer feststellen. Dies gilt auch für die Sichtprüfung. Erkennen Sie bereits das ausgelaufene Dämpferöl, ist der Dämpfer ebenfalls schrottreif. Mit einigen Kontrollfragen können Sie dennoch die nachlassende Wirkung Ihrer Dämpfer feststellen.

Beim Fahren auf Folgendes achten

- Flattert die Lenkung? In diesem Fall haben die Räder nicht ständig Kontakt zum Boden.
- Schwingt die Karosserie bei Fahrbahnunebenheiten nach?
- Wirkt das Fahrzeug in Kurven schwammig? Dann werden die kurveninneren Räder nicht genügend auf den Asphalt gedrückt, die äußeren nicht stark genug entlastet.

Sichtprüfung

- Nutzen die Reifen gleichmäßig ab?
- Sind die Aufnahmen in den Radhäusern unbeschädigt?
- Weisen die Dämpfer offensichtlich Schaden auf (z. B. auslaufendes Dämpferöl, wie in Bild 2 zu erkennen)?

1

Aufnahme im Radlauf: Die Aufnahme der Feder-Dämpfer-Einheit steht unter großer Beanspruchung. Eine Sichtkontrolle schadet daher von Zeit zu Zeit nicht.

2

Schadensbild Stoßdämpfer: Das ausgelaufene Dämpferöl, wie hier zu sehen, bedeutet einen Totalausfall. Sieht Ihr Stoßdämpfer auch so aus wie dieser, ist ein Wechsel fällig.

Federbein vorne ausbauen

Für die Montagearbeiten ist es einfacher beide Stoßdämpfer zeitgleich zu demontieren. Wird nur eine Seite aufgebockt, wird der Stabilisator auf der Vorderachse unter Spannung stehen und die Montagearbeiten unnötig erschweren. Der Achsschenkel muss zunächst mit ausgebaut werden, um den Dämpfer aus der Klemmung des Achsschenkel herauszuziehen.

- Lösen Sie die Radschrauben der Vorderräder, drehen Sie sie aber noch nicht heraus.
- Unterbauen Sie das Fahrzeug mit Unterstellböcken unter dem Achsträger oder unter den vorderen Wagenheberaufnahmen. Stellen Sie sicher, dass das Fahrzeug kippsicher steht.
- Bauen Sie die Vorderräder ab und stellen Sie die Lenkung in die Mittelstellung.
- Bei Fahrzeugen mit Bremsbelagverschleißanzeige Anschlussstecker an der Steckverbindung trennen.
- Leitung für den Drehzahlfühler des ABS (soweit vorhanden) vom Federbein aushängen.
- Bauen Sie den Drehzahlfühler des ABS (soweit vorhanden) ab und befestigen Sie ihn am Aufbau.
- Bauen Sie den Bremssattel ab und befestigen Sie ihn so am Aufbau, dass der Bremsschlauch zugentlastet ist.
- Lösen Sie die Verschraubung der Spurstange und drücken Sie den Spurstangenkopf vom Achsschenkel mit einem Spurstangenabzieher ab.
- Drehen Sie die Verschraubung des Traggelenkbolzens ab und drücken Sie den Traggelenkbolzen vom Achsschenkel mit einem Spurstangenabzieher ab.
- Drehen Sie die Befestigungsschraube des Stabilisators heraus und ziehen Sie ihn vom Dämpfer ab.
- Radlagergehäusespreizer Hazet 3424 in den Spalt des Radlagergehäuses einsetzen und vorsichtig um 90° verdrehen. Achten Sie darauf, dass sich das Radlagergehäuse nicht verkantet.
- Drehen Sie die Mutter am Dom (4) heraus und nehmen Sie den Anschlag (7) ab und nehmen Sie das Federbein (2) vorsichtig nach unten ab. Bei festsitzender Mutter die Staubmanschette zurückschieben und eine Haltevorrichtung zum Klemmen der Kolbenstange an der Kolbenstange des Federbeins befestigen und daran zum Lösen der Mutter gegenhalten. Das Gegenhalten mit einer Zange würde die Kolbenstange des Dämpfers beschädigen.

Die Montage erfolgt sinngemäß in umgekehrter Reihenfolge.

- Verwenden Sie grundsätzlich neue Muttern.
- Lassen Sie das Fahrzeug anschließend vermessen.

Verschraubungen lösen: 1 Schrauben Koppelstange, 2 Schrauben Federbein/Radlagergehäuse, 3 Federbein, 4 Radlagergehäuse.

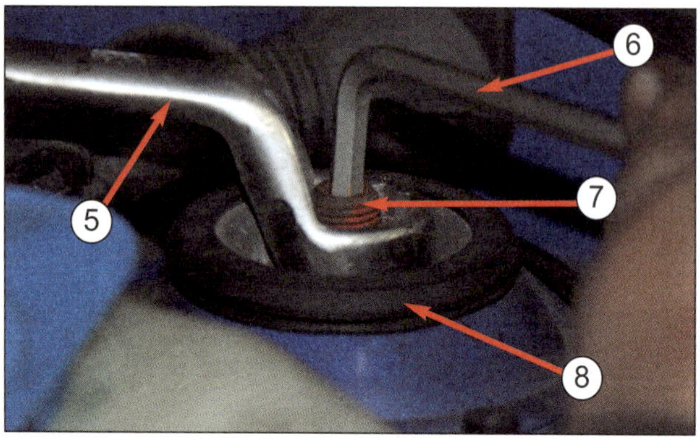

Befestigung am Dom: 5 Schlüssel auf der Mutter, 6 Passender Inbusschlüssel in der Kolbenstange, 7 Kolbenstange, 8 Anschlag.

Stoßdämpfer vorne ausbauen

Grundsätzlich müssen Stoßdämpfer immer mindestens achsweise ersetzt werden. Zur Demontage der Fahrwerksfeder vorne muss zwingend ein Federspanner verwendet werden. Die Vorspannung ist viel zu groß, als dass man Sie sicher von Hand halten könnte.

- Bauen Sie das Federbein wie beschrieben aus.
- Setzen Sie den Federspanner entsprechend der Bedienungsanleitung an und spannen Sie die Feder so weit vor, dass zwischen Domlager und Feder ein Spalt entsteht und die Feder leicht beweglich ist.
- Drehen Sie die Sicherungsmutter des Domlagers heraus und nehmen Sie es ab. Prüfen Sie das Domlager auf Leichtgängigkeit und Spiel.
- Nehmen Sie die Feder vom Stoßdämpfer ab. Ziehen Sie auch das Protektionkit vom Dämpfer ab.
- Setzen Sie das Protektionkit auf den Stoßdämpfer auf.
- Setzen Sie die vorgespannte Feder auf den neuen Dämpfer auf. Achten Sie auf den richtigen Sitz im Federteller. Montieren Sie das Domlager oben. Verwenden Sie grundsätzlich neue Muttern.
- Kontrollieren Sie erneut den richtigen Sitz der Feder im Federteller und entspannen Sie den Federspanner langsam und gleichmäßig.

Schritt 1: Feder gleichmäßig spannen, bis sie frei beweglich ist.

Schritt 2: Verschraubung des Domlagers lösen und die Mutter und das Domlager abnehmen.

Schritt 3: Federteller abnehmen und zur Seite legen.

Schritt 4: Fahrwerksfeder und das alte Protektionkit abnehmen.

Die Hinterachse

Die Hinterachse des Smart stellte die Konstrukteure vor eine weitere Herausforderung. Die engen Platzverhältnisse des Kleinwagens und ein enger Kostenrahmen mussten trotzdem ein Fahrzeug mit sicheren und konkurrenzfähigen Fahreigenschaften ergeben. Die Wahl fiel auf eine besondere Hinterachskonstruktion für Starrachsen. Die bewährte DeDion-Konstruktion wurde vom Vorgänger übernommen und deutlich verbessert. Die verbauten Querlenker erlauben einen Versatz der Achse. Die Neuanordnung des Zentrallagers verbesserte die Handlichkeit des Smart merklich. Die Anordnung der Schraubenfedern dämmten die Rollbewegungen der Karosserie besser ein.
Schrauberisch sind das Zentrallager sowie die Lagerungen der Querlenker zu beachten. Sind Sie ausgeschlagen oder die Gummilager zeigen deutliche Einrisse, müssen sie ersetzt werden. Die Montagearbeiten hinsichtlich des Ausbaus oder des Wechsels der Stoßdämpfer oder der Federn fallen recht einfach aus, wie Sie in den nächsten Arbeitsschritten sehen werden.

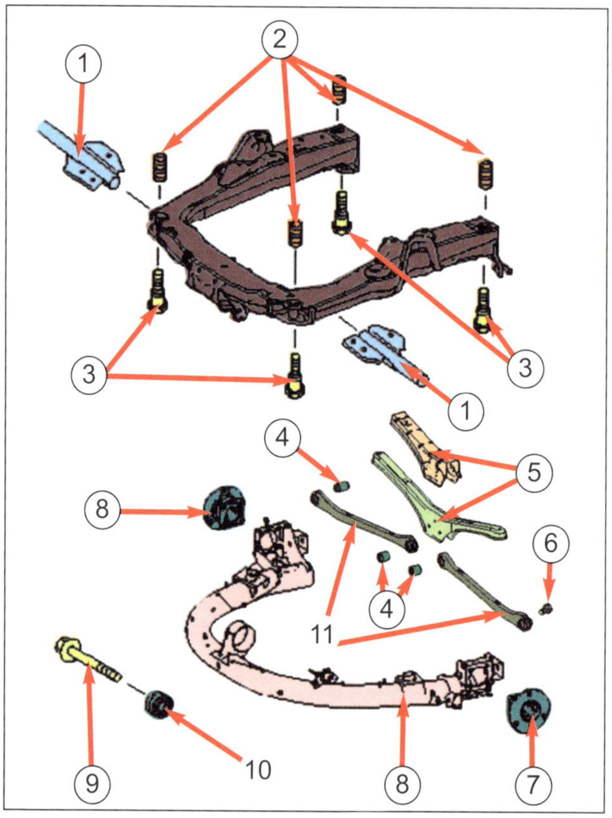

Hinterachse in Teilen: 1 Abstützung Integralträger, 2 Gewindeplatte Rahmenboden, 3 Schraube Entkoppelelement, 4 Querlenkerlager, 5 Querträger Hinterachse, 6 Schraube Querlenker, 7 Radnabe Hinterachse, 8 Tragrohr Hinterachse, 9 Schraube Entkoppelelement, 10 Zentrallager Tragrohr, 11 Querlenker unten.

Stoßdämpfer und Federn hinten ausbauen

Für die Montagearbeiten ist es einfacher, eine Seite nach der anderen zu ersetzen. Werden hier beide Seiten zu hoch aufgebockt, klappt die Achse unnötig herunter, Bremsleitungen und Lagerungen können beschädigt werden. Wenn Sie die Lagerungsgummis des Zentrallagers oder der Querlenker lösen, müssen diese im eingefederten Zustand angezogen werden. Eine verspannte Einbauposition verringert die Lebensdauer der Gummilager.

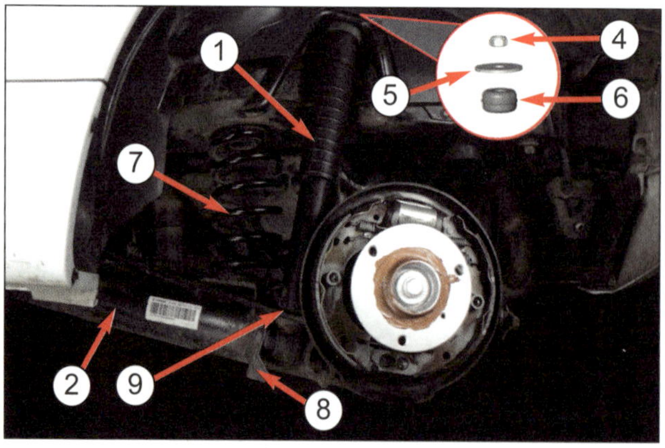

Stoßdämpfer hinten: 1 Stoßdämpfer, 2 Achsrohr, 3 Kolbenstange, 4 Mutter, 5 Scheibe, 6 Gummilager, 7 Feder, 8 Spreizclip Dämpfer unten, 9 Schraube Dämpfer unten.

Demontage der hinteren Stoßdämpfer:

- Lösen Sie die Radschrauben der Hinterräder auf der entsprechenden Seite, drehen Sie sie aber noch nicht heraus. Unterbauen Sie das Fahrzeug mit Unterstellböcken unter der hinteren Wagenheberaufnahme der jeweiligen Fahrzeugseite. Stellen Sie sicher, dass das Fahrzeug kippsicher steht.

- Bauen Sie das entsprechende Hinterrad ab.
- Stützen Sie die entsprechende Seite mit einem Wagenheber unter dem Achsrohr (2) ab.
- Sprühen Sie die obere Befestigungsmutter (4) mit Rostlöser ein.
- Halten Sie die Kolbenstange mit einem passenden Schlüssel fest und drehen Sie die Sicherungsmutter los.
- Spreizclip an der Abdeckung (8) ausbauen und Abdeckung abnehmen.
- Sprühen Sie die untere Befestigungsschraube (im Achsrohr) mit Rostlöser ein und drehen Sie die untere Federbeinschraube (9) nach einer Einwirkzeit heraus.
- Drehen Sie die Mutter des Domlagers (4) heraus und nehmen Sie den Stoßdämpfer vorsichtig heraus.

Die Montage erfolgt sinngemäß in umgekehrter Reihenfolge.

- Die selbstsichernde Mutter (4) oben erneuern.
- Gummilager (6) reinigen und auf Beschädigungen prüfen, ggf. erneuern.
- Achsrohr (2) nicht zu weit absenken, da sonst die Hinterfeder (7) aus ihren Aufnahmen herausfallen und beschädigt werden kann. Darauf achten, dass das innere Gelenk der Hinterachswelle nicht auseinandergezogen wird, da es dadurch zerstört werden kann.
- Beim Einbau auf richtigen Sitz der Hinterfeder in ihren Aufnahmen achten.

Demontage der hinteren Federn:
Ein paarweiser Tausch der Hinterfedern wird von Daimler Chrysler zwar nicht vorgeschrieben, aber empfohlen.

- Lösen Sie die Radschrauben der Hinterräder auf der entsprechenden Seite, drehen Sie sie aber noch nicht heraus.
- Unterbauen Sie das Fahrzeug mit Unterstellböcken unter der hinteren Wagenheberaufnahme der jeweiligen Fahrzeugseite. Stellen Sie sicher, dass das Fahrzeug kippsicher steht.
- Bauen Sie das entsprechende Hinterrad ab.
- Stützen Sie die entsprechende Seite mit einem Wagenheber unter dem Achsrohr (2) ab.
- Sprühen Sie die obere Befestigungsmutter (4) mit Rostlöser ein.
- Lösen Sie die Verschraubung der Antriebswellen radseitig.
- Sprühen Sie die untere Befestigungsschraube (8) mit Rostlöser ein und drehen Sie die untere Federbeinschraube nach einer Einwirkzeit heraus.
- Lassen Sie den Wagenheber vorsichtig ab. Achten Sie darauf, dass das innere Gelenk der Hinterachswelle nicht auseinandergezogen wird, da es dadurch zerstört werden kann.
- Nehmen Sie die Feder (7) vorsichtig heraus.

Die Montage erfolgt in umgekehrter Reihenfolge.

- Beachten Sie die Einbaulage der Federn hinten.
- Prüfen Sie den Zustand des oberen und unteren Gummilagers.

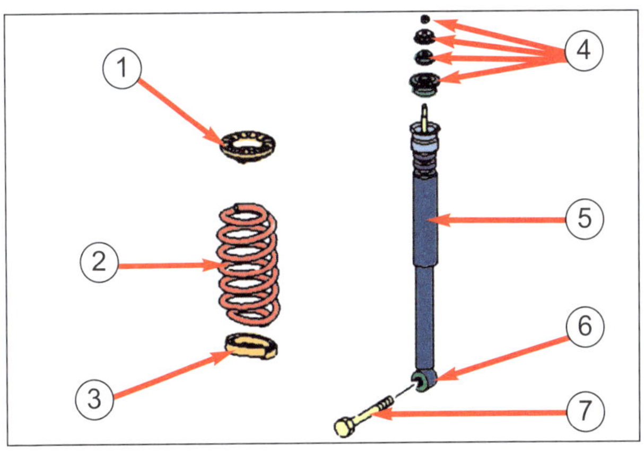

Feder und Dämpfer: 1 Stützlager Stoßdämpfer, 2 Hinterachsfeder, 3 Beilage Hinterachsfeder, 4 Stoßdämpferbefestigung Hinterachse, 5 Stoßdämpfer Hinterachse, 6 Lagerung unten, 7 Schraube.

STÖRUNGSBEISTAND

Fahrwerk

Störung	Was kann das sein?	Was kann ich tun?
A Schwammiges Fahrverhalten	**1** Reifen zu geringer Luftdruck	Luftdruck prüfen.
	2 Stoßdämpfer undicht	Ölverlust mit Finger prüfen, bleibt Öl am Finger: tauschen.
	3 Stoßdämpfer verschlissen	Kolbenstange auf Riefen und Abplatzung prüfen.
	4 Spurwerte stimmen nicht	Achsvermessung durchführen.
	5 Federn erlahmt	Federn prüfen, ggf. austauschen.
	6 Gummis Querlenker hinten	Neue Streben einbauen.
B Reifen	**1** starker, unregelmäßiger Verschleiß	Spurwerte stimmen nicht, Achsvermessung durchführen.
	2 Verschleiß innen	Zu viel negativer Sturz.
	3 Verschleiß außen	Zu viel positiver Sturz.
	4 Verschleiß in der Mitte	Zu viel Luftdruck.
	5 Verschleiß innen und außen	Zu wenig Luftdruck.
C Klackern beim Überfahren	**1** Koppelstange defekt von Unebenheiten	Koppelstangen auf Spiel prüfen und gegebenenfalls ersetzen.
	2 Spiel in der Lenkung	Lenkung prüfen.
	3 Spiel in Fahrwerksteilen	Domlager, Traggelenk und Spurstangen prüfen.
	4 Antriebswelle defekt	Antriebswellen prüfen und gegebenenfalls ersetzen.
D Geräusche bei Kurvenfahrt	**1** Radlager defekt	Richtige Seite durch Wechselkurven feststellen.
	2 Spurwerte stimmen nicht	Reifenprofil kontrollieren (siehe B).
	3 Antriebswelle defekt	Antriebswellen prüfen und gegebenenfalls ersetzen.

Bremsanlage

Hauptaufgabe der Bremsanlage ist die Umwandlung von kinetischer Energie (Bewegungsenergie) in Wärmenergie, die durch Reibung entsteht. Temperaturen von mehreren hundert Grad können dabei die Bremsscheibe zum Glühen bringen. Umso wichtiger ist daher die vernünftige Wartung. Wir zeigen Ihnen alle Funktionen sowie alle Do-it-yourself-Arbeiten, die Sie an Ihren Bremsen durchführen können.

Grenzen der Belastbarkeit

Die Bremsanlage des Smart gilt allgemein als robust und standfest. Der breiten Vielfalt unterschiedlicher Motorleistungen kommt der Hersteller mit dem Einbau verschieden dimensionierter Anlagen nach.
Der Smart hat an der Vorderachse Scheibenbremsen und hinten Trommelbremsen. Obwohl die Bremsanlage also im Prinzip ausreichend dimensioniert ist, stößt die Anlage früher oder später an ihre Grenzen. Das ist ganz natürlich, denn eine Bremsanlage kann nichts anderes tun, als Bewegungsenergie in Wärme umzuwandeln.
Je mehr Masse und Belüftung die Bremsscheiben haben, umso mehr Energie kann aufgenommen werden. Bei rasanten Passabfahrten kann es also durchaus passieren, dass der Druckpunkt immer schwammiger und der Pedalweg immer länger wird. Ist die Bremsflüssigkeit alt und der Wassergehalt groß, werden jetzt mit Sicherheit Dampfblasen entstehen. Das kann gefährlich werden, denn irgendwann geht der Tritt ins Leere.
Bei extremer Beanspruchung meldet sich die Bremsanlage dann auch akustisch: Ein Wummern oder Brummen deutet auf eine thermische Überlastung hin. Die Scheibe beginnt sich zu verziehen, die Beläge fangen an zu schmieren. Gesellen sich noch spürbare Vibrationen hinzu, ist es höchste Zeit die Anlage bei mittlerer Geschwindigkeit, möglichst ohne Bremsbetätigung, abkühlen zu lassen.

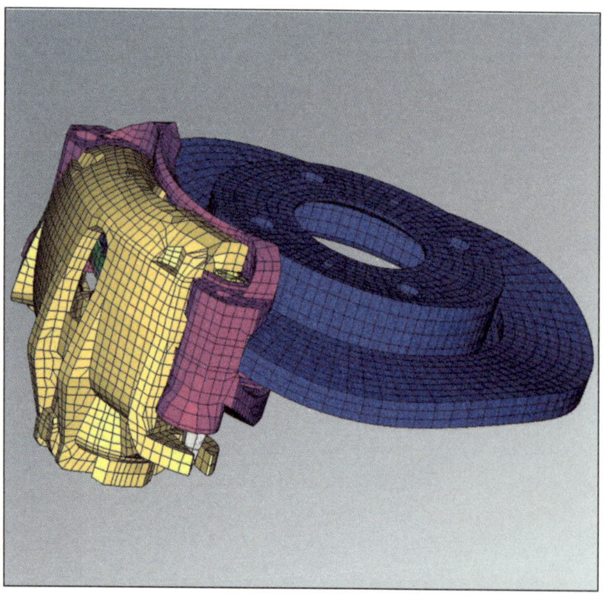

Verzug bei hohen Temperaturen: Diese CAD-Simulation zeigt, wie sich die Scheibe bei hoher Belastung verformt.

Wie funktionieren die Bremsen?

Wenn Sie auf das Bremspedal treten, presst eine mit dem Pedal verbundene Druckstange zwei hintereinander liegende Kolben in den Hauptbremszylinder, der sich im Motorraum befindet. Die Kolben übertragen die Kraft auf die dort eingeschlossene Bremsflüssigkeit. Der so entstehende hydraulische Druck in der Bremsflüssigkeit gelangt über Rohr- und Schlauchverbindungen zu den Radzylindern in den Bremssätteln. In diesen drücken Kolben die Bremsklötze gegen die Bremsscheiben. Dadurch verschiebt sich die auf langen Bolzen geführte Bremszange und überträgt den gleichen Druck auf den äußeren Bremsklotz. Liegt der Bremsdruck nicht mehr an, wird die Rechteckmanschette zurück verformt und zieht den Kolben von den Bremsscheiben zurück. So entsteht zwischen Bremsklotz und Scheibe ein Spiel von weniger als einem Millimeter – die Bremsscheibe dreht wieder frei.

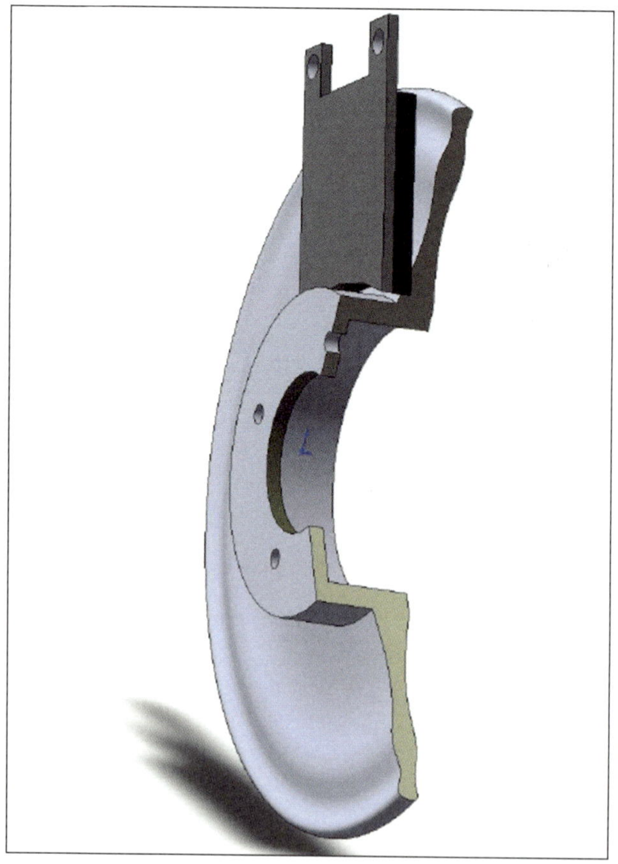

Im Laufe der Zeit nutzen sich auch die Bremsscheiben ab: Ist die Scheibenfläche uneben, müssten die neuen Beläge erst einschleifen. Die Folge: geringere Bremsleistung und stark ungleichmäßige Temperaturentwicklung an der Bremsscheibe.

Die Zweikreis-Bremsanlage

Die StVZO (Straßenverkehrs-Zulassungsordnung) fordert für jedes Kfz zwei Bremsanlagen, die unabhängig voneinander arbeiten. Wenn ein System ausfällt, soll das andere das Fahrzeug immer noch abbremsen können. Deshalb verfügt auch Ihr Smart über eine diagonal aufgeteilte Zweikreisbremsanlage analog Bild 1: Ein Bremskreis ist für linkes Vorderrad (1) und rechtes Hinterrad (2), der andere für rechtes Vorderrad (3) und linkes Hinterrad (4) zuständig. Fällt ein Bremskreis aus, bleiben ein Vorder- und ein Hinterrad bremsfähig. Man muss kräftiger aufs Pedal steigen, es lässt sich weiter durchtreten, der Anhalteweg wird länger.

Hydraulischer Druck

Beim Bremsen presst eine Druckstange (5) am Pedal einen Doppelkolben in den Hauptbremszylinder (6). Dieser bildet mit dem Bremskraftverstärker (7) eine Einheit, weshalb man auch vom »Tandem-Hauptbremszylinder« spricht. Die Kolben übertragen die Fußkraft auf die in den Ausgleichs- oder Vorratsbehälter (7) eingefüllte und von dort über Bremsleitungen (8) ins System verteilte Bremsflüssigkeit. Der hydraulische Druck wird in dem mit pneumatischem Unterdruck versorgten Bremskraftverstärker (BKV) etwa verdoppelt. Der BKV bringt damit rund 60% der Bremskraft auf. Unterdruck wird durch Vakuumpumpen erzeugt oder (Benzinmotor) dem Saugrohr entnommen. Der hydraulische Druck geht über Leitungen zur »Hydraulikeinheit«. Vom Bremskraftverstärker setzt sich der (Unter-)Druck über Schlauch- und Rohrleitungen zu den Bremssätteln fort. In den Bremssätteln (siehe das Bild zum Kapitelauftakt) drücken die Kolben der Radbremszylinder die Bremsklötze gegen die Bremsscheiben. Beim Lösen des Bremspedals werden die Kolben und dadurch die Bremssättel von den Bremsscheiben gestellt. Diese können dann wieder frei drehen.

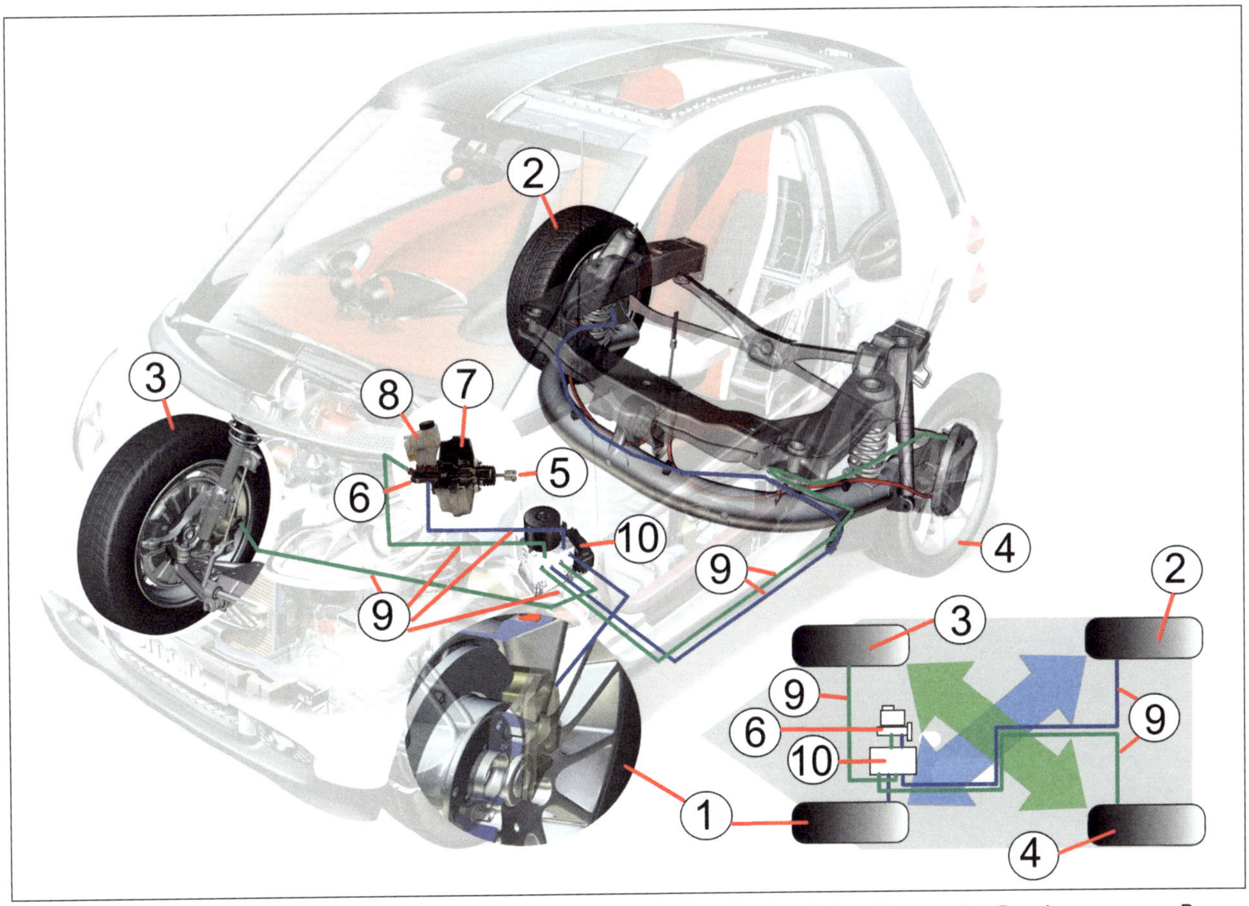

Das Bremssystem: 1 Vorderrad links, 2 Hinterrad rechts, 3 Vorderrad rechts, 4 linkes Hinterrad, 5 Druckstange vom Bremspedal, 6 Hauptbremszylinder, 7 Bremskraftverstärker (BKV), 8 Vorratsbehälter, 9 Bremsleitung, 10 Hydraulikeinheit ABS und ESP

Die Radbremsen am Smart

Wie wir schon in der Modellvorstellung erwähnt haben, stellt das Bremssystem des Smart eine normale Zweikreisbremsanlage mit ABS-System dar. Arbeiten an diesem System sollten Sie lediglich dann in eigener Regie durchführen, wenn Sie sicher sind, einen Einblick in die Systeme erhalten und Erfahrungen in der Wartung und im Umgang mit der Bremse haben. Neben dem Zustand der hydraulischen und der mechanischen Komponenten muss auch die Funktion der elektrohydraulischen Anlage, dem ABS, geprüft werden.

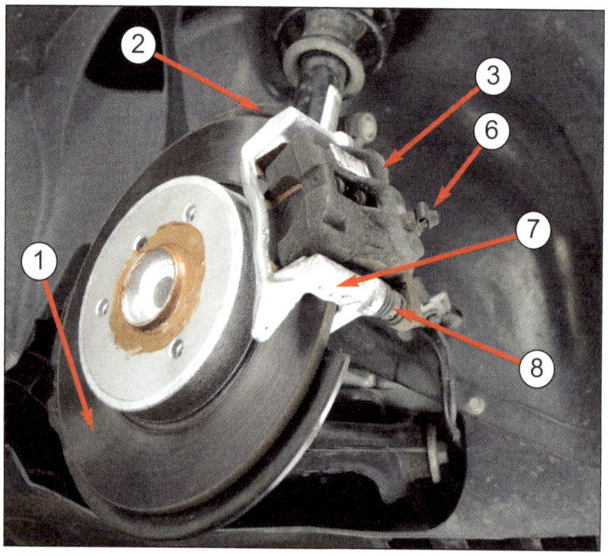

Ansicht unterm Auto: 1 Bremsschutzblech, 2 Bremsscheibe, 3 Bremssattel, 6 Entlüftungsnippel, 7 Sattelträger, 8 Staubmanschette.

Zwar wird eine Fehlfunktion mit einer Kontrollleuchte in der Armaturentafel angezeigt, aber die eigentliche Funktion wird nicht überwacht.
Überprüfen Sie deshalb bei einer Probefahrt durch eine gezielte Vollbremsung die Funktion des ABS-Systems.

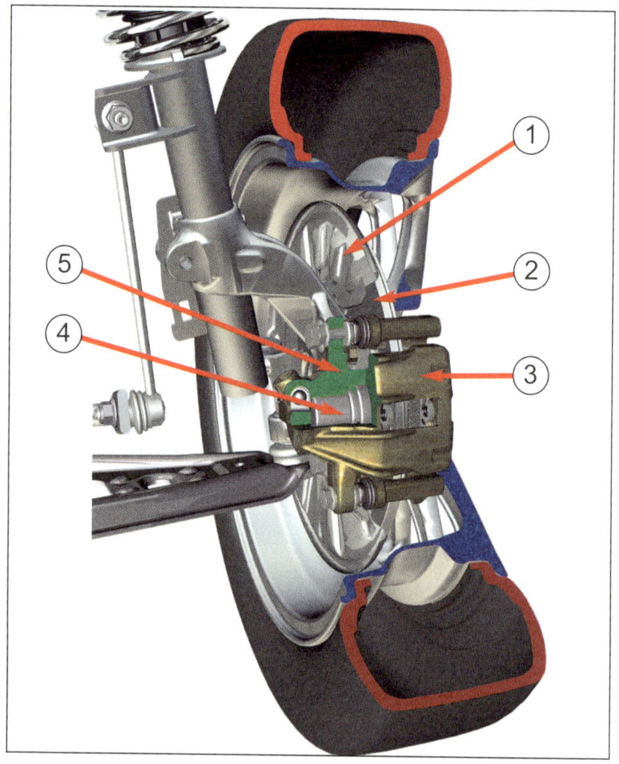

Bremse vorne im Schnittbild: 1 Bremsschutzblech, 2 Bremsscheibe, 3 Bremssattel, 4 Bremskolben, 5 Bremssattellagerung.

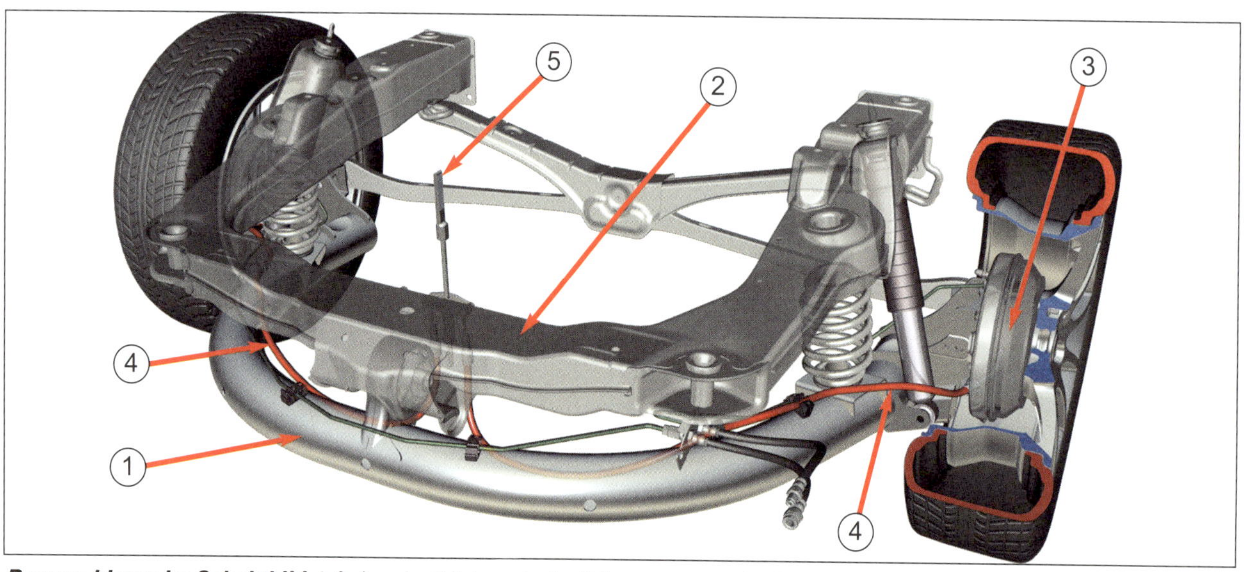

Bremse hinten im Schnittbild: 1 Achsrohr, 2 Integralrohr, 3 Bremstrommel, 4 Handbremsseil, 5 Zugstange Handbremse.

Funktionsprüfungen an der Bremse

Regelmäßige Kontrolle der Bremsanlage ist für Autofahrer die beste Lebensversicherung. Im Straßenverkehr entscheiden die Bremsen über Ihre Sicherheit und die anderer Verkehrsteilnehmer. Scheuen Sie sich nicht, die Räder abzunehmen und den Zustand von Bremsscheiben und Bremsbelägen gründlich zu prüfen! Ans Schrauben sollten Sie sich nur dann wagen, wenn Sie sich wirklich auskennen. Suchen Sie sonst besser die Werkstatt auf. Beim Reinigen der Anlage fällt Bremsstaub an, der zu schweren gesundheitlichen Schäden führen kann. Niemals Bremsstaub einatmen! Immer strikt darauf achten, dass Mineralöl, Schmierfett o. Ä. nicht in die Bremsanlage gelangen.

Prüfschritte in Eigenregie

- **Sichtprüfung:** Bremskraftverstärker, Hauptbremszylinder (Montage-Einheit mit Bremsflüssigkeitsbehälter links hinten im Motorraum) und Bremssattel auf Beschädigungen und Undichtigkeiten prüfen. Alle Anschlüsse und Verbindungen von Schläuchen und Rohrleitungen auf richtigen Sitz, Undichtigkeiten und Korrosion untersuchen.

- **Sichtprüfung:** Kontrollieren Sie besonders, ob Hydraulikleitungen geknickt oder Anschlüsse an der Hydraulikeinheit undicht sind. Undichtigkeiten und Schmutznester am Hydrauliksystem müssen beseitigt werden.

- **Sichtprüfung:** Bremsschläuche dürfen nicht in sich verdreht und nirgendwo porös und brüchig sein. Bei maximalem Lenkeinschlag muss ihr Abstand zu anderen Achsteilen mindestens 15 mm betragen. Die Rastnasen der Leitungen müssen einwandfrei in den Haltern sitzen.

- **Sichtprüfung:** Wenn Bremsschlauche, elektrische Leitungen und Steckkupplungen Scheuerstellen aufweisen und Schläuche feucht oder aufgequollen sind: auswechseln!

- **Funktionsprüfung:** Bei laufendem Motor eine Minute lang mit voller Kraft aufs Bremspedal treten. Das Pedal darf nicht nachgeben. Eine exakte Druckprüfung ist allerdings Sache der Werkstatt mit Spezialgerät und Diagnosesystem.

- **Funktionsprüfung:** Auf 50 km/h beschleunigen, Lenkrad loslassen, Hände griffbereit halten. Zuerst sanft, dann scharf bis zum Stillstand bremsen. Das Fahrzeug soll die Spur halten. Nach dem Test auf leicht abschüssiger Strecke Fahrzeug aus dem Stand losrollen lassen. Drehen die Räder frei?

- **Wärmeprobe / kalt:** Räder anfassen. Alle vier Felgen müssen gleich warm sein. Eine einzelne kalte Felge weist auf mangelhafte Bremsfunktion an diesem Rad hin.

- **Wärmeprobe / warm:** Wenn eine Felge ungewöhnlich warm ist (oder wenn Ihnen das bei allen Felgen so scheint), muss weiter gesucht werden. Eine Ursache für zu hohe Temperatur können z. B. schleifende Bremsen oder defekte Radlager sein.

- **Professionelle Bremsenprüfung:** Erfolgt auf einem 1-Achs-Rollenprüfstand. Von Smart freigegebene Anlagen erfüllen die Bedingung, dass die Prüfgeschwindigkeit 6 km/h nicht überschreitet, da sonst beim zeitversetzten Anlaufen der Rollen Bremseingriffe durch das EDS (elektronische Differenzialsperre, Bestandteil des ABS/ESP-Systems) erfolgen. Für Prüfstand-Kontrollen ist ein diagnosefähiges Werkstattsystem erforderlich.
  Jeweils eine Achse auf die Rollen fahren. Handgeschaltete Autos in den Leerlauf, automatisch geschaltete in Stellung »N« schalten. Der Antrieb erfolgt durch die Rollen.

- **Auswertung:** Ratsam ist es, die Bremsentests von DEKRA, TÜV oder ADAC in Anspruch zu nehmen. Alle dabei oder auch ohne Geräte von Ihnen festgestellten Mängel müssen unverzüglich in eigener Arbeit oder durch die Werkstatt beseitigt werden.

ESP-Bremssystem im Smart

Im Smart der Typenreihe 451 kommt eine Weiterentwicklung des ESP 8.0, das bereits in der Vorgängertypenreihe bekannt war, zum Einsatz. Die eingesetzte Variante heißt entsprechend 8.1.
Hier sind nun folgende Funktionen realisiert worden: ABS (Blockierverhinderer beim Bremsen), ASR (verhindert durchdrehende Räder), BAS (erkennt eine erforderliche Gefahrenbremsung), EBV (regelt den Bremsdruck an der Hinterachse), ESP (Stabilitätsprogramm um Schleudern einzudämmen), MSR (Schlupfregelung bei Motorbremse), Anfahrassistent (Berganfahrhilfe)

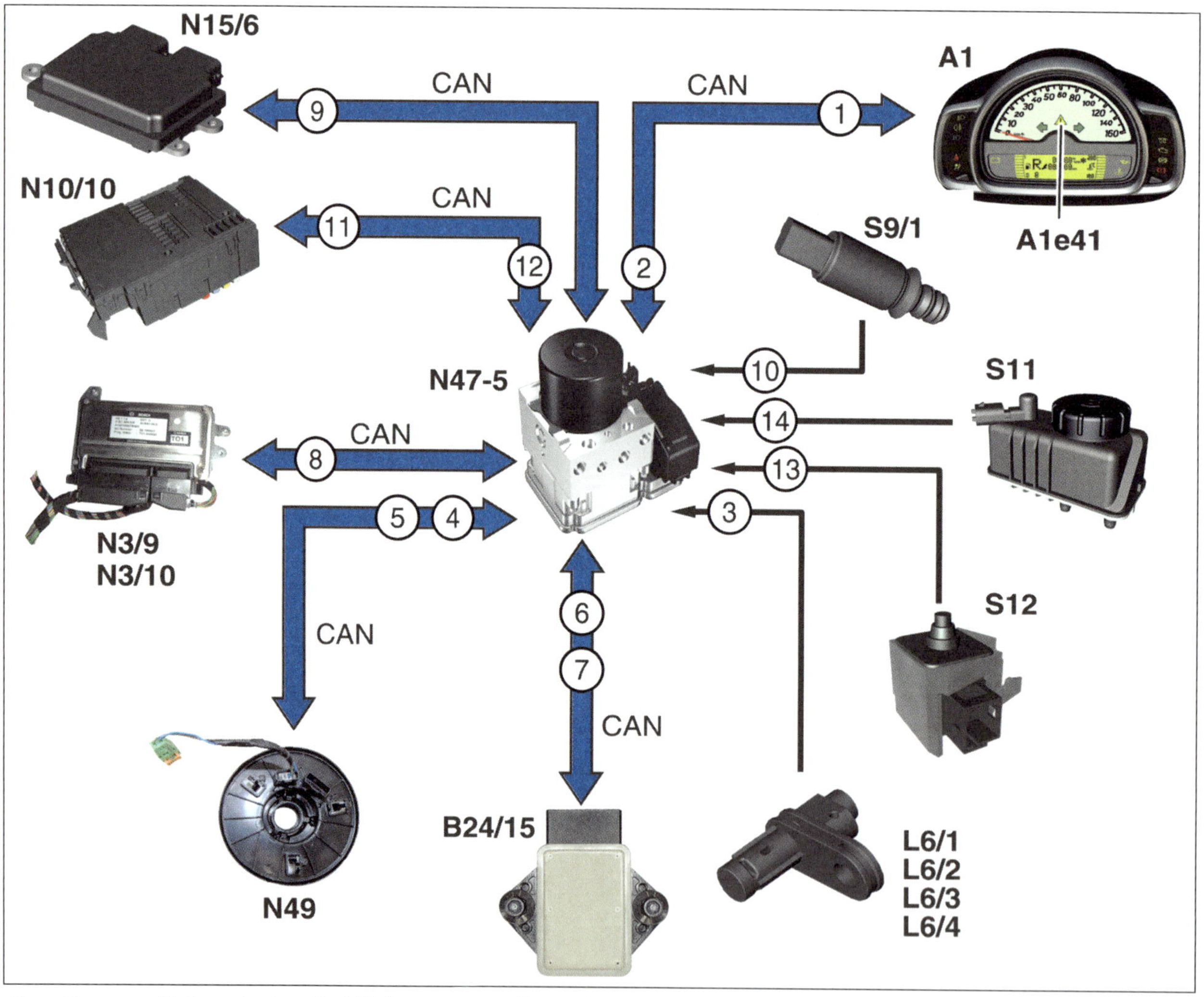

Datenfluss am Elektronischen Stabilitätsprogramm ESP: 1 Status ESP/ABS/ASR, 2 Anzeigestatus ESP/ABS/ASR, 3 Signal Raddrehzahl, 4 Lenkwinkel, 5 Lenkgeschwindigkeit, 6 Querbeschleunigung, 7 Drehgeschwindigkeit, 8 Motor-Drehmomentregelung, 9 Eingriff Getriebesteuerung, 10 Status Bremspedal, 11 Referenzgeschwindigkeit Notbremsung, 12 Status Fahrertür geschlossen, 13 Status Handbremse, 14 Status Bremsflüssigkeit, A1 Kombiinstrument, A1e41 Warnleuchte ESP, B24/15 Sensor Dreh- und Querbeschleunigung, L6/1 Drehzahlgeber vorne links, L6/2 Drehzahlgeber vorne rechts, L6/3 Drehzahlgeber hinten links, L6/4 Drehzahlgeber hinten rechts, N3/9 Steuergerät CDI (beim Diesel), N3/10 Steuergerät ME (beim Benziner), N10/10 Steuergerät SAM (Bordnetz), N15/6 Steuergerät Getriebe, N47-5 Steuergerät ESP, N49 Lenkwinkelsensor, S9/1 Bremslichtschalter, S11 Schalter Bremsflüssigkeitskontrolle, S12 Schalter Handbremskontrolle, CAN »Control Area Network« Zweileitungs-Datenbus (CAN-Bus).

Bremsbelag und Bremsscheibe Vorderachse

Die Bremsanlage unterscheidet sich über die Motorvarianten nicht wesentlich voneinander. Auch die Arbeitsschritte für Tuning-Bremsanlagen unterscheiden sich kaum von der Serie. Somit lassen sich die folgenden Beschreibungen universell einsetzen.

Kontrolle der Bremsbeläge

Kontrollieren Sie regelmäßig die Stärke der Bremsbeläge, mindestens jedoch alle 15.000 km oder einmal im Jahr. Zur Prüfung von Scheiben und Bremsbelägen können Sie durch einen Raddurchbruch schauen. Dabei sind Handlampe, Spiegel und Messschieber hilfreich.
Für eine exakte Messung der Belagdicke ist aber die Demontage der Räder empfehlenswert. Kontrollieren Sie den Zustand der Bremsscheiben stets gemeinsam mit dem der Beläge.

- Beim Erneuern von Bremsbelägen (2) beachten: Grundsätzlich immer auf beiden Seiten austauschen!

- Mit neuen Bremsbelägen (2) sollten Sie auf den ersten 200 Kilometern häufige Vollbremsungen vermeiden. Der Belag kann verhärten (»verglasen«) und erreicht dann nicht mehr seine beste Bremswirkung.

- Bremsbeläge (2), die Sie weiter verwenden können, sollten Sie beim Ausbau kennzeichnen. Sie müssen an gleicher Stelle wieder eingebaut werden.

De- und Montage der Bremssättel

- Radschrauben lösen, aber noch nicht herausdrehen.

- Fahrzeug anheben, Räder abbauen, elektrische Steckverbindung für Belagverschleißanzeige (soweit verbaut) trennen. Bremsschlauch eventuell aus dem Halter nehmen.

- Beide Schrauben (3) aus dem Bremssattel (9) herausdrehen.

- Bremssattel (9) abnehmen und so mit Draht befestigen, dass das Gewicht des Bremssattels den Bremsschlauch nicht belastet bzw. beschädigt.

Die Montage erfolgt sinngemäß in umgekehrter Reihenfolge.

De- und Montage der Bremsbeläge

- Radschrauben lösen, aber noch nicht herausdrehen, das Fahrzeug anheben, die Räder abbauen, elektrische Steckverbindung für Belagverschleißanzeige trennen. Eventuell den Bremsschlauch aus dem Halter nehmen.

- Bremssattel an der entsprechenden Radseite demontieren.

- Anlageflächen für Beläge am Bremsträger gründlich reinigen, Korrosion entfernen.

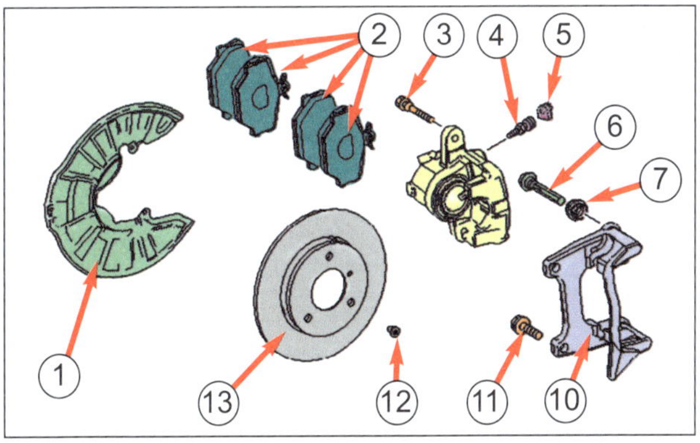

Scheibenbremse vorne: 1 Ankerblech, 2 Bremsbeläge, 3 Schraube, 4 Entlüftungsnippel, 5 Kappe, 6 Führungsbolzen, 7 Schutzkappe, 8 Bremskolben, 9 Bremssattel, 10 Bremssattelträger, 11 Schraube, 12 Sicherungsschraube, 13 Bremsscheibe.

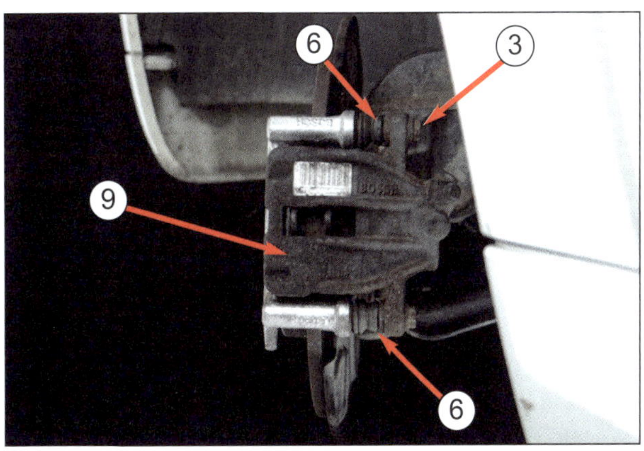

Bremssattel: 3 Schraube, 6 Führungsbolzen, 9 Bremssattel.

Bremse vorne: 10 Bremssattelträger, 14 Belagverschleißanzeige.

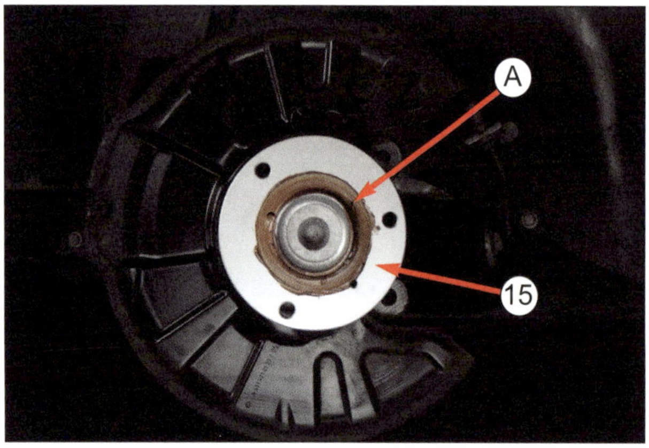

Auflage der Bremsscheibe auf der Radnabe: A Bereich Auftrag der Kupferpaste, 15 Radnabe.

- Bremsen-Montagepaste oder Kupferpaste auf die Auflagestellen an Bremsträger und Bremssattel dünn auftragen.

- Neue Bremsbeläge in den Bremsträger einlegen.

- Bremssattel zurückstellen. Der Kolben (8) des Bremssattels (9) muss zurückgedrückt werden. Verwenden Sie dazu ein Bremssattelrückstellwerkzeug. Mit einer Zange werden leicht Schäden an Bremskolben, Manschette oder am Sattel selbst verursacht.

- Den Bremssattel (9) auflegen und andrücken. Der Bremssattel liegt nun auf den Haltefedern der Bremsbeläge auf.

- Beide selbstsichernden Schrauben (3) in die Bremssättel (9) hineindrehen und festziehen. Es müssen neue selbstsichernde Schrauben (3) verwendet werden.

ACHTUNG: Nach jedem Bremsbelagwechsel das Bremspedal im Stand mehrmals kräftig durchtreten, damit die Bremsbeläge ihren dem Betriebszustand entsprechenden Sitz einnehmen.

Die weitere Montage erfolgt sinngemäß in umgekehrter Reihenfolge.

De- und Montage der Bremsscheibe

Wenn Sie die Bremsscheiben erneuern, müssen Sie auch neue Bremsbeläge verwenden. Sollen Beläge und Scheiben wieder verwendet werden, markieren Sie die Einbauposition von Bremsscheiben und Belägen.

- Radschrauben lösen, aber noch nicht herausdrehen, das Fahrzeug anheben, die Räder abbauen, elektrische Steckverbindung für Belagverschleißanzeige trennen. Eventuell den Bremsschlauch aus dem Halter nehmen. Bremsbeläge herausnehmen.

- Drehen Sie die Kreuzschlitzschraube (12) in der Bremsscheibe heraus. Verwenden Sie unbedingt einen passenden Schraubendreher. Lösen Sie die Schraube durch einige Hammerschläge auf den Schraubendreher. Sie sind recht oft festgerostet.

- Nehmen Sie die Bremsscheibe von der Radnabe (15) ab. Auch hier kann Rostbildung dafür sorgen, dass die Bremsscheibe sehr fest sitzt. Im Extremfall helfen nur gezielte Hammerschläge von hinten auf die Bremsscheibe. Der Ersatz ist dann nicht mehr abzuwenden.

- Reinigen Sie die Auflagefläche der Bremsscheibe auf der Radnabe sehr gründlich. Sehr gut und einfach gelingt das mit einer Topfbürste auf dem Winkelschleifer oder der Bohrmaschine. Geringe Korrosionsreste können sauberes Aufliegen der Bremsscheibe verhindern. Daraus resultiert eine ungleichmäßige Wärmeableitung, die einen Verzug der Scheibe nach sich ziehen kann.

- Tragen Sie im Bereich (A) der Auflage der Bremsscheibe auf der Radnabe etwas (sehr wenig!) Montage- oder Kupferpaste auf. So wird das Festkorrodieren etwas hinausgezögert.

- Ersetzen Sie die Befestigungsschraube (12) in der Bremsscheibe (Kreuzschlitz) in jedem Fall.

Die weitere Montage erfolgt in umgekehrter Reihenfolge.

Trommelbremse Hinterachse

Der Smart ist auf der Hinterachse mit einer Trommelbremse ausgerüstet. Tatsächlich ist die Bremsleistung der Scheibenbremse im Bereich der Warmbremsung leistungsfähiger. Trommelbremsanlagen leiden bei großer Wärmeentwicklung unter »Fading«. Bei einer Temperatur um 400 °C an den Reibflächen lässt die Reibleistung der Bremsbeläge erheblich nach. Zudem wird die Trommel an der Außenseite, wo eine bessere Wärmeableitung möglich ist, besser gekühlt. Im Extremfall kann dann die Wärmedehnung unterschiedlich ausfallen. Die Reibfläche am Rand der Trommel dehnt dann weiter aus als die Lauffläche am Radflansch. Die Folge ist eine konische Reibfläche und eine schlechtere Anlage der Beläge und somit eine geringere Bremsleistung. Allerdings sind die Bremsleistung und auch die Wärmeentwicklung bei den leichten Fahrzeugen nicht ganz so relevant.

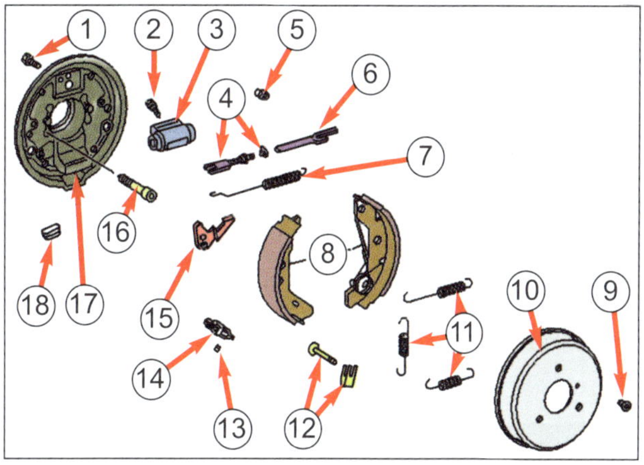

Bremse hinten: 1 Schraube Radbremszylinder, 2 Entlüftungsschraube, 3 Radbremszylinder, 4 Nachsteller, 5 Nachstellschraube Feststellbremse, 6 Druckstück Bremsbacke, 7 Feder, 8 Bremsbacken, 9 Schraube Bremstrommel, 10 Bremstrommel, 11 Federn, 12 Bolzen/Federbolzen Lasche, 13 Spreizschloss Feststellbremse, 14 Bremsbackenbolzen, 15 Nachsteller, 16 Schraube, 17 Bremsträgerplatte (Ankerplatte), 18 Stopfen Bremsenschutzblech.

Kontrolle der Bremsbeläge

Der Vorteil der Trommelbremse liegt in ihrer extremen Langlebigkeit und dem geringen Wartungsaufwand. Kontrollieren Sie regelmäßig die Stärke der Bremsbeläge, mindestens jedoch alle 30.000 km oder einmal im Jahr. Für exakte Messung der Belagdicke und die Begutachtung des Zustandes der Bremstrommeln ist aber meist die Demontage der Räder empfehlenswert. Kontrollieren Sie den Zustand der Bremstrommeln stets gemeinsam mit dem der Beläge. Auch den Radbremszylindern sollten Sie bei dieser Gelegenheit unter die Staubmanschette sehen um eventuell eine Undichtigkeit frühzeitig erkennen zu können. Zusätzlich sollten Sie die Radlager mit in diese Kontrolle einbeziehen.

- Beim Erneuern von Bremsbelägen beachten: Grundsätzlich immer auf beiden Seiten austauschen!
- Bei nassen Bremsbelägen durch undichte Radbremszylinder müssen die Bremsbeläge beidseitig mit den Radbremszylindern ersetzt werden!
- Ziehen Sie den Stopfen (18) im Bremsenschutzblech heraus.
- Kontrollieren Sie die Belagstärke durch die Bohrung hindurch.

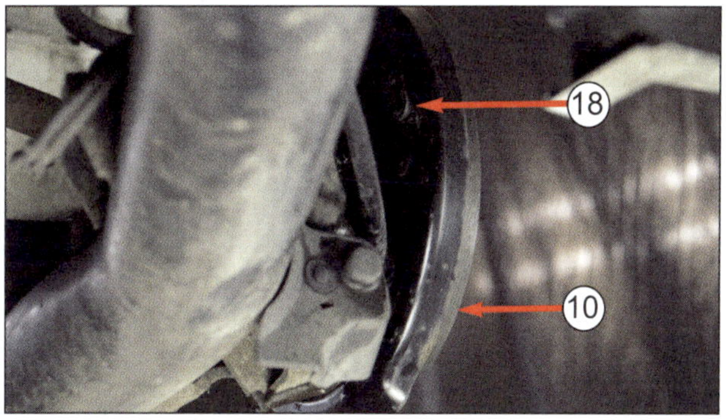

Kontrollbohrung im Bremsankerblech: 10 Bremstrommel, 18 Stopfen Bremsenschutzblech.

Zur besseren Unterscheidung drehen Sie an der Bremstrommel. So können Sie Belag und Trommel (10) besser erkennen.

De- und Montage der Bremstrommel

- Radschrauben lösen, aber noch nicht herausdrehen, das Fahrzeug anheben, die Räder abbauen. Legen Sie vor und hinter die Vorderräder Holzblöcke oder andere geeignete Gegenstände um das Wegrollen zu verhindern.

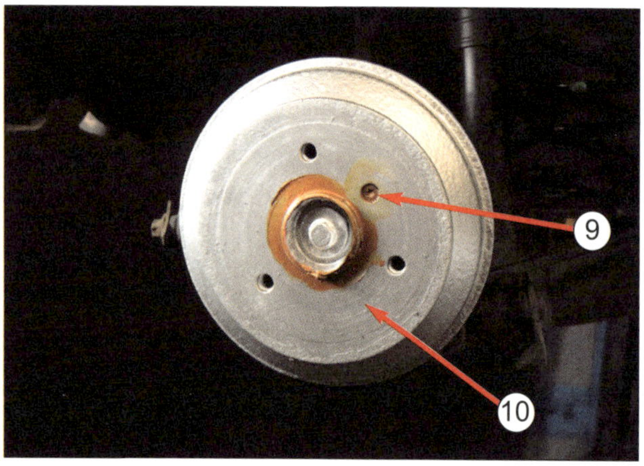

Trommelbremse hinten: 9 Schraube, 10 Bremstrommel.

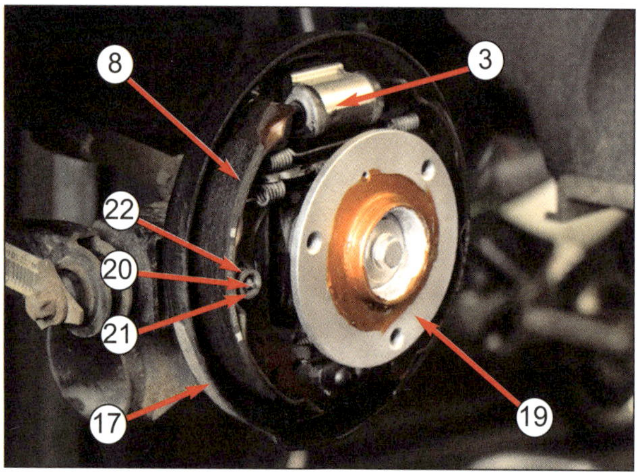

Trommelbremse hinten: 3 Radbremszylinder, 8 Bremsbacke, Bremsträgerplatte (Ankerplatte), 19 Radnabe, 20 Bolzen, 21 Sicherungsplatte, 22 Feder.

- Verdrehen Sie die Bremstrommel so, dass Sie durch eine Gewindebohrung den Nachsteller (4) zur Bremsnachstellung sehen können (Taschenlampe). Verdrehen Sie den Nachsteller mit einem Schraubendreher so, dass die Bremsbeläge möglichst weit von der Bremstrommel wegstehen. Sie haben so die Nachstellung zurückgenommen und haben etwas mehr Platz zur Demontage der Trommel.

- Drehen Sie die Schraube der Bremstrommel (9) heraus und nehmen Sie die Bremstrommel ab.

Die Montage erfolgt in umgekehrter Reihenfolge.

- Reinigen Sie die Bremsanlage mit Bremsenreiniger und lassen Sie die Bremse abtrocknen. Das Ausblasen der Bremse mit Druckluft sollten Sie tunlichst

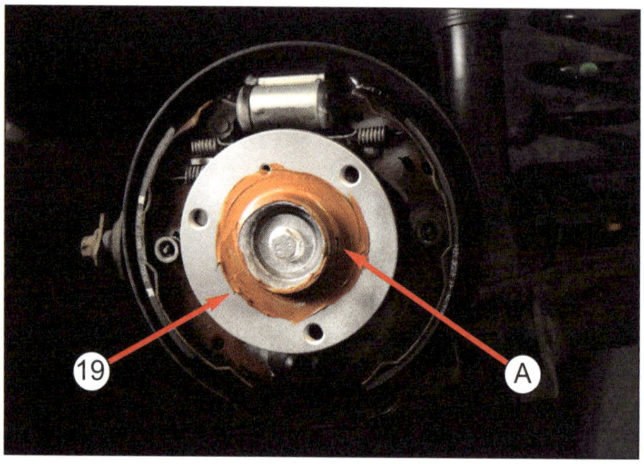

Trommelbremse hinten: 19 Radnabe, A Bereich Auftrag der Kupferpaste.

unterlassen. Der Feinstaub, der hierbei in die Luft abgegeben wird, ist lungengängig und wird auf Dauer Ihre Gesundheit schädigen.

- Tragen Sie im Bereich (A) der Auflage der Bremstrommel auf der Radnabe etwas (sehr wenig!) Montagepaste oder Kupferpaste auf. So wird das Festkorrodieren etwas hinausgezögert.

Prüfen der Radbremszylinder

- Demontieren Sie wie schon beschrieben die Räder und die Bremstrommeln.

- Reinigen Sie die Bremsanlage mit Bremsenreiniger und lassen Sie die Bremse abtrocknen. Das Ausblasen der Bremse mit Druckluft sollten Sie tunlichst unterlassen. Der Feinstaub, der hierbei in die Luft abgegeben wird, ist lungengängig und wird auf Dauer Ihre Gesundheit schädigen.

- Heben Sie die Gummimanschetten der Radbremszylinder (14) vorsichtig mit einer Fühlerlehre etwas an und sehen Sie nach, ob sich bereits Bremsflüssigkeit angesammelt hat. In diesem Fall müssen die Radbremszylinder ersetzt werden.

- Prüfen Sie die Beweglichkeit der beiden Kolben der Radbremszylinder, indem Sie mit einem Schraubendreher, den Sie in die Kante am Rand der Ankerplatte einsetzen können, die Bremsbeläge auf der Ankerplatte verschieben. Sind beide oder ein Kolben nicht mehr beweglich, muss auch wiederum der Radbremszylinder ersetzt werden.

Demontage der Bremsbacken

Der Aufbau der Trommelbremsanlage ist eigentlich nicht sehr kompliziert. Aber an dieser Stelle mal einen Schraubertrick, mit dem Sie auch nach dem Zerlegen und viel Ablenkung die Bremsanlage wieder zusammenbauen können.
Die Bremsen sind achssymmetrisch aufgebaut. Entsprechend setzen Sie zuerst eine Seite instand und belassen die andere Seite im zusammengebauten Zustand. So haben Sie ein Muster zum Gucken, wenn doch mal vergessen gehen sollte, was wie zusammengebaut war.

- Radschrauben lösen, aber noch nicht herausdrehen.
- Bocken Sie das Fahrzeug auf der entsprechenden Seite oder besser gleich auf beiden Seiten auf. Legen Sie den Gang ein, um ein Wegrollen zu verhindern, und lösen Sie die Handbremse.
- Demontieren Sie die Bremstrommel wie schon beschrieben.
- Halten Sie die Sicherungsplatte (21) mit einer Wasserpumpe fest und drücken Sie sie gegen den Federdruck der Feder (22) an.
- Demontieren Sie die Rückzugsfeder unten (11) und nehmen Sie sie heraus.
- Verdrehen Sie von hinten mit der Hand den jeweiligen Bolzen (20) um 90° und nehmen Sie die Sicherungsplatte (21) und die Feder (22) ab.
- Radnabe (10) so weit verdrehen, bis sich eine Gewindebohrung in der unteren Position befindet.
- Schieben Sie die Feder (25) am Betätigungshebel (23) etwas zurück und hängen Sie das Bremsseil (24) aus.
- Den Bremsbacken mit dem Betätigungshebel 90° über die Radnabe (19) nach oben kippen.
- Bremskolben des Radbremszylinders (3) zusammendrücken und den Bremsbacken nach oben herausführen. Die Arbeiten mit den Bremsbacken vorsichtig handhaben. Anderenfalls können die Staubmanschetten der Bremskolben des Radbremszylinders (3) beschädigt werden.

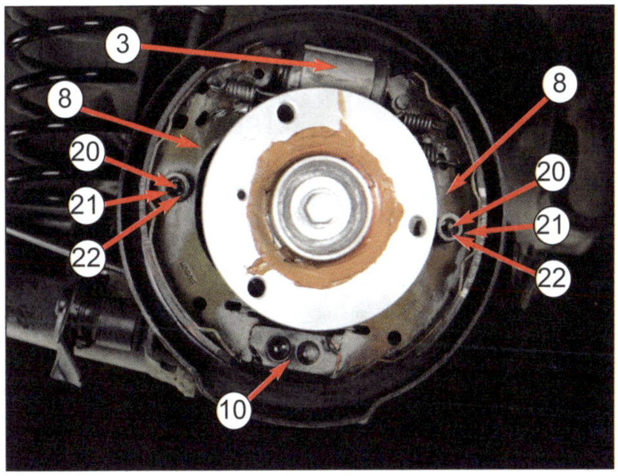

Trommelbremse hinten: 3 Radbremszylinder, 8 Bremsbacke, Bremsträgerplatte (Ankerplatte), 13 Spreizschloss Feststellbremse, 19 Radnabe, 20 Bolzen, 21 Sicherungsplatte, 22 Feder.

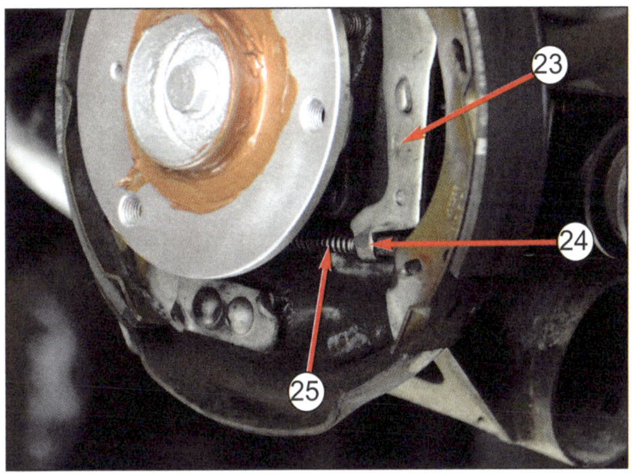

Handbremsbetätigung: 23 Betätigungshebel, 24 Handbremszug, 25 Feder.

Trommelbremse unten: 17 Bremsträgerplatte (Ankerplatte), 26 Feder.

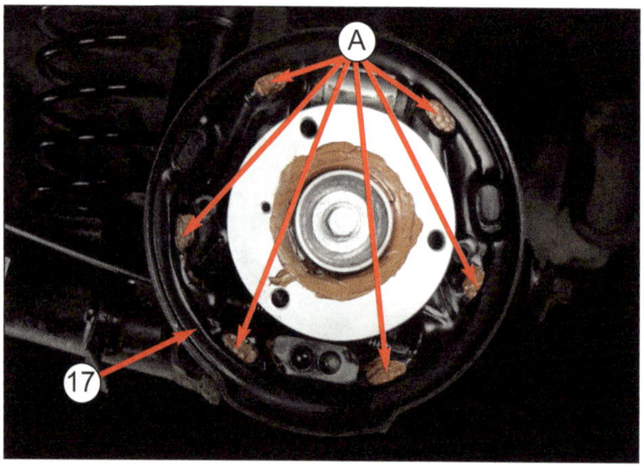

Trommelbremse hinten: 17 Bremsträgerplatte (Ankerplatte), A Anlagepunkte der Bremsbeläge.

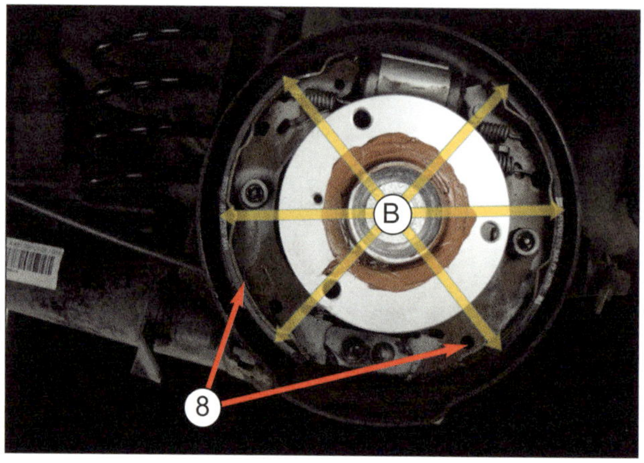

Trommelbremse hinten: 8 Bremsbacke, B Ausrichtung der Bremsbeläge auf der Ankerplatte muss gleichmäßig erfolgen.

Die Montage erfolgt sinngemäß in umgekehrter Reihenfolge.

- Reinigen Sie die Bremsträgerplatte (Ankerplatte) (17) gründlich und tragen Sie etwas Kupferpaste auf die Anlagepunkte (A) der Bremsbeläge auf der Ankerplatte auf.
- Prüfen Sie den Zustand und die Leichtgängigkeit des Radbremszylinders (3).

Handbremsseile

De- und Montage der Handbremsseile

- Demontieren Sie die Bremstrommel an der Seite, an der das Handbremsseil erneuert werden soll.
- Bauen Sie die Bremsbacken wie bereits beschrieben aus.
- Hängen Sie das Bremsseil (6) am Bremsbacken aus.
- Schieben Sie eine Hülse (2) über das Handbremsseil (6) um die Verrastung (1) am Handbremsseil mit Hilfe der Hülse (2) zusammendrücken und führen Sie das Handbremsseil (6) aus dem Bremsankerblech (3) heraus.
- Das Handbremsseil (6) an der Wippe Zugstange (4) aushängen, die Verrastung am Handbremsseil (6) wiederum mittels Hülse (2) zusammendrücken und Handbremsseil (1) aus der Aufnahme am Integralträger (5) herausführen.
- Anschließend das Handbremsseil (1) aus den Haltern am Achsrohr (6) ausclipsen und abnehmen.

Die Montage erfolgt in umgekehrter Reihenfolge.

- Achten Sie darauf, dass die Bremsseile sicher in der Führung sitzen.
- Verlegen Sie die Bremsseile ausschließlich in der originalen Einbauposition.
- Achten Sie darauf, dass alle Befestigungspunkte in Ordnung sind und kontrollieren Sie die Einstellung der Handbremsseile.

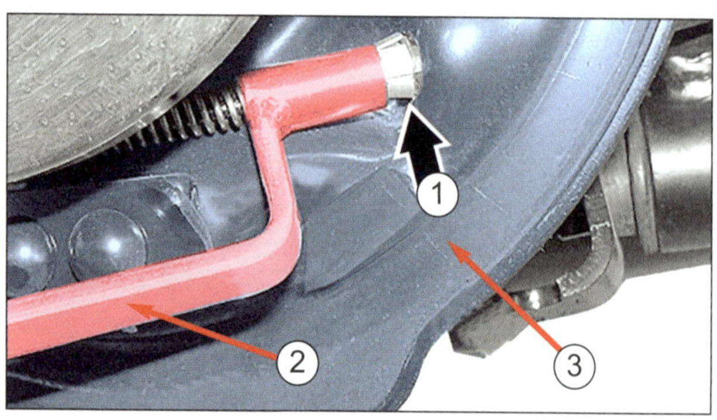

Handbremsseil in der Trommelbremse: 1 Verrastung, 2 Hülse (Werkzeug), 3 Bremsträgerplatte (Ankerplatte).

Handbremshebel Aus und Einbau

- Den Bodenbelag des Laderaums (Kofferraum) ausbauen.
- Den Halteclip (2) des Leitungssatzes (3) am Handbremshebel ausclipsen, die elektrische Steckverbindung (4) am Schalter der Feststellbremskontrolle (S12) trennen und die Schrauben (5) herausschrauben.
- Den Handbremshebel (1) abnehmen. Durch vollständiges Lösen des Handbremshebels (1) löst sich die Verzahnung der Zugstange. Sollte sich die Zugstange nicht lösen, kann das Klemmstück durch Drücken mit einem Schraubendreher entriegelt werden.
- Den Schalter Feststellbremskontrolle (S12) am Handbremshebel (1) ausclipsen.

Die Montage erfolgt sinngemäß in umgekehrter Reihenfolge.

Die Riffelung der Zugstange muss zur linken Seite (zum Klemmstück) zeigen. Ist die Zugstange falsch positioniert, ist die Funktion der Handbremse nicht gewährleistet.

Einstellen der Handbremsseile

Eine Nachstellung der Hinterradbremse ist normalerweise nicht erforderlich. Sie muss nur bei Ersatz der Handbremsseile, der Bremssättel und Bremsscheiben erfolgen. Bei montierter Bremstrommel dürfen keine manuellen Einstellungen am automatischen Nachsteller vorgenommen werden.

- Handbremse einmal betätigen und wieder lösen.
- Betriebsbremse betätigen, lösen und ca. 1 Sekunde warten.
- Handbremse bei gedrücktem Knopf anziehen und lösen. Diesen Vorgang wiederholen, bis kein »Betätigungsklicken« mehr in der Bremstrommel hörbar ist.
- Das Freidrehen der Hinterräder prüfen. Nach Abschluss der Arbeiten die Fahrzeugbremse auf dem Bremsenprüfstand überprüfen. Bremskraftunterschiede über 20% sind nicht zulässig.

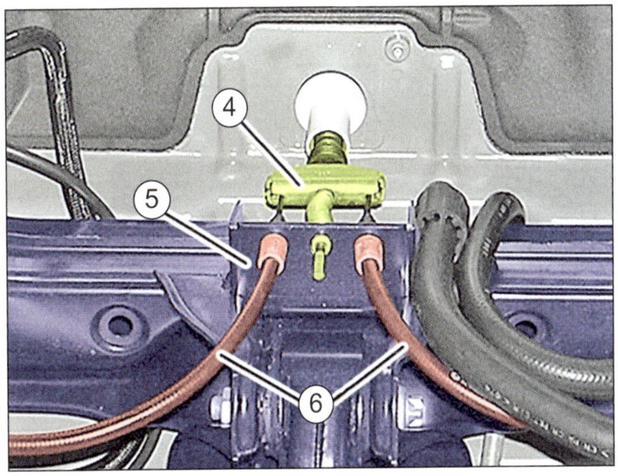

Bremsseile im Integralträger: 4 Wippe Zugstange, 5 Integralträger, 6 Handbremsseile.

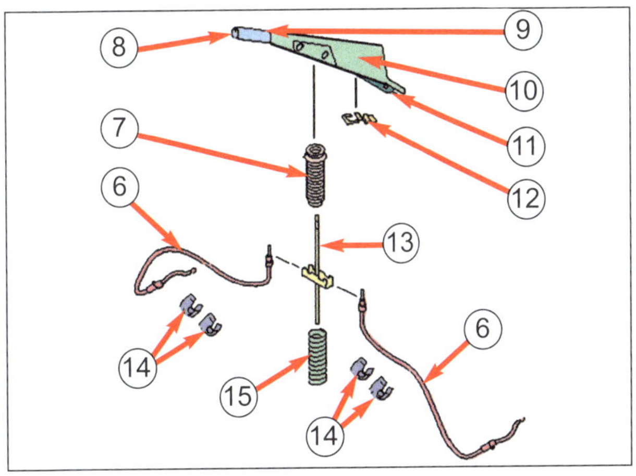

Handbremsmechanik: 6 Handbremsseil, 7 Führungsbuchse Zugstange, 8 Entriegelung, 9 Griff Feststellbremshebel, 10 Betätigung Feststellbremse, 11 Rastenbogen und Sperrklinke, 12 Halteclip Feder, 13 Bremszwischenhebel, 14 Halter Bremsseilzug.

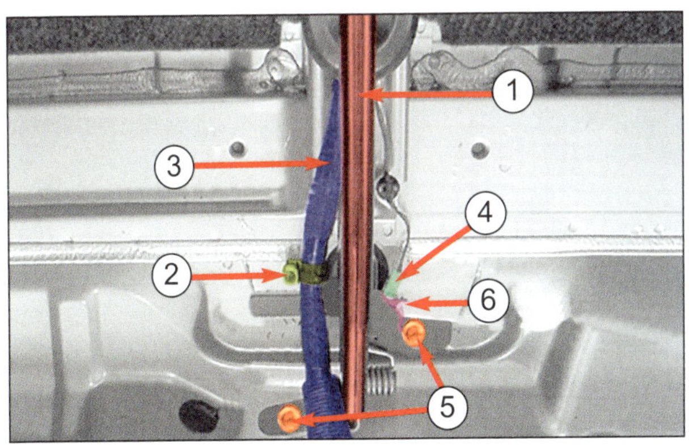

Handbremshebel: 1 Handbremshebel, 2 Halteclip, 3 Leitungssatz, 4 Elektrische Steckverbindung, 5 Schraube, 6 (S12) Schalter Feststellbremskontrolle.

Bremsflüssigkeit

Smart setzt Bremsflüssigkeit nach dem Standard »FMVSS 116 DOT 4« ein wovon auch die Weiterentwicklung »DOT 4 plus« erhältlich ist. DOT 4 entspricht der US-Sicherheitsvorschrift für einen hohen Nasssiedepunkt. Das übliche Wechselintervall beträgt zwei Jahre. Die Bremsflüssigkeit aus Glykol und Polyglykoläther ist bis minus 40 °C dünnflüssig. Ihr Siedepunkt liegt bei 230 °C. »DOT 5« mit noch höherem Siedepunkt enthält Silikon und darf nicht in DOT 4-Bremssysteme. Geeignete DOT 4-Produkte werden von ATE, Ferrodo, AP und anderen angeboten. Bremsflüssigkeit ist erst bernsteinhell, verfärbt sich aber im Laufe der Zeit durch chemische Reaktion. Dunkle Färbung ohne Verunreinigung bedeutet noch nicht mangelhafte Qualität.

Bremsflüssigkeit kontrollieren

Viele Arbeiten an der Bremsanlage, vor allem Wartungen, können Sie selbst ausführen. Auch bei einer intakten Bremsanlage kann zum Beispiel der Bremsflüssigkeits-Pegel sinken. Ursache ist der Verschleiß an den Bremsbelägen. Ein sinkender Pegel kann aber auch mit Defekten am Kupplungssystem zusammenhängen. Regelmäßige Kontrolle des Standes ist auf jeden Fall eine gute Wartungsarbeit.

- Flüssigkeitsstand von außen am Behalter (Bild 1) kontrollieren: Der Pegel muss zwischen den Markierungen »MIN« und »MAX« liegen.
- Wenn die Bremsbeläge schon sehr abgefahren sind (und bald erneuert werden müssen), ist ein Pegelstand leicht über »MIN« noch zulässig. Beim Einbau neuer Beläge werden dann nämlich die Bremskolben wieder zurückgedrückt, wodurch der Stand im Bremsflüssigkeitsbehälter wieder ansteigt.
- Sind aber die Bremsbeläge noch neuwertig und hat die vorangegangene Prüfung keine Undichtigkeit im Bremssystem ergeben, muss zur Überbrückung bis zum nächsten Wechsel der Bremsflüssigkeit etwas nachgefüllt werden.
- Nachfüllen nur die schon erwähnte Bremsflüssigkeit nach Norm DOT 4.
- Die Steckverbindung (roter Pfeil in Bild 2) trennen und den Deckel (blauer Pfeil in Bild 2) abschrauben. Deckel mit Schwimmereinsatz (Bild 3) herausnehmen, das Sieb (Pfeil in Bild 3) bleibt im Behälter. Bremsflüssigkeit nachfüllen. Der Füllstand muss stets ausreichend sein, damit keine Luft ins Bremssystem gelangen kann.

Bremsflüssigkeit wechseln

Nach statistischen Erhebungen muss seit Jahren jedes fünfte Kraftfahrzeug auf deutschen Straßen wegen Mängeln an der Bremsanlage beanstandet werden. Die Sachverständigenorganisation DEKRA verweist immer wieder darauf, dass sehr viele Fahrzeuge mit Bremsflüssigkeit unzulänglicher Qualität unterwegs sind. Bei 20 Prozent der auf Bremsflüssigkeit überprüften Fahrzeuge wird der äußerst kritische Siedepunkt von 150 °C (neuwertige Bremsflüssigkeit: 270 bis 300 °C!) unterschritten. Das kann zum Versagen der Bremsen führen, weshalb der Wechsel alle zwei Jahre dringend zu empfehlen ist. Sie benötigen dazu einen Liter frische Bremsflüssigkeit der Spezifikation FMVSS 116 DOT 4. Für einen sachgerechten Bremsflüssigkeitswechsel ist ein Bremsenentlüftungsgerät erforderlich.

Lassen Sie diese Arbeiten grundsätzlich in einer Werkstatt durchführen.

Bremsanlage

Störung	Was kann das sein?	Was kann oder muss ich tun?
A Bremsen quietschen	**1** Hochfrequente Schwingungen	Längskanten der Beläge mit einer Feile anschrägen, dazu Anti-Quietsch-Paste auf Rückseite der Beläge
	2 Verglaste Beläge nach extremer Überhitzung	Die Bremsklötze müssen ersetzt werden; dabei die Scheiben genau prüfen
	3 Beläge verschlissen, der Verschleißanzeiger liegt an	Die Bremsklötze müssen ersetzt werden, dabei die Scheiben genau prüfen
B Schwache Bremswirkung	**1** Ungünstige Materialpaarung zwischen Scheiben und Belägen	Scheiben und Beläge ersetzen und dabei zumindest Teile vom gleichen Hersteller, am besten die original verbauten Teile verwenden
... bei zu hartem Bremspedal	**2** Bremskraftverstärker ausgefallen	Unterdruckanschluss prüfen. Evtl. ein Marderbiss?
... bei zu weichem Bremspedal	**3** Bremse überhitzt	Bei langsamer Fahrt abkühlen lassen
	4 Luft im System	Mit speziellem Gerät entlüften lassen und dabei die Bremsflüssigkeit erneuern
C Übermäßiger Verschleiß	**1** Überstrapazieren der Bremse	Lieber etwas stärker und dafür weniger lang bremsen
... an einer Bremse	**2** Schwergängiger Sattel oder Belag verklemmt	Zerlegen und reinigen. Etwas stärkerer Verschleiß an der Kolbenseite ist jedoch normal
... nur vorne	**3** Ungünstige Materialpaarung	Scheiben und Beläge ersetzen und dabei Originalteile verwenden. Evtl. größere Bremsanlage verwenden
... nur hinten	**4** Luftspiel zu gering	Park- und Feststellbremse überprüfen. Sie sollte erst nach der ersten Tastung greifen
D Park- und Feststellbremse reagiert träge oder gar nicht	**1** Die Elektromechanik funktioniert nicht einwandfrei	Steuergerät für elektrische Park- und Handbremse überprüfen und ggf. austauschen. Wenn das Steuergerät in Ordnung ist: Stellmotor prüfen und ggf. austauschen
	2 Beläge hinten abgenutzt oder verglast	Bremsbeläge tauschen und dabei die Bremsscheibe genau inspizieren. Bei Riefen austauschen

STÖRUNGSBEISTAND

Bremsanlage

Störung	Was kann das sein?	Was kann oder muss ich tun?
E Bremsflüssigkeitsstand zu niedrig	**1** Starker Verschleiß an den Bremsbelägen	Alle Bremsen auf Verschleiß prüfen und ggf. ersetzen. Beim Zurücksetzen der Kolben steigt der Stand an
	2 Flüssigkeitsverlust	Undichte Stelle lokalisieren (Bremsleitungen?). Bei deutlichem Leck: Auto abschleppen lassen
F Warnleuchte geht an	**1** Bremsflüssigkeitsstand prüfen	Wenn nötig, etwas nachfüllen
G Schiefziehen beim Bremsen	**1** Reifenzustand fehlerhaft	Reifenprofil und Luftdruck überprüfen
	2 Eine Bremse ist defekt	An den Felgen die Temperatur erfühlen. Ist eine heißer als die anderen, hängt der Bremssattel; ist eine zu kalt, kommt hier kein Bremsdruck an
H Hässliche Schleifgeräusche beim Bremsen	**1** Bremsscheiben angerostet	Vor und nach längeren Standphasen die Bremsanlage freibremsen
	2 Bremsbeläge verschlissen	Prüfen, ob der Verschleißanzeiger bereits an der Bremsscheibe kratzt
	3 Fremdkörper in der Bremsanlage	Fahren Sie ein paarmal rückwärts und bremsen sie dann
I Vibrationen beim Bremsen	**1** Bremsscheiben verzogen	Scheiben genau anschauen! Blaue Verfärbung deutet auf thermische Überlastung hin, dabei können sich die Scheiben verzogen haben
	2 Bremsscheiben verschmiert	Auf den Scheiben können Spuren von Fremdmaterial verblieben sein, die für ein Rubbeln sorgen
	3 Spiel in der Radaufhängung	Querlenker und andere Bauteile prüfen
	4 Ungünstige Materialpaarung	Scheiben und Beläge ersetzen und dabei Originalteile verwenden. Falsche Fahrwerk- und Lenkungsteile können zu Bremsflattern führen

Karosserie

Bestwerte für statische und dynamische Steifigkeit der Karosserie sorgen beim Smart für Qualität, Sicherheit, gute Fahrdynamik und Schwingungskomfort sowie für ausbalancierte Akustik. Was man hieran im Bedarfsfall selbst warten und reparieren kann, zeigen wir in diesem Kapitel. Natürlich werden wir Ihnen die Besonderheiten der Karosserie Ihres Smart auch mit den erforderlichen Abmessungen und Einstellwerten vorstellen.

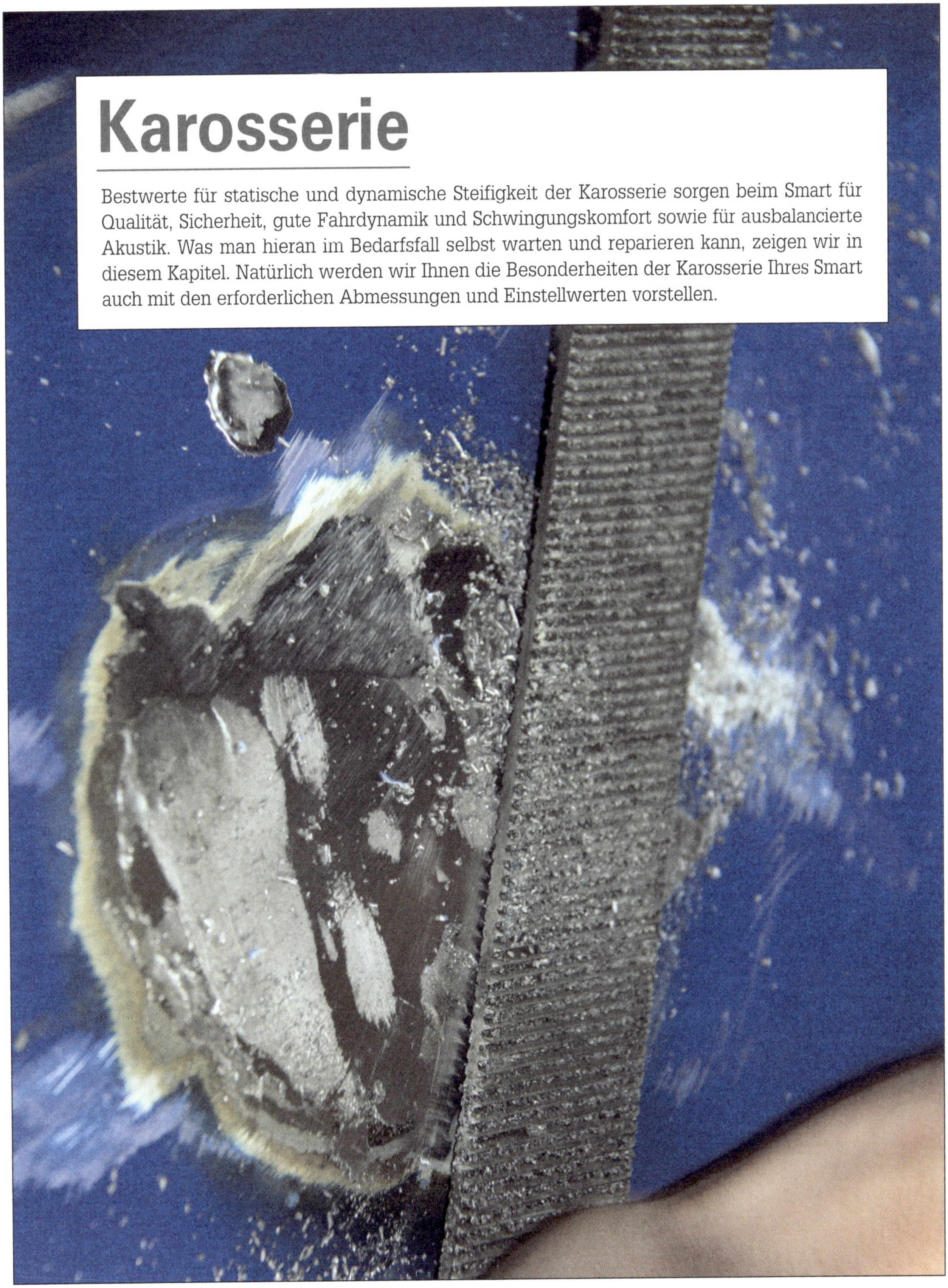

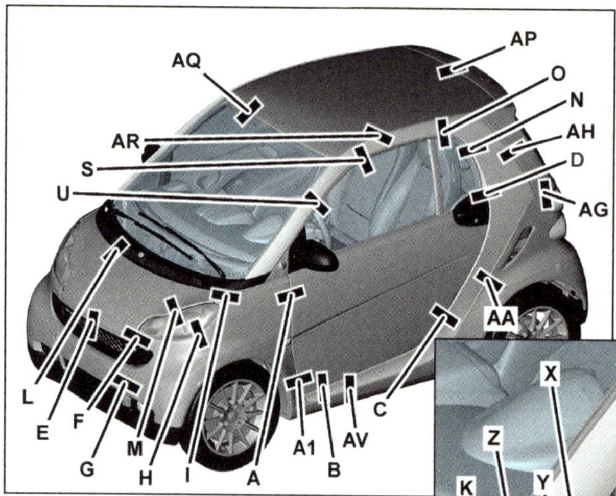

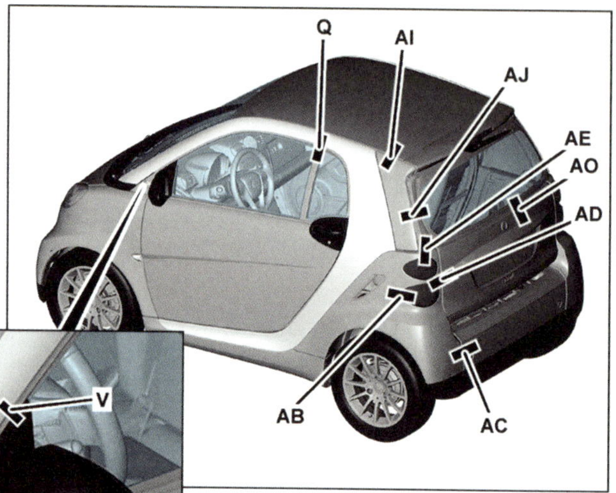

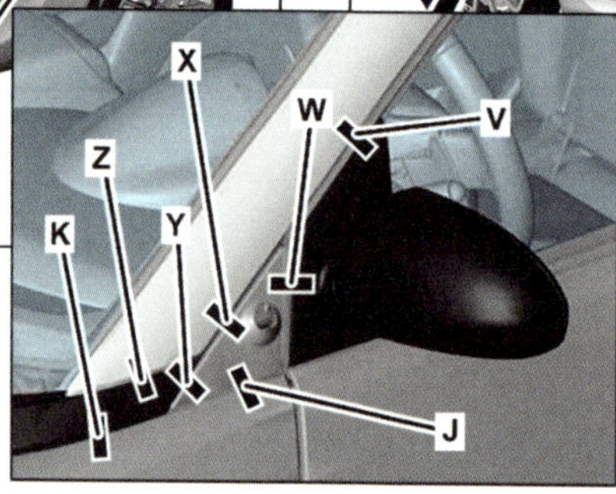

Karosseriespaltmaße am 451er-Coupé: Die Buchstaben und Zahlenkürzel weisen die Abmessungen in den Tabellen auf der nächsten Seite aus.

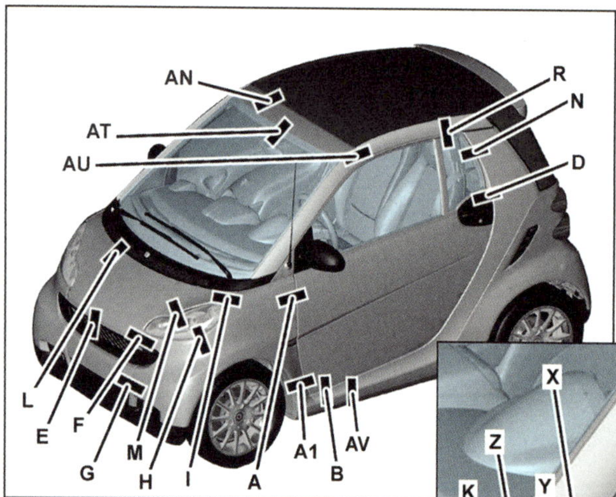

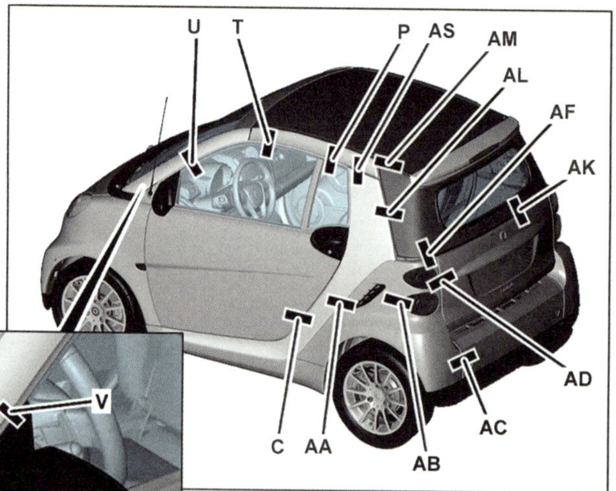

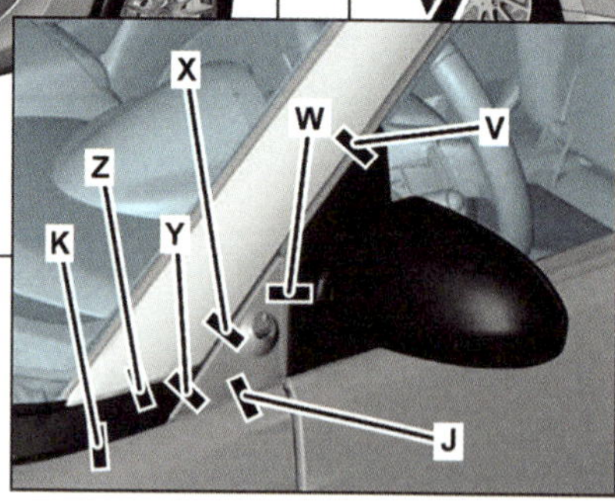

Karosseriespaltmaße am 451er-Cabriolet: Die Buchstaben und Zahlenkürzel weisen die Abmessungen in den Tabellen auf der nächsten Seite aus.

Benennung des Fugenmaßes	**Kürzel in der Skizze**	**Typ 451.3 Maß in mm**	**Typ 451.4 Maß in mm**
Vordertür zur CBS-Front oben	Maß »A«	5 (+1,5)	5 (+1,5)
Vordertür zur CBS-Front unten	Maß »A1«	4 (+1,5)	4 (+1,5)
Vordertür zum Einstieg	Maß »B«	7 (±1,5)	7 (±1,5)
Vordertür zur B-Säule	Maß »C«	7 (±1,5)	7 (±1,5)
Türgriff zu B-Säule	Maß »D«	6 (±1,5)	6 (±1,5)
CBS-Front zur Serviceklappe vorn	Maß »E«	4 (+1,5)	4 (+1,5)
CBS-Front zur Serviceklappe seitlich unten	Maß »F«	4 (+1,5)	4 (+1,5)

Benennung des Fugenmaßes	Kürzel in der Skizze	Typ 451.3 Maß in mm	Typ 451.4 Maß in mm
CBS-Frontmittelteil zu Kotflügel	Maß »G«	3 (+0,5)	3 (+0,5)
CBS-Front zur Leuchteinheit vorn	Maß »H«	2,5 (+2)	2,5 (+2)
CBS-Front zur Serviceklappe seitlich oben	Maß »I«	4 (+1,5)	4 (+1,5)
CBS-Front zur Abdeckung	Maß »J«	1,5 (±1)	1,5 (±1)
CBS-Front zu Abdeckung unter Windschutzscheibe	Maß »K«	5 (±1,5)	5 (±1,5)
Serviceklappe zu Abdeckung unter der Windschutzscheibe	Maß »L«	5 (+2)	5 (+2)
Serviceklappe zur Leuchteinheit vorn	Maß »M«	2,5 (+2)	2,5 (+2)
Feste Scheibe zu B-Säule	Maß »N«	8 (±1,5)	8 (±1,5)
Feste Scheibe zu Dachrahmen seitlich	Maß »O«	8 (±1,5)	–
Feste Scheibe zu Dachholm	Maß »P«	–	8 (±1,5)
Fensterlaufschiene hinten zu Dachrahmen seitlich	Maß »Q«	8 (±1,5)	–
Fensterlaufschiene hinten zu Dachholm	Maß »R«	–	8 (±1,5)
Seitenscheibe zu Dachrahmen seitlich	Maß »S«	8 (±1,5)	–
Seitenscheibe zu Dachholm	Maß »T«	–	8 (±1,5)
Seitenscheibe zur A-Säule	Maß »U«	8 (±1,5)	8 (±1,5)
Außenspiegel zur A-Säule	Maß »V«	3,5 (±2,5)	3,5 (±2,5)
Abdeckung zu Außenspiegel	Maß »W«	6,5 (±1)	6,5 (±1)
Abdeckung zur A-Säule	Maß »X«	3,5 (±2,5)	3,5 (±2,5)
Abdeckung zur Abdeckung unter Windschutzscheibe	Maß »Y«	8 (±1,5)	8 (±1,5)
Abdeckung unter Windschutzscheibe zu A-Säule	Maß »Z«	5 (±1)	5 (±1)
CBS-Heck zur B-Säule	Maß „AA“	1 (±1)	1 (±1)
CBS-Heck zur Schlussleuchte	Maß »AB«	1 (±1)	1 (±1)
CBS-Heckmittelteil zu Kotflügel	Maß »AC«	3 (±0,5)	3 (±0,5)
CBS-Heck zu Rückwandtür unten	Maß »AD«	5 (±2)	5 (±2)
CBS-Heck zu Rückwandtür oben	Maß »AE«	7 (±2,5)	–
CBS-Heck zu Verdeck	Maß »AF«	–	8 (±2)
Außenabdeckung zu CBS-Heck	Maß »AG«	6 (±2)	–
Außenabdeckung zu B-Säule	Maß »AH«	4 (±1,5)	–
Außenabdeckung zu Dachbeplankung	Maß »AI«	5 (±1,5)	–
Außenabdeckung zu Rückwandtür oben	Maß »AJ«	5 (±1,5)	–
Verdeck zu Rückwandtür unten	Maß »AK«	–	8 (±2)
Verdeck zu B-Säule	Maß »AL«	–	8 (±2)
Verdeck zu Dachholm	Maß »AM«	–	8 (±2)
Verdeck zu Dachbeplankung vorn	Maß »AN«	–	7 (±2)
Rückwandtür unten zu Rückwandtür oben	Maß »AO«	7 (±2,5)	–
Dachbeplankung zu Heckspoiler	Maß »AP«	6 (±2)	–
Dachbeplankung zu Windschutzscheibe	Maß »AQ«	5,5 (±3,5)	–
Dachbeplankung (Volldach) zu Dachrahmen seitlich	Maß »AR«	6 (±1,5)	–
Dachbeplankung (Panoramadach) zu Dachrahmen seitlich	Maß »AR«	5 (±1,5)	–
Dachholm zu B-Säule	Maß »AS«	–	6 (±1,5)
Dachbeplankung vorn zu Windschutzscheibe	Maß »AT«	–	5,5 (±3)
Dachholm zu A-Säule	Maß »AU«	–	6 (±1,5)
Verkleidung zum Einstieg	Maß »AV«	1 (±0,5)	1 (±0,5)

Verglasung

Die Fahrzeugverglasung ist nicht nur recht wichtig, sondern beim Cabriolet schon etwas Besonderes. Während die Frontscheibe auch in den geschlossenen Varianten verbaut ist, sind alle anderen Scheiben etwas Besonderes. Sie sind entweder im Verdeck verbaut oder der, nicht mehr vollständig vorhandene, Scheibenrahmen sowie die Abdichtung stellen besondere Anforderungen.

Frontscheibe

Die Frontscheibe im Smart ist eingeklebt. Sicherlich können Sie die Scheibe mit viel Aufwand auch selbst entfernen. Das Risiko für Lack und Kunststoff ist jedoch recht hoch. Die meisten Autoglas-Firmen wie Carglass bieten heute einen »Vor-Ort-Service« an. Die Profis können oftmals auch eine intakte Scheibe ausbauen und später auch wieder einsetzen. Die Kosten dafür erfragen Sie am besten bei einem Autoglaser in Ihrer Nähe. Wir werden Ihnen an dieser Stelle zumindest die Abstandsmaße und die Besonderheiten zur Montage der Frontscheibe vorstellen.

Profiarbeit: Zum einen durch die tägliche Erfahrung und zum andern aufgrund der besseren Werkzeuge ist diese Arbeit schnell erledigt.

Vorbereitungsarbeiten zur Frontscheibenmontage

Hier bietet sich etwas Einsparpotenzial. Wenn Sie die Demontagearbeiten selbst erledigen, können Sie vielleicht etwas am Arbeitslohn für den Autoglaser einsparen. Fragen Sie ruhig mal nach.

- Öffnen Sie die Motorhaube.
- Demontieren Sie den Rückspiegel.
- Demontieren Sie eventuell die Sonnenblenden und die A-Säulenverkleidungen. Diese Arbeiten beschreiben wir etwas später im Kapitel Innenraum.
- Bauen Sie wie schon im Kapitel »Fit durch den Winter« beschrieben die Scheibenwischerarme ab.

Ausrichten der Frontscheibe

Mit dieser Arbeit wird die Positionierung der Scheibe fixiert. Das Ausrichten beim Kleben wird so erleichtert.

- Windschutzscheibe (1) auf die Abstandhalter am Karosserieflansch auflegen, Windschutzscheibe (1) oben ausrichten und seitlich ausmitteln.
- Geeignete Streifen Klebeband (Pfeile) aufkleben und an der Oberkante der Windschutzscheibe (1) durchtrennen.
- Windschutzscheibe (1) vom Karosserieflansch abnehmen und Scheibe zum Einkleben vorbereiten (lassen).

De- und Montage Rückspiegel

- Innenspiegel (1) vorsichtig in Pfeilrichtung nach oben schieben und abnehmen.

Die Montage erfolgt sinngemäß in umgekehrter Reihenfolge.

- Achten Sie darauf, dass beim Aus- und Einfahren des Innenspiegels (1) die Dachverkleidung vorn (2) nicht zerkratzt wird, da sie sonst erneuert werden muss.

Türscheibe vorne

Die Türverglasung besteht aus einem beweglichen und einem starren Teil, die natürlich beide auch demontiert und eingestellt werden können.

Aus und Einbau (bewegliche Türscheibe)

- Die Seitenscheibe (1) um etwa 10 cm absenken.
- Die Türbeplankung ausbauen.
- Markieren Sie die Einbaulage der Seitenscheibe (1) im Bereich der Klemmbacken (2).
- Die Schrauben (3) an den Klemmbacken (2) des Fensterhebers herausschrauben.
- Seitenscheibe (1) nach oben aus dem Türschacht herausnehmen.

Der Einbau erfolgt sinngemäß in umgekehrter Reihenfolge.

- Beim Einbau einer neuen Seitenscheibe (1) müssen die Fugenmaße des Seitenfensters (1) eingestellt werden.

Türfensterscheibe einstellen (bewegliche Türscheibe)

- Tür schließen, Dichtung im oberen Bereich des Seitenfensters leicht zurückdrücken und Spaltmaß zwischen A-Säule und Seitenfensters sowie zwischen Dachrahmen und Seitenfensters messen. Der Abstand des Seitenfensters zur A-Säule und zum Dachrahmen muss über die gesamte Länge parallel verlaufen.
- Eintauchtiefe des Seitenfensters in die Dichtung messen.
- Türbeplankung ausbauen

Einstellen der Höhe und Längsrichtung:

- Tür öffnen und die Seitenscheibe ca. 10 cm absenken.
- Die Schrauben (3) lösen.
- Die Seitenscheibe entsprechend den vorher gemessenen Spaltmaßen in Höhe bzw. Längsrichtung verschieben.

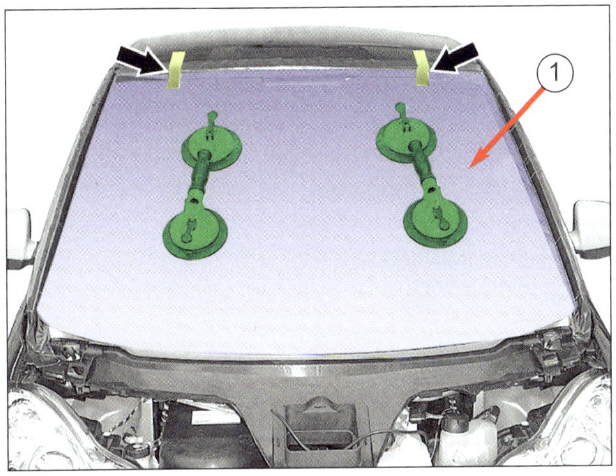

Ausrichten der Frontscheibe: 1 Frontscheibe, Pfeile Klebestreifen, um die Scheibe beim Einkleben leichter ausrichten zu können.

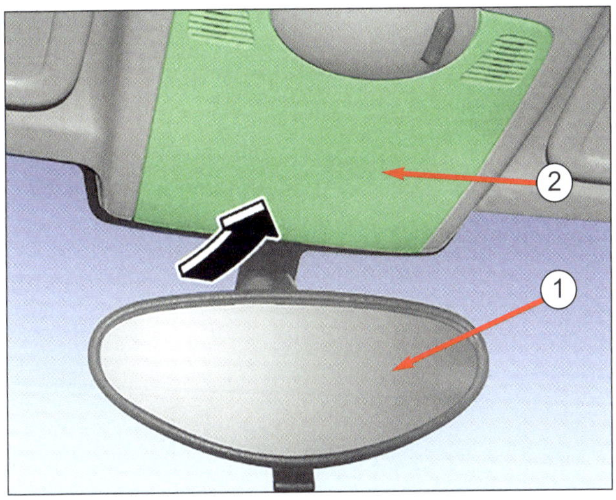

Rückspiegel in der Dachkonsole: 1 Innenspiegel (Rückspiegel), 2 Dachverkleidung der Dachkonsole.

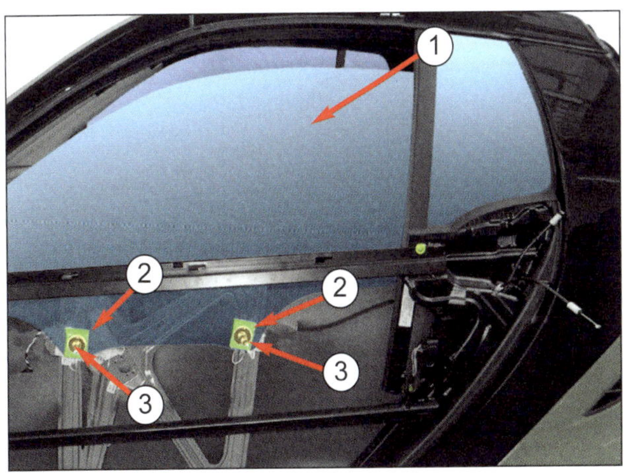

Bewegliche Seitenscheibe (Türscheibe): 1 Seitenscheibe, 2 Klemmbacken, 3 Schrauben.

- Die Schrauben (3) festschrauben.

- Tür zum Prüfen schließen, Dichtung im Bereich des Seitenfensters wieder leicht zurückdrücken und Spaltmaß zwischen A-Säule und Türscheibe sowie zwischen Dachrahmen und Seitenfensters kontrollieren. Der Abstand des Seitenfensters zur A-Säule und zum Dachrahmen muss über die gesamte Länge parallel verlaufen.

Einstellen der Eintauchtiefe:

- Die Schrauben (4) lösen

- Durch Verschieben des Fensterhebers (5) die Eintauchtiefe des Seitenfensters in die Dichtung einstellen.

- Die Schrauben (4) wieder festschrauben.

- Die Eintauchtiefe der Seitenscheibe in die Dichtung erneut zum Prüfen messen.

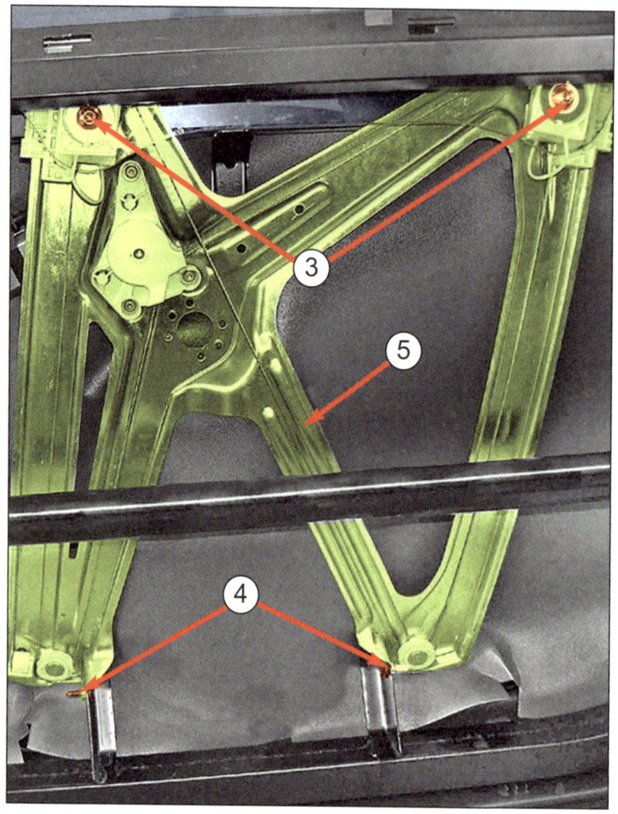

Einstellen der beweglichen Türfensterscheibe: 3 Schraube, 4 Schrauben, 5 Fensterheber.

Fensterheber Tür

Hebemechanik aus und Einbau

Die Arbeiten unterscheiden sich nicht wesentlich voneinander. Wir stellen Ihnen hier die Demontage für die elektrischen Fensterheber vor.

Türscheibe ausbauen

- Die Türinnenverkleidung ausbauen.

- Den Fensterhebermotor ausbauen.

- Die Einbaulage des Fensterhebers (3) im Bereich der Schrauben (1) markieren, wenn der Rohrrahmen nicht erneuert wird.

- Nieten (2) am Fensterheber (3) ausbohren. Im Rohrrahmen befindliche Nietreste mit geeignetem Sprühkleber fixieren.

- Schrauben (1) am Fensterheber (3) herausschrauben.
- Tür öffnen, Fensterheber (3) aus der Tür herausführen und abnehmen.

Die Montage erfolgt sinngemäß in umgekehrter Reihenfolge.

Hebermotor Aus- und Einbau

- Türscheibe schließen.

- Türbeplankung ausbauen.

- Elektrische Steckverbindung (1) am Fensterhebermotor trennen.

- Schrauben (2) am Fensterhebermotor herausschrauben.

- Fensterhebermotor abnehmen.

Die Montage erfolgt sinngemäß in umgekehrter Reihenfolge.

- Die Verzahnung am Fensterhebermotor muss im Fensterheber einrasten.

Scheibe hinten

Aus und Einbau (feste Türscheibe)

- Bewegliche Türscheibe (1) an der Vordertür ausbauen.

- Schrauben (5, 6) an der Scheibe (3) herausschrauben.

- Die feste Türscheibe (3) nach oben herausnehmen.

Die Montage erfolgt sinngemäß in umgekehrter Reihenfolge.

- Vor dem Festschrauben der Schrauben (5, 6) die Scheibe (3) ausrichten.

- Die feste Türscheibe (3) muss im Bereich (Pfeil A) der Dichtung Dachholm (2) und im Bereich (Pfeil B) der Dichtung (4) entsprechend der Spaltmasse und Eintauchtiefe eingestellt werden.

- Dichtungen an der Scheibe (3) beim Einbau nicht beschädigen, da sonst die Scheibe (3) erneuert werden muss.

Heckscheibe

Heckscheibe am Coupé

Die Heckscheibe in der oberen Heckklappe des Coupés ist eindeutig ein Fall für den Spezialisten. In den meisten Fällen dürfte es günstiger werden eine gebrauchte Klappe in einem Internetportal zu erwerben und auf das eigene Fahrzeug umzubauen. Diesen Arbeitsschritt werden wir in diesem Kapitel noch beschreiben.

Weichscheibe im Heckverdeck

Die Scheibe ist im Heckverdeck eingenäht. Der eigentliche Wechsel sollte von einem erfahrenen Sattler durchgeführt werden. Die Demontage des Heckverdecks werden wir Ihnen in diesem Kapitel unter dem Unterkapitel »Verdeck« vorstellen.

Heckscheibe im Cabriolet

Beschrieben wird der Ausbau der starren Heckscheibe entsprechend den Werksvorgaben.

- Ziehen Sie die Steckkontakte von der Heckscheibenheizung ab. Klappen Sie dazu die beiden Vordersitze nach vorne und arbeiten Sie von der Rückbank aus.

- Die linke und rechte Schraube (4) am Scharnier herausschrauben.

- Haltelasche des Wassersackes (3) aus dem Rahmen (5) der Heckscheibe (1) vorsichtig herausziehen.

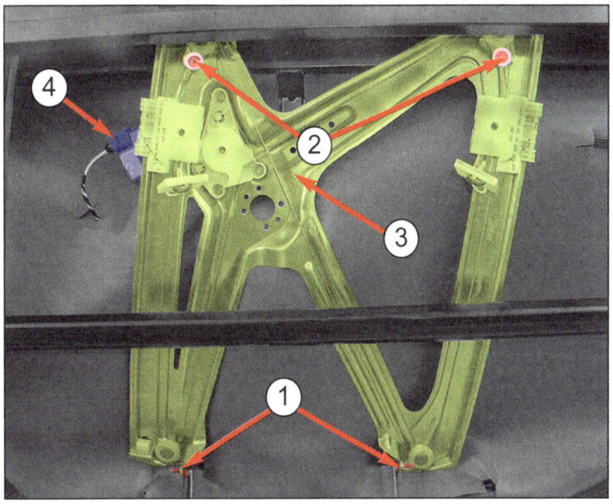

Fensterheber: 1 Schrauben, 2 Nieten, 3 Fensterheber, 4 (M10/3 oder M10/4) Elektrischer Scheibenhebermotor.

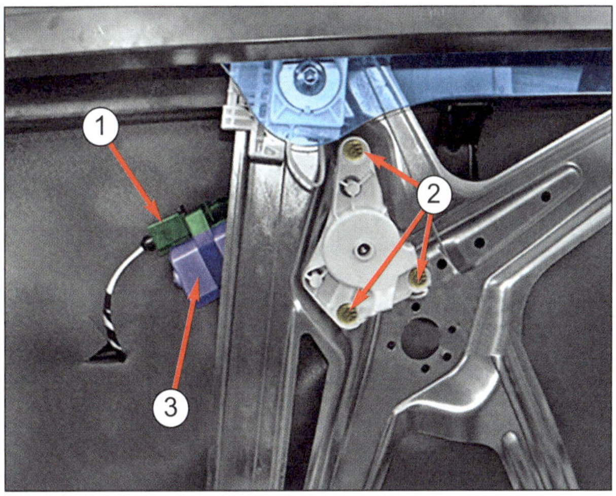

Hebermotor: 1 Steckverbindung, 2 Schrauben, 3 M10/3 (M10/4) Elektrischer Scheibenhebermotor.

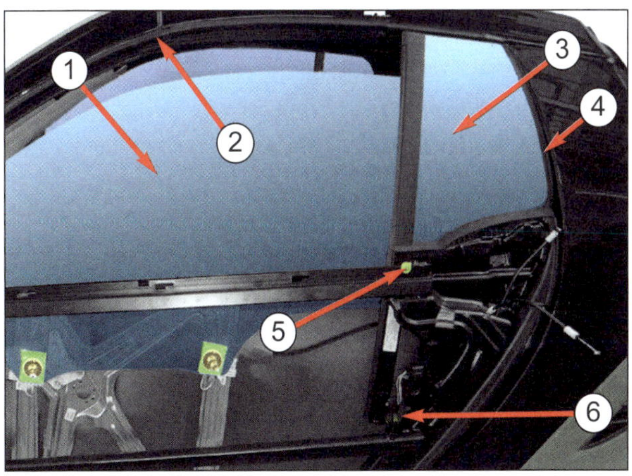

Feste Seitenscheibe: 1 bewegliche Türscheibe, 2 Dichtung Dachholm, 3 Scheibe, 4 Dichtung, 5 Schraube, 6 Schraube.

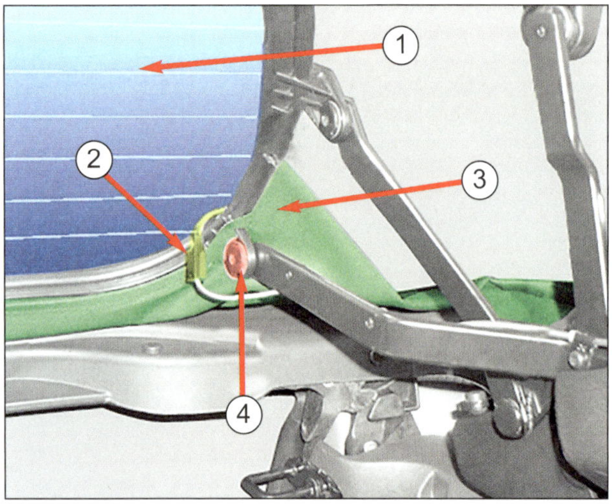

Verdeck von innen: 1 Heckscheibe, 2 Elektrische Steckverbindung, 3 Wassersack, 4 Schraube.

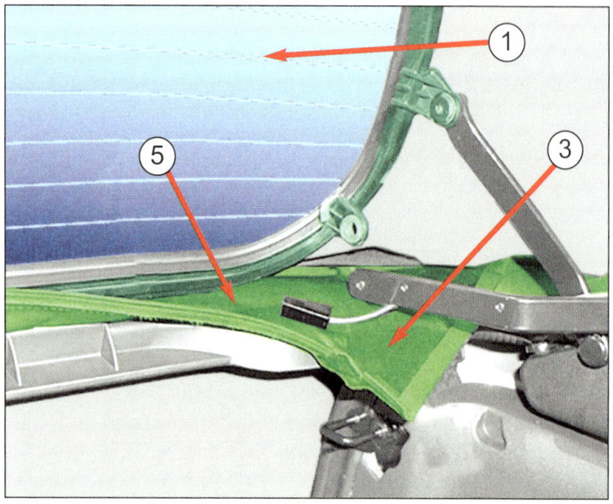

Verdeck von innen: 1 Heckscheibe, 3 Wassersack, 5 Rahmen.

- Haltelasche (6) des Heckverdecks (7) von außen vollständig aus dem Rahmen (5) der Heckscheibe (1) herausziehen und die im Rahmen (5) verbliebene Klammern (12) mit geeignetem Kunststoffkeil ausbauen.

- Spannbügel (10) hochklappen, Schrauben (9) herausschrauben und Dichtung (8) aus dem Spannbügel (10) herausziehen.

- Heckverdeck (7) von außen nach innen aus dem Spannbügel (10) aushängen und nach oben klappen.

- Im Spannbügel (10) verbliebene Klammern (11) mit geeignetem Kunststoffkeil ausbauen.

- Linke und rechte Schraube (14) herausschrauben, Heckscheibe (1) abnehmen. Dazu ist ein Helfer erforderlich.

- Die Dichtung (13) beim Erneuern der Heckscheibe (1) aus dem Rahmen (5) der Heckscheibe (1) herausziehen.

Die Montage erfolgt sinngemäß in umgekehrter Reihenfolge.

- Die Enden der Dichtung (13) müssen unten in der Mitte des Rahmens (5) aneinanderstoßen.

- Funktionsprüfung des Verdecks durchführen.

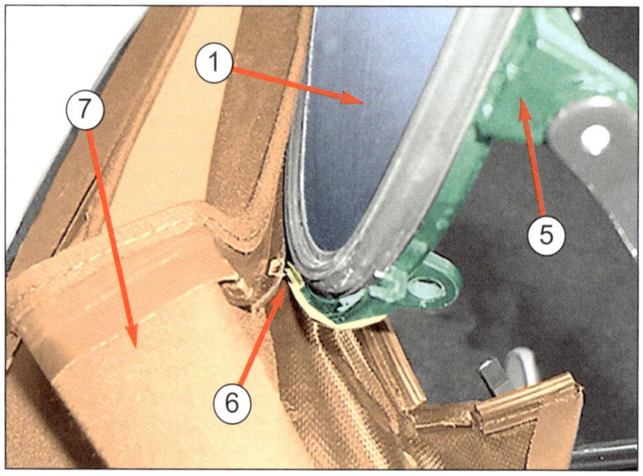

Verdeck von innen: 1 Heckscheibe, 5 Rahmen, 6 Haltelasche, 7 Heckverdeck.

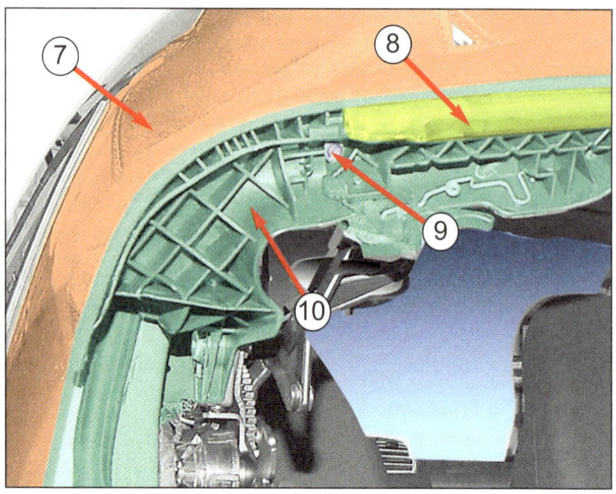

Verdeck am Spannbügel: 7 Heckverdeck, 8 Dichtung, 9 Schraube, 10 Spannbügel.

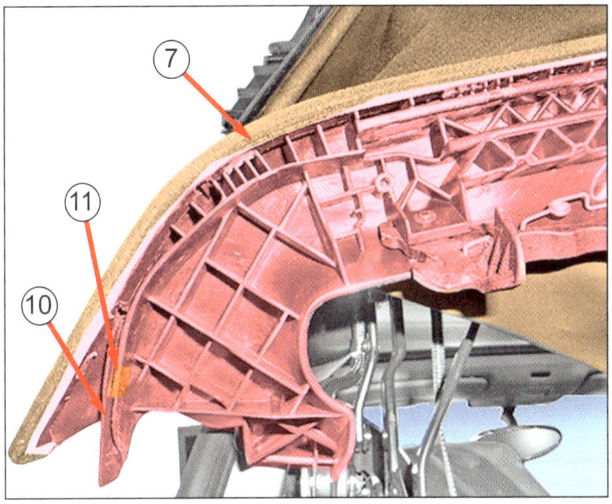

Verdeck am Spannbügel: 7 Heckverdeck, 10 Spannbügel, 11 Klammer

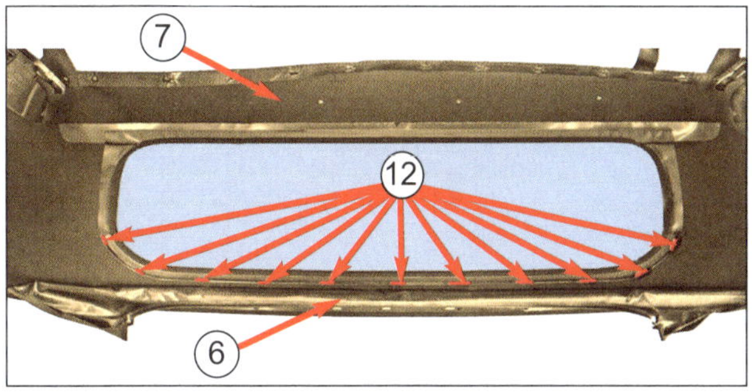

Heckverdeck: 6 Haltelasche, 7 Heckverdeck, 12 Klammer.

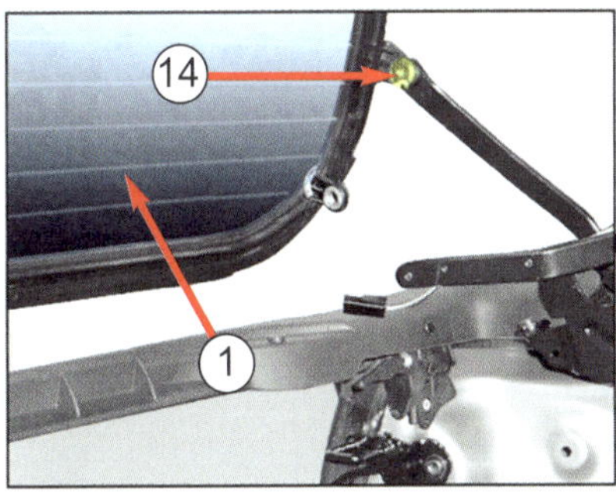

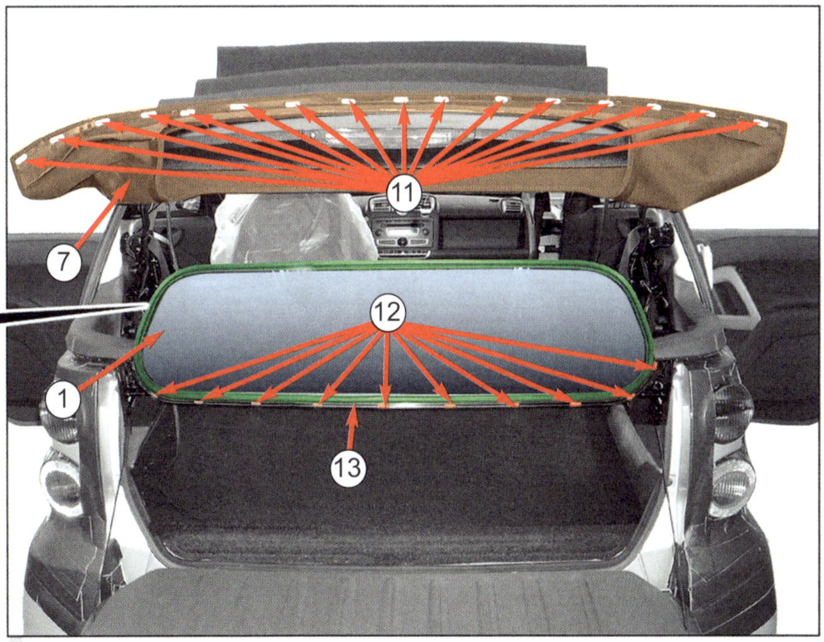

Heckverdeck hochgeklappt: 1 Heckscheibe, 7 Heckverdeck, 11 Klammer, 12 Klammer, 13 Dichtung,14 Schraube.

Dachhaut beim Coupé

Welche »Dachbeplankung« auf Ihrem Smart auch immer verbaut ist, die Vorgehensweise zur Demontage unterscheidet sich nicht wesentlich.

Dachbeplankung demontieren

- Hohlnadel an der Dachoberkante durch die Klebenaht drücken (Pfeil B) und Schneidedraht von außen nach innen durch die Hohlnadel führen. Die empfohlene Länge des Schneidedrahtes beträgt 85 cm.
- Dachbeplankung mit Schneidedraht herausschneiden.
- Soll die Dachbeplankung (beim Glasdach) wieder eingebaut werden, dürfen die Angüsse (Pfeile A) und der Versiegelungslack der Dachbeplankung nicht beschädigt werden, da bei Beschädigung die Dachbeplankung erneuert werden muss.
- Dachbeplankung abnehmen.

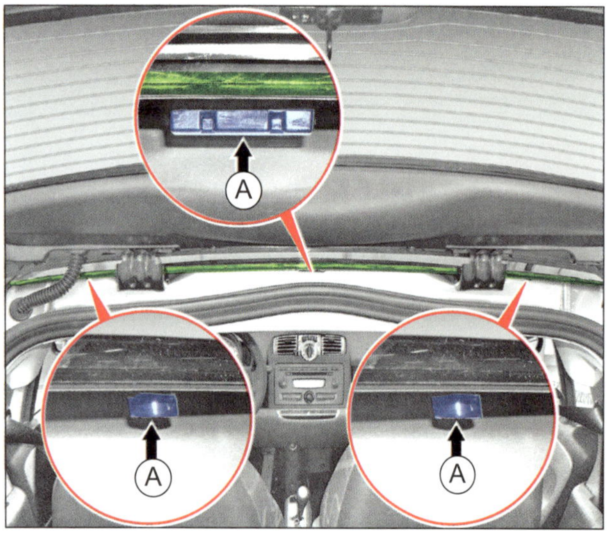

Wichtig, wenn wieder eingebaut werden muss: Die Angüsse (A) müssen erhalten bleiben.

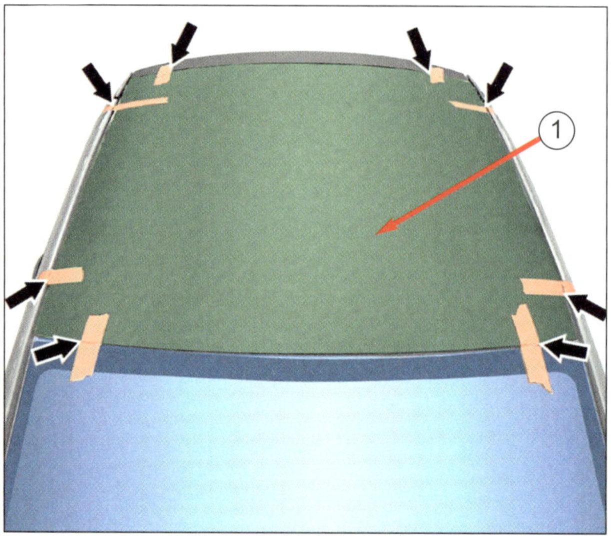

Vor dem Kleben positionieren: 1 Dachbeplankung, Pfeile Klebeband zum Ausmitteln an der Karosserie.

Dachbeplankung montieren

Für die Montage muss die »Dachbeplankung« dann wieder mit Scheibenkleber verklebt werden. Also eigentlich wieder eine Aufgabe für den Autoglaser. Der Umbau auf ein Panoramadach ist also durchaus möglich. Es sind sogar gebrauchte Dächer in vielen Variationen auf dem Markt.

- Dachbeplankung (1) mit einem Helfer über der Karosserieöffnung ausmitteln und deckungsgleich an den Klebebandstreifen (Pfeile) ansetzen.
- Dachbeplankung (1) auf den Karosserieflansch aufsetzen.
- Dachbeplankung (1) mit Klebeschablone (2) und Sandsäcken gleichmäßig beschweren, bis das Klebematerial ausgehärtet ist.
  Das Gesamtgewicht der Sandsäcke muss ca. 40 kg betragen und muss gleichmäßig auf der Klebeschablone (2) verteilt sein, um Haftstörungen des Klebematerials und das Verrutschen der Klebeschablone (2) zu vermeiden.

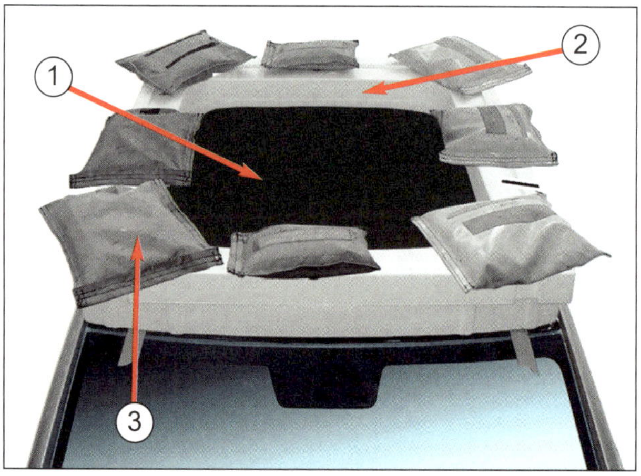

Belastung beim Kleben: 1 Dachbeplankung, 2 Klebeschablone, 3 Sandsäcke (gleichmäßig verteilen).

Sandsäcke erst auf die Mitte, dann hinten und danach vorn aufsetzen. Klebeschablone (2) ist in der Neuteilverpackung enthalten. Die Betriebsfestigkeit ist, gemessen vom Einsetzen der Dachbeplankung, nach ca. 2 Stunden erreicht. Die Unfall-Sollfestigkeit ist erst nach ca. 8 Stunden erreicht.

Verdeck

Wir werden Ihnen nun in diesem Unterkapitel einige Arbeiten rund um das Verdeck und die Betätigung vorstellen. Zwar sind diese Arbeiten für einen erfahrenen Mechaniker nicht besonders anspruchsvoll, wenn Sie sich jedoch nicht sicher sind, sollten Sie diese Arbeiten mit Hilfe eines Sattlers oder eben eines Mechanikers durchführen, der Erfahrungen mit den Arbeiten rund um das Verdeck hat.

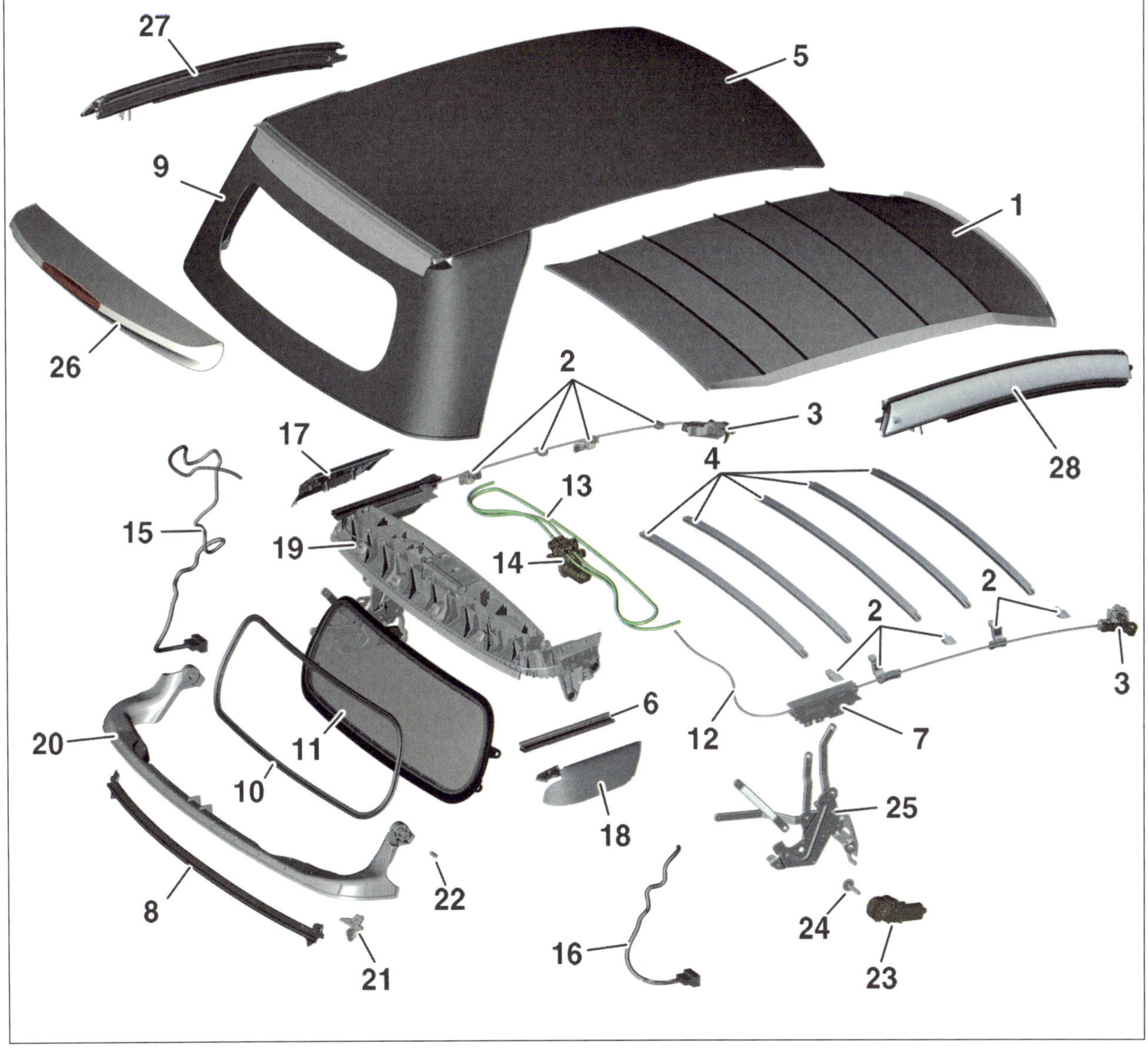

Verdeck in Teilen: 1 Innenhimmel, 2 Gleiter, 3 Gleiterplatte, 4 Spriegel, 5 Faltverdeck, 6 Dichtung, 7 Verschluss, 8 Dichtung Spannbügel, 9 Heckverdeck, 10 Dichtung Heckscheibe, 11 Heckscheibe (Glas), 12 Antriebskabel, 13 Führung Antriebskabel, 14 Motor Faltverdeck, 15 elektrischer Leitungssatz links, 16 elektrischer Leitungssatz rechts, 17 Verkleidung Dachkassette links, 18 Verkleidung Dachkassette rechts, 19 Dachkassette, 20 Spannbügel, 21 Verschlussbügel, 22 Rastbolzen, 23 Motor Heckverdeck links/rechts, 24 Ritzel, 25 Hauptlager, 26 Spoiler mit dritter Bremsleuchte, 27 Seitenholm, 28 Seitenholm rechts.

Faltverdeck ausbauen

Als Faltverdeck wird der vordere Verdeckteil bezeichnet. Dieser Verdeckteil ist getrennt vom Heckverdeck und kann einzeln demontiert und auch gewechselt werden.

Demontage des Faltverdecks

- Heckspoiler auf der Dachkassette ausbauen.
- Den Verdeckhimmel innen ausbauen.
- Den Himmel von der Dachkassette abbauen.
- Die Abdichtung (2) vom Heckverdeck (4) abziehen und nach vorn klappen.
- Die Schrauben (6) herausschrauben und Faltdach (1) nach vorn klappen.
- Abdeckung (17) abnehmen.
- Länge des linken und rechten Spannbandes (10) an der Dachkassette markieren.
- Schrauben (9) herausschrauben.
- Klemmplatten (8) abnehmen.
- Klemmstücke (16) abnehmen.
- Spannbänder (10) aus der Dachkassette herausziehen.
- Linken und rechten Seitenholm (7) ausbauen.
- Linke und rechte Seitenholmerkennung (Pfeil) betätigen, gleichzeitig Schalter Verdeckbetätigung in Schließrichtung betätigen und Faltdach (1) ausfahren, bis die Gleitplatten (11) freiliegen. Hierzu ist ein Helfer erforderlich.

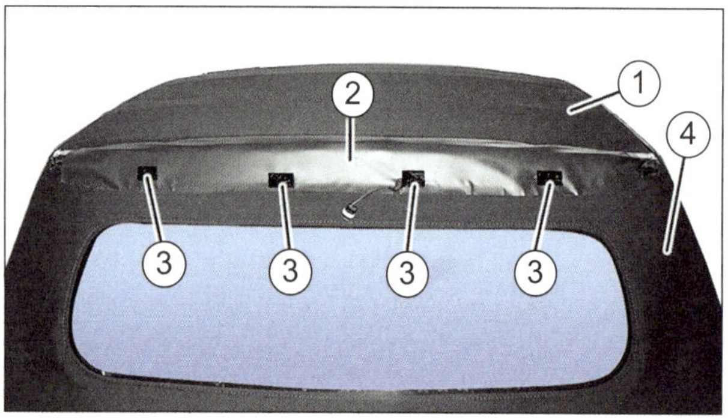

Verdeck am Dachspoiler: 1 Faltdach, 2 Abdichtung, 3 Abdichtband, 4 Heckverdeck.

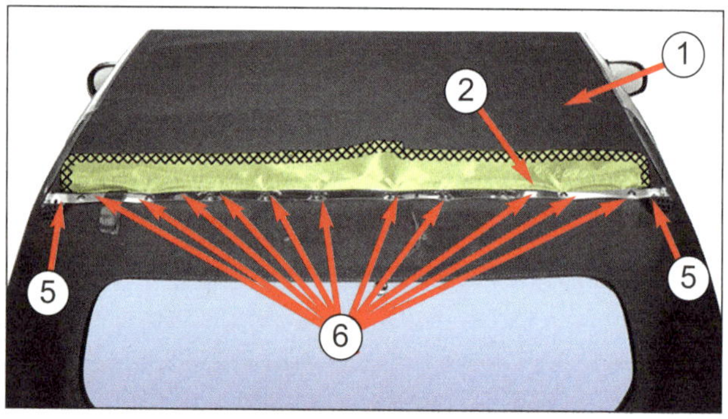

Verdeck am Dachspoiler: 1 Faltdach, 2 Abdichtung, 5 Halteplatte Spannseil, 6 Schraube.

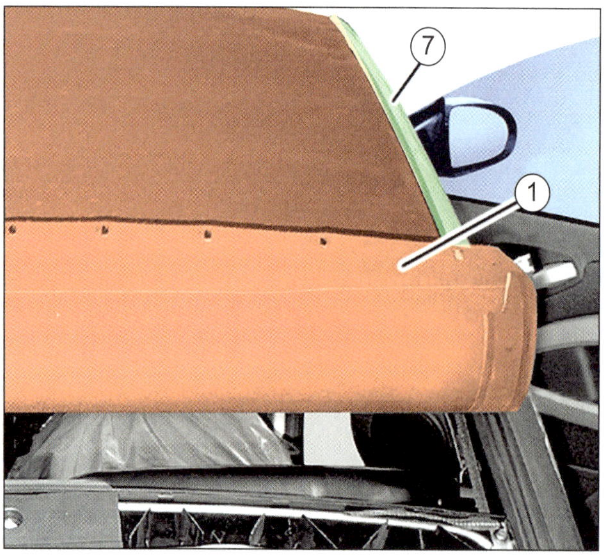

Faltverdeck hinten: 1 Faltdach, 7 Seitenholm.

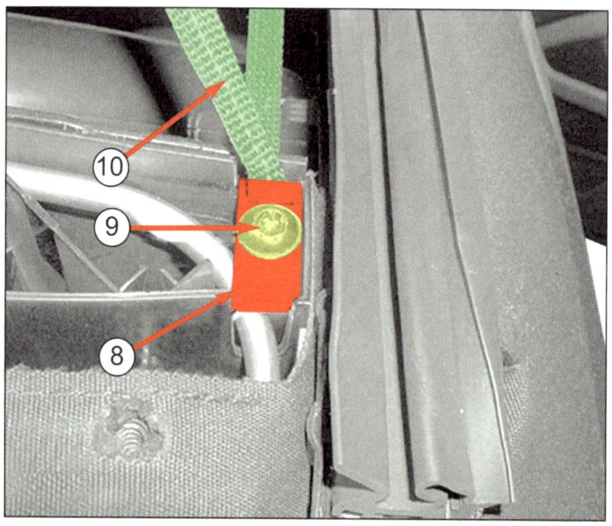

Faltverdeck hinten: 8 Klemmplatte, 9 Schraube, 10 Spannband.

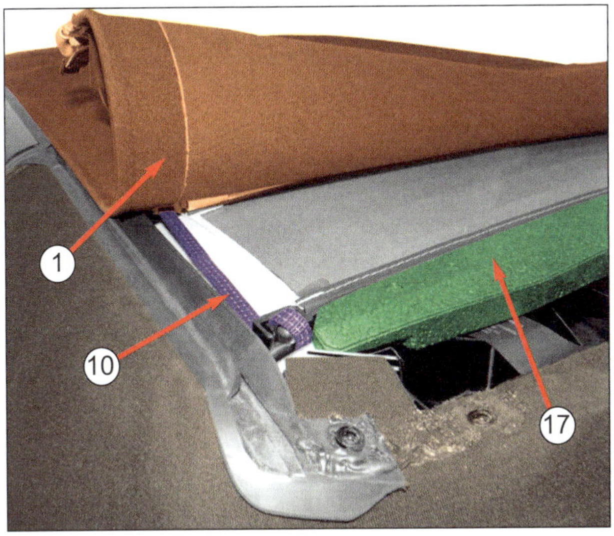

Faltverdeck hinten: 1 Faltdach, 10 Spannband, 17 Abdeckung (nur beim neueren Typ) .

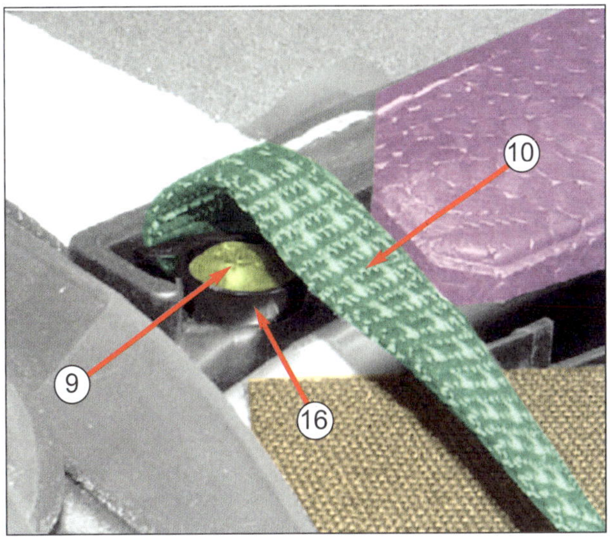

Verdeckkassette hinten: 9 Schraube, 10 Spannband, 16 Klemmstück (nur beim neueren Typ).

- Linkes und rechtes Antriebskabel (12) aus den Gleitplatten (11) aushängen.
- Faltdach (1) mit den Gleitern aus beiden Führungen (13) herausziehen und mit einem Helfer abnehmen.

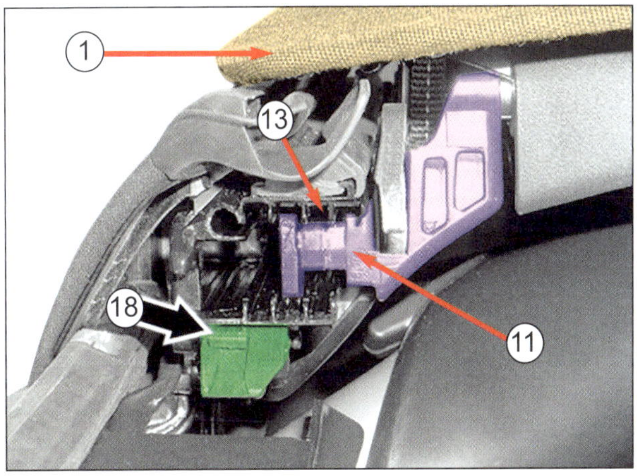

Faltverdeck Mitte: 1 Faltdach, 11 Gleitplatte, 13 Führung, 18 (Pfeil) Holmerkennung.

Montage des Faltverdecks

- Diagnosesystem anschließen und Codierung des Schalters für die Verdeckbetätigung aufheben und das Verdeck entnormieren.
- Abstand (A) der Antriebskabel (12) zu den Führungen (13) messen und vergleichen. Weichen die Abstände (A) um mehr als 1 mm voneinander ab, den Gleichlauf der Antriebskabel (12) einstellen.
- Faltdach (1) zusammen mit einem Helfer mit den Gleitern in die mittlere Bahn der Führungen (13) einschieben.
- Faltdach (1) mit den Gleitern in die innere Bahn der Führungen (13) einschieben.
- Antriebskabel (12) in die Gleitplatten (11) einhängen.
- Gleitplatten (11) wie dargestellt ausrichten und durch Betätigen des Schalters Verdeckbetätigung vorsichtig in die äußere und mittlere Bahn der Führungen (13) einziehen.

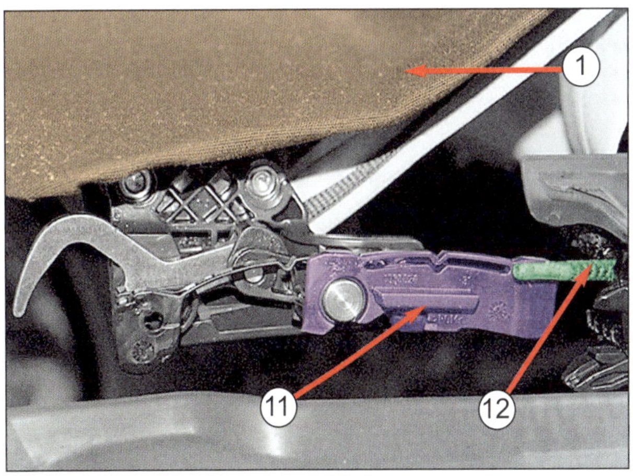

Faltverdeck Mitte: 1 Faltdach, 11 Gleitplatte, 12 Antriebskabel.

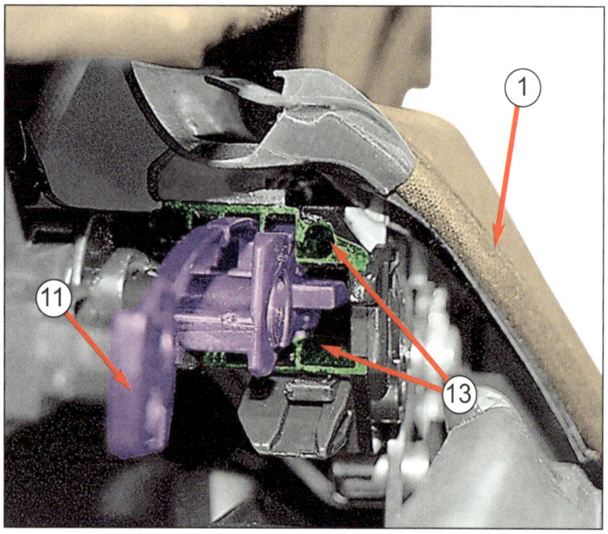

Faltverdeck Mitte: 1 Faltdach, 11 Gleitplatte, 13 Führung.

- Spannbänder (10) in die Dachkassette einziehen Die Spannbänder (10) dürfen nicht verdreht sein.
- Spannbänder (10) durch Klemmplatten (8) führen, entsprechend der Markierungen spannen und Schrauben (9) festschrauben.
- Seitenholme (7) einbauen und Faltdach (1) schließen.
- Faltdach (1) zurückklappen und Spannung der Spannbänder (10) prüfen. Die seitlichen Kanten des Faltdachs (1) müssen der Kontur der Seitenholme (7) entsprechen. Bei Beanstandungen entsprechende Schraube (9) lösen und Spannband (10) nachspannen.
- Faltdach (1) ca. 10 cm öffnen. Halteplatten Spannseil (5) ausrichten und die Schrauben (6) festschrauben. Es dürfen sich keine Falten im Bezug Faltdachs (1) bilden. Sollten sich Falten im Bezug des Faltdachs (1) bilden, Faltdach (1) spannen.
- Lose Teile des alten Klebebands im karierten Bereich der Abdichtung (2) entfernen und durch neues doppelseitiges Klebeband ersetzen. Gut haftende Klebebandabschnitte müssen nicht entfernt werden. Doppelseitiges Klebeband mit 19 oder 25 mm Breite verwenden. Empfehlung: Teroson Doppelseitiges Klebeband zum Verkleben von Zierleisten und Emblem (UV- und witterungsbeständig, schwarz) (Breite 12 mm) Bestell Nr.: 107.64 A (Breite 19 mm) Bestell Nr.: 107.96 K (Breite 25 mm) Bestell Nr.: 117.05 Y.
- Schutzfolie des doppelseitigen Klebebandes abziehen und Abdichtung (2) faltenfrei am Heckverdeck (4) ankleben.
- Himmel einbauen.
- Himmel an Dachkassette anbauen.
- Heckspoiler Dachkassette einbauen.
- Schalter Verdeckbetätigung codieren, Fehlerspeicher auslesen und Diagnosesystem abschließen.
- Verdeck normieren, Fehlerspeicher auslesen und Diagnosesystem abschließen.
- Motor starten und im Leerlauf laufen lassen.
- Verdecklager A-Säule einstellen. Wurde das Faltdach (1) erneuert, benötigt es ca. 72 Stunden, um sich vollständig zu entspannen. Durch Anfeuchten kann dieser Vorgang beschleunigt werden. Ein Längenversatz zwischen Seitenholm und Dachkassette, die Eintauchtiefe Haltebügel Verdeck im Seitenholmlager vorn, die Eintauchtiefe des Verdecks zur Dachspitzendichtung müssen kontrolliert werden. Ist die Einfahrposition des Faltdachs (1) im Verdecklager A-Säule bzw. die Eintauchtiefe des Faltdachs (1) zur Dachspitzendichtung nicht korrekt, muss das Verdeck eingestellt werden.
- Motor abstellen.

Spoiler am Verdeck

Ausbau des Dachspoilers:

- Die Bremsleuchte Mitte ausbauen.
- Schrauben (2) herausschrauben und Dachspoiler (1) abnehmen. Hierzu ist ein Helfer erforderlich.
- Die alte Dichtmasse an Dachspoiler (1) und Abdichtung (4) entfernen.
- Abdichtung (4) auf faltenfreie und vollständige Verklebung prüfen. Liegt die Abdichtung (4) nicht mehr vollständig bzw. faltig a, Abdichtung (4) neu verkleben.

Montage des Dachspoilers:

- Dichtungen (3) durch jeweils ca. 30 mm langes Abdichtband ersetzen.

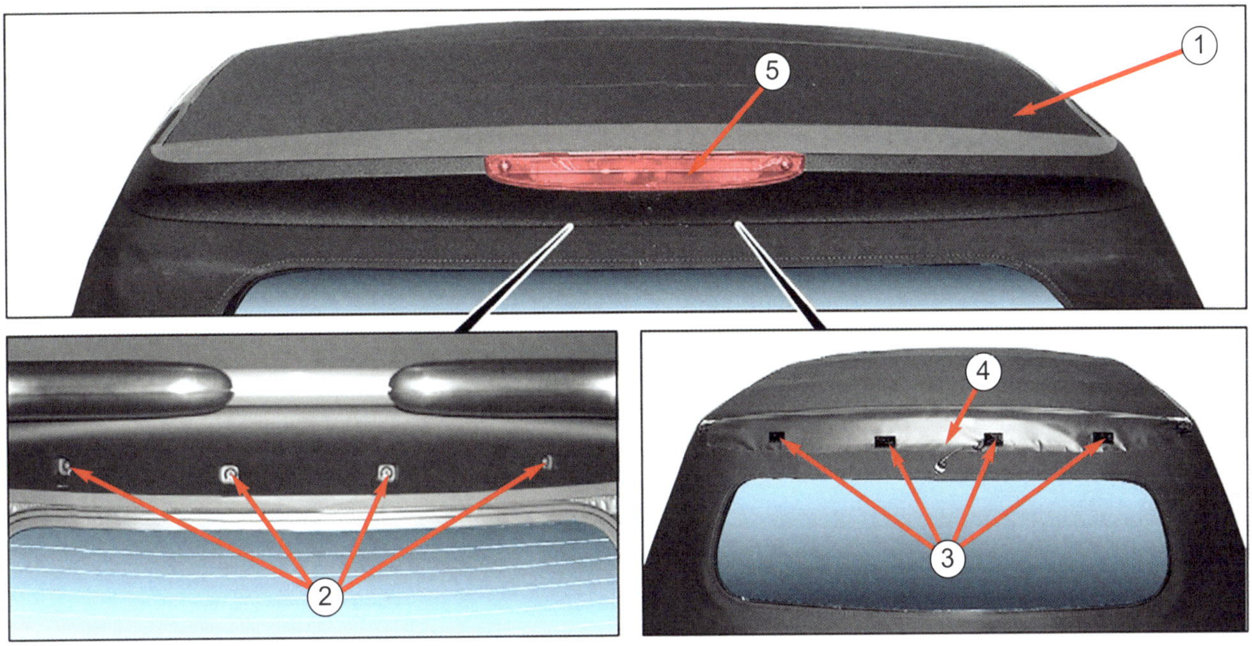

Dachspoilerbefestigung: 1 Dachspoiler, 2 Schraube, 3 Dichtung, 4 Abdichtung, 5 (E21) Bremsleuchte Mitte.

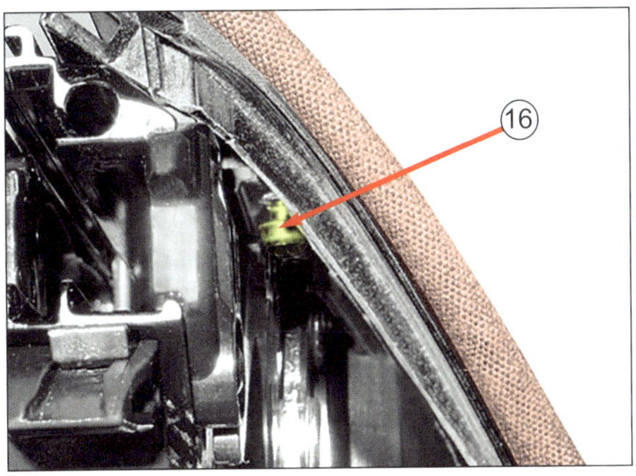

Vorderkante der Verdeckkassette (links): 16 Schraube.

- Dachspoiler (1) ansetzen und Schrauben (2) festschrauben. Hierzu ist wiederum ein Helfer erforderlich. Die Schrauben (2) abwechselnd und gleichmäßig festschrauben.
- Bremsleuchte Mitte (E21) einbauen.

Heckverdeck aus- und einbauen

Als Heckverdeck wird der hintere Verdeckteil bezeichnet. Dieser Verdeckteil ist getrennt vom Faltverdeck und kann einzeln demontiert und auch gewechselt werden. Bei älteren Varianten ist hier noch die Scheibe eingenäht. Der Ausbau wird also auch zum Wechsel der Scheibe erforderlich. Das Heckverdeck wird dann zum Sattler gebracht oder als besonderer Service auch eingeschickt. Der Scheibenwechsel erfolgt dann zu Festpreis.

- Die Dichtungen der Dachkassette ausbauen.
- Linke und rechte Schraube (3) herausschrauben.
- Linke und rechte Schrauben (2, 16) herausschrauben.
- Heckverdeck (1) links und rechts an der Dachkassette aushängen, nach hinten klappen und elektrische Leitung durchführen.
- Linke und rechte Schraube (4) herausschrauben.
- Elektrische Steckverbindungen zur Heckscheibenheizung (5) trennen.
- Haltelasche des Wassersackes (6) aus dem Rahmen (7) der Heckscheibe (13) herausziehen.
- Haltelasche (15) des Heckverdecks (1) aus dem Rahmen (7) der Heckscheibe (13) herausziehen.
- Spannbügel (10) hochklappen, Schrauben (8) herausschrauben und Dichtung (9) aus dem Spannbügel (10) herausziehen.

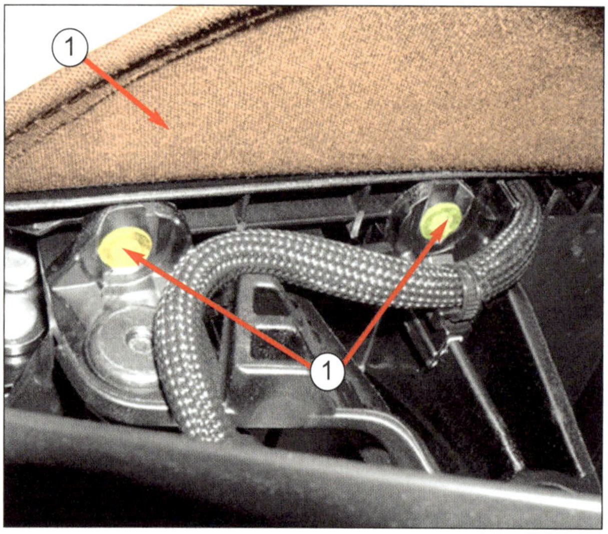

Heckverdeck in der Mitte der Kassette: 1 Heckverdeck, 2 Schraube.

- Heckverdeck (1) von außen nach innen aus dem Spannbügel (10) aushängen und abnehmen.
- Im Spannbügel (10) verbliebene Klammern mit geeignetem Werkzeug ausbauen.
- Heckscheibe (13) und Spannbügel (10) abklappen.
- Im Rahmen (7) der Heckscheibe (13) verbliebene Klammern mit geeignetem Werkzeug ausbauen.

Die Montage erfolgt sinngemäß in umgekehrter Reihenfolge.

- Heckverdeck (1) schließen und auf Funktion und Faltenbildung prüfen. Bei Beanstandungen und Faltenbildung, Verdeck einstellen.

Himmel aus- und einbauen

Die innere Verdeckbespannung wird als Himmel bezeichnet. Auch diese Bespannung kann einzeln entnommen werden.

Himmel ausbauen:

- Zuerst das Verdeck so weit öffnen, dass die Halteleisten (2, 3, 5) des Himmels (1) an der Dachkante und an der Dachkassette spannungsfrei ausgebaut werden können.

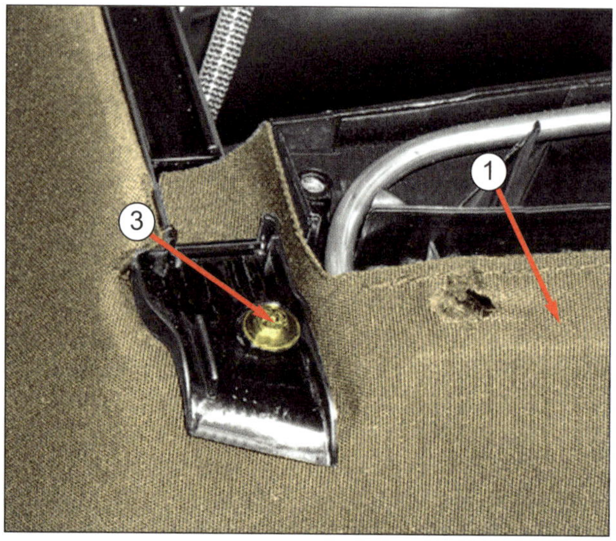

Heckverdeck Kassette hinten: 1 Heckverdeck, 3 Schraube.

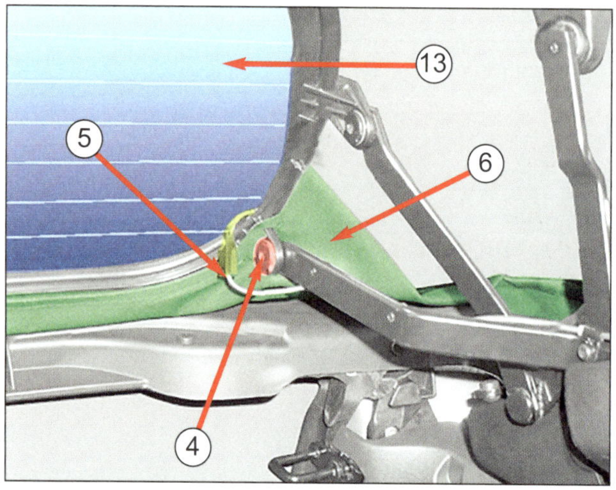

Heckscheibe (starr): 4 Schraube, 5 Elektrische Steckverbindung, 6 Wassersack, 13 Heckscheibe.

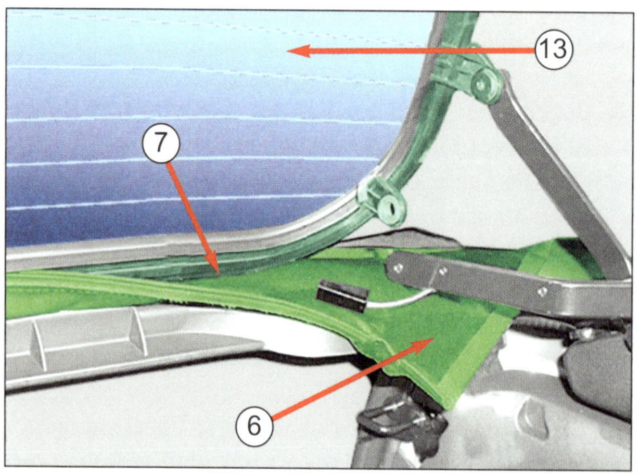

Heckscheibe (starr): 6 Wassersack, 7 Rahmen, 13 Heckscheibe.

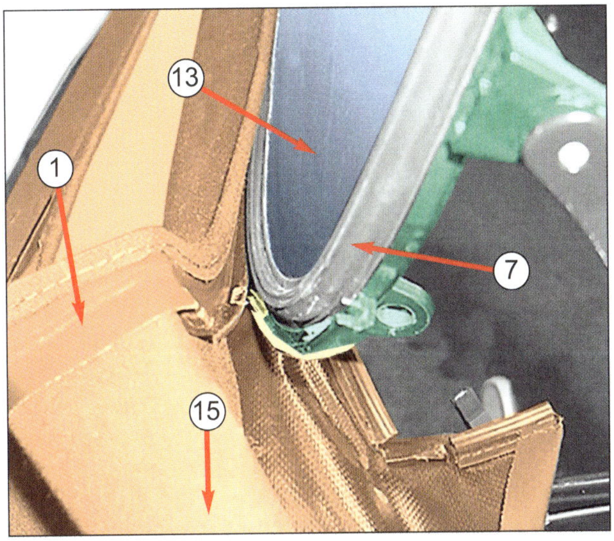

Heckscheibe (starr): 1 Heckverdeck, 7 Rahmen, 13 Heckscheibe, 15 Haltelasche.

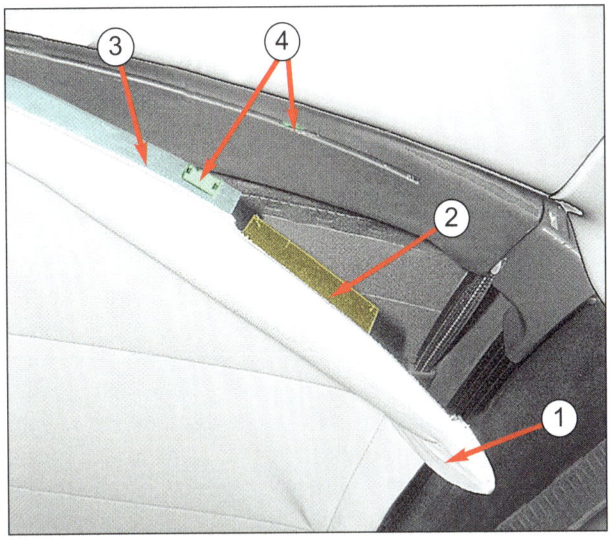

Himmel vorne von innen: 1 Himmel, 2 Halteleiste, 3 Halteleiste, 4 Halteklammer.

- Die beiden Halteleisten (2) links und rechts an der Dachkante lösen und aus dem Spalt der Dachkante herausziehen.
- Die Halteleiste (3) an der Dachkante vorn links und rechts lösen.
- Die Halteleiste (3) von den Außenseiten zur Mitte aus dem Spalt der Dachkante herausziehen.
- Die Halteleiste (5) an der Dachkassette links und rechts lösen.
- Die Halteleiste (5) von den Außenseiten zur Mitte aus dem Spalt der Dachkassette herausziehen.
- Das Verdeck schließen.
- Die beiden Befestigungsleisten (6) links und rechts lösen, anschließend Himmel (1) von der Außenseite zur Mitte aus dem Spalt der Verdeckspriegel (7) herausziehen.
- Verbliebene Halteklammern (4) aus dem Spalt an der Dachkante und dem Spalt der Dachkassette ausbauen.

Himmel einbauen:

- Halteklammern (4) etwas versetzt zur vorausgegangenen Position an die Halteleisten (2, 3, 5) anbringen.

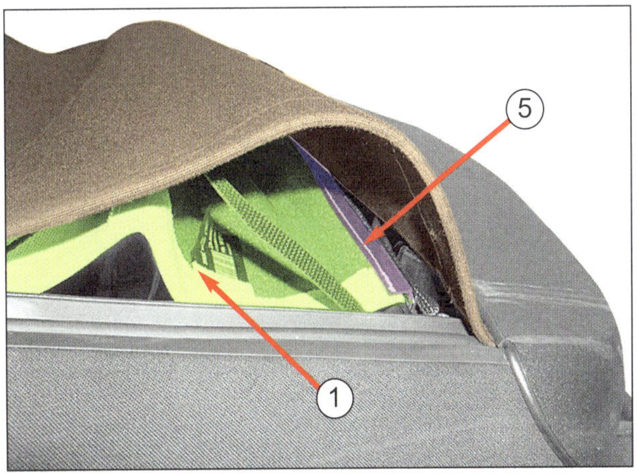

Himmel hinten von außen: 1 Himmel, 5 Halteleiste.

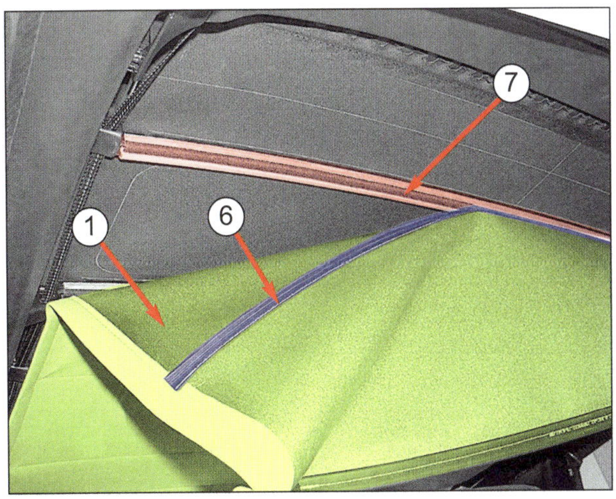

Montage am Spriegel: 1 Himmel, 6 Befestigungsleiste, 7 Verdeckspriegel.

- Verdeck so weit öffnen, dass die Halteleiste (5) des Himmels (1) an der Dachkassette eingebaut werden kann.

- Halteleiste (5) des Himmels (1) mittig in den Spalt der Dachkassette einsetzen und mit gleichmäßigem Druck von der Mitte ausgehend nach links und rechts eindrücken.

- Verdeck schließen.

- Befestigungsleisten (6), von hinten beginnend, mittig an den Verdeckspriegeln (7) ansetzen und mit gleichmäßigem Druck von der Mitte ausgehend nach links und rechts eindrücken. Hier ist ein Helfer erforderlich um das Verdeck von außen gegenzuhalten. Vermeiden Sie Faltenbildung.

- Halteleiste (3) mittig in den Spalt der Dachkante einsetzen und mit gleichmäßigem Druck von der Mitte ausgehend nach links und rechts eindrücken.

- Halteleisten (2) in den Spalt der Dachkante einsetzen und mit gleichmäßigem Druck eindrücken.

Abschließende Prüfungen:

- Himmel (1) auf Faltenbildung prüfen.

- Verdeck öffnen und Himmel (1) auf Verspannungen prüfen.

- Verdeck schließen und Verdeckdichtung auf Schleifstellen des Himmels (1) prüfen.

- Bei Beanstandung die Befestigungsleisten (6) entsprechend ausmitteln.

Customized-Bodypanel-System (CBS)

Konzeptbau

Auch die Karosserie ist ein Konzept, das eigene Wege geht. Wie manche Lösung und Konzeptidee beim Smart. Im Folgenden werden wir uns der Demontage der Bauteile widmen.

CBS Konzept im 451:
In der Baureihe 451 wird, wie schon im Smart 450, das nun schon bewährte CBS-System (Customized-Bodypanel-System) umgesetzt.
Das Konzept setzt sich aus den einzelnen Karosserieaußenhautteilen, den so genannten »Panelen« zusammen. Sie sind als Außenbauteile rund um das Fahrzeug verbaut und bilden so den größten Teil der Außenhaut.

Die »Bodypanels«:
Beim Smart gibt es schon serienmäßig zwei unterschiedliche Baukonzepte der Karosseriebeplankung. Die so genannten Bodypanels werden durchgefärbt oder mit zweischichtigem Metallic-Lack ausgeliefert. Die leichte Zerlegbarkeit eröffnet sehr gute Voraussetzungen zur Veränderung der Außengestaltung des Smart. Alle Varianten sind zum Schutz vor UV-Licht mit Klarlack überzogen. Die Kunststoffbeplankung verzeiht kleine Rempler im Alltag und hat sich als sehr reparaturfreundlich herausgestellt.

Besonderheit Rückwandtür (Heckklappe):
In der Heckklappe ist ein kleines Staufach integriert, in das beim Coupé Warndreieck, Verbandskasten, Warnweste und andere Kleinigkeiten verstaut werden können. Beim Cabrio ist das Staufach in der Hauptsache für die passgenaue und sichere Unterbringung der Dachholme vorgesehen. Hier können sie beim offenen Ausflug auch im Falle eines Unfalles nicht unkontrolliert durch das Fahrzeug fliegen.

CBS Frontendmodul:
Fußgängerschutz sowie einen wichtigen Beitrag zur Statik leistet das Frontendmodul aus Polypropylen und Blechteilverstärkungen, welches am Fahrzeugrahmen vorne verschraubt ist.

Wartungsklappe (7)

Der Ausbau der Wartungsklappe, der Frontklappe des Fahrzeugs, ist mit wenigen Handgriffen durchgeführt. Der Begriff der Wartungsklappe irritiert etwas. Bei den meisten Fahrzeugen wird diese Klappe als Fronthaube oder Motorhaube bezeichnet. Hier allerdings ist der Motor hinten. Unter der Klappe finden sich Fahrzeugkomponenten, die zur Fahrzeugwartung zugäng-

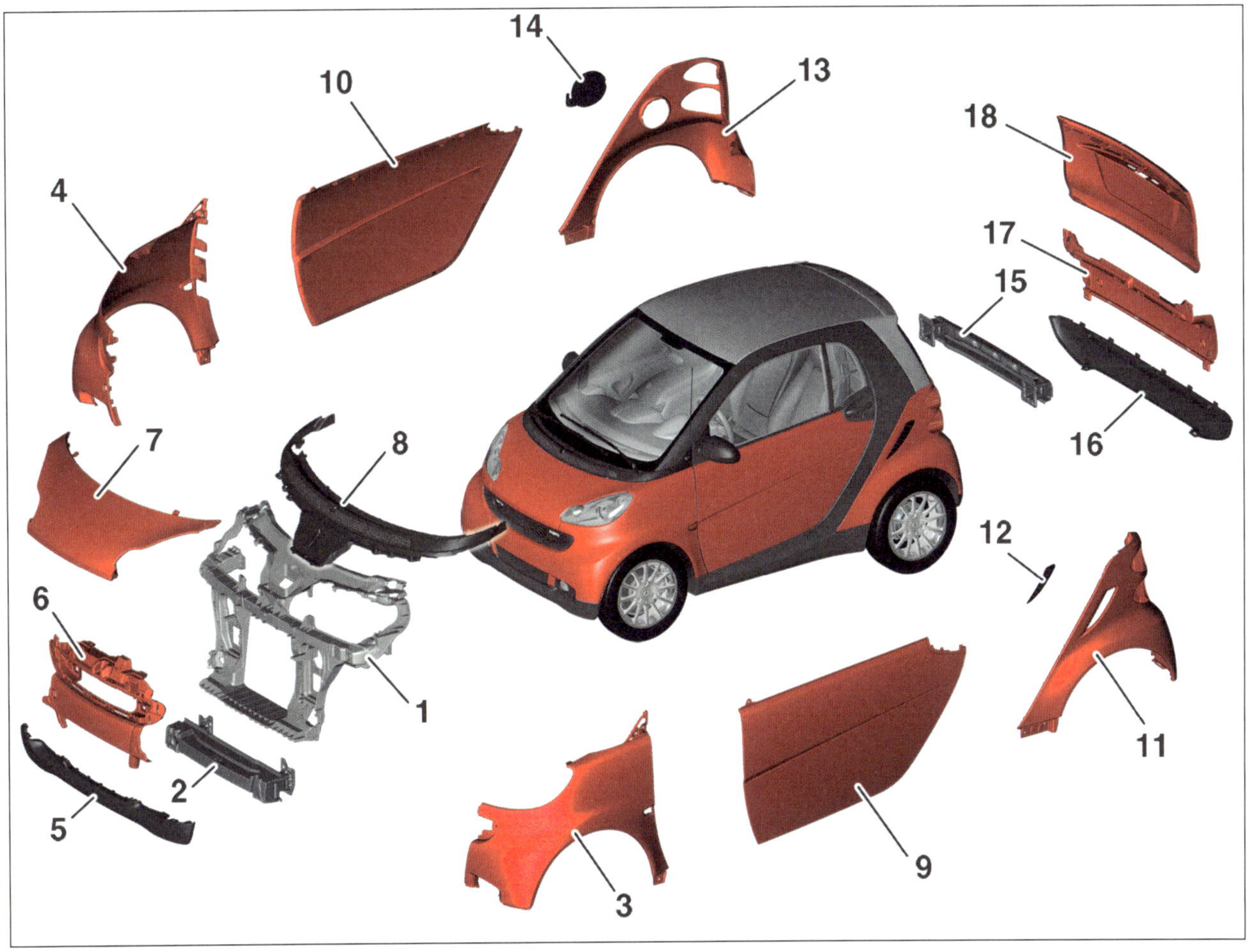

CBS in der Übersicht: 1 Frontendmodul, 2 Front-CMS (Crash-Management-System), 3 Kotflügel links, 4 Kotflügel rechts, 5 Frontspoiler, 6 Frontmittelteil, 7 Wartungsklappe (Haube), 8 Abdeckung vor der Windschutzscheibe, 9 Türbeplankung links, 10 Türbeplankung rechts, 11 Flankenteil links, 12 Rohluftansaugung, 13 Flankenteil rechts, 14 Tankklappe, 15 Heck-CMS (Crash-Management-System), 16 Blende Abgasanlage, 17 Heckmittelteil, 18 Rückwandbeplankung.

lich sein müssen. Der begriff der Wartungsklappe ist also durchaus berechtigt.

Aus und Einbau der Wartungsklappe:
Der Vorgang ist in Ihrer Bedienungsanleitung bereits sehr ausführlich auf den Seiten 162 bis 163 beschrieben.

- Die beiden Hebel in den Aussparungen des Kühlergrills zur Fahrzeugmitte vollständig nach vorn klappen.

- Die Serviceklappe 2 vorn anheben und nach vorne herausziehen.

- Die Serviceklappe mit den Haken an der Rückseite in der Fahrzeugfront einhängen und die Sicherungsbänder (soweit vorhanden) demontieren.

- Die Serviceklappe 2 abnehmen.

Die Montage erfolgt in umgekehrter Reihenfolge.

- Achten Sie darauf, dass die Serviceklappe richtig in den Führungen sitzt und im Frontbereich richtig verriegelt.

CBS-Front (3, 4, 5, 6)

Demontage der CBS-Front:
Die Demontage der CBS Front ist die Grundlage für die weiteren Demontagearbeiten an der Fahrzeugfront.

- Den Antennenstab und die Zusatzblinkleuchten ausbauen.

- Spreizclips (4) an linker und rechter Blende Kotflügel (3) ausbauen. Linke und rechte Tür öffnen. Bei Fahrzeugen bis 30.8.2010 Kantenschutz (5) im Bereich der linken und rechten Blende Kotflügel (3) beiseite drücken.
- Linke und rechte Blende Kotflügel (3) leicht nach oben schieben und abnehmen.
- Schrauben (2) der CBS-Front (1) herausschrauben.
- Die Längsträgerverkleidungen (8) ausbauen.
- Spreizclip (9) im Bereich der linken und rechten Türscharniere ausbauen.
- Hinter der linken und rechten Längsträgerverkleidung (8) befindliche Schrauben (10) der CBS-Front (1) herausschrauben.
- Schrauben (11) der CBS-Front (1) herausschrauben.
- Die Verrastungen (12) der CBS-Front (1) lösen und CBS-Front (1) mit einem Helfer abnehmen Bei Code (V07) Nebelscheinwerfer (FFO), bei Code (V12) LED-Tagfahrlicht oder bei Tagfahrlicht »gerades Design« müssen zusätzlich die elektrischen Steckverbindungen an den Nebelscheinwerfern bzw. Tagfahrlichtern getrennt werden.

Die Montage erfolgt sinngemäß in umgekehrter Reihenfolge.

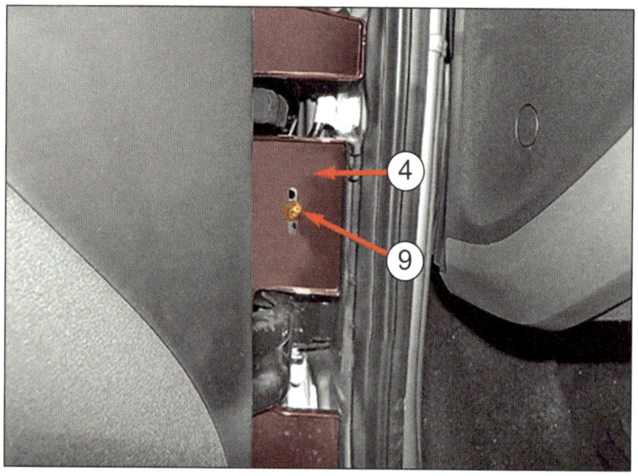

Im Türausschnitt nach vorne: 4 CBS-Front, 9 Spreizclip.

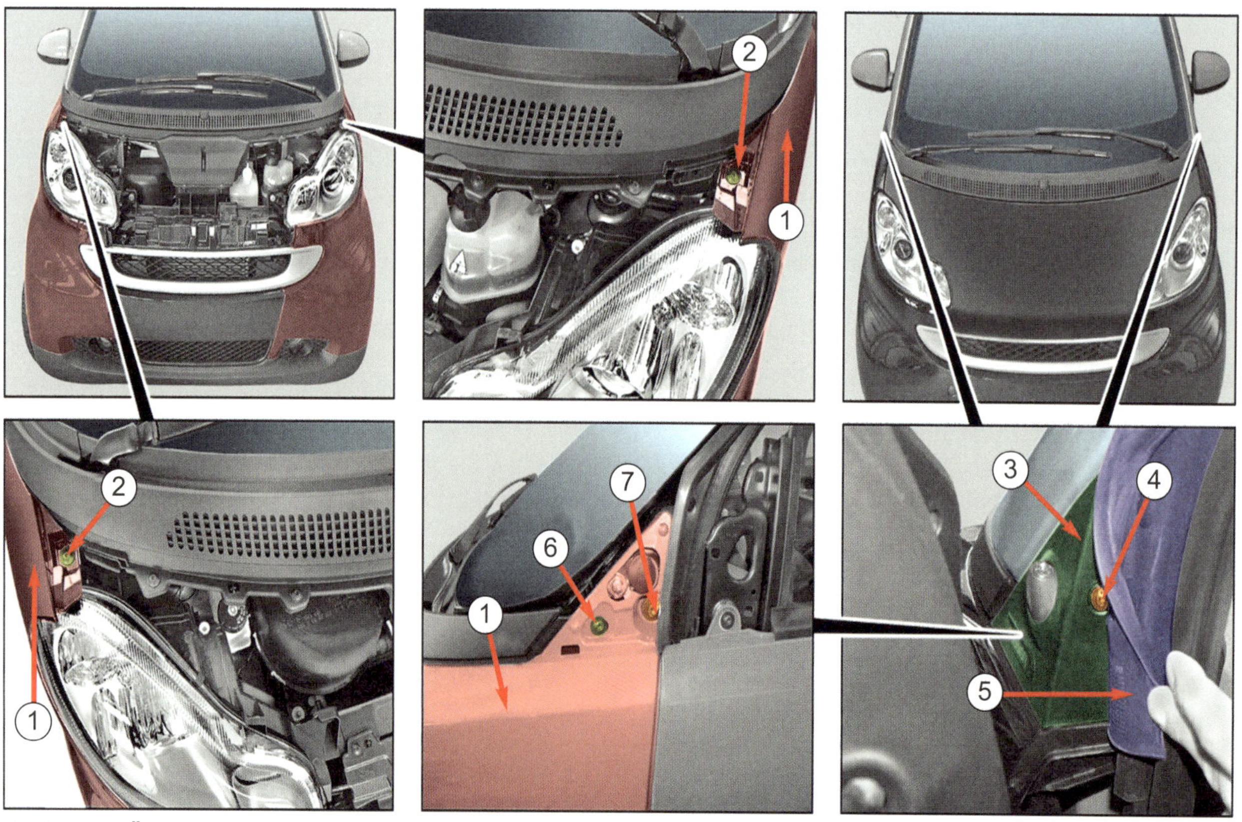

CBS in der Übersicht: 1 CBS-Front, 2 Schraube, 3 Blende Kotflügel, 4 Spreizclip, 5 Kantenschutz (bis 30.8.10), 6 Schraube, 7 Schraube.

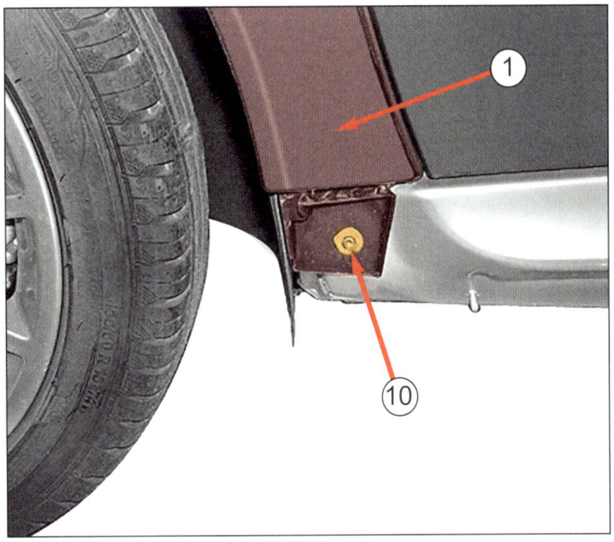

An der Schwellerkante: 1 CBS-Front, 10 Schraube.

Demontage des Frontspoilers:

- CBS-Front ausbauen und auf einer geeigneten Unterlage ablegen.
- Den Rahmen (7) an der Kühlerverkleidung unten (2) ausbauen. Die 4 oberen Rasthaken (8) des Rahmens (7) mit einem Schraubendreher vorsichtig ausclipsen.
- Den Spreizclip (4) ausbauen.
- Den Frontspoiler (1) an den Rasthaken (5) von den Kotflügeln (3) abclipsen und nach vorne abnehmen. Die Rasthaken (5) vorsichtig ausclipsen. Bei Beschädigung der Rasthaken (5) muss der Frontspoiler (1) erneuert werden.
- Die Kühlerverkleidung unten (2) ausclipsen und abnehmen.
- Die Blende (6) links und rechts vom Frontspoiler (1) abclipsen. Nur beim Erneuern des Frontspoilers (1).

Die Montage erfolgt sinngemäß in umgekehrter Reihenfolge.

Demontage der Kühlerverkleidung oben und unten:

- CBS-Front ausbauen und auf einer geeigneten Unterlage ablegen.

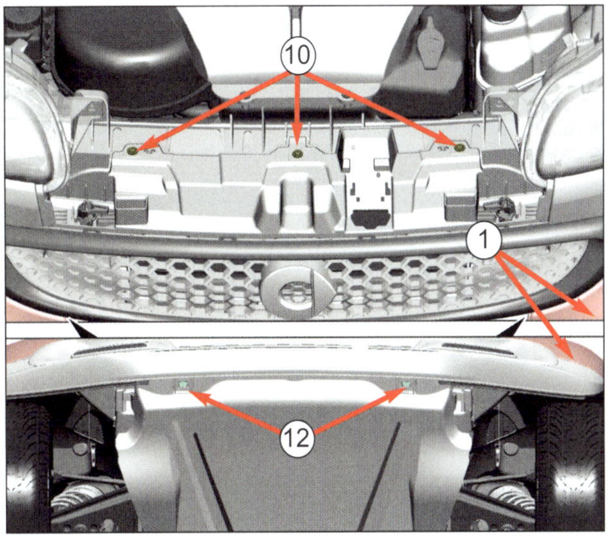

Frontbereich: 1 CBS-Front, 10 Schraube, 12 Verrastung.

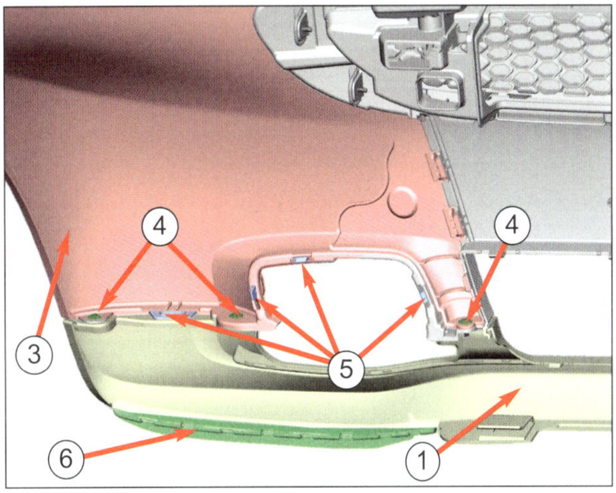

Frontspoiler von innen: 1 Frontspoiler, 3 Kotflügel, 4 Spreizclips, 5 Rasthaken, 6 Blende.

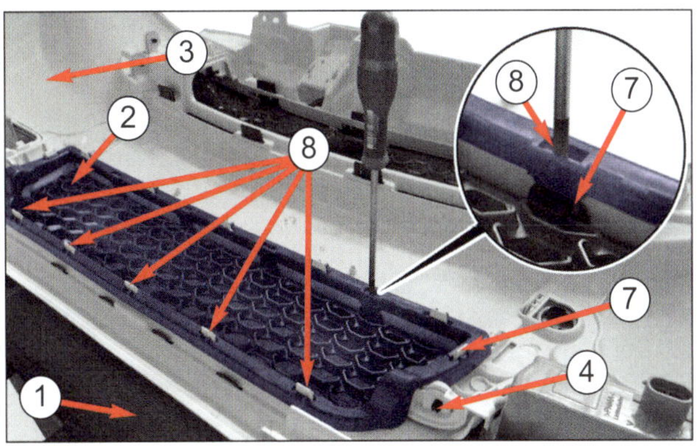

Kühlerverkleidung von innen: 1 Frontspoiler, 2 Kühlerverkleidung unten, 3 Kotflügel, 4 Spreizclip, 7 Rahmen, 8 Rasthaken.

- Amtliches Kennzeichen vorn mit Trägerplatte abbauen.
- Sämtliche Rasthaken, mit denen die Kühlerverkleidung oben (1) in der CBS-Front drücken befestigt ist, ausclipsen und Kühlerverkleidung oben (1) mit Rahmen (3) abnehmen. Rasthaken zum Entriegeln nach außen drücken.
- Sämtliche Rasthaken, mit denen der Rahmen (3) an der Kühlerverkleidung oben (1) befestigt ist, ausclipsen und Rahmen (3) von der Kühlerverkleidung oben (1) abnehmen.
- Frontspoiler ausbauen und Kühlerverkleidung unten (2) abnehmen.
- Scheinwerfer Tagfahrlicht links (5) und Scheinwerfer Tagfahrlicht rechts (6) ausbauen. Nur beim Erneuern der Kühlerverkleidung unten (2) bei CODE V12 (LED-Tagfahrlicht) oder bei Tagfahrlicht »gerades Design«.

Die Montage erfolgt sinngemäß in umgekehrter Reihenfolge.

Demontage der Kotflügel vorne:

- CBS-Front ausbauen und auf einer geeigneten Unterlage ablegen.
- Obere und untere Kühlerverkleidung ausbauen.
- Die Spreizclips (4) ausbauen.
- Die Verrastungen (5) zwischen dem linken bzw. dem rechten Kotflügel (1) und dem Frontmittelteil (3) lösen.
- Linken bzw. rechten Kotflügel (1) vom Frontmittelteil (3) abnehmen.

Die Montage erfolgt sinngemäß in umgekehrter Reihenfolge.

Türbeplankung (9 und 10)

Demontage der Türbeplankung:

- Den entsprechenden Außenspiegel ausbauen.
- Den Türgriff außen an der Vordertür ausbauen.
- CBS-Front (5) im Bereich der Tür mit geeignetem Abdeckband abkleben.

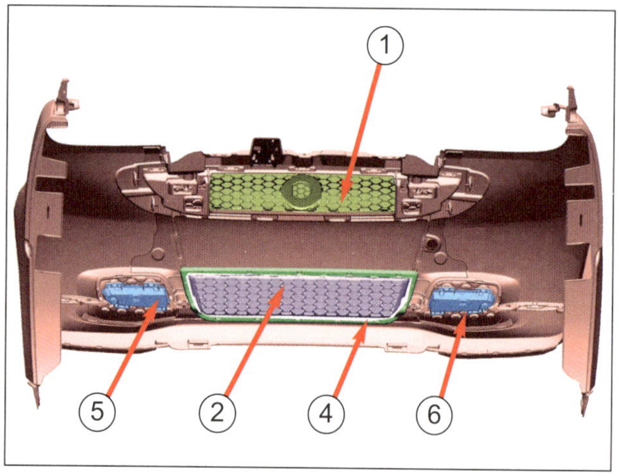

CBS-Front von innen: 1 Kühlerverkleidung oben, 2 Kühlerverkleidung unten, 4 Rahmen, 5 Scheinwerfer Tagfahrlicht links, 6 Scheinwerfer Tagfahrlicht rechts.

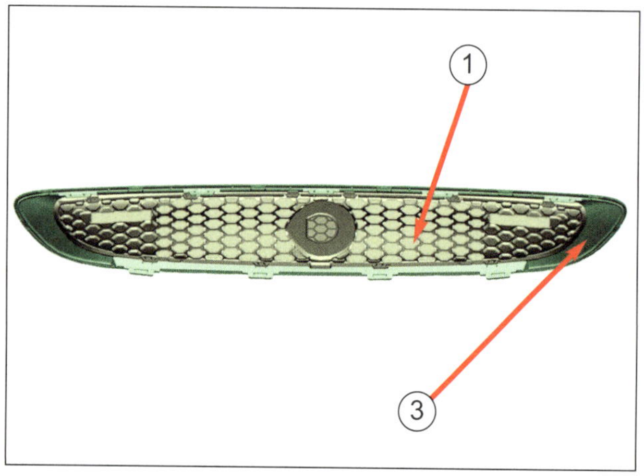

Kühlerverkleidung oben: 1 Kühlerverkleidung oben, 3 Rahmen.

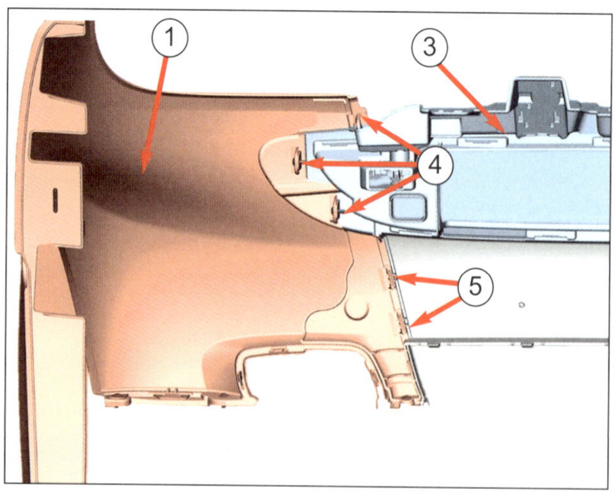

Kotflügel und Frontmittelteil: 1 Kotflügel, 3 Frontmittelteil, 4 Spreizclips, 5 Verrastungen.

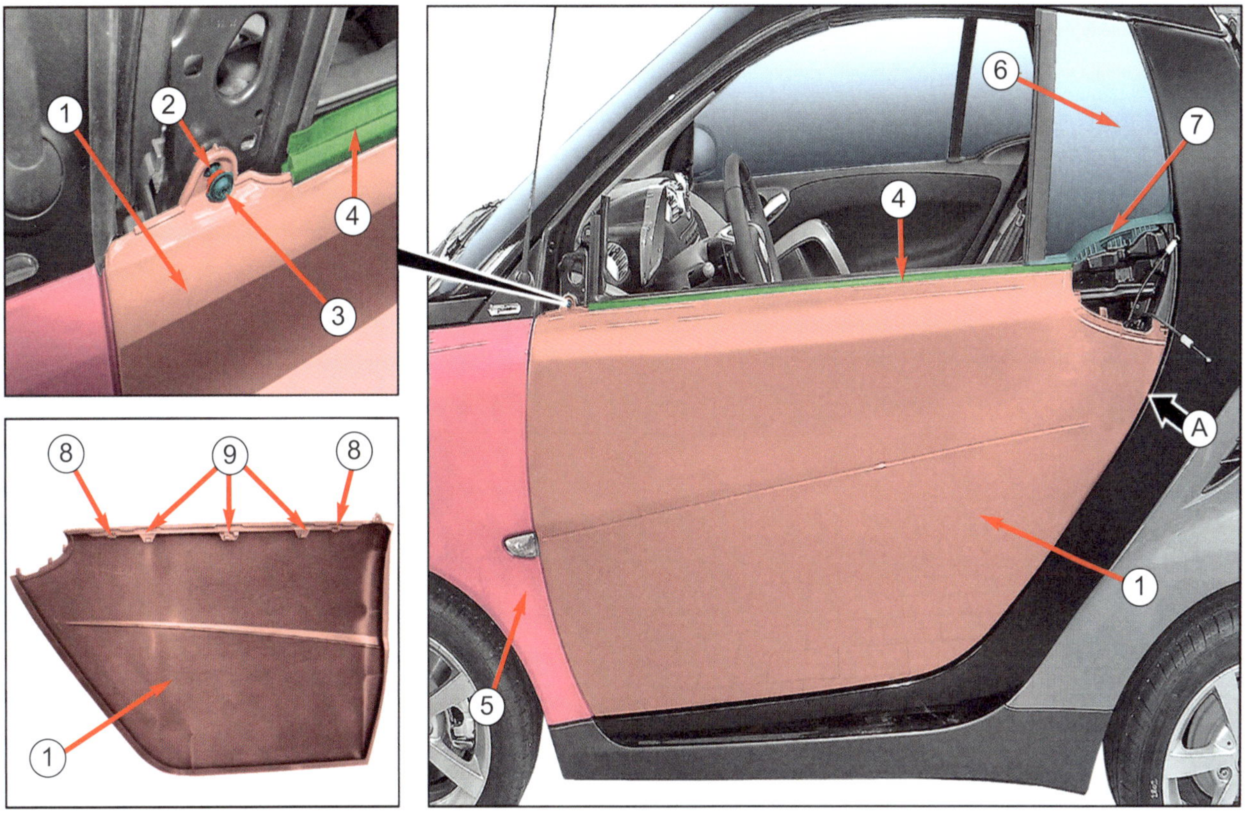

CBS in der Übersicht: 1 Türbeplankung, 2 Führungshülse, 3 Schraube, 4 Schachtleiste, 5 CBS-Front, 6 Scheibe, 7 Dichtung, 8 Halter, 9 Verrastung.

- Schachtleiste (4) abbauen.
- Schraube (3) an der Türbeplankung (1) herausschrauben und mit Führungshülse (2) abnehmen.
- Tür öffnen, Türbeplankung (1) vorsichtig nach hinten schieben und im hinteren Bereich (Pfeil A) über die Türinnenverkleidung heben. Türbeplankung (1) vorsichtig behandeln, sonst besteht die Gefahr von Beschädigung durch Bruch und Kratzer.
- Türbeplankung (1) vorsichtig nach vorn schieben, bis die Halter (8) aus ihrer Führung im Türrohbau freigelegt sind.
- Türbeplankung (1) im vorderen und hinteren Bereich der Schachtleiste (4) leicht anheben und nach außen ziehen, bis die Verrastungen (9) gelöst sind.
- Türbeplankung (1) vorsichtig nach vorn schieben und nach unten abnehmen.

Die Montage erfolgt sinngemäß in umgekehrter Reihenfolge.

- Dichtung (7) der Scheibe (6) nicht beschädigen, da sonst die Scheibe (6) erneuert werden muss.
- Vor dem Einbau der Türbeplankung (1), die Schachtleiste (4) von hinten auf die Türbeplankung (1) aufschieben.
- Dichtung (7) der Scheibe (6) muss über der Schachtleiste (4) verlaufen.

Schwellerleisten (Längsträgerverkleidungen) demontieren

Demontage:

- Spreizclips (2) an der Längsträgerverkleidung (1) ausbauen.
- Rasthaken (4) der Längsträgerverkleidung (1) am Längsträger (5) ausclipsen.
- Längsträgerverkleidung (1) im vorderen Bereich leicht nach außen ziehen und nach hinten schieben, bis die Halterung (Pfeil A) aus der Führung (Pfeil C) gelöst werden kann.

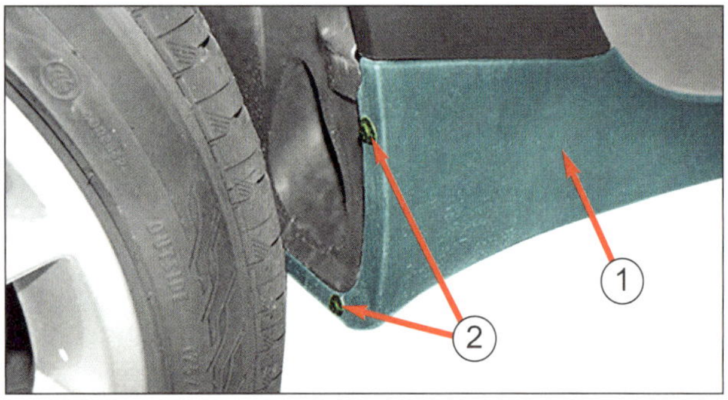

Schweller hinten bis 30.08.2010: 1 Längsträgerverkleidung, 2 Spreizclips.

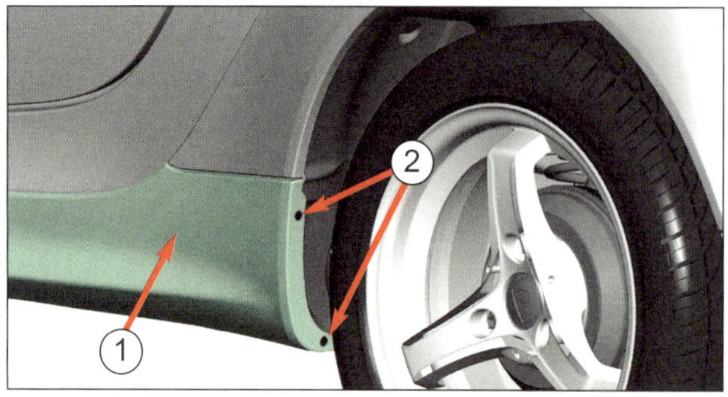

Schweller hinten ab 31.08.2010: 1 Längsträgerverkleidung, 2 Spreizclips.

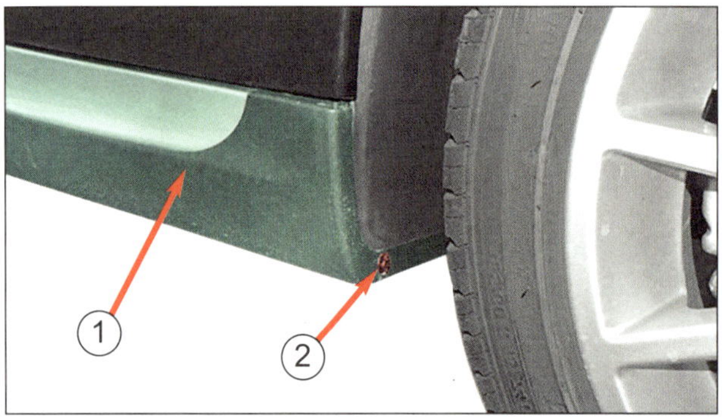

Schweller vorn bis 30.08.2010: 1 Längsträgerverkleidung, 2 Spreizclips.

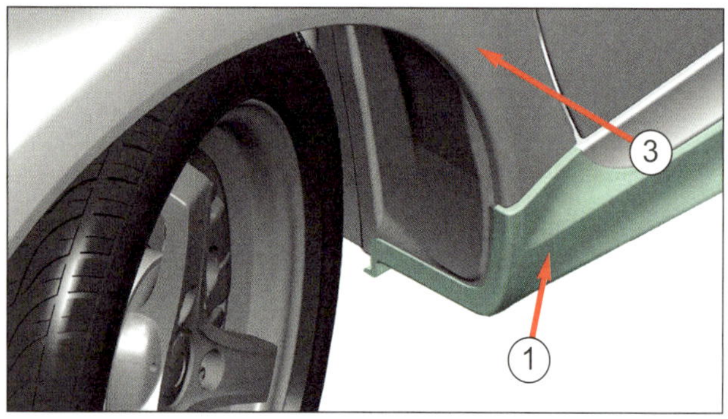

Schweller vorn ab 31.08.2010: 1 Längsträgerverkleidung, 3 Kotflügel vorne.

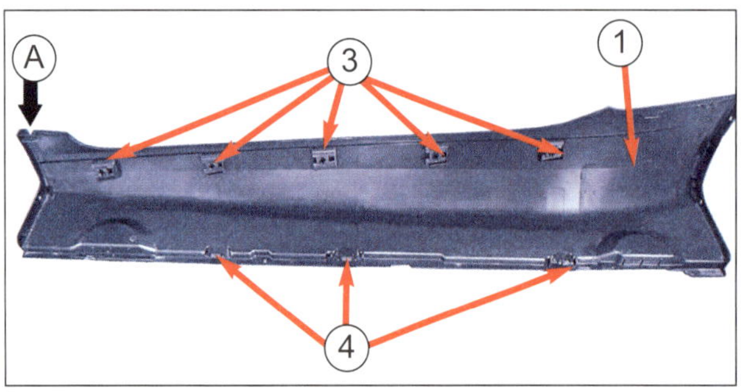

Längsträgerverkleidung bis 30.08.2010: A Halterung, 1 Längsträgerverkleidung, 3 Halter, 4 Rasthaken.

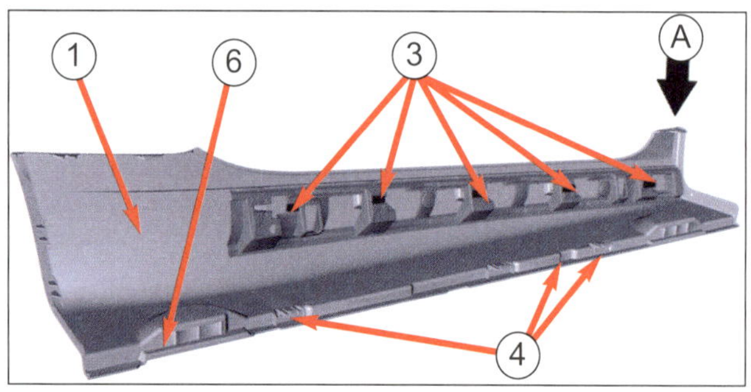

Längsträgerverkleidung ab 31.08.2010: A Halterung, 1 Längsträgerverkleidung, 3 Halter, 4 Rasthaken, 6 Halteschiene

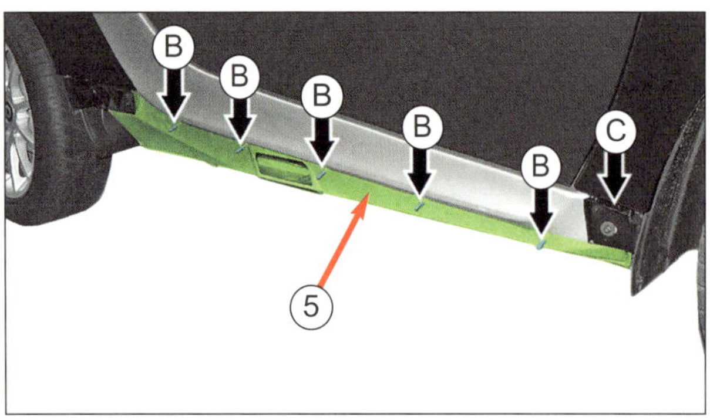

Am Längsträger bis 30.08.2010: B Gewindebolzen, C Führung, 5 Längsträger.

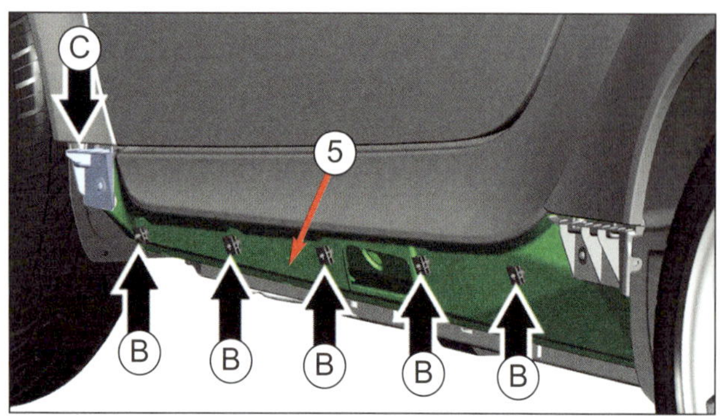

Am Längsträger ab 31.08.2010: B Gewindebolzen, C Führung, 5 Längsträger.

- Längsträgerverkleidung (1) im vorderen Bereich leicht nach außen ziehen, nach hinten schieben und abnehmen.

- Halter (3), welche sich noch an den Gewindebolzen (Pfeile B) des Längsträgers (5) befinden, abschrauben.

- Halteschiene (6) an Rasthaken (Pfeile D) aus der Längsträgerverkleidung (1) ausclipsen und abnehmen. Fahrzeuge ab 31.8.10 und nur beim Erneuern der Längsträgerverkleidung (1).

Montage:

- Halteschiene (6) in die Rasthaken (Pfeile D) der Längsträgerverkleidung (1) einclipsen. Fahrzeuge ab 31.8.10 und nur beim Erneuern der Längsträgerverkleidung (1).

Fahrzeuge bis 30.8.10:

- Halter (3) in die Führungen an der Längsträgerverkleidung (1) einsetzen.

Fahrzeuge ab 31.8.10:

- Halter (3) in Führungen der Halteschiene (6) einsetzen.

weiter für alle Fahrzeuge:

- Halterung (Pfeil A) in die Führung (Pfeil C) einsetzen und Halter (3) der Längsträgerverkleidung (1) an den Gewindebolzen (Pfeile B) des Längsträgers (5) einclipsen.

- Rasthaken (4) der Längsträgerverkleidung (1) am Längsträger (5) einclipsen.

- Spreizclips (2) an der Längsträgerverkleidung (1) einbauen.

CBS am Heck (11, 12, 13, 14, 17)

Demontage der Türbeplankung:

- Linke und rechte Längsträgerverkleidung ausbauen.

- Rückwandtür öffnen.

- Abdeckungen zu den Rückleuchten ausbauen und elektrische Steckverbindung (11) an der Schlussleuchte links rechts trennen.

- Die Schrauben (1) am CBS-Heck (2) herausschrauben. Bei den unteren zwei Schrauben (1) in der Heckschürze zuvor Abdeckungen ausclipsen.

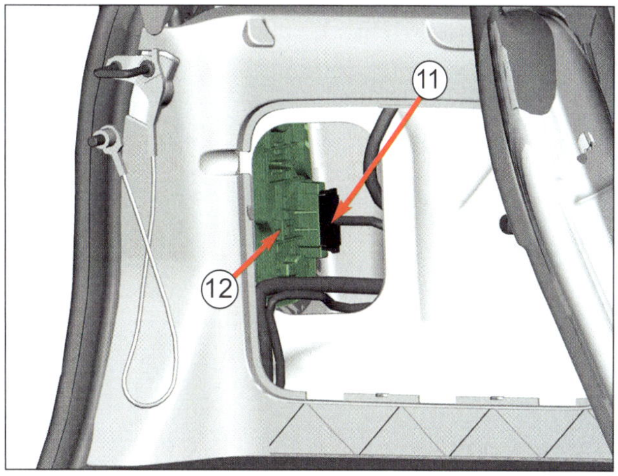

Blick zum Rücklicht: 11 Elektrische Steckverbindung, 12 (E3) Schlussleuchte links oder (E4) Schlussleuchte rechts.

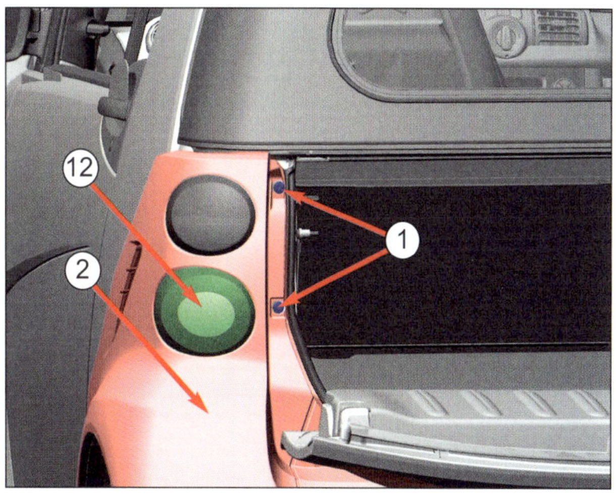

Heck-CBS oben: 1 Schrauben, 2 CBS-Heck, 12 (E3) Schlussleuchte links.

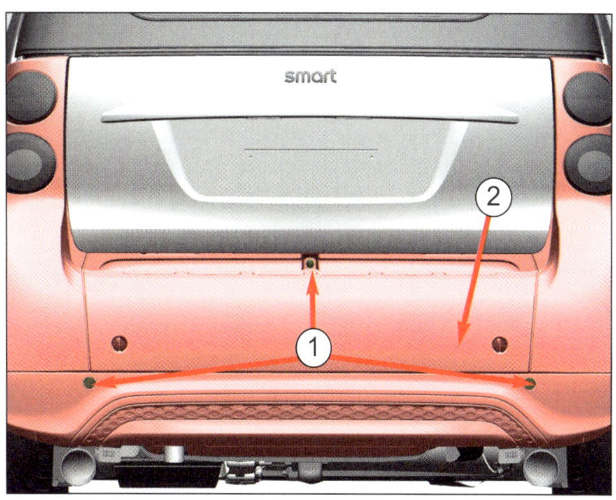

Heck-CBS Mitte: 1 Schrauben, 2 CBS-Heck.

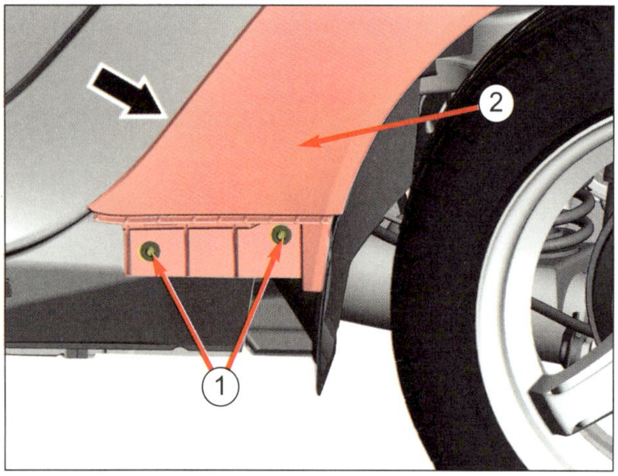

Heck-CBS am Schweller: 1 Schrauben, 2 CBS-Heck, Pfeil Demontage hier beginnen.

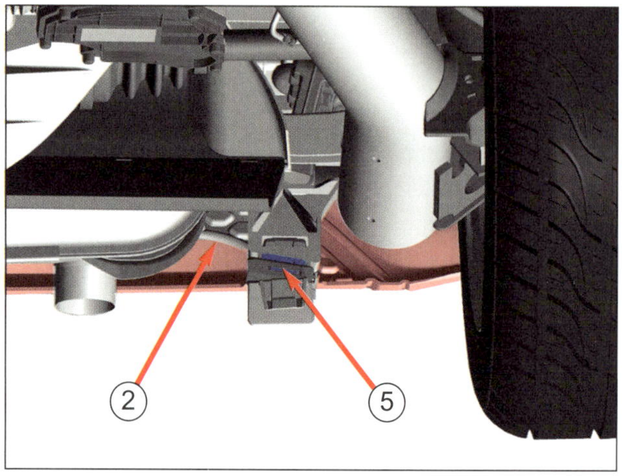

Heck-CBS unten: 2 CBS-Heck, 5 Rasthaken.

- Bei Fahrzeugen mit Grundträger (Code E14) Aufnahmebolzen (9) herausschrauben.
- Die Rasthaken (5) links und rechts unten am CBS-Heck (2) lösen.
- Tankklappe (4) öffnen und Verschluss (7) abschrauben.
- Das CBS-Heck (2) im gekennzeichneten Bereich (Pfeile) vorsichtig, von unten beginnend, mit Montagekeil lösen.
- Das CBS-Heck (2) im Bereich der Tankklappe (4) leicht nach außen ziehen und elektrische Steckverbindung (8) am Motor ZV Tankklappe (M14/10) trennen.
- Rückwandtür schließen.
- CBS-Heck (2) auf der linken Seite nach unten an der Rückwandtür vorbeiführen. Das CBS-Heck (2) ist vorsichtig auszubauen. Sonst können die Rückwandtür und das CBS-Heck (2) durch Zerkratzen beschädigt werden. Hierzu ist ein Helfer erforderlich.
- CBS-Heck (2) auf der rechten Seite nach unten an der Rückwandtür vorbeiführen und abnehmen. Das CBS-Heck (2) ist vorsichtig auszubauen. Sonst können die Rückwandtür und das CBS-Heck (2) durch Zerkratzen beschädigt werden. Hierzu ist ein Helfer erforderlich.
- Dann das CBS-Heck (2) auf einer geeigneten Unterlage ablegen.

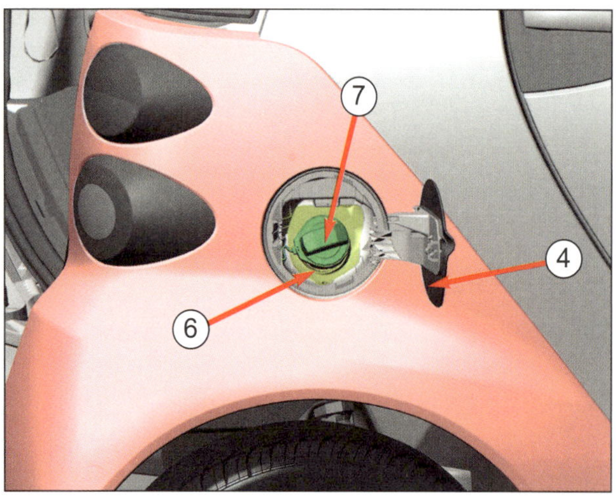

CBS am Tankstutzen: 4 Tankklappe, 6 Dichtung, 7 Verschluss.

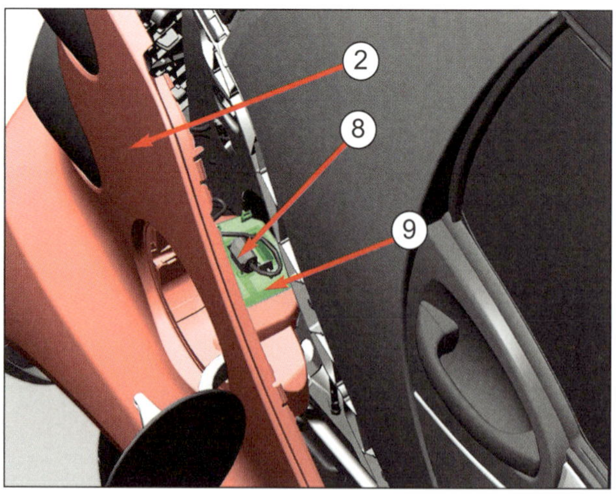

CBS am Tankstutzen: 2 CBS-Heck, 8 Elektrische Steckverbindung, 9 (M14/10) Motor ZV Tankklappe.

- Den Verschluss (7) an der Tankklappe (4) lösen und Tankeinfüllstutzen verschließen.

Die Montage erfolgt sinngemäß in umgekehrter Reihenfolge.

- Funktionsprüfung der Schlussleuchte links (E3) und der Schlussleuchte rechts (E4) durchführen.
- Dichtung (6) über den Tankeinfüllstutzen schieben und ausrichten.

Türbeplankung Heckklappe (18)

- Kennzeichenleuchten ausbauen.
- Rückwandtür unten öffnen und Innendeckel (2) an der Rückwandtür unten öffnen.
- Die Schrauben (3) an der Rückwandtür unten herausschrauben.
- Rückwandtür unten vorsichtig schließen und Türbeplankung Rückwandtür unten (1) so weit abnehmen, bis die elektrische Steckverbindung des Griffschalters der Rückwandtür zugänglich ist.
- Elektrische Steckverbindung des Griffschalters der Rückwandtür trennen.
- Türbeplankung Rückwandtür unten (1) abnehmen. Bei Fahrzeugen mit gelber, roter oder weißer Türbeplankung Rückwandtür unten (1) den Bereich oberhalb der Kennzeichenleuchten von innen mit schwarzen Gewebeklebebandstreifen (6) abkleben (soweit noch nicht erfolgt).
- Beim Erneuern der Türbeplankung Rückwandtür unten (1) Kennzeichen ggf. mit Halterung abbauen und Griffschalter Rückwandtür sowie das Firmenzeichen an der Türbeplankung ausbauen.

Die Montage erfolgt sinngemäß in umgekehrter Reihenfolge.

- Elektrische Steckverbindung (4) anschließen und Funktionsprüfung des Griffschalters Rückwandtür durchführen.

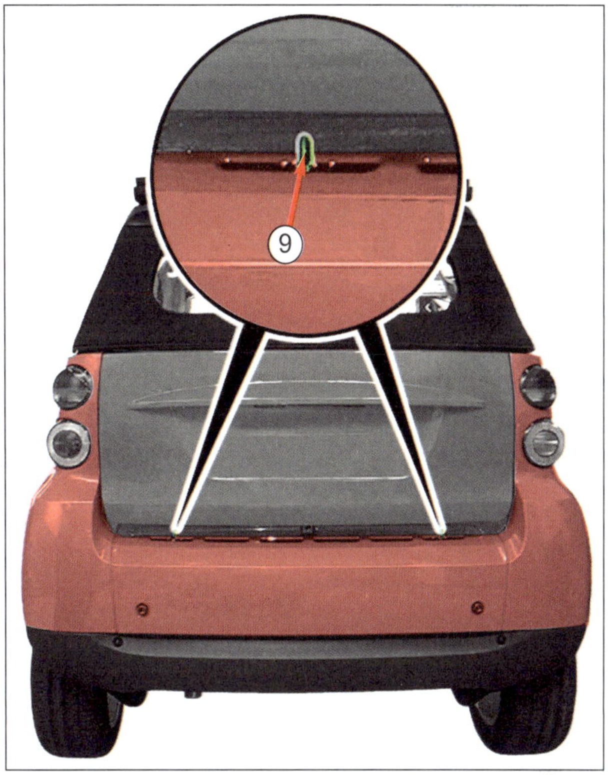

Rasthaken im CBS: 9 Aufnahmebolzen (bei Code E14-Fahrzeugen mit Grundträger).

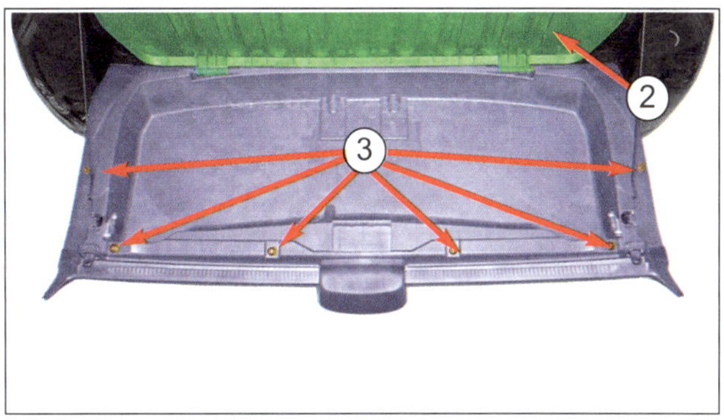

Schale Rückwandtür: 2 Innendeckel, 3 Schrauben.

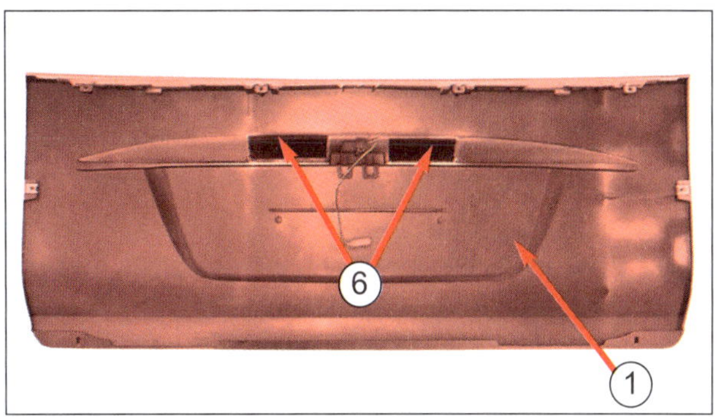

Heckklappe von innen: 1 Türbeplankung Rückwandtür unten, 6 schwarze Gewebeklebebandstreifen.

CMS System (Crash-Management-System)

CMS-System vorne (2)

Schaumpad Front-CMS aus- und einbauen:

- CBS-Front ausbauen.
- Schaumpad Front-CMS (1) herausnehmen.

Die Montage erfolgt sinngemäß in umgekehrter Reihenfolge.

- Einbaulage des Schaumpads Front-CMS (1) beachten.

Träger Front-CMS aus- und einbauen:

- Schaumpad Front-CMS (3) ausbauen.
- Schraube (1) auf der linken Seite des Fahrzeuges herausschrauben und linke Hupe (H2) mit angeschlossenen elektrischen Leitungen beiseite legen.

Bei Fahrzeugen mit Zweiklanghorn:

- Schrauben (1) auf der rechten Seite des Fahrzeuges herausschrauben und rechte Hupe (H2) mit angeschlossenen elektrischen Leitungen beiseite legen.
- Schrauben (4) herausschrauben und CMS-Front abnehmen.

Die Montage erfolgt sinngemäß in umgekehrter Reihenfolge.

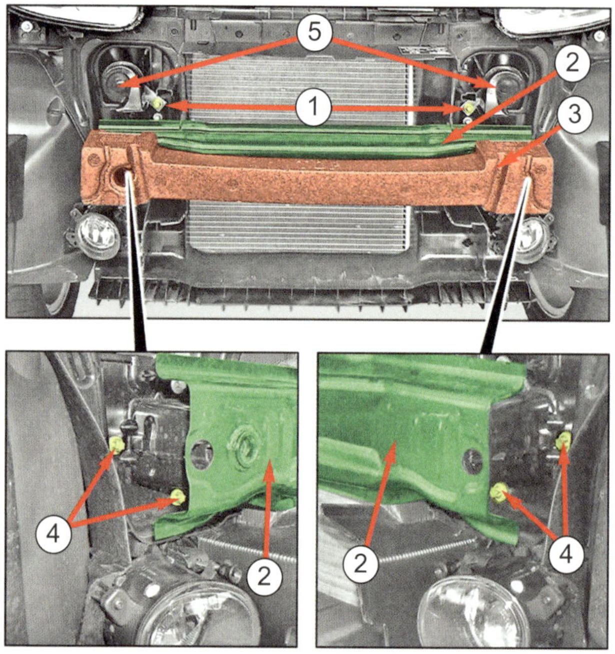

CMS an der Front: 1 Schraube, 2 CMS-Front, 3 Schaumpad Front-CMS, 4 Schrauben, 5 (H2) Hupe.

CMS-System hinten aus- und einbauen (1)

- CBS-Heck ausbauen.
- Schrauben (4) herausschrauben.

Fahrzeuge mit Dieselpartikelfilter:

- Halter mit Differenzdrucksensor Dieselpartikelfilter beiseite legen.
- Schrauben (2) am CMS-Heck (1) herausschrauben und CMS-Heck (1) abnehmen. Die äußeren vier Schrauben (2) sind von hinten und die inneren zwei Schrauben (2) von vorn zugänglich.

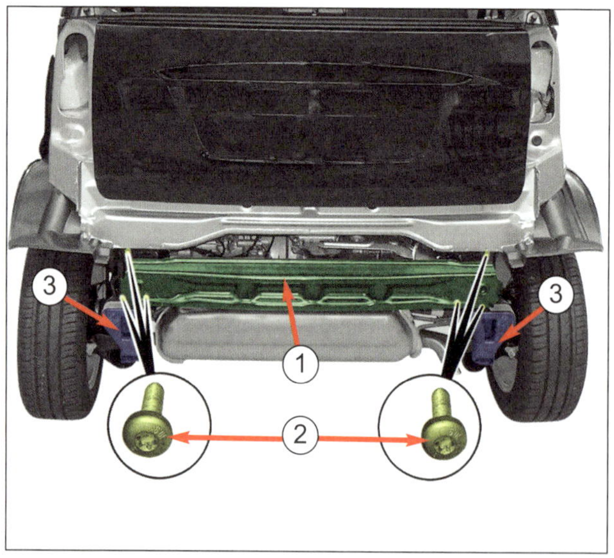

CMS Heck: 1 CMS-Heck, 2 Schraube, 3 Halter.

- Schrauben der Halter (3) am CMS-Heck (1) herausschrauben und Halter (3) abnehmen. Die Halter (3) sind jeweils mit einer Schraube am CMS-Heck (1) befestigt.

Die Montage erfolgt sinngemäß in umgekehrter Reihenfolge.

Außenabdeckungen C-Säule

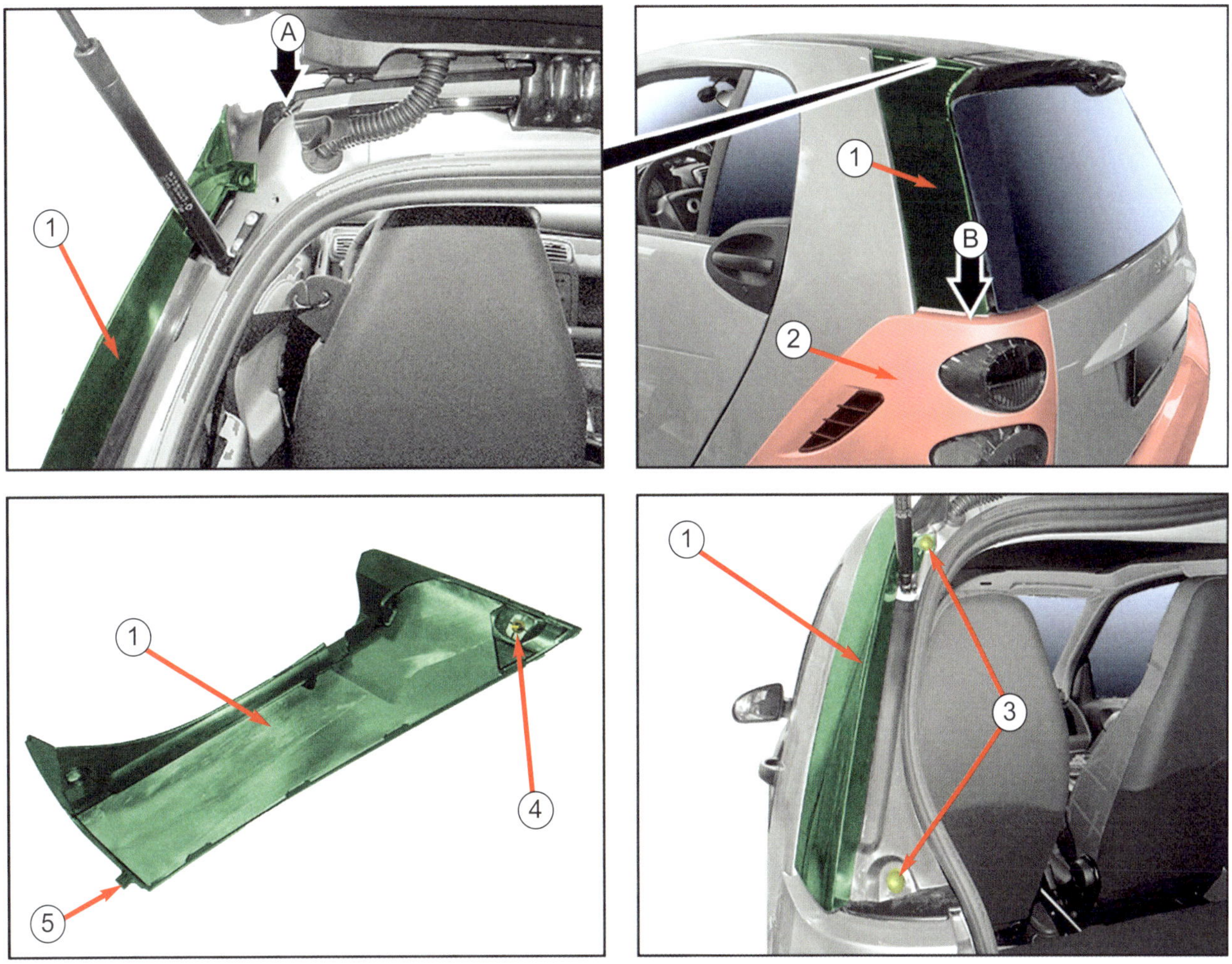

Außenabdeckung C-Säule: 1 Außenabdeckung, 2 CBS-Heck, 3 Schraube, 4 Halteclip, 5 Halter.

Aus- und Einbau

Die Montagearbeiten unterscheiden sich nicht für die beiden Fahrzeugseiten. Wir haben Ihnen hier die Arbeiten an der linken Fahrzeugseite exemplarisch vorgestellt.

- Rückwandtür oben öffnen und Schrauben (3) herausschrauben.
- Dachbeplankung im Bereich der Außenabdeckung (1) mit geeignetem Gewebeklebeband abkleben.
- Halteclip (4) der Außenabdeckung (1) im *452589016300 gekennzeichneten Bereich (Pfeil A) ausclipsen.
- Außenabdeckung (1) nach oben abnehmen.

Die Montage erfolgt sinngemäß in umgekehrter Reihenfolge.

- Halteclip (4) an der Außenabdeckung (1) prüfen, ggf. erneuern.
- Auf korrekten Sitz des Halters (5) im Bereich (Pfeil B) des CBS-Hecks (2) achten.

Außenspiegel

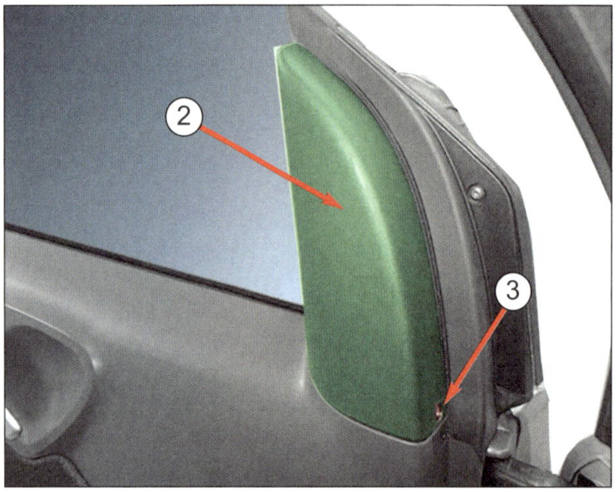

Abdeckung elektrischer Spiegel: 2 Abdeckung Spiegeldreieck, 3 Schraube.

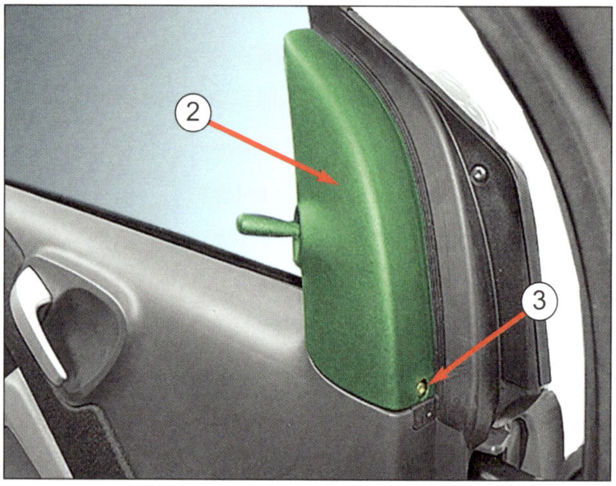

Abdeckung manueller Spiegel: 2 Abdeckung Spiegeldreieck, 3 Schraube.

De- und Montage

Es wurden zwei unterschiedliche Spiegelverstellungen verbaut. Wir stellen Ihnen eine allgemeingültige Montageanweisung zur Verfügung. Die Besonderheiten werden für die unterschiedlichen Systeme hervorgehoben.

- Kurbelfenster absenken.
- Schraube (3) an der Abdeckung Spiegeldreieck (2) herausschrauben.

Bei Fahrzeugen mit elektrischem Außenspiegel:

- Halterungen (4) der Abdeckung Spiegeldreieck (2) aus der Türverkleidung lösen und Abdeckung Spiegeldreieck (2) abnehmen.

Bei Fahrzeugen mit Surround-Soundsystem:

- Vor dem Abnehmen der Abdeckung Spiegeldreieck (2) die elektrische Steckverbindung am Hochtonlautsprecher links bzw. Hochtonlautsprecher rechts trennen.

Bei Fahrzeugen ohne elektrischen Außenspiegel:

- Halterungen (4) der Abdeckung Spiegeldreieck (2) aus der Türverkleidung lösen und Abdeckung Spiegeldreieck (2) beiseite legen, bis die Verrastung (Pfeil B) zugänglich ist.

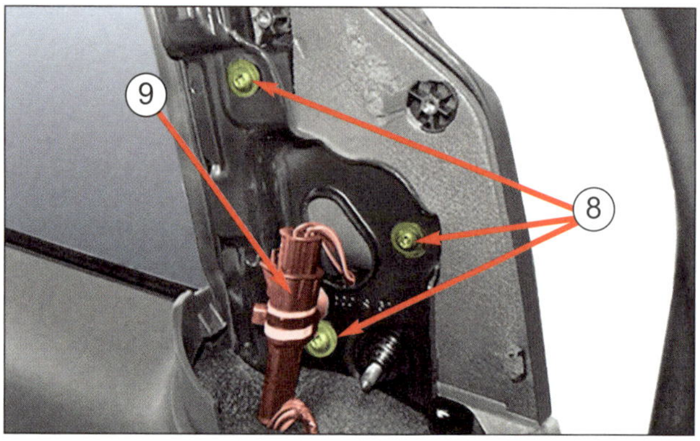

Elektrischer Spiegel: 8 Schraube, 9 (M21/1x1) Steckverbindung.

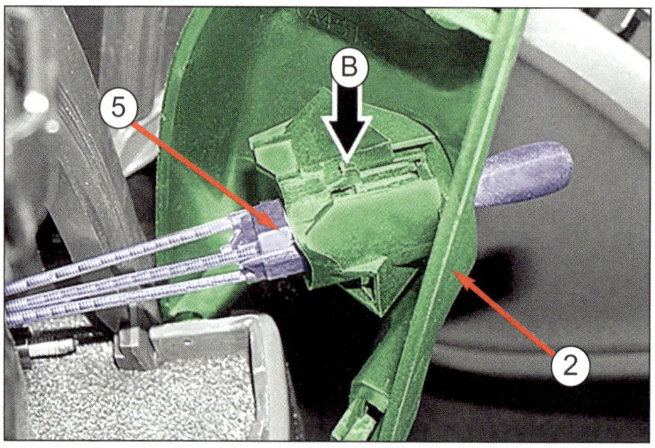

Manueller Spiegel: 2 Abdeckung Spiegeldreieck, 5 Hebel Spiegelverstellung, B Verrastung.

Weiter für alle Fahrzeuge:

- Schrauben (6) der Dichtung (7) herausschrauben, Dichtung (7) im oberen Bereich (Pfeil B) über den Außenspiegel heben und die Dichtung (7) nach oben abnehmen.

Bei Fahrzeugen mit elektrischem Außenspiegel:

- Steckverbindung Außenspiegel elektrisch verstellbar und beheizt, links (M21/1x1) oder Steckverbindung Außenspiegel elektrisch verstellbar und beheizt, rechts (M21/2x1) trennen.

Weiter für alle Fahrzeuge:

- Schrauben (8) herausschrauben und Außenspiegel abnehmen Je nach Fahrzeugausstattung den Hebel Spiegelverstellung (5) oder den elektrischen Leitungssatz durch die Öffnung im Türrohbau nach außen führen.

Die Montage erfolgt sinngemäß in umgekehrter Reihenfolge.

- Funktionsprüfung des Außenspiegels durchführen.

Wechsel des Spiegelglases

- Spiegelglas (1) aus dem Halter (2) am Außenspiegel ausclipsen.

Bei Fahrzeugen mit elektrischem Außenspiegel:

- Spiegelglas (1) so weit abnehmen, bis die elektrische Steckverbindung am Spiegelglas (1) zugängig ist.

- Elektrische Steckverbindung am Spiegelglas (1) trennen und Spiegelglas (1) abnehmen.

Weiter für alle Fahrzeuge:

- Spiegelglas (1) abnehmen.

Die Montage erfolgt sinngemäß in umgekehrter Reihenfolge.

- Funktionsprüfung des Außenspiegels durchführen.

Wechsel der Spiegelverkleidung

- Spiegelglas ausbauen.

- Verrastungen (Pfeile) zwischen dem Außenspiegel und der Verkleidung des Außenspiegels (2) lösen. Die Verkleidung des Außenspiegels (2) dabei nicht beschädi-

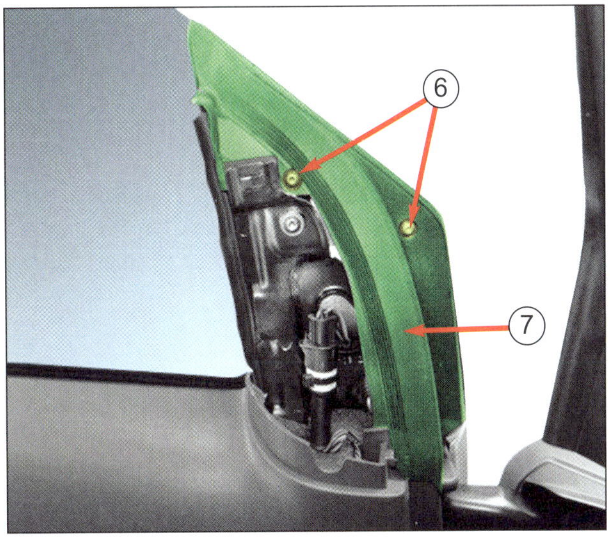

Elektrischer Spiegel: 6 Schraube, 7 Dichtung.

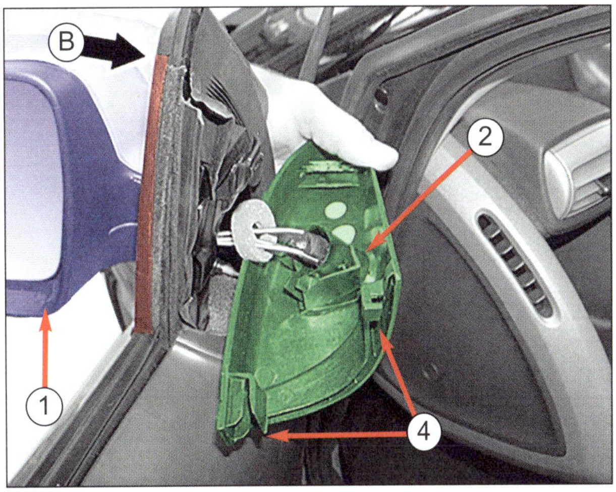

Manueller Spiegel: 1 Außenspiegel, 2 Abdeckung Spiegeldreieck, 4 Halterung, B Dichtung.

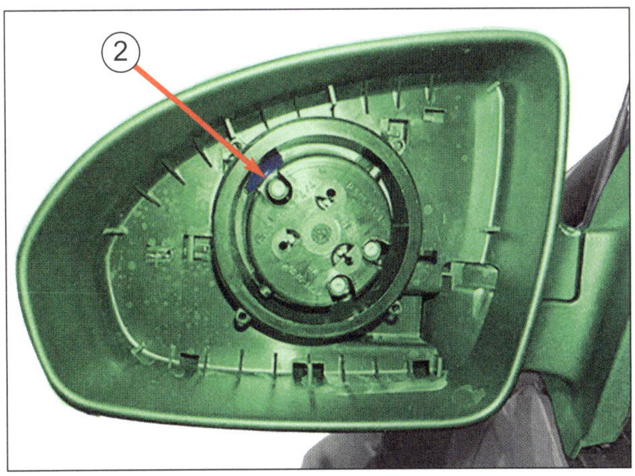

Spiegelglashalter: 2 Halter zum Einclipsen des Spiegelglases.

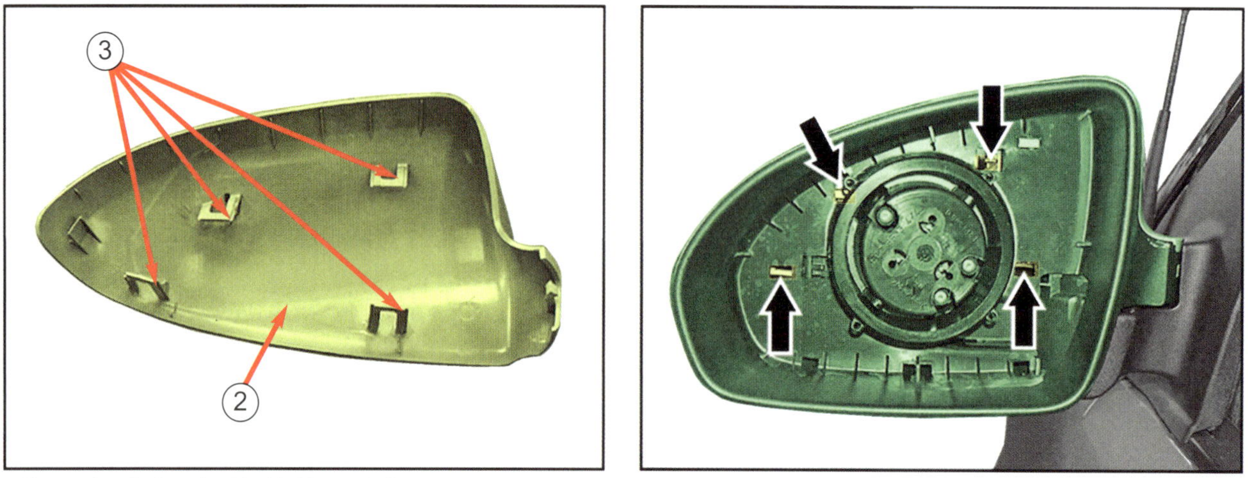

Manueller Spiegel: 2 Verkleidung Außenspiegel, 3 Rasthaken, Pfeile Verrastung.

gen, da sonst die Verkleidung des Außenspiegels (2) erneuert werden muss.

- Die Verkleidung des Außenspiegels (2) abnehmen.

Die Montage erfolgt sinngemäß in umgekehrter Reihenfolge.

- Funktionsprüfung des Außenspiegels durchführen.

Türbetätigung außen

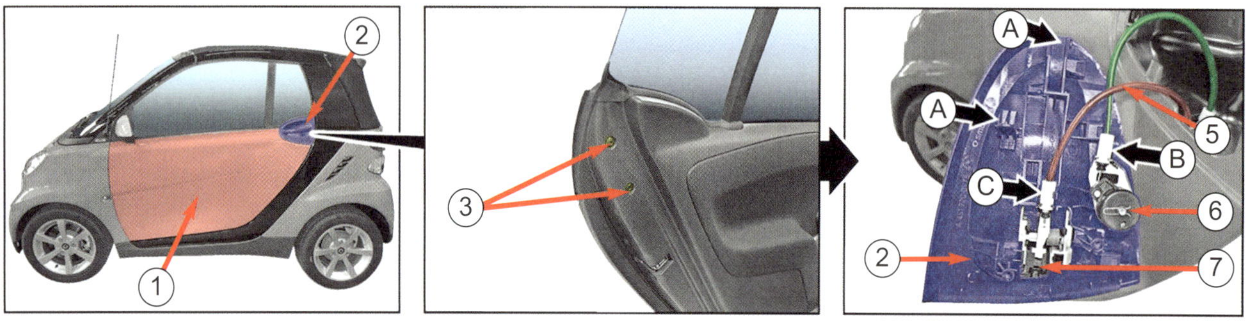

Türgriff: 1 Türbeplankung, 2 Türgriff, 3 Schrauben, 4 Bowdenzug, 5 Bowdenzug, 6 Schließzylinder, 7 Umlenkhebel, A Halter, B Bowdenzug, C Türgriff.

Türgriff Aus- und Einbau:

- Tür öffnen und Schrauben (3) am Türgriff (2) herausschrauben.
- Türgriff (2) nach hinten ziehen, bis die Halter (Pfeile A) freiliegen.
- Türgriff (2) abnehmen, bis der Bowdenzug (5) des Türgriffes (2) zugänglich ist.

Beim Ausbau des linken Türgriffes:

- Bowdenzug (4) am Türgriff (2) ausclipsen (Pfeil B) und am Schließzylinder (6) aushängen.

Weiter für alle Fahrzeuge:

- Bowdenzug (5) am Türgriff (2) ausclipsen (Pfeil C), am Umlenkhebel (7) aushängen und Türgriff (2) abnehmen.

Die Montage erfolgt sinngemäß in umgekehrter Reihenfolge.

- Funktionsprüfung der Türbetätigung durchführen.

Schließzylinder Aus- und Einbau:

- Den linken Türgriff (1) ausbauen.
- Die Sicherungsfeder (5) ausbauen und den Umlenkhebel (3) abnehmen.
- Halter (8) des Stators (4) ausclipsen und Stator (4) mit Schließzylinder (7) aus dem Türgriff (1) herausnehmen.
- Senderschlüssel (A) in den Schließzylinder (7) einstecken und die Sicherungsfeder (9) ausbauen.
- Schließzylinder (7) aus dem Stator (4) herausziehen. Vor dem Entfernen des Senderschlüssels (A) aus dem ausgebauten Schließzylinder (7), Schließkeile mit geeignetem Klebeband gegen Herausfallen sichern.

Die Montage erfolgt sinngemäß in umgekehrter Reihenfolge.

- Die Führung (Pfeil) des Schließzylinders (7) muss, wie dargestellt, senkrecht im Stator (4) sitzen. Nur dann kann der Umlenkhebel (3) richtig eingebaut werden. Korrekte Einbaulage der Feder (6) im Umlenkhebel (3) beachten.
- Funktionsprüfung der Türbetätigung durchführen.

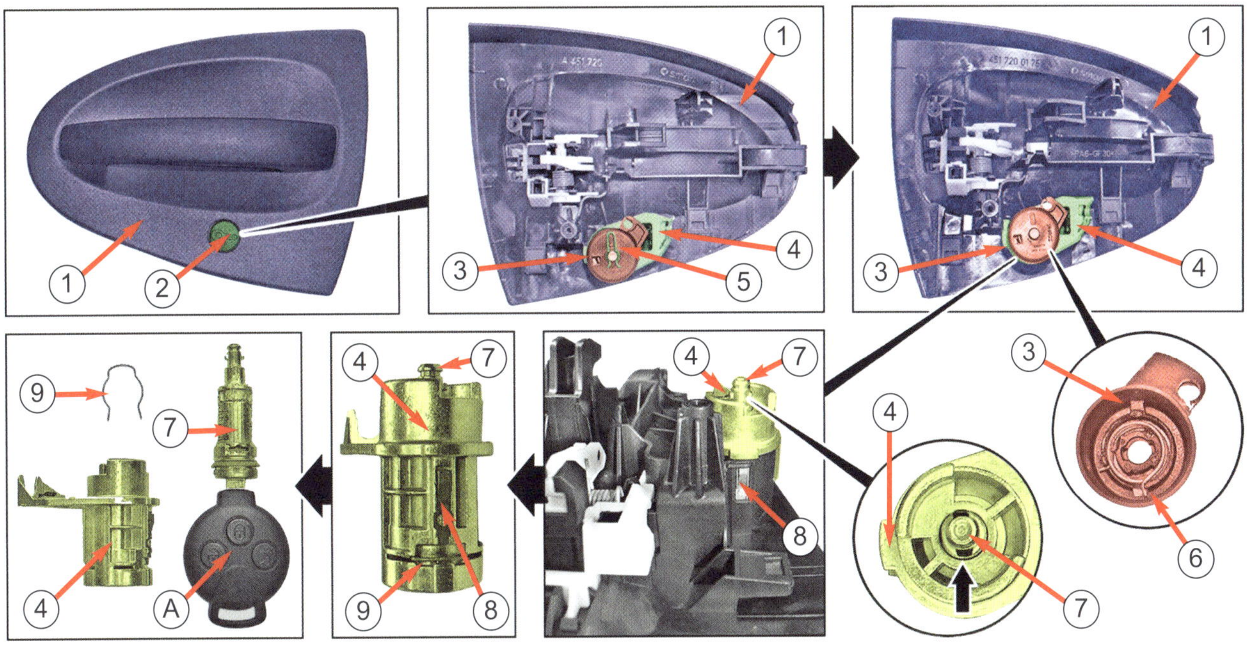

Türschloss: 1 Türgriff, 2 Abdeckung, 3 Umlenkhebel, 4 Stator, 5 Sicherungsfeder, 6 Feder, 7 Schließzylinder, 8 Halter, 9 Sicherungsfeder, A Senderschlüssel.

Tankdeckel

Tankklappe demontieren:

- Öffnen Sie die Tankklappe (3).
- Führen Sie einen Schraubendreher in die Aussparung zum Tankdeckel (Griffmulde) ein und lösen Sie vorsichtig die Verrastung (A)

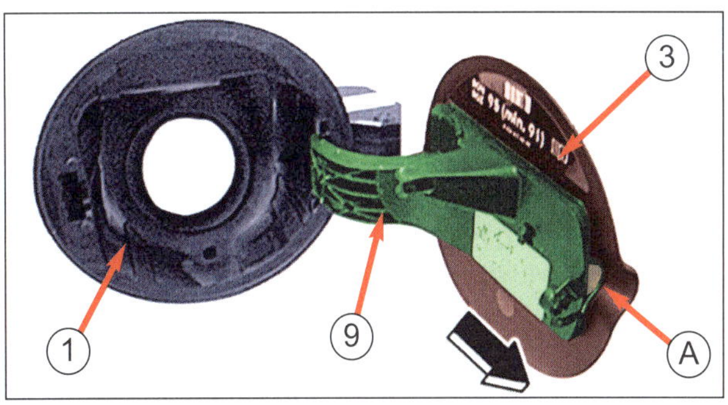

Tankklappe: 1 Tankmulde, 3 Tankklappe, 9 Scharnier, Pfeil Demontagerichtung, A Öffnung zum Lösen der Verrastung.

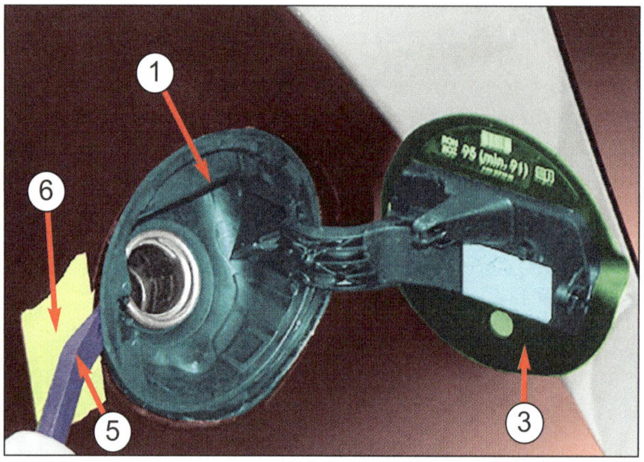

Demontage Tankmulde: 1 Tankmulde, 3 Tankklappe, 5 Werkzeug zum Ausheben, 6 Klebeband

- Ziehen Sie den Tankdeckel (3) nach außen vom Scharnier (9) ab.

Zur Montage muss die Tankklappe lediglich wieder aufgeschoben werden.

Tankmulde demontieren:

- Zuerst das CBS-Heck mit geeignetem Klebeband (6) im hinteren Bereich der Tankmulde (1) abkleben um Kratzer bei der Demontage zu Vermeiden.
- Die Tankklappe (3) öffnen und Tankverschluss (2) am Tankeinfüllstutzen abschrauben.
- Verschluss (2) am Scharnierhebel (9) lösen (Pfeil A) und beiseite legen.
- Halter (7) der Tankmulde (1) mit Ausclipser (5) ausclipsen.
- Tankklappe (3) schließen und Tankmulde (1) so weit herausnehmen, bis die elektrische Steckverbindung (8) am Motor der Zentralverriegelung der Tankklappe getrennt und die Tankmulde (1) abgenommen werden kann.
- Beim Erneuern der Tankmulde den Motor der Zentralverriegelung der Tankklappe (M14/10) an der Tankmulde (1) ausclipsen und abnehmen und die Tankklappe demontieren.
- Scharnierhebel (9) an der Tankmulde (1) abbauen und abnehmen.

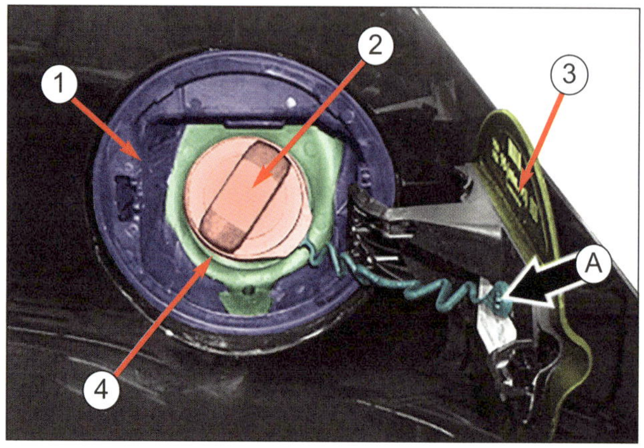

Tankmulde: 1 Tankmulde, 2 Verschluss, 3 Tankklappe, 4 Dichtung, A Fangseil

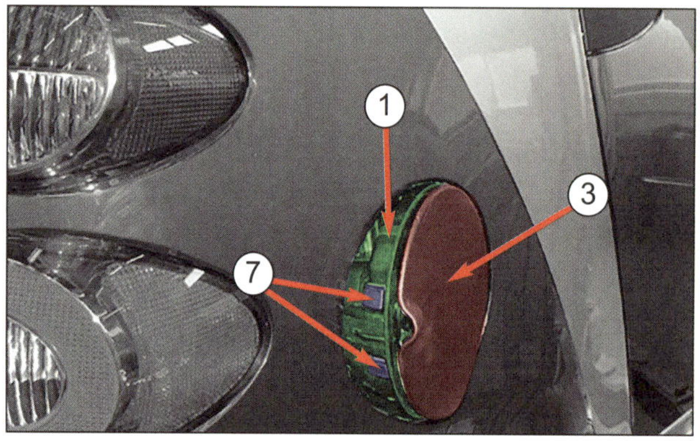

Demontage Tankmulde: 1 Tankmulde, 3 Tankklappe, 7 Rastnasen (Halter).

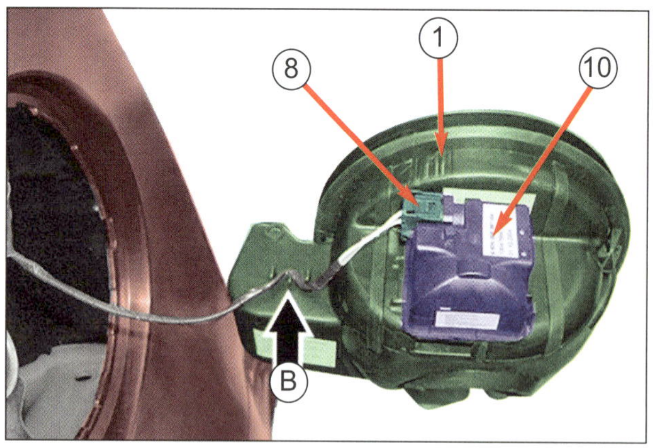

Ausgebaute Tankmulde: 1 Tankmulde, 8 Elektrische Steckverbindung, B Kabelführung, 10 (M14/10) Zentralverriegelung Tankklappe.

Die Montage erfolgt in umgekehrter Reihenfolge.

- Funktionsprüfung der Zentralverriegelung der Tankklappe (M14/10) durchführen.

Karosserie außen

Störung	Was kann das sein?	Was kann oder muss ich tun?
A Klappergeräusch einer Tür	**1** Türschloss schließt nicht richtig.	Einstellung des Türschlosses prüfen (lassen).
	2 Türschloss defekt.	Türschloss und Funktion prüfen lassen (Tester erforderlich), eventuell Türschloss ersetzen.
	3 Fanghaken defekt.	Befestigung des Fanghakens prüfen und instand setzen eventuell Fanghaken ersetzen.
	4 Einstellung der Türe falsch.	Türeinstellung durchführen (lassen).
	5 Verschraubungen oder Fangbänder lose.	Befestigung des Fanghakens prüfen und instand setzen eventuell Fanghaken ersetzen.
	6 Anschlaggummi verschlissen.	Anschlaggummis prüfen und gegebenenfalls erneuern.
B Tür schließt nicht richtig.	**1** Tür steht vorne weiter außen. **2** Tür steht hinten weiter außen.	Einstellung der Tür prüfen und wenn erforderlich einstellen (lassen). Achten Sie auf die richtige Einstellung der vorderen Türen (Grundeinstellung)! Prüfen Sie den Zustand der Türscharniere.
	3 Schließt nicht richtig.	Schlosshaken und Einstellung prüfen lassen.
	4 Tür sitzt schief.	Zustand der Türscharniere prüfen (lassen).
	5 Tür ist schwergängig.	Zustand der Türscharniere und der Fangbänder prüfen (lassen).
C Tür lässt sich nicht öffnen oder verriegeln.	**1** Türschloss defekt.	Türschloss und Funktion prüfen lassen (Tester erforderlich), eventuell Türschloss ersetzen.
	2 Defekt am Servo der Zentralverriegelung.	Funktion des Servomotors und der Zentralverriegelung prüfen lassen (Tester erforderlich), eventuell Servo ersetzen.
	3 Zentralverrieglung defekt.	Funktion der Zentralverriegelung prüfen lassen, Diagnose ist wichtig!
D Verdeck schließt nicht richtig	**1** Einstellung des Verdecks stimmt nicht.	Einstellung des Verdecks und der Scheiben prüfen.
	2 Hydraulikpumpe zu wenig Öl.	Öl der Hydraulikpumpe auffüllen und das System nach Lecks absuchen.
	3 Hydraulikpumpe arbeitet nicht.	Elektrische Ansteuerung und die Hydraulikpumpe prüfen (lassen).

Der Innenraum

Mercedes-typische hohe Wertigkeit kennzeichnet auch den Innenraum des Smart. Woran Sie in diesem Bereich edler Oberflächen und Features tätig werden können, wollen wir hier zeigen. Oberstes Gebot: Kratzer und Schäden vermeiden an Kunststoffoberflächen und Verkleidungen!

In diesem Kapitel erfahren Sie, welche Arbeiten im Innenraum selbst erledigt werden können, aber auch, wovon Sie besser Abstand nehmen sollten. Denn hinter den vielen Abdeckungen und Verkleidungen in Ihrem Smart lauern durchaus auch Gefahren, wie die pyrotechnischen Elemente des Rückhaltesystems in den Airbags. Aber wir wollen Sie keineswegs gleich zu Beginn entmutigen. Es gibt noch eine Reihe anderer Dinge, die Sie mit Hilfe der folgenden Anleitungen erledigen können. Dazu gehören zum Beispiel der Lampenwechsel der Innenraumbeleuchtung oder auch der Ausbau diverser Verkleidungen, zum Beispiel an der Türinnenseite. Gerade diese Arbeit kann für Sie früher oder später wichtig werden, wenn der Fensterheber streiken sollte.

An welchen Teilen sollte nicht gearbeitet werden?

Wie bereits erwähnt: Vor Arbeiten an Komponenten, die dem Insassenschutz dienen, müssen wir warnen. Wenn es an Kenntnis und Erfahrung mangelt, sollten Sitze und Lenkrad wegen der darin enthaltenen Airbags tabu sein. Denn selbst in den Werkstätten darf nur speziell geschultes Personal an diesen Teilen tätig werden. Das Risiko bei Reparaturversuchen verletzt zu werden, ist ja nur die eine Seite. Ein bei einem Unfall nicht mehr ordnungsgemäß funktionierender Insassenschutz stellt die weitaus schwerer wiegende andere Seite dar. Sogar bei einer Verschrottung des Fahrzeugs, etwa nach einem Unfall, müssen die Airbageinheiten und Gurtstraffer nach bestimmten Vorschriften sicher entsorgt werden. Auf keinen Fall dürfen Sie diese Komponenten wie üblichen Abfall behandeln. Das gilt auch für gezündete Einheiten und technische Ladungen, wozu übrigens auch Gurtstraffereinheiten zählen. Denn es ist nicht mit Sicherheit zu bestimmen, ob wirklich alle im Fahrzeug vorhandene Pyrotechnik sicher gezündet wurde.

Profitipp: Montagekeil für Verkleidungen

Die teilweise kratzempfindlichen Kunststoffe der Innenraumverkleidung verlangen einen äußerst sensiblen Umgang. Will man nicht gleich beim ersten Demontageversuch hässliche Spuren hinterlassen, empfiehlt sich die Verwendung eines Montagekeils für den Innenraum. Dieser ist aus weichem und elastischem Kunststoff und erlaubt, mit der flachen Seite

⚠ Arbeiten am Rückhaltesystem

GEFAHRHINWEISE

Achtung Lebensgefahr!
Grundsätzlich dürfen keine Arbeiten an Systemen der Airbageinheiten von ungeschulten Personen durchgeführt werden. Es handelt sich nicht nur um tatsächliche Sprengsätze, sondern auch um Fahrzeugeinrichtungen, die der Sicherheit des Fahrzeuges dienen. Unsachgemäßer Umgang kann Ihr Leben oder Ihre Gesundheit schon bei der Demontage gefährden. Auch wenn es auf den ersten Blick einfach erscheint, sollten Sie niemals ohne entsprechende Ausbildung an diesen Systemen arbeiten. Für die Arbeit, den Umgang und die Lagerung mit diesen Systemen muss ein »Airbag-Sachkunde-Lehrgang« abgeschlossen und bescheinigt worden sein. Auf die Demontage dieser Systeme wird in diesem Buch absichtlich nicht eingegangen. Das Abklemmen der Batterie reicht nicht aus um eine sichere Montage an diesen Systemen gewährleisten zu können.

auch in den meist sehr engen Spalten problemlos zu arbeiten.

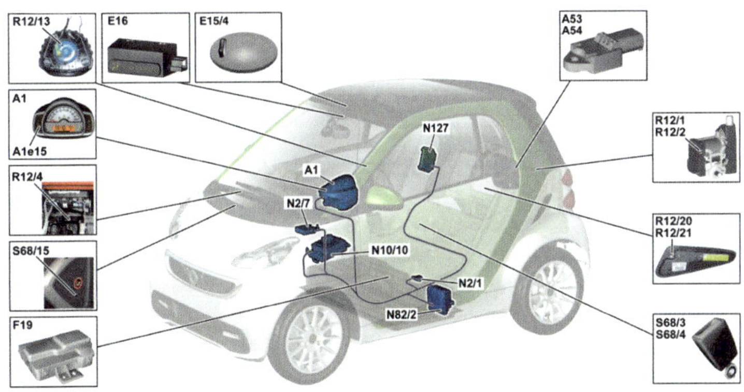

A1 Kombiinstrument, A1e15 Kontroll- und Warnleuchte Airbag, A53 Sensor Kopf-/Thoraxbag Fahrer, A54 Sensor Kopf-/Thoraxbag Beifahrer, E15/4 Innenraumleuchte vorn, E16 Airbag Off-Kontrollleuchte, F19 Pyrosicherung, N10/10 Steuergerät SAM Beifahrer, N127 Steuergerät Antriebsstrang, N2/1 Steuergerät Crash-Sensor Thoraxbag, N2/7 Steuergerät Rückhaltesysteme, N82/2 Steuergerät Kopf-Thoraxbag, R 12/20 Zündpille Kopf-/Thoraxbag Beifahrerairbag, R12/1 Zündpille Gurtstraffer links, R12/13 Zündpille 1 Airbag Fahrer, R12/2 Zündpille Gurtstraffer rechts, R12/21 Zündpille Kopf-/Thoraxbag, R12/4 Zündpille 1 Airbag Beifahrer, S68/15 Schalter Abschaltung, S68/3 Schalter Rückhaltesysteme, S68/4 Schalter Rückhaltesysteme.

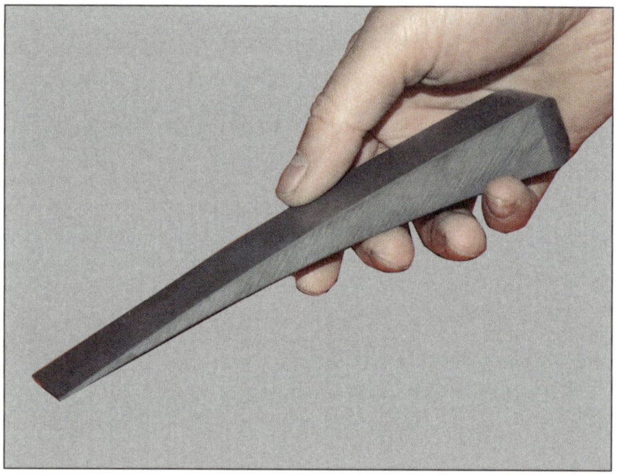

Kommt in die meisten Spalten: Ein Montagekeil ist im Fachhandel für wenige Euro zu erhalten und spart bei Montagearbeiten im Innnenraum oder generell bei Kunststoffteilen oder anderen empfindlichen Flächen eine Menge Ärger und Kratzer.

Sichtprüfung: Eine einwandfreie Funktion hat der Gurt nur, wenn er keine Beschädigungen aufweist. Beschädigungen können nach häufigem Einklemmen in der Tür auftreten.

Zum Thema Sicherheit im Innenraum gehört auch eine regelmäßige Gurtkontrolle. Achten Sie dabei auf Beschädigungen wie Einrisse oder Verfransungen. Solche Verschleißerscheinungen können im Ernstfall zur Achillesferse des Rückhaltesystems werden. Denn sollte der Gurt bei einem Unfall durch die hohe Beanspruchung versagen, dann dort, wo er beschädigt ist. Rollen Sie daher bei der Sichtprüfung bei hellem Tageslicht die gesamte Gurtlänge ab. Fahren Sie mit den Fingern über den gesamten Gurt, und fühlen Sie dabei, ob es Beschädigungen wie oben beschrieben gibt. Nehmen Sie den Gurt auch genauestens in Augenschein. Die Behandlung mit irgendwelchen Mittelchen ist ebenfalls tabu! Denken Sie daran, dass im Falle eines Unfalls mehrere Tonnen am Gurt zerren.

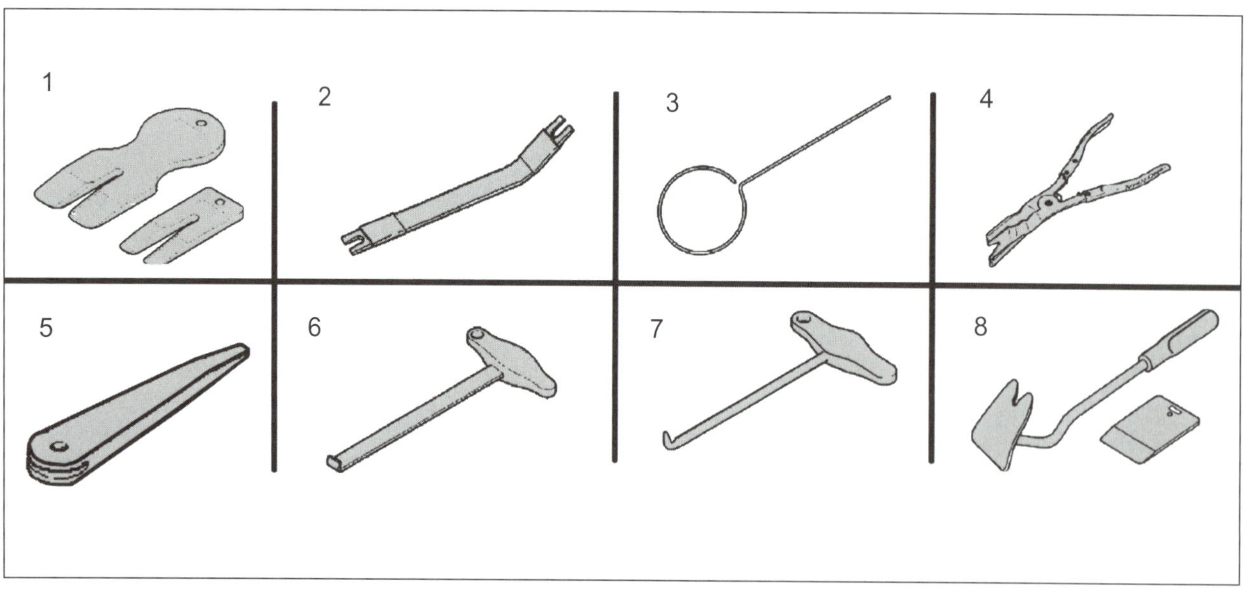

Karosseriewerkzeuge für den Innenraum: 1 geschlitzte Demontagekeile, 2 Lösehebel, 3 Absteckstift, 4 Demontagezange, 5 Demontagekeil, 6 Demontagehaken, 7 Frontend-Haken, 8 Abdrückhebel.

Sitze vorne

Vordersitz: 1 Sitz, 2 Schraube, 3 Sicherheitsgurt am Beifahrersitz, 4 Gurtführung Sitzheizung, 5 Schrauben Seitenairbags, 6 Schraube, 7 Halter, 8 Halter, 9 (X28/4) Steckverbindung Heizkissen, (X28/5) Steckverbindung Heizkissen.

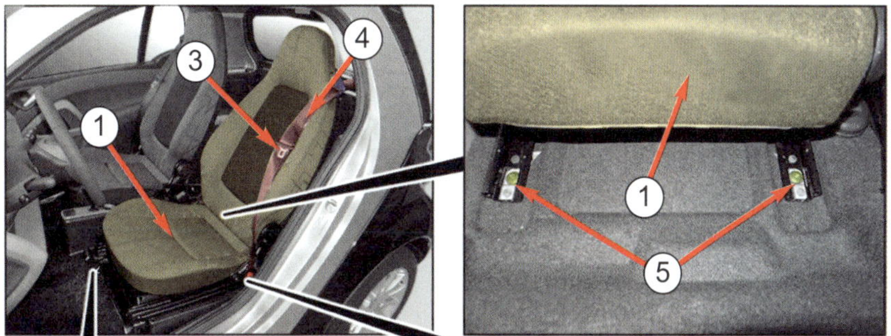

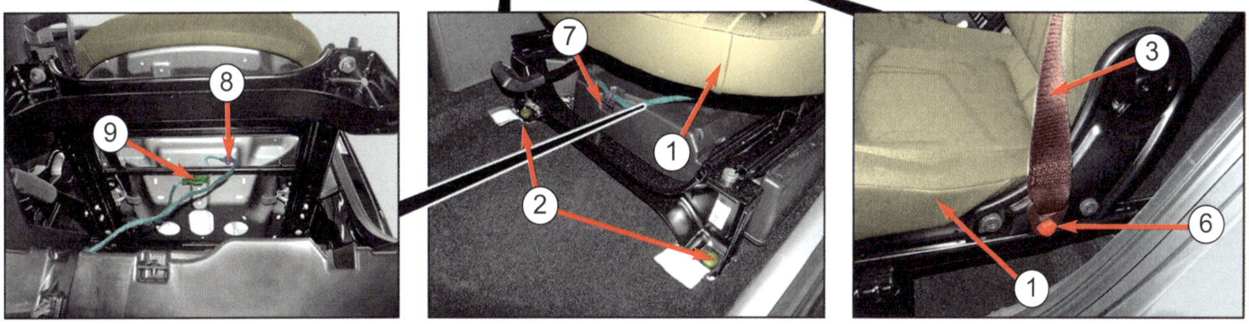

Vordersitz aus- und einbauen

- Masseleitung an der Batterie abklemmen.
- Sicherheitsgurt (3) aus der Gurtführung (4) am Sitz (1) aushängen und die Schraube (6) am Gurtendbeschlag des Sicherheitsgurtes (3) herausschrauben.
- Sitz (1) nach vorn verschieben, Sitzlehne umklappen und Schrauben (5) herausschrauben. Durch leichtes Drücken des Sitzes (1) nach hinten sicherstellen, dass dieser in beiden Laufschienen hörbar eingerastet ist.
- Sitz (1) in die hinterste Stellung verschieben und Schrauben (2) herausschrauben. Durch leichtes Drücken des Sitzes (1) nach vorn sicherstellen, dass dieser in beiden Laufschienen hörbar eingerastet ist. Sitzlehne senkrecht stellen.
- Leitungssatz am Halter (7) freilegen. Bei Fahrzeugen ohne Soundsystem 2 ist der Halter (7) in der vorderen Querstrebe des Sitzes (1) eingeclipst.
- Sitz (1) nach hinten kippen und Leitungssatz am Halter (8) freilegen. Nur am Fahrersitz oder bei Fahrzeugen mit Sitzheizung oder Seitenairbags bzw. Gurtschlosserkennung am Beifahrersitz.
- Steckverbindung Heizkissen Fahrersitz (X28/4) bzw. Steckverbindung Heizkissen Beifahrersitz (X28/5) trennen.
- Steckverbindung Sidebag Fahrersitz bzw. Steckverbindung Sidebag Beifahrersitz trennen.

Bei Fahrzeugen mit Gurtschlosserkennung:

- Steckverbindung GUS Fahrersitz, 2-polig bzw. Steckverbindung GUS Beifahrersitz, 2-polig trennen.
- Sitz (1) aus dem Fahrzeug herausnehmen. Sitz (1) vorsichtig mit einem Helfer aus dem Fahrzeug herausnehmen, da sonst die Verkleidungen und Anbauteile beschädigt werden können.
  Bei Fahrzeugen mit Code (RHD) Rechtslenker befinden sich unter dem rechten Sitz (1) vorn sowie unter dem linken Sitz (1) hinten jeweils Distanzhülsen zum Ausrichten des Sitzes (1).

Die Montage erfolgt sinngemäß in umgekehrter Reihenfolge.

- Fehlerspeicher des Sicherheitsrückhaltesystems mit einem Diagnosesystem auslesen.

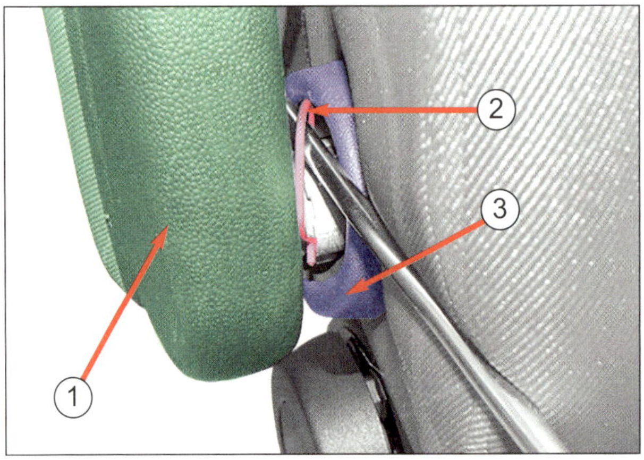

Armlehne am Sitz: 1 Armlehne, 2 Rastfeder, 3 Rosette.

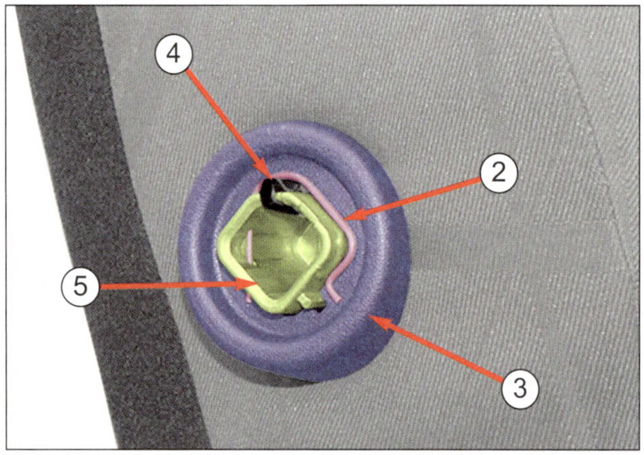

Halter Armlehne am Fahrersitz: 2 Rastfeder, 3 Rosette, 4 Klemmbügel, 5 Halter.

Armlehne aus- und einbauen

Armlehne ausbauen:

- Armlehne (1) hochklappen.
- Rastfeder (2) mit geeignetem Schraubendreher aus der Rosette (3) heraushebeln und anschließend nach oben herausziehen.
- Armlehne (1) aus dem Halter (5) herausziehen.
- Rosette (3) und Klemmbügel (4) abnehmen.

Einbauen

- Rosette (3) auf den Halter (5) aufsetzen.
- Den Klemmbügel (4) auf den Halter (5) aufschieben und Rastfeder (2) einsetzen.
- Armlehne (1) so in den Halter (5) einsetzen, dass die Fase (Pfeil) nach hinten zeigt. Die Rastfeder (2) muss in die Achse der Armlehne (1) eingerastet sein.

Türverkleidungen

Türinnenverkleidung demontieren

Der Ausbau der Türinnenverkleidung ist nicht wie bei normalen Fahrzeugen vorgesehen. Auch wenn es zuerst nicht ersichtlich ist, muss einiges an Vorarbeiten geleistet werden.

Vorarbeiten:

- Serviceklappe ausbauen.
- Linke bzw. rechte Längsträgerverkleidung ausbauen.
- CBS-Front (2) zum Ausbau der linken bzw. rechten Türverkleidung (5) teilweise lösen.
- Türbeplankung ausbauen.
- CBS-Front (2) vorsichtig vom Fahrzeug wegziehen, Türtrennstelle links (X35/1) oder Türtrennstelle rechts (X35/2) trennen und Halteclip (1) an der A-Säule lösen.
- Einbaulage des Dreiecksfensters (9) markieren, Schrauben (8) herausschrauben und Dreiecksfenster (9) an der Tür lösen.
- Abdeckung oben (3) an der Türverkleidung (5) ausclipsen. Die Abdeckung oben (3) wird nur gelöst, sie ist noch mit dem Leitungssatz (13) verbunden.
- Abdeckung unten (4) an der Türverkleidung (5) ausclipsen und abnehmen.

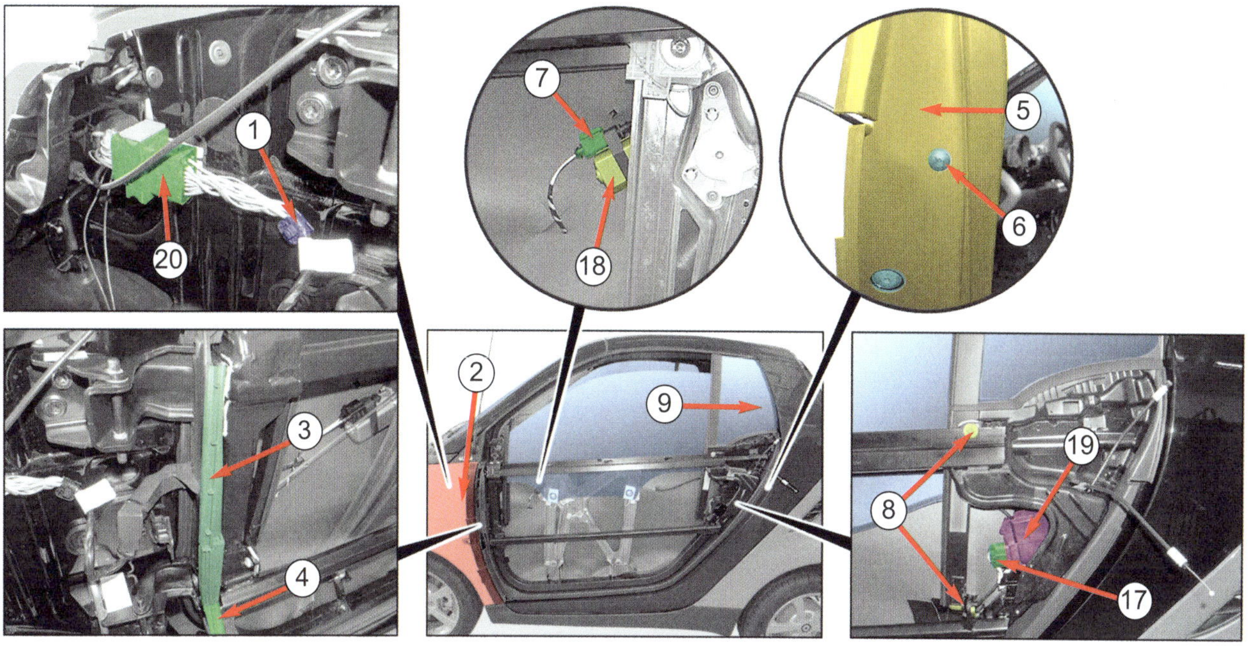

Vorarbeiten: 1 Halteclip, 2 CBS-Front, 3 Abdeckung oben, 4 Abdeckung unten, 5 Türverkleidung, 6 Spreizclip, 7 Steckverbindung Fensterheber, 8 Schraube, 9 Dreiecksfenster,17 Steckverbindung, 18 (M10/3) Fensterhebermotor links/(M10/4) Fensterhebermotor rechts, 19 (M14/5) Motor ZV Tür rechts/(M14/6) Motor ZV Tür links, 10 (X35/1) Türtrennstelle links/(X35/2) Türtrennstelle rechts.

Bei Fahrzeugen mit Kopf-/Thoraxbag:

- Federscheiben (19) entfernen und Beckenprotektor (18) abnehmen. Auf richtigen Sitz des Beckenprotektors (18) in der Klammer (20) achten. Federscheiben (19) erneuern. Beim Aufpressen der Federscheiben (19) die Türverkleidung (5) gegenhalten. Hierbei ist ein Helfer erforderlich.

- Elektrische Steckverbindung (17) am Motor der Zentralverriegelung der Tür trennen.

Bei Fahrzeugen mit elektrischem Fensterheber:

- Elektrische Steckverbindung (7) am Fensterhebermotor trennen.

Bei Fahrzeugen ohne elektrischem Fensterheber:

- Fensterkurbel ausbauen.

Demontage der Verkleidung:

- Tür öffnen und Blende (10) mit Montagekeil (11) im vorderen Bereich ausclipsen. Blende (10) erst im unteren Bereich, wie dargestellt, mit Montagekeil (11) lösen.

- Blende (10) nach vorn schieben und im hinteren Bereich (Pfeil A) aus der Türverkleidung (5) herausführen.

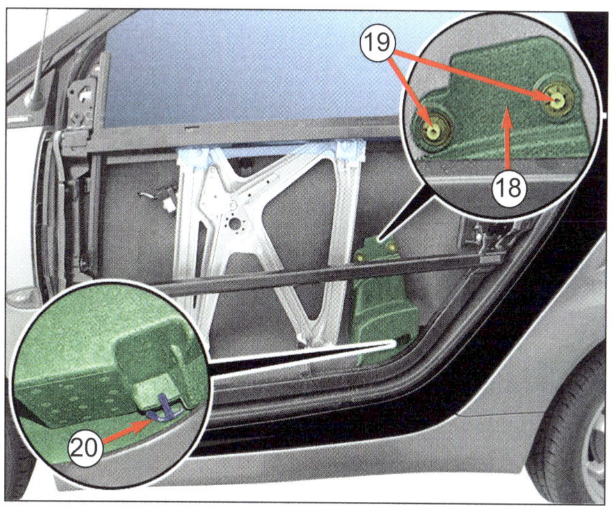

Achtung Airbag: 18 Beckenprotektor (bei Code (I53) Kopf-/ Thoraxbag), 19 Federscheiben, 20 Klammer.

- Schraube (12) hinter der Blende (10) herausschrauben.

- Den Spreizclip (6) ausbauen.

- Die Türverkleidung (5) im unteren Bereich ausclipsen, nach oben schieben und abnehmen, bis der Drahtzug (16) der Türinnenbetätigung (14) zugänglich ist. Helfer erforderlich.

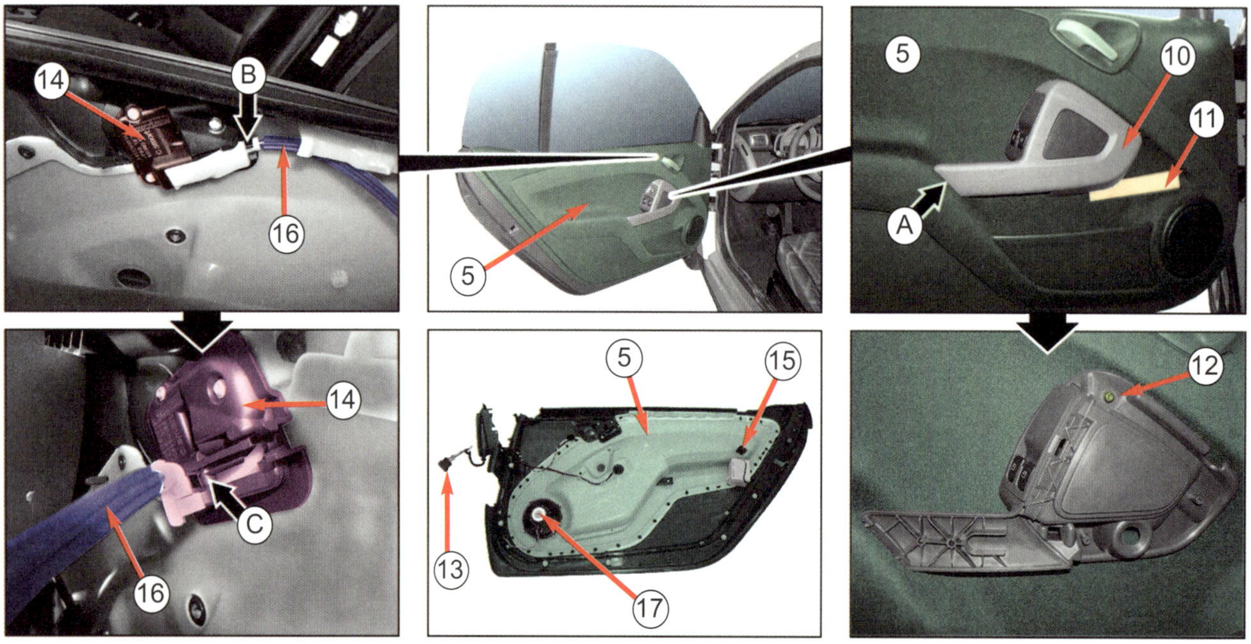

Türverkleidung innen: 5 Türverkleidung, 10 Blende, 11 Montagekeil, 12 Schraube, 13 Leitungssatz, 14 Türinnenbetätigung, 15 Aufprallschutz, 16 Drahtzug, H4/9 Lautsprecher vorn links, 17 (H4/10) Lautsprecher vorn rechts.

- Drahtzug (16) aus der Türinnenbetätigung (14) ausclipsen (Pfeil B) und anschließend aushängen (Pfeil C).

- Die Türverkleidung (5) abnehmen.

Die Montage erfolgt sinngemäß in umgekehrter Reihenfolge.

- Beim Erneuern der Türverkleidung (5) bei Soundpaket Abdämpfung (23) für Lautsprecher an der Türverkleidung (5) einbauen.

- Darauf achten, dass der Aufprallschutz (15) in seiner Führung positioniert ist.

- Beim Einbau der Türverkleidung (5) den Leitungssatz (13) nicht einklemmen, dieser wird sonst beschädigt.

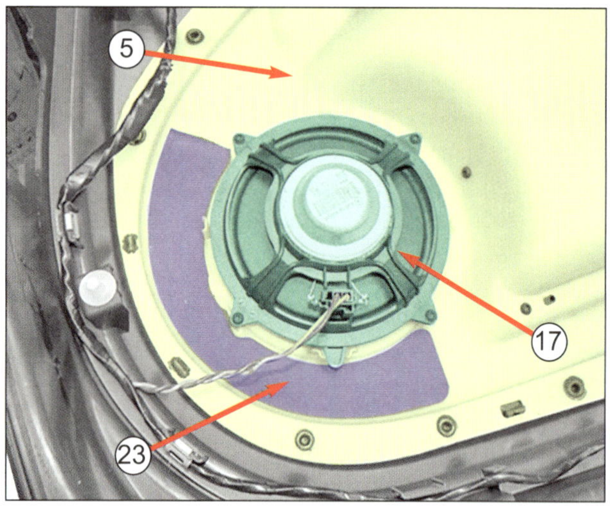

Türlautsprecher: 5 Türverkleidung, 17 (H4/10) Lautsprecher vorn rechts, 23 Dämmung.

Heckverkleidungen

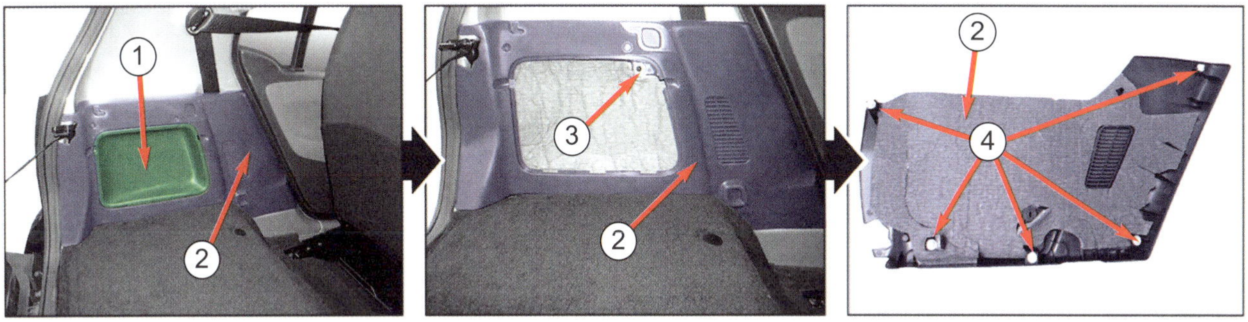

Verkleidung Kofferraum: 1 Abdeckung, 2 Verkleidung Kofferraum, 3 Schraube, 4 Clips.

- Linken bzw. rechten Sitz nach vorn verstellen.
- Beim Ausbau der rechten Verkleidung Kofferraum (2) die Abdeckkappe unten an der rechten Verkleidung Kofferraum (2) ausclipsen und abnehmen.
- Beim Ausbau der linken Verkleidung Kofferraum (2) die Abdeckung (1) an der linken Verkleidung Kofferraum (2) ausclipsen und abnehmen.
- Schraube (3) an der Verkleidung Kofferraum (2) herausschrauben. Bei der rechten Verkleidung Kofferraum (2) befindet sich die Schraube (3) hinter der Abdeckkappe unten.
- Die Verkleidung im Kofferraum (2) ausclipsen und abnehmen. Beim Smart-Surround-Soundsystem die elektrische Steckverbindung am Lautsprecher hinten links beziehungsweise am Lautsprecher hinten rechts trennen.

Die Montage erfolgt sinngemäß in umgekehrter Reihenfolge.

- Die Clips (4) in der Verkleidung des Kofferraums (2) prüfen, ggf. erneuern.
- Den Kantenschutz der Rückwandtür unten im Bereich der Verkleidung Kofferraum (2) mit geeignetem Werkzeug positionieren.

A-Säulenverkleidungen

- Verkleidung am Dachrahmen vorn ausbauen.
- Schraube (2) an der Dachverkleidung seitlich (Beim Typ 451.3) (3) herausschrauben.
- Dachverkleidung seitlich (3) im vorderen Bereich ausclipsen und im Bereich der Verkleidung A-Säule (1) aushaken. Nur die ersten drei Clipverbindungen der Dachverkleidung seitlich (3) lösen.
- Kantenschutz (4) im Bereich der A-Säule lösen.
- Schraube (5) an der Verkleidung A-Säule (1) herausschrauben und die Verkleidung der A-Säule (1) ausclipsen und abnehmen.

Die Montage erfolgt sinngemäß in umgekehrter Reihenfolge.

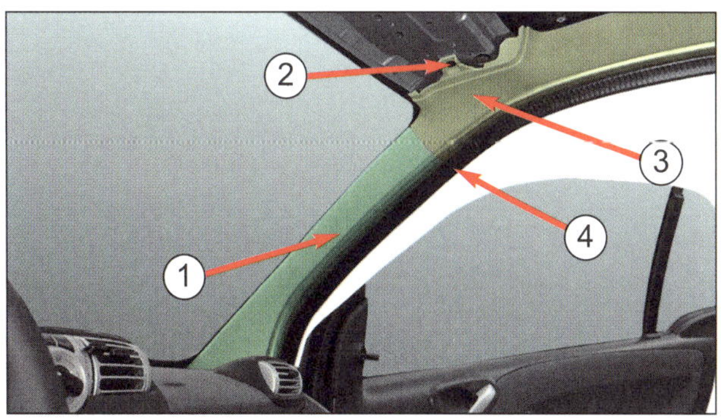

A-Säule: 1 Verkleidung A-Säule, 2 Schraube, 3 Dachverkleidung seitlich, 4 Kantenschutz.

Deckenleuchte ausbauen

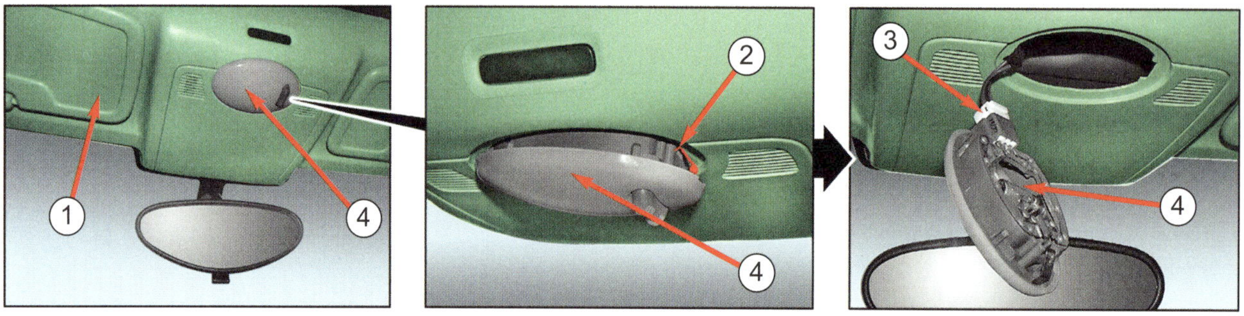

Innenleuchte in der Dachkonsole: 1 Verkleidung Dachrahmen, 2 Verrastung, 3 Elektrische Steckverbindung, 4 (E15/4) Innenraumleuchte vorn.

- Die Verrastung (2) der Innenraumleuchte vorn (E15/4) mit geeignetem Werkzeug ausclipsen. Die Verkleidung Dachrahmen (1) nicht durch Verkratzen beschädigen, da diese sonst erneuert werden muss.
- Innenraumleuchte vorn (E15/4) aus der Verkleidung Dachrahmen (1) herausführen, bis die elektrische Steckverbindung (3) zugänglich ist.
- Die elektrische Steckverbindung (3) trennen und Innenraumleuchte vorn (E15/4) abnehmen.

Die Montage erfolgt sinngemäß in umgekehrter Reihenfolge.

- Abschließend eine Funktionsprüfung der Innenraumleuchte vorn (E15/4) durchführen.

Sonnenblende ausbauen

Die Demontagearbeit ist für beide Sonnenblenden gleich. Wir stellen Ihnen entsprechend die Montagearbeiten an einer Sonnenblende exemplarisch vor.

- Entsprechende Sonnenblende (1) nach unten klappen.
- Schraube (2) der Sonnenblende (1) herausschrauben
- Sonnenblende (1) im vorderen Bereich (Pfeile A) ausclipsen, nach unten aus den Verrastungen herausziehen und abnehmen

Die Montage erfolgt in umgekehrter Reihenfolge.

- Beim Erneuern der rechten Sonnenblende ein Sicherheitshinweisschild an die rechte Sonnenblende (1) anbringen
- Die Sonnenblende (1) mit dem Schminkspiegel muss auf der Beifahrerseite eingebaut werden (passt auch auf der Fahrerseite).

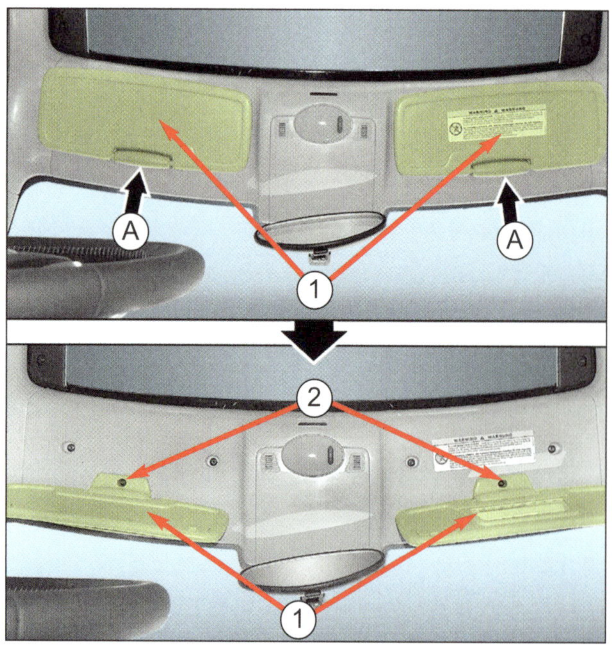

Sonnenblenden vorne: 1 Sonnenblende, 2 Schraube, A vorne.

Verkleidungen Dachrahmen

Verkleidung Dachrahmen vorne aus- und einbauen

- Die Innenraumleuchte vorn wie schon beschrieben ausbauen.
- Linke und rechte Sonnenblende wie schon beschrieben ausbauen.
- Den Innenspiegel wie schon beschrieben ausbauen.
- Linke und rechte Verkleidung A-Säule (5) mit geeignetem Gewebeklebeband (4) in den Übergangsbereichen zur Verkleidung Dachrahmen (1) abkleben.
- Schrauben (3) an der Verkleidung Dachrahmen (1) herausschrauben.
- Linken und rechten Halteclip (7) der Verkleidung Dachrahmen (1) vorsichtig mit geeignetem Werkzeug ausclipsen.
- Verkleidung Dachrahmen (1) vorsichtig über die linke und rechte Verkleidung A-Säule (5) heben.
- Halterungen (6) an der Verkleidung Dachrahmen (1) nach vorn aus den Führungen (9) herausschieben und Verkleidung Dachrahmen (1) abnehmen.
- Bei Fahrzeugen mit Isofix-Kindersitz-Befestigungssystem, oder wenn der Schalter Abschaltung Beifahrerairbag nachträglich eingebaut wurde, muss beim Abnehmen der Verkleidung Dachrahmen (1) die elektrische Steckverbindung der Airbag Off-Kontrollleuchte Kindersitzerkennung getrennt werden.
- Bei Fahrzeugen ab 31.8.10 und Innenraum-Lichtpaket muss beim Abnehmen der Verkleidung Dachrahmen (1) die elektrische Steckverbindung der Ambientebeleuchtung in der Verkleidung Dachrahmen (1) getrennt werden.

Die Montage erfolgt sinngemäß in umgekehrter Reihenfolge.

- Elektrischen Leitungssatz (8) der Innenraumleuchte vorn durch die Öffnung in der Verkleidung Dachrahmen (1) führen.
- Vor dem Einclipsen der Verkleidung Dachrahmen (1) den Kantenschutz (2) im Bereich der Verkleidung A-Säule (5) an der Verkleidung Dachrahmen (1) positionieren. Verdeck ca. 20 cm öffnen und nach dem Einclipsen der Verkleidung Dachrahmen (1) Kantenschutz (2) an der Verkleidung Dachrahmen (1) positionieren.

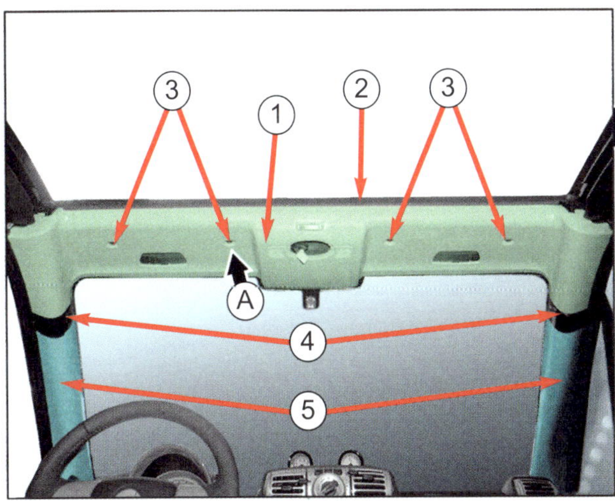

Dachrahmen vorne: 1 Verkleidung Dachrahmen, 2 Kantenschutz, 3 Schrauben, 4 Gewebeklebeband, 5 Verkleidung A-Säule, A Schraubenposition zur Montage.

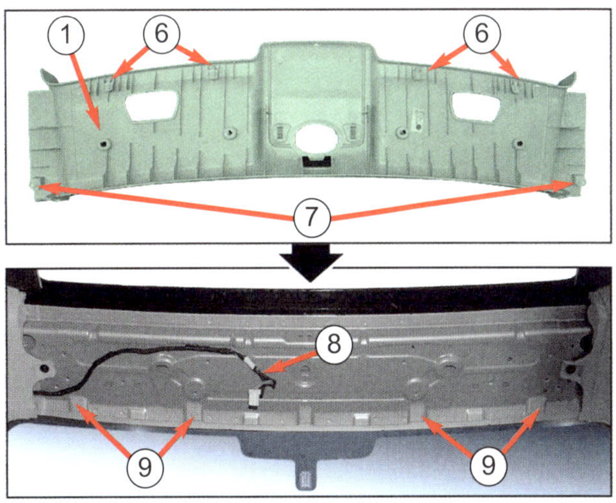

Verkleidung und Dachrahmen: 1 Verkleidung Dachrahmen, 6 Halterungen, 7 Halteclip, 8 Elektrischer Leitungssatz, 9 Führungen.

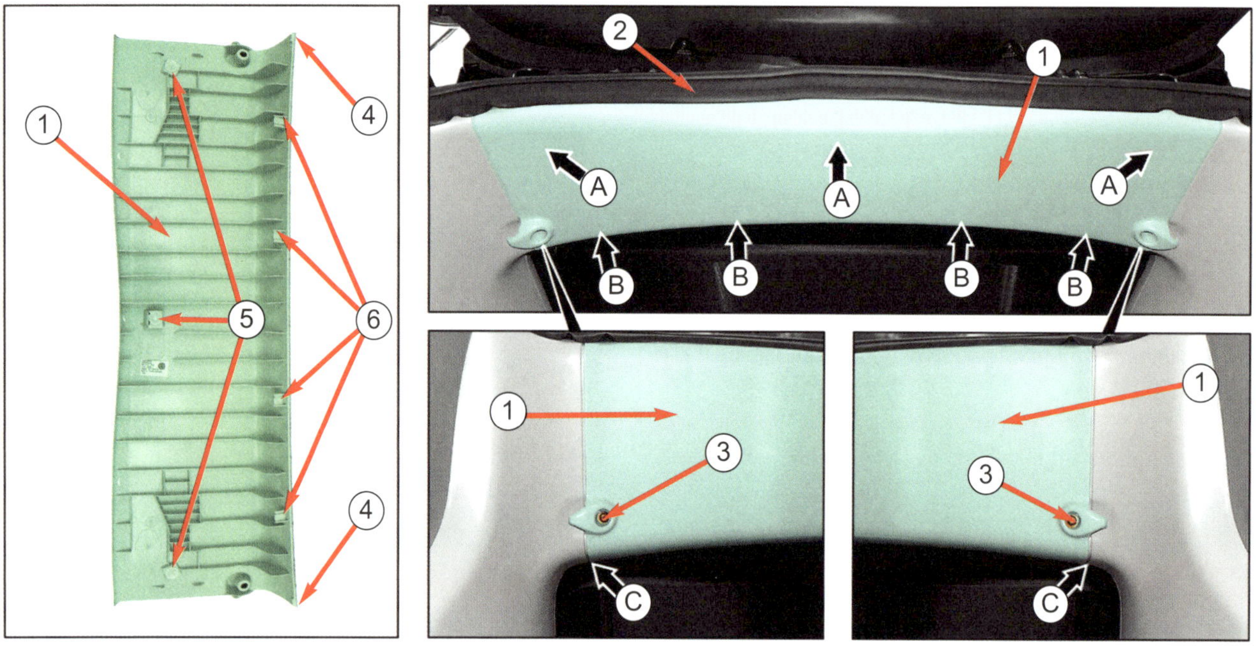

Verkleidung Dachrahmen hinten: 1 Verkleidung Dachrahmen, 2 Kantenschutz, 3 Schraube, 4 Rasthaken, 5 Clips, 6 Halterung.

Verkleidung Dachrahmen hinten aus- und einbauen

- Beide Sitze nach vorn verstellen.
- Die Schraube (3) links und rechts an der Verkleidung Dachrahmen (1) herausschrauben.
- Die Clips (5) der Verkleidung Dachrahmen (1) im gekennzeichneten Bereich (Pfeile A) ausclipsen.
- Rasthaken (4) der Verkleidung Dachrahmen (1) im gekennzeichneten Bereich (Pfeile C) lösen.
- Die Verkleidung des Dachrahmens (1) vorsichtig nach vorn schieben und die Halterungen (6) der Verkleidung Dachrahmen (1) im gekennzeichneten Bereich (Pfeile B) aus der Karosserie aushängen und abnehmen.

Die Montage erfolgt sinngemäß in umgekehrter Reihenfolge.

- Clips (5) der Verkleidung am Dachrahmen (1) in die Karosserie einclipsen und Kantenschutz (2) über der Verkleidung Dachrahmen (1) positionieren.

Verkleidung Dachrahmen seitlich aus- und einbauen

- Die Verkleidung am Dachrahmen hinten ausbauen.
- Die Verkleidung am Dachrahmen vorne ausbauen.
- Die Schrauben (2) an der Verkleidung Dachrahmen seitlich (1) herausschrauben.

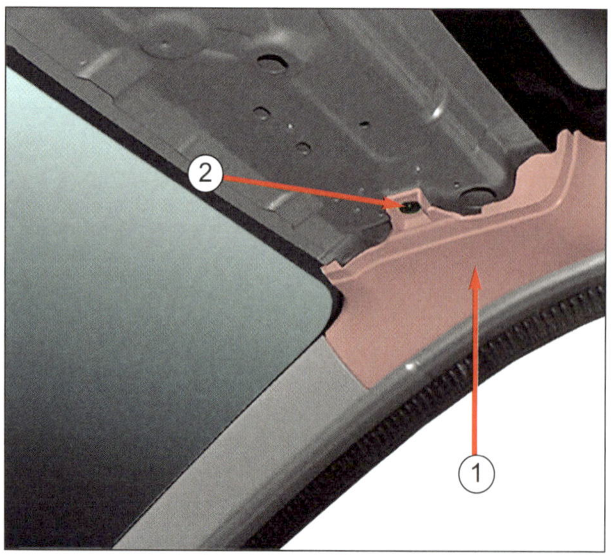

Verkleidungsbefestigung vorne: 1 Verkleidung am Dachrahmen seitlich, 2 Schraube.

- Verkleidung Dachrahmen seitlich (1) ausclipsen und abnehmen.

Die Montage erfolgt sinngemäß in umgekehrter Reihenfolge.

- Kantenschutz (3) ausclipsen und abnehmen. Verkleidung Dachrahmen seitlich (1) positionieren (Pfeil).

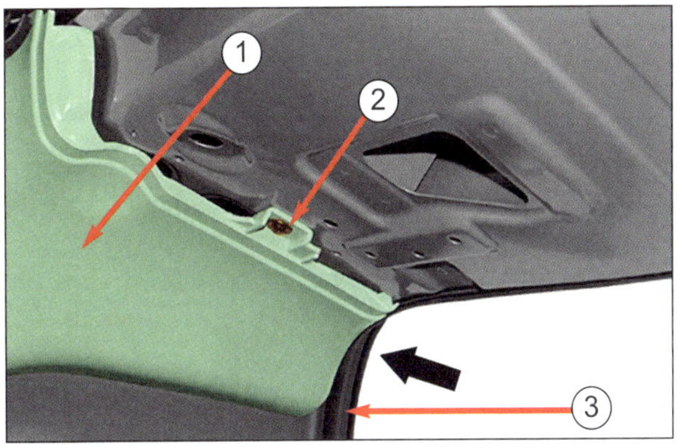

Verkleidungsbefestigung vorne: 1 Verkleidung am Dachrahmen seitlich, 2 Schraube, 3 Kantenschutz.

Verkleidungen Hecktür ausbauen

In der folgenden Beschreibung geht es um die Demontage des inneren Deckels der Hecktüre. Die Demontage der Außenbeplankung ist bereits zu Anfang des Kapitels beschrieben worden.

- Die Türbeplankung (außen) Rückwandtür ausbauen.
- Linken und rechten Bolzen (2) leicht nach hinten ziehen, aus der Halterung (Pfeil) lösen und in Pfeilrichtung (Pfeil B) herausschieben.
- Rückwandtür unten öffnen und Bolzen (2) in Pfeilrichtung (Pfeil C) weiter herausschieben und abnehmen.
- Den Innendeckel (1) nach oben abnehmen.

Beim Erneuern des Innendeckels:

- Den Schaumeinleger (4) an der Innenseite des Innendeckels (1) ausbauen.
- Die Schrauben (5) am Griff (3) herausschrauben und Griff (3) mit den Federn (6) abnehmen

Die Montage erfolgt in umgekehrter Reihenfolge.

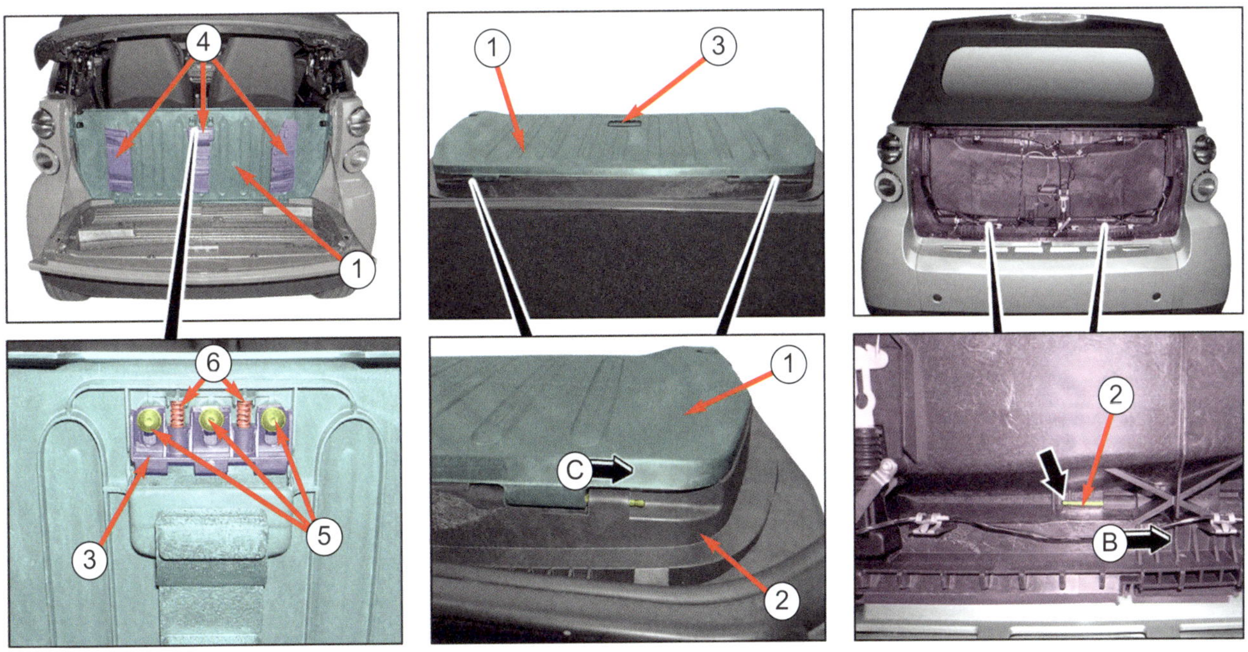

Verkleidung Hecktür innen: 1 Innendeckel, 2 Bolzen, 3 Griff, 4 Schaumeinleger, 5 Schrauben, 6 Feder.

Mittelkonsole ausbauen

Die Vorgehensweise unterscheidet sich zwischen den einzelnen Ausführungen der Schalthebel nicht wesentlich. Auch für die Sportausstattungen der Brabus-Modelle ist die Vorgehensweise in dieser Arbeitsbeschreibung nachvollziehbar. Die nachfolgende Beschreibung kann als allgemeingültig angesehen werden.

- Den Schaltknauf (6) abziehen Bei Fahrzeugen mit Softouch, automatisches Schaltprogramm, darf der Taster (7) nicht gedrückt werden, da der Schaltknauf (6) sonst zerstört wird.
- Handbremshebel (3) anziehen.
- Schalter Verdeckbetätigung ausbauen. Dazu müssen der Schalter seitlich herausgehebelt und der Steckkontakt abgezogen werden.
- Abdeckkappe (4) mit geeignetem Schraubendreher ausclipsen und abnehmen.
- Schraube (5) unter der Abdeckkappe (4) an der Mittelkonsole (2) herausschrauben.
- Mittelkonsole (2) nach vorn schieben und dadurch die Halterung (8) lösen.
- Mittelkonsole (2) abnehmen.
- Beim Erneuern der Mittelkonsole (2) Abdeckung Wählhebel (1) an der Mittelkonsole (2) ausclipsen und abnehmen.

Die Montage erfolgt sinngemäß in umgekehrter Reihenfolge.

- Prüfen Sie die Funktion des Schalthebels und der verbauten Schalter in der Mittelkonsole.

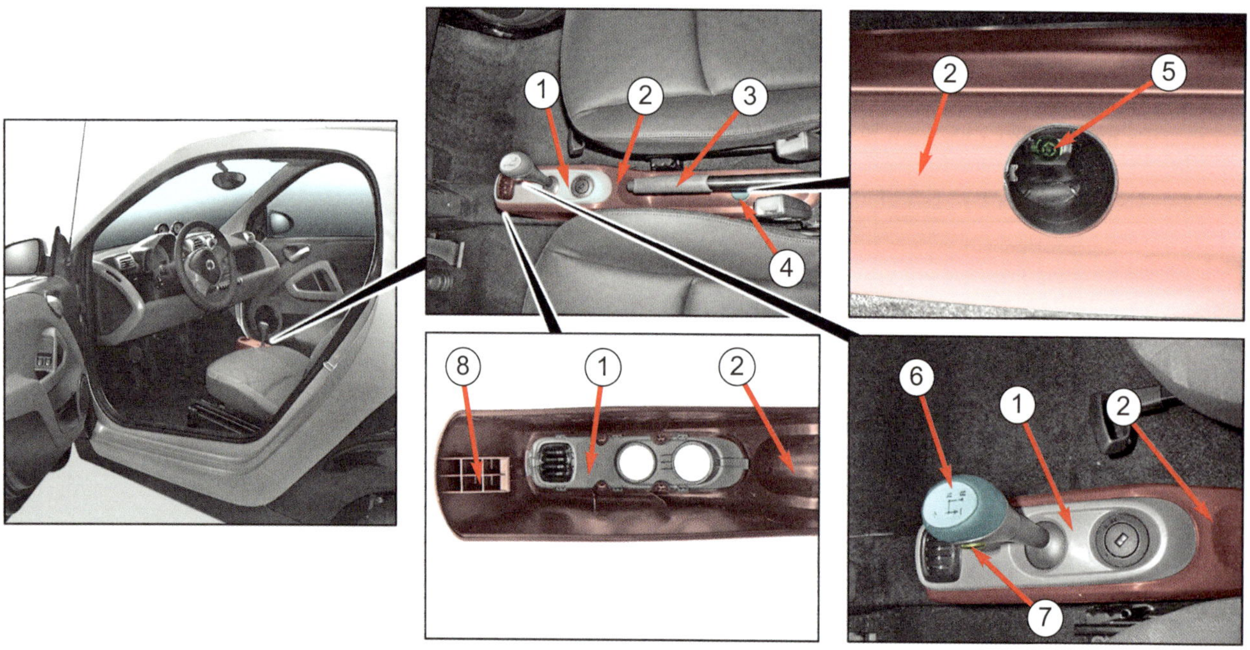

Mittelkonsole vor dem Handbremshebel: 1 Abdeckung Wählhebel, 2 Mittelkonsole, 3 Handbremshebel, 4 Abdeckkappe, 5 Schraube, 6 Schaltknauf, 7 Taster, 8 Halterung.

Elektrische Fensterheber

Störung	Was kann das sein?	Was muss ich tun?
A Fensterscheibe wird nur in eine Richtung verstellt	**1** Schalter defekt	Schalter auswechseln
B Fensterscheibe wird in keine Richtung verstellt	**1** Fensterscheibe schwergängig, Sicherung wegen Überlastung des Motors durchgebrannt	Fensterscheibe in den Führungen gängig machen, Sicherung erneuern
	2 Fensterheber wird nicht angesteuert	Fehlerspeicher abfragen (lassen) Fensterhebermotor prüfen
C Fensterscheibe wird im ganzen Verstellbereich zu langsam verstellt	**1** Fensterscheibe in den Führungen verklemmt	Spiel der Scheiben prüfen, ggf. korrigieren
	2 Kabelverbindungen defekt oder oxidiert	Überprüfen, reinigen ggf. auswechseln
	3 Schalter defekt oder oxidiert	Überprüfen, ggf. auswechseln
D Fensterscheibe wird an der oberen Grenze des Verstellbereichs zu langsam verstellt	**1** Fensterscheibe in den Führungen verklemmt, Aufnahmen gebrochen	Reparatursatz Fensterheber verbauen

Elektrik

Während der Kraftstoff als ausgesprochen wertvoll gilt, wird die Stromversorgung sträflich vernachlässigt. Früher oder später rächt sich das: Misteriöse Fehlfunktionen oder sogar der Totalausfall des Bordnetzes sind die Folge. Wir verraten Ihnen, wie sich das mit wenig Aufwand vermeiden lässt und wie Sie zusätzlich Geräte anschließen können.

Ein Auto braucht im Wesentlichen drei Dinge, um zu fahren: Kraftstoff, Luft und Zündung. Alle diese Dinge werden durch elektrische Bauteile gesteuert, geregelt und durch Elektronik beeinflusst.
Während der Kraftstoff als ausgesprochen wertvoll gilt, wird die Stromversorgung sträflich vernachlässigt. Früher oder später rächt sich das: Mysteriöse Fehlfunktionen oder sogar der Totalausfall des Bordnetzes sind die Folge.
»Na klar, früher war alles einfacher!«, denkt man. Stimmt aber nicht. Es ist neu, das Datenbussystem im Auto, ist aber real leichter zu prüfen. »Früher ...«, ruft mir der Altgeselle zu,»... hamwa alles noch mit der Prüflampe ...!!!«. Das Argument, dass man manchmal das halbe Auto zerlegt hat, lässt er kaum gelten. Die Prüflampe gehört nun endgültig, schön in Kupfer, Stahl und Hausmüll getrennt, auf den Recyclingweg. Und einfacher war es auch nicht! Die guten Mechaniker haben die meisten Standardschaltpläne im Kopf und müssen meist nur wegen der Kabelfarben oder dem Einbauort im Schaltplan schauen.
Und genau das ist jetzt zwar anders, aber nicht schwerer. Die OBD ermöglicht Messungen und Funktionsprüfungen an Bauteilen, ohne die entsprechenden Bauteile überhaupt zu Gesicht zu bekommen. Dazu aber etwas später.

Was ist eigentlich der Unterschied zwischen Elektrik und Elektronik?

Von der Elektrik spricht man bei Bauteilen, die nach einem einfachen physikalischen Prinzip funktionieren. Kabel: »Stromleitung durch freie Elektronen«, Elektromotor: »Drehbewegung durch Einwirken elektrischer Feder auf Festmagneten«. Die Elektronik beschreibt alle Bauteile, die durch andere elektrische Bauteile oder Größen beeinflusst steuern oder regeln können. Eine klare Grenze gibt es aber nicht. Betrachtet man beispielsweise die Lichtmaschine, würde man sie sicherlich jetzt der »Elektrik« zuordnen. Die Ladespannung wird aber »elektronisch« geregelt. Der Übergang zwischen diesen beiden Begriffen ist also eher fließend.

Vernetzung

Seit ungefähr1980 ist zur Datenübertragung im Fahrzeug der CAN-Daten-Bus Industriestandard. Über eine, zwei Leitungen oder sogar über Glasfaserkabel werden elektrische Signale mit einer Übertragungsrate von bis zu 500 kBit/s zwischen den einzelnen Steuergeräten ausgetauscht. Der Code enthält neben den Daten auch Informationen, für welches Steuergerät seine Daten relevant sind. Die Dateninformationen werden in einer bestimmten »Sprache« übermittelt. Schließlich müssen die Informationen auch hinsichtlich Dringlichkeit sortiert werden. Die Motortemperatur ändert sich beispielsweise deutlich langsamer als der zeitliche Abstand der Zündung oder die erforderliche Kraftstoffmenge. Neben dem ursprünglichen Netz sind mittlerweile mehrere Datennetze mit unterschiedlichen Geschwindigkeiten, Aufgaben und Ausführungen im Fahrzeug verbaut, die den möglichst reibungslosen Betrieb gewährleisten sollen.
Es gibt eigentlich zwei Argumente für die Datenbusvernetzung. Zum einen die Sparsamkeit und zum anderen die Flexibilität des Systems. Die Anbindung an ein Datennetz ermöglicht es tatsächlich, etliche Meter Kabel an einem Fahrzeug einzusparen.
Natürlich ist der Datenbus im Smart 450 und 451 noch nicht so weit ausgeprägt wie die Netzwerksysteme an den modernen Fahrzeugen heute. Zwischen Motorsteuergerät und ABS wurde schon damals ein CAN-Datenbus eingesetzt.
Heutzutage werden alle Steuergeräte in durchaus auch unterschiedlichen Datennetzen übermittelt. So können einzelne Sensoren für unterschiedliche Aufgaben ausgewertet werden und natürlich auch die unterschiedlichsten Funktionen auch unterschiedlicher Systeme zusammengeführt werden. Ein typisches Beispiel hierfür an modernen Fahrzeugen sind die ABS-Sensoren. Beim Ihrem Smart erfassen sie die Raddrehzahl für das ABS-System. Wenige Fahrzeuggenerationen weiter, wird mit ihnen die ESP-Regelung, natürlich das ABS, der Tachometer und, um beim Cabrio zu bleiben, auch die Verdeckbewegung bis zu einer gewissen Geschwindigkeit zugelassen.

Sprit, Luft und Zündung: Die Basis für jeden Motorlauf. Ob Diesel oder Benziner: immer etwas anders, die Wirkung bleibt gleich.

Fehlersuche und Diagnose

Bei einem Fehler in der Elektronik ist guter Rat teuer. Denn das Ermitteln der Fehlerquelle, die so genannte Diagnose, ist heutzutage ohne ein entsprechendes Diagnosetool, wie im Bild zu sehen, nicht möglich. Diagnosegeräte können dabei aber weitaus mehr als nur den Fehlerspeicher auslesen. Das moderne Fahrzeugsystem verbindet gleich mehrere Funktionen miteinander. Eine geführte Fehlersuche erläutert dem Servicetechniker ein schrittweises Vorgehen zum Beheben des aufgetretenen Fehlers. Niemals sollte die erste Hilfe nach gut nachbarschaftlichem Rat erfolgen. Setzen Sie das Steuergerät beispielsweise durch mehrstündiges Abklemmen der Batterie zurück, wird zwar der Fehlerspeicher gelöscht, aber neben dem Radiocode (der sich wieder eingeben lässt) gehen alle Feinabstimmungsdaten (so genannte Adaptionswerte) die das Steuergerät selbst ermittelt hat, verloren. Im schlimmsten Fall wird durch das mehrstündige Abklemmen auch die Software beschädigt und das Auto läuft nicht mehr. Mit etwas Glück kann der freundliche Hersteller-Partner diese wieder aufspielen. Gelingt das nicht, wird die Neuanschaffung eines

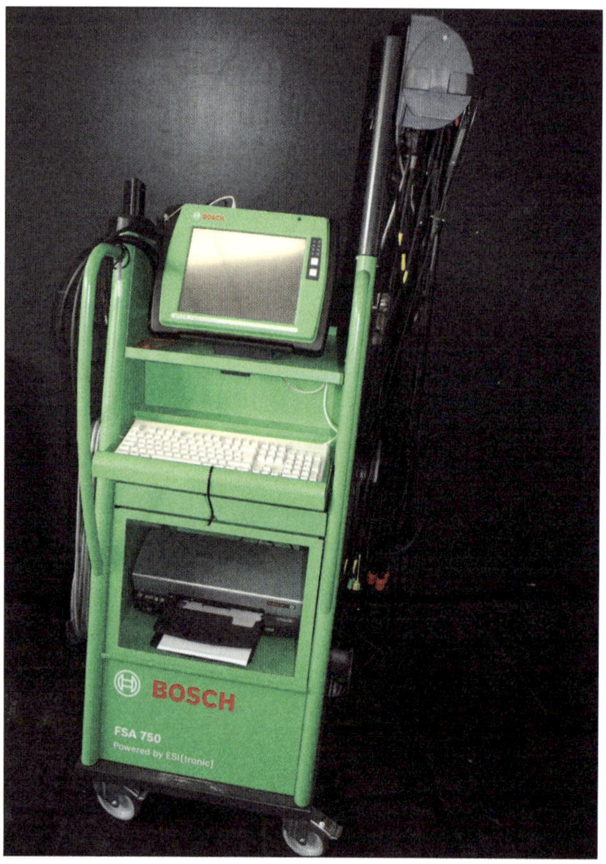

Multitalent: Der Umgang mit dem Multimeter ist nicht schwer und doch sehr hilfreich. Spannung, Stromstärke oder der Widerstand eines Verbrauchers können leicht ermittelt werden.

Steuergerätes (könnten auch mehrere werden…) und die Anpassung an das System unumgänglich. Bei jeder Art von Messungen sollte immer ein Dauerladegerät angeschlossen werden, um die Bordnetzspannung aufrecht zu halten.

Garnicht so wenige Störungen an der Elektrik lassen sich mit einfachen Mitteln beheben. Man muss sich natürlich etwas auskennen, weswegen wir Ihnen Grundbegriffe erläutern und Hilfen bieten wollen. Wie bei anderen Baugruppen auch, gehören dennoch viele Störungen in die Fachwerkstatt oder zu einem versierten Mechaniker. Hilfen hierzu werden auch im Buch »Reparaturanleitung« unseres Verlages genauer beschrieben.

On Board Diagnose (OBD)

Seit den 1990er-Jahren sind alle Automobilhersteller gesetzlich dazu verpflichtet, die abgasbeeinflussenden Systeme während des Fahrbetriebs permanent zu überwachen und auftretende Fehler zu speichern. Die On Board Diagnose in Ihrem Smart erfüllt genau diese Aufgabe. Das System ist ebenso in der Lage, Fehler zu erkennen, wie auch abzuspeichern. Es informiert ggf. auch den Fahrer über eine Anzeige im Cockpit um ihn so dazu zu veranlassen, die Werkstatt aufzusuchen.

Anschlussdose: Die Verbindung zwischen Auto und Tester.

Die im Smart eingesetzte OBDII ist in der Lage, bei der Eigendiagnose die Fehlerart (Unterbrechung, Kurzschluss, unplausibles Signal), den Fehlerstatus (sporadisch, resistent) und die Fehlerquelle zumindest im System zu erkennen. Dies erleichtert der Werkstatt die Fehlersuche (das Auftrennen verschiedener Steckverbindungen mit anschließenden und aufwendigen Funktions- und Bauteileprüfungen wird oftmals unnötig). Zur Informationsübertragung wurde eine Diagnoseschnittstelle geschaffen, die eine Kommunikation zwischen den eingesetzten Steuergeräten und einem angeschlossenen Diagnosetester ermöglichen.
Der Informationsfluss ist in beide Richtungen möglich, das heißt zusammen mit dem Werkstattreparaturleitfaden hilft dieses System der Werkstatt das Einkreisen des Fehlers zu beschleunigen, die Reparatursicherheit zu erhöhen und damit auch Reparaturkosten zu senken. Die Diagnosegeräte haben sich mittlerweile vom einfachen Fehlerauslesegerät zu richtigen Hightechrechnern mit Eingriffsmöglichkeiten in die Steuergeräteumgebung entwickelt. Damit ein solches System funktionieren kann, müssen alle Systeme miteinander vernetzt sein und untereinander kommunizieren können. Dies ermöglicht der so genannte CAN-Daten-Bus.

WISSENSWERTES

Grundbegriffe der Elektrik

Spannung (Volt): Vergleichbar mit dem Druck in einer Wasserleitung. Je größer der Druck, umso schärfer der Strahl. Autos benutzen derzeit ein 12 Volt-Bordnetz, in naher Zukunft wird die Voltzahl wohl deutlich erhöht. Besonders hohe Spannungen werden in Zündanlagen bereitgestellt. Bis zu 40 000 Volt sorgen dafür, dass der Strom auch größere Distanzen überspringen kann. Im Grunde soll er das aber nur an der Zündkerze, weshalb alle spannungsführenden Teile gut isoliert sind.

Stromstärke (Ampere): Vergleichbar mit der Durchflussmenge am Wasserhahn. Neben der Spannung, die zu Stromüberschlägen führen kann, ist die Stromstärke das eigentlich Gefährliche am Strom. Wird dicht an der Stromquelle ein Kurzschluss verursacht, fließt maximaler Strom. Vergleichbar einem Wasserrohrbruch, der eine ganze Straße unter Wasser setzen kann.

Leistung (Watt): Das Produkt aus Spannung und Strom gibt an, welche elektrische Arbeit ein Verbraucher abgibt beziehungsweise aufnimmt. Das hängt wiederum von dessen Widerstand ab. Bildlich gesprochen: Der wenig geöffnete Wasserhahn kann bei hohem Druck die gleiche Menge abgeben wie ein voll geöffneter Hahn bei geringem Druck. Wie viel entnommen werden soll, bestimmt allein der Verbraucher und dessen Aufnahmefähigkeit.

Widerstand (Ohm): Fließt der Strom ungehindert, ist der Widerstand = 0. Bei einer Unterbrechung des Stromkreises dagegen unendlich. Jeder Verbraucher bietet normalerweise einen gewissen Widerstand, wenn auch zum Teil einen sehr geringen. Kurzschluss: Wenn Sie zum Beispiel mit einem Schraubenschlüssel beide Batteriepole verbinden, kann durch den massiven Stahl fast unendlich Strom fließen. Das schweißt sogar den Schlüssel an den Polen fest! Vor Kurzschlüssen im Bordnetz schützen Schmelzsicherungen mit ihrer dünnen Drahtbrücke. Dieser Draht ist das genau definierte schwächste Glied im Stromkreis und brennt bei Überlastung durch. Der Stromfluss wird somit unterbrochen und weiterer Schaden vermieden.

Das Bordnetz

Ihr Smart ist in allen Versionen vom Start an auf elektrische Energie angewiesen. Alle für den Fahrbetrieb, die Sicherheit und die Bequemlichkeit eingebauten Systeme und die gesamte Lichtanlage sind ohne sie arbeitsunfähig.

Batteriezelle in Scheiben: 1 Zellbrücke, 2 Plusplatte, 3 Minusplatte mit Trägergitter, 4 Separator, 5 Batteriegehäuse, 6 Batteriepol.

Batterie

Startenergie bereitzustellen, ist die wichtigste Aufgabe der Batterie auf der rechten Fahrzeugseite Ihres Smart. Defekte Verbraucher, Selbstentladung durch lange Standzeiten oder eine Tiefentladung durch einen nicht abgeschalteten Verbraucher können Ausfälle verursachen. Diese Fehler zu finden, kann durchaus eine kniffelige Sachen sein. Eine ausgebaute Batterie oder den Akku in einem vorübergehend stillgelegten Fahrzeug aufzuladen, ist hingegen leicht zu schaffen. Die Funktionen des Dauerladers werden wir etwas später noch vorstellen. Soweit Sie kein Dauerladegerät benutzen, sollten Sie die Batterie einmal im Monat laden. Denn zum Anlassen sind bei einem kleinen warmen Motor schon durchaus 400 W erforderlich. Bis zu 2000 W können bei Kaltstart abgefragt werden.

Dauerladegerät im Einsatz: Ob nun aufgeladen oder die Ladung erhalten werden soll, gute Geräte arbeiten selbsttätig.

Generator

Der Drehstromgenerator (im Volksmund »Lichtmaschine«) versorgt vom Motor angetrieben schon bei Leerlauf alle elektrischen Aggregate mit Strom und lädt ständig.

Generator im Schnitt: 1 Wicklungen mit drei Phasen, 2 Antriebswelle, 3 Gehäuse, 4 Regler mit Kohlen, 5 Kollektor, 6 Diodensatz.

die Batterie auf. Er bringt es auf mehr als 2 kW Elektroenergie. Leistungsdioden besorgen die Gleichrichtung dieses Wechselstroms. Der Generator im Smart ist wartungsfrei, die Schleifkohlen sind für 100.000 km gut.
Je schneller die Lichtmaschine dreht, umso höher die Spannung. Ein Regler schützt vor Überspannungen und verhindert Überladen der Batterie. An die Lichtmaschine angeschraubt, reguliert er die Betriebsspannung je nach Temperatur auf Werte zwischen 13,8 und 14,5 Volt im »14-Volt-Toleranzfeld«.

Anlasser

Der Smart ist mit dem üblichen Schub-Schraubtrieb-Anlasser ausgestattet, der sich vorn am Motor befindet. Sein Magnetschalter (1, Bild 3) trägt die Anschlüsse Klemme 30 (Pluskabel der Batterie) und Klemme 50 (Startfreigabe vom Bordnetzsteuergerät).
Tut sich mal beim Starten gar nichts und könnte es der Anlasser sein: Kontakte überprüfen, durchmessen, vielleicht ausbauen und auswechseln. Magnetschalter, Schleifkohlen oder ein Lager-Verschleiß sind mögliche Ursachen.

Fehler an der Elektrik

Nötige Arbeiten sind nicht immer von der komplizierten Elektronik verursacht. Pflege und Wartung der Batterie, Ersetzen von Lampen im ausgedehnten Beleuchtungssystem oder Austausch von Sicherungen können Sie durchaus bewältigen. Dazu geben wir Ihnen später einige Tipps.

Schub-Schraubtrieb-Anlasser: Das Bosch-Gerät zeigt die auch im Smart zu findende Bauform. (1) Magnetschalter.

Die Beleuchtung

Die Fahrzeugbeleuchtung ist ein zentrales aktives Sicherheitselement. Auch das Fahren mit Licht am Tag ist inzwischen aktuell. Serienmäßig ist kein Tagfahrlicht verbaut. Diese Ausrüstung gab es zum Produktionszeitpunkt noch nicht.

Für Sicherheit auf der Straße

Tagfahrlicht soll nach einschlägigen Untersuchungen die Sichtbarkeit eines Fahrzeuges erhöhen. Das mag zwar stimmen, verschlechtert aber die besondere Aufmerksamkeit für Motorradfahrer, die eigentlich schon immer mit Licht am Tag unterwegs sind. Wenn Sie mit Ihrem Smart mit Licht am Tag fahren möchten, bleibt Ihnen das Einschalten des Abblendlichtes oder die Nachrüstung von Tagfahrlicht im Bereich des vorderen Stoßfängers. Der Einbau ist je nach Ausführung Ihres vorderen Stoßfängers, etwas schwieriger. Flache LED-Leuchten können allerdings Platz in den unteren Kühlluftschlitzen des Stoßfängers finden. Achten Sie bei einer geplanten Montage darauf, einen Steckkontakt gut zugänglich im Bereich des Frontträgers zu platzieren. Der Steckkontakt sollte idealerweise nicht im Spritzwasserbereich liegen. Die Leuchten müssen ein »E-Prüfzeichen« aufweisen.

Frontscheinwerfer: als DE-Ausfuhrung mit Freiflächenfernlicht, Standlich und Blinker.

Die Scheibenwischanlage

Auch die Scheibenwischer und die Scheibenwaschanlage ähnelt der konventionellen Anlage nur auf den ersten Blick. Nicht nur die Lage der Wischer und das Ineinanderkämmen der Wischerarme ist etwas besonders. Das Ergebnis der Wischerblattführung ist ein vergrößertes Sichtfeld zu beiden Seiten. Der Scheibenwischerhebel schaltet nicht mehr den Arbeitsstrom des Scheibenwischermotors. Er ist lediglich eine Eingabinformation für das Bordnetzsteuergerät. Der Motor wird dann durch das Bordnetzsteuergerät geschaltet.

Lasterkennung und Sonderfunktionen

Die Ansteuerung über das Bordnetzsteuergerät »SAM« ermöglicht viele Funktionen die über die normale Schalterbetätigung nur sehr aufwändig realisiert hätten werden können. Ein typisches Beispiel ist die automatische Wischfunktion. Über den Wischerschalter wird durch die Schalterstellung die Funktion aufgerufen. Der Licht und Regensensor auf der Windschutzscheibe erkennt die Tropfenbildung auf der Scheibe und schaltet den Wischer nun solange und so schnell wie erforderlich zu bis die Tropfen nicht mehr erkennbar sind. Auch kann die Stromaufnahme durch das Bordnetzsteuergerät erfasst werden. So kann auf Softwarebasis ein Überlastungsschutz für den Wischermotor umgesetzt werden.

Relais und Sicherungen

Damit Sie die Elektrik Ihres Autos einfach, zuverlässig und sicher nutzen können, gibt es Schaltstellen, Leitungsstränge und Sicherheitsvorkehrungen. Die zahlreichen Schalter und Taster können auch schon mal Ursache für Störungen sein. Mit Multimeter kontrollieren, defekte Schalter auswechseln: Zündung und Verbraucher ausschalten, Zündschlüssel abziehen.

Schutz der Systeme

Verbraucher, die einen hohen Strom aufnehmen, werden durch Schaltrelais in Betrieb genommen. Erst über das Schließen des Schaltstromkreises wird von ihnen der Arbeitsstromkreis hergestellt. Für den Schutz der elektrischen Systeme sorgen Schmelzsicherungen. Wo sich Relaisträger und Sicherungshalter befinden, zeigen wir weiter hinten. Für Sie am wichtigsten: Sicherungen im Halter links unten in der Schalttafel (Bild unten).

Bauteilkennung und Kabelfarben

In den Stromlaufplänen haben alle Bauteile Kennbuchstaben in Kombination mit Zahlen. Die Kabel sind mit Farben gekennzeichnet, und die meisten Anschlüsse an den Mehrfachsteckern wie an den Relais sind nummeriert.

Sehr groß: Wischbereich der Scheibenwischer beim Smart Fortwo.

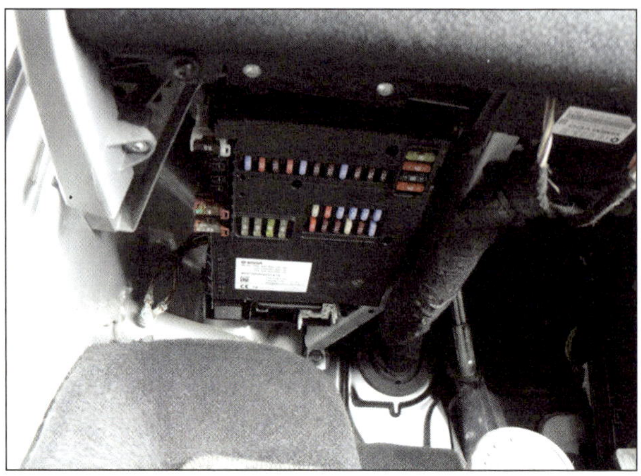

Schutz der Elektrik: Sicherungshalter im Fußraum.

Batterie: Sichtprüfung und richtige Behandlung

- **Sichtprüfung:** Zündung ausschalten, Zündschlüssel abziehen, Motorhaube öffnen. Die Batterie links im Motorraum hat eine flexible Hülle oder steckt in einem verriegelbaren Kunststoffkasten. Auf Schäden am Gehäuse untersuchen. Wenn Säure ausgelaufen ist: Stellen mit Säurewandler oder Seifenlauge reinigen. Undichte Batterien auswechseln!

- Sind die Batteriepole (Bild 1 Minuspol mit Klemme) beschädigt? Der nötige Kontakt der Klemmen muss unbedingt gewährleistet sein. Oxidkristalle an Batterieklemmen mit warmem Sodawasser abwaschen oder mit Säurewandler Neutralon behandeln.

- Die Batteriepolklemmen (Bild 1) müssen korrekt aufgesteckt und festgezogen sein, weil es sonst zu Leitungsbränden und Störungen kommen kann. Der Funktionszustand des Fahrzeugs ist dann in erheblichem Maße nicht mehr gewährleistet. Polklemmen gewaltfrei von Hand aufstecken, um das Gehäuse nicht zu beschädigen. Die Muttern (3, Bild 1) werden mit 6 Nm festgeschraubt.

- Die Batterie muss fest in ihrer Halterung (Bild 2) sitzen. Schraube (3) mit 20 Nm anziehen. Lockerer Sitz verkürzt durch Erschütterungen die Batterielebensdauer, kann zu Schäden an den Batterieplatten führen und stellt eine Gefährdung durch Explosions-Möglichkeit dar.

- **Batterie richtig behandeln:** Um lange Gebrauchstüchtigkeit zu gewährleisten, muss die Batterie sachgemäß geprüft, gewartet und gepflegt werden. Hinweise (Piktogramme) auf der Oberseite und in der Betriebsanleitung beachten!

- Reihenfolge beim Ab- und Anklemmen: Zuerst Minuspol, dann Pluspol abklemmen. Beim Anklemmen erst Plus-, dann Minusklemme (»Masseband«) aufstecken. Verpolung und Kurzschlüsse vermeiden!

- Wenn die Batterie längere Zeit im abgestellten Fahrzeug verbleibt, sollte der Minuspol abgeklemmt werden.

- Für die neue Batteriegeneration weist Volkswagen an: »Keine Etiketten entfernen und kein destilliertes Wasser auffüllen. Nur Sichtprüfungen vornehmen!«

- Nach Wiederanklemmen der Batterie Grundprogrammierung mit dem Werkstattsystem (VAS 505x) vornehmen. Einige Funktionen »lernt« das Elektrik-System auch wieder selbst.

Anmerkung: Mit »AGM« gekennzeichnete Blei-Säure-Akkus sind Vliesbatterien, wartungsfrei mit festem Elektrolyt. Dieser ist in einem Mikroglasvlies (»Absorbent Glas Material – AGM«) festgelegt. Die Batterie ist verschlossen und hat Ventile. Vliesbatterien stets durch Vliesbatterien ersetzen!

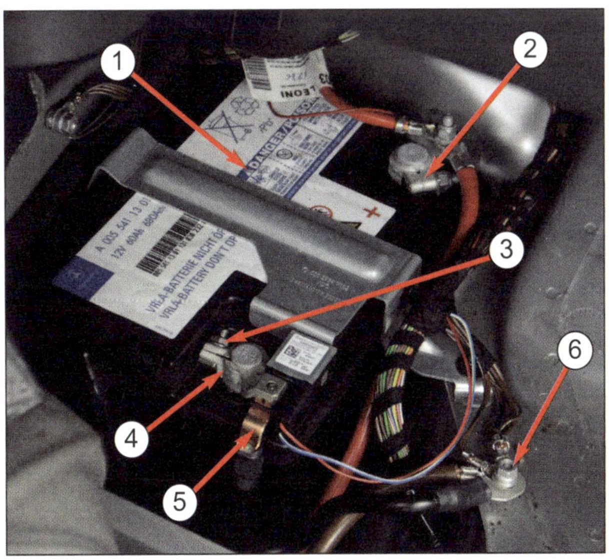

Polklemme: (1) Batterie, (2) Plusklemme, (3) Klemmenmutter, (4) Minusklemme, (5) Masseband, Masseschraube.

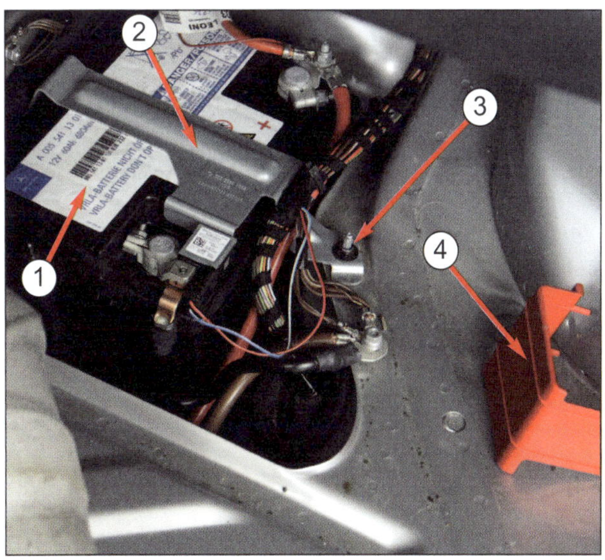

Batteriehalterung: (1) Batterie, (2) Klemmplatte, (3) Befestigungsmutter, (4) aufsteckbarer Abdeckung Pluspol.

Batterie warten und prüfen

Sie führt ein unbeachtetes Dasein in einer möglichst versteckten Ecke und wird schon nach wenigen Einsatzjahren oft schon wieder in den Recyclingkreislauf zurückgeführt. Die Batterie kann aber –vorausgesetzt sie ist von guter Qualität, wird regelmäßig gewartet und nachgeladen – einige Jahre halten. Auch der plötzliche Batterietod kann gut vorausgesehen werden.

Prüfung des Säurestandes

Diese Prüfung ist natürlich nur bei Nassbatterien möglich, an denen Sie die Zellenverschlussdeckel noch öffnen können. Der Säurestand ist sehr wichtig für die Leistungsfähigkeit einer Batterie. Im Laufe der Zeit verdunstet etwas vom Wasseranteil der Batteriesäurefüllung und der Elektrolytstand nimmt in den Zellen ab. Wird eine Zelle nicht mehr vom Elektrolyt komplett abgedeckt, steht auch nur noch der kleinere noch im Elektrolyt stehende Plattenanteil als Kapazität zur Verfügung.

- Öffnen Sie die Zellenverschlussdeckel der Batterie.
- Kontrollieren Sie, ob der Säurestand die Markierungsnase über den Platten erreicht.
- Wenn erforderlich, füllen Sie den Säurestand mit destilliertem Wasser auf.

Prüfung der Säuredichte

Der Ladezustand einer Batterie spiegelt sich in der Säuredichte am deutlichsten wieder.

- Öffnen Sie die Zellenverschlussdeckel der Batterie.
- Drücken Sie den Gummiball des Säurehebers (3) zusammen und saugen Sie das Elektrolyt aus einer Batteriezelle an. Der Schwimmer mit Skala des Säurehebers (4) muss aufschwimmen.
- Lesen Sie die Dichte an der Flüssigkeitslinie (5) am Schwimmer ab. Werten Sie die Säuredichte aus:

Dichte	Ladezustand (etwa)
1,28 g/cm³	Voll geladen
1,22 g/cm³	Normal geladen
1,18 g/cm³	Schwach geladen
1,12 g/cm³	Normal entladen
1,06 g/cm³	Tief entladen

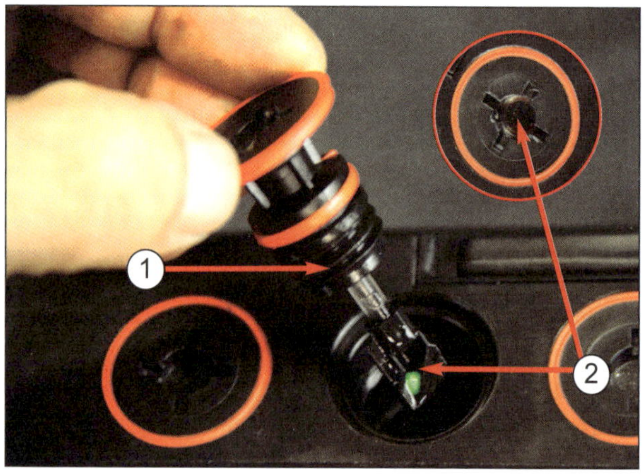

Magisches Auge (integrierter Säureheber): 1 Verschlussschraube mit Säureheber und Sichtkugel, 2 Sichtkugel mit definiertem Gewicht (etwa 1,20 g/cm³).

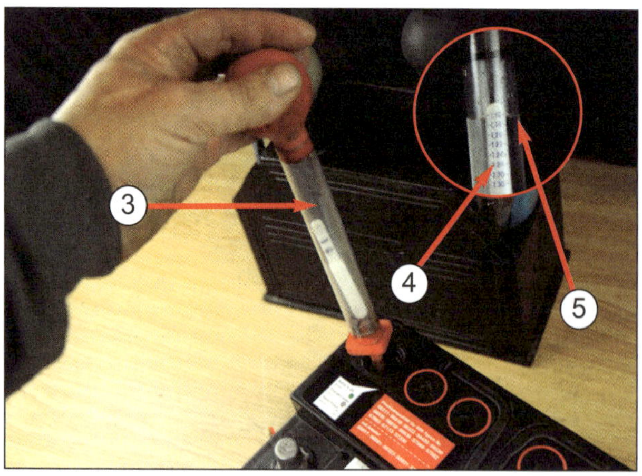

Säureheber als Werkzeug: 3 Säureheber, 4 Skala auf dem Schwimmer, 5 Säurestand.

Prüfung der Batteriespannung

Die Prüfung der Batteriespannung ist zwar die am häufigsten eingesetzte Methode, liefert aber wie der Test mit den Batterietestern nur dann ein zuverlässiges Ergebnis, wenn die Batterie nach der Vollladung mindestens 3 Stunden weder ge- noch entladen wurde. Hier finden Sie die meisten Messfehler auch bei der Einschätzung durch die Werkstätten und Händler. Die Ruhezeit ist von entscheidender Wichtigkeit.

- Laden Sie die Batterie auf und lassen Sie sie etwa 3 Stunden ruhen.
- Schließen Sie ein Multimeter an die Pole an und lesen Sie die Spannung ab.

Spannung	Ladezustand (etwa)
> 12,8 V	Voll geladen
ca. 12,4 V	Normal geladen
ca. 12,2 V	Schwach geladen
ca. 11,9 V	Normal entladen
< 10,7 V	Tief entladen

Batterietester einsetzen
Auch für die Prüfung mit dem Batterietester muss die Batterie geladen werden und ruhen. Anschließend wird nach der Dateneingabe und dem Anschluss an die Batterie ein kleiner Belastungsstrom (2) für eine kurze Zeit aufgeschaltet. Die Auswertung des Spannungsabfalls (4) erfolgt durch den Batterietester. Je stärker der Spannungsabfall ausfällt und je schlechter sich die Batterie nach der Belastung (4 bis 5) erholt, umso geringer fällt die Kapazität aus. Sobald diese Werte den im Tester abgelegten Messwerten deutlich widersprechen, wird der Test als »nicht bestanden« und die Batterie als »defekt« ausgewiesen.

Spannungsmessung an der Batterie: Das Messergebnis zeigt, dass die Batterie nur schwach geladen ist, oder aber, nach der Ladung und der Ruhezeit, einen Defekt aufweist.

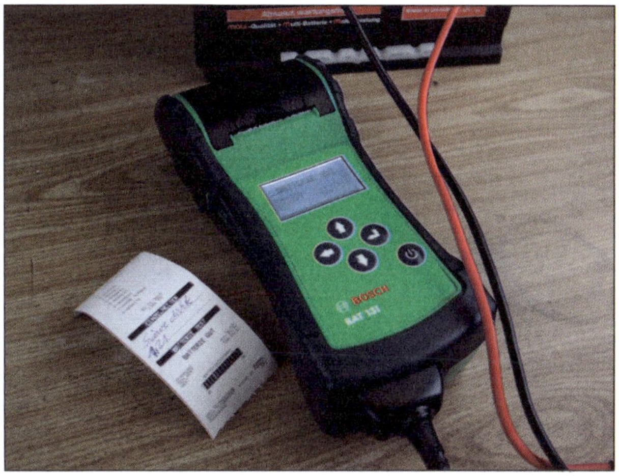

Batteriehandtester: Ein zuverlässiges Ergebnis ist nur bei sachgerechter Handhabung zu erwarten. Der Ausdruck weist einen korrekten oder fehlerhaften Prüfablauf aber nicht aus.

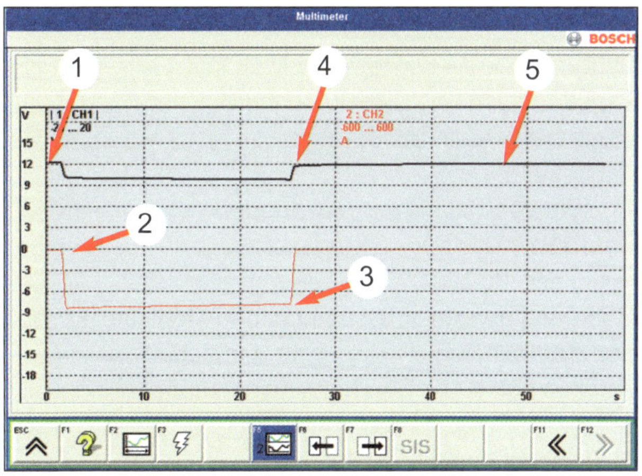

Strom und Spannung: 1 Batterieruhespannung, 2 Belastungsstrom setzt ein, 3 Ende Belastungstest, 4 Spannung nach Belastung, 5 Spannung nach Erholung, 4 bis 5 Zeit der Erholung.

Prüfen und Reinigen der Polanschlüsse und Kabel
Korrosion und Verschmutzungen an den Batteriepolen verursachen Übergangswiderstände, die zum einen die Stromabnahme verhindern, aber auch die Batterieladung verschlechtern. Beides sind Faktoren, die die Leistung einschränken und aufgrund der schlechteren Ladebilanz die Batterie auch nachhaltig schädigen können.
Zur Batteriewartung gehören also die gewissenhafte Gehäusereinigung und die Reinigung von Polen und Polklemmen auch dazu. Korrosionsspuren müssen entfernt werden.

- Klemmen Sie den Minuspol der Batterie ab.
- Klemmen Sie den Pluspol der Batterie ab.

Reinigung des Batteriegehäuses

- Reinigen Sie mit einem Lappen das Batteriegehäuse um die Zellverschlussdeckel und die Batteriepole gründlich. Verwenden Sie eventuell eine Seifenlauge und keinen brennbaren Reiniger.

Reinigung der Batteriepole

- Drücken Sie die Polbürste auf den Batteriepol auf.
- Drehen Sie die Bürste einige Male in die Bürstenstrichrichtung und kontrollieren Sie, ob der Pol wieder metallisch blank ist.

Reinigung der Polklemmen

- Stecken Sie die Polbürste in die Batteriepolklemme ein.
- Drehen Sie die Bürste einige Male in die Bürstenstrichrichtung und kontrollieren Sie, ob die Polanschlussklemme wieder metallisch blank ist.

Einsatz von Polfett am Batteriepol

Das Batteriepolfett sollte ausschließlich auf den Bereich des Batteriepols aufgetragen werden, wo der Übergang zwischen Batteriepol und Gehäuse ist. Auf den Kontaktflächen verursacht das Polfett im ungünstigsten Fall einen Übergangswiderstand.

- Klemmen Sie die Batterie wieder an.

Ladegeräte und die Batterie

Ladegerät ist nicht gleich Ladegerät. Der Unterschied liegt meist nicht nur im Preis. Betrachten wir das Thema Batterie und das passende Ladegerät mal unter unterschiedlichen Aspekten.

Säure- oder AGM-Batterie?

Der erste Unterschied fällt tatsächlich ins Auge, nicht nur im Preis. Es sind keine Zellenverschlussdeckel verbaut und die Batterie ist gasdicht. Der wesentliche Unterschied zwischen AGM- und Nassbatterie liegt darin, dass der Elektrolyt in ein Glasfaservlies eingebunden ist. AGM bedeutet »Absorbent Glass Mat«. Die Ladeschlussspannung für offene Batterien und den geschlossenen AGM kann sehr unterschiedliche sein. In der Regel wird für die AGM-Batterien sogar ei-

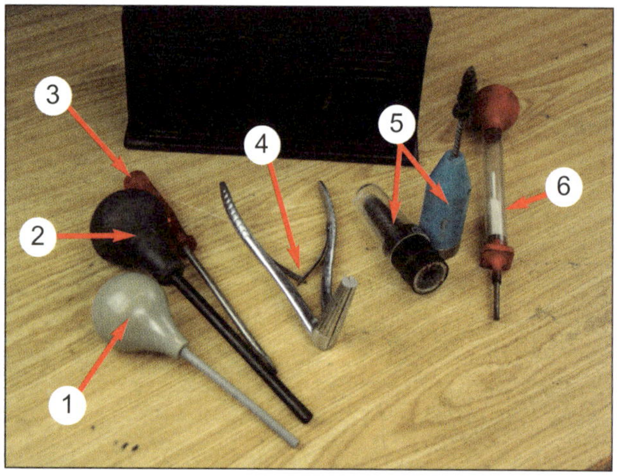

Batteriewartungsset: 1 Flüssigkeitsheber klein, 2 Flüssigkeitsheber groß, 3 Schraubendreher, 4 Polzange, 5 Polbürsten, 6 Säureheber.

Polbürste im Einsatz: 7 Bürste für die Polanschlussklemmen, 8 Bürste für die Batteriepole.

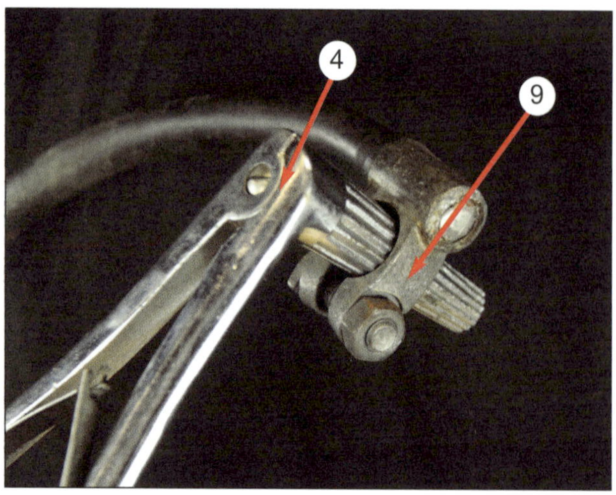

Polzange im Einsatz beim Aufweiten: 4 Polzange, 9 Polanschlussklemme.

ne etwas höhere Spannung angefordert. Die Ladespannung wird oft von Ladegeräten aber auch vom Bordnetzsystem des Fahrzeugs überschritten. Eine zu hohe Spannung bringt die Batterien zum Ausgasen (Gasungsspannung) und eine zu geringe Ladespannung verursacht dann eine nicht vollständig geladene Batterie.

Einfache Ladesysteme

Natürlich gibt es schon sehr günstige Ladegeräte, die aber leider in der Regel lediglich spannungsbezogen arbeiten. In der Anfangsphase wird wegen der hohen Stromaufnahme der Spannungswert gerade so erreicht. Die Weiterladung erfolgt mit zu hoher Spannung. Das fördert die Gasbildung und kann gerade die geschlossenen Batteriesysteme wie die AGM schädigen. Auch die Vollladung erfolgt mit zu hoher Spannung, um überhaupt einen Ladestrom erzeugen zu können.

Prozessor-geführte Ladesysteme

Die Erhaltungsladung wird im Volksmund auch Batteriejogging genannt. Diese Funktion kann die Lebensdauer deutlich erhöhen und sogar einen Teil der Sulfatierung wieder regenerieren.

Entsulfatierung der Batterie (1)

Das Ladegerät erkennt eine sulfatierte Batterie. Strom und Spannung pulsieren und entfernen auf diese Weise Sulfat von den Bleiplatten der Batterie, wodurch die Batteriekapazität weitgehend wiederhergestellt wird.

Ladeprüfung (2)

Das Ladegerät prüft, ob die Batterie Ladung aufnehmen kann. Mit diesem Schritt wird das Laden einer defekten Batterie verhindert.

Vorladephase (3)

Hier findet das Laden mit Maximalstrom bis zum Erreichen von ca. 80% der Batteriekapazität statt.

Vollladen (4)

Das Laden wird mit schwächer werdendem Strom bis

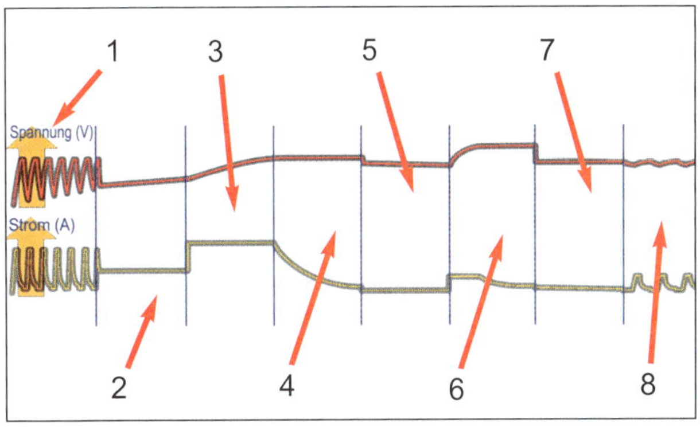

Ladezyklen eines Prozessorladegerätes: 1 Entsulfatierung, 2 Ladeprüfung, 3 Vorladephase, 4 Vollladen, 5 Batterietest, 6 Durchmischung (Sonderprogramm), 7 Ladungserhaltung (Sonderprogramm), 8 Ladungsüberwachung (Sonderprogramm).

zum Erreichen von bis zu 100% der Batteriekapazität fortgeführt.

Batterietest (5)

Das Ladegerät prüft, ob die Batterie eine Ladung halten kann. Batterien, die ihre Ladung nicht halten können, müssen ersetzt werden.

Durchmischen (6)

Mit dem Programm »Recond« wird der Rekonditionierungsschritt in den Ladevorgang angefügt. Während des Rekonditionierungsschritts wird die Spannung erhöht, um eine kontrollierte Gasbildung in der Batterie zu erzeugen. Das macht natürlich nur bei Nassbatterien Sinn. Durch die Gasbildung wird die Batteriesäure vermischt, um die Schichtung von unterschiedlichen Säuredichten in einer Zelle aufzuheben.

Ladungserhaltung (7)

Die Batteriespannung wird auf ihrem Maximalwert gehalten, indem sie mit konstanter Spannung weiter geladen wird.

Ladungsüberwachung (8)

Die Batteriekapazität wird bei 95-100% gehalten. Das Ladegerät überwacht die Batteriespannung.

Anlasser (Starter) aus- und einbauen

Unterschieden werden die Montage für den (Anlasser) Startermotor am Dieselmotor und am Benzin-Motor. Die Vorgehensweise ist überwiegend eine andere. Aus diesem Grund erfolgen die Arbeitsbeschreibungen getrennt voneinander.

Demontage des Starters beim Dieselmotor

- Masseleitung an der Batterie abklemmen.
- Kühlmittel ablassen.
- Heckantriebsmodul ablassen.
- Den Keilrippenriemen des Kompressors ausbauen.

Fahrzeugen mit Klimaanlage Plus:

- Kältemittelverdichter abbauen und an geeigneter Stelle mit einem Kabelbinder fixieren.
- Mischgehäuse ausbauen.
- Klemmschelle (1) lösen und Kühlmittelleitung (2) am Kühlmitteltemperaturregler (3) abbauen.
- Die Schrauben (4) herausschrauben, Kühlmittelanschluss (5) abnehmen und zur Seite ablegen.
- Die elektrische Steckverbindung (6) am Generator (G2) entriegeln und trennen.
- Mutter (7) abschrauben und Ladestromleitung (8) am Generator (G2) abnehmen.
- Den Stecker (9) am Starter (M1) abziehen.
- Mutter (10) abschrauben und Ladestromleitung (8) am Starter (M1) abnehmen.
- Halteklammer (11) lösen und elektrischen Leitungssatz (12) zur Seite ablegen.

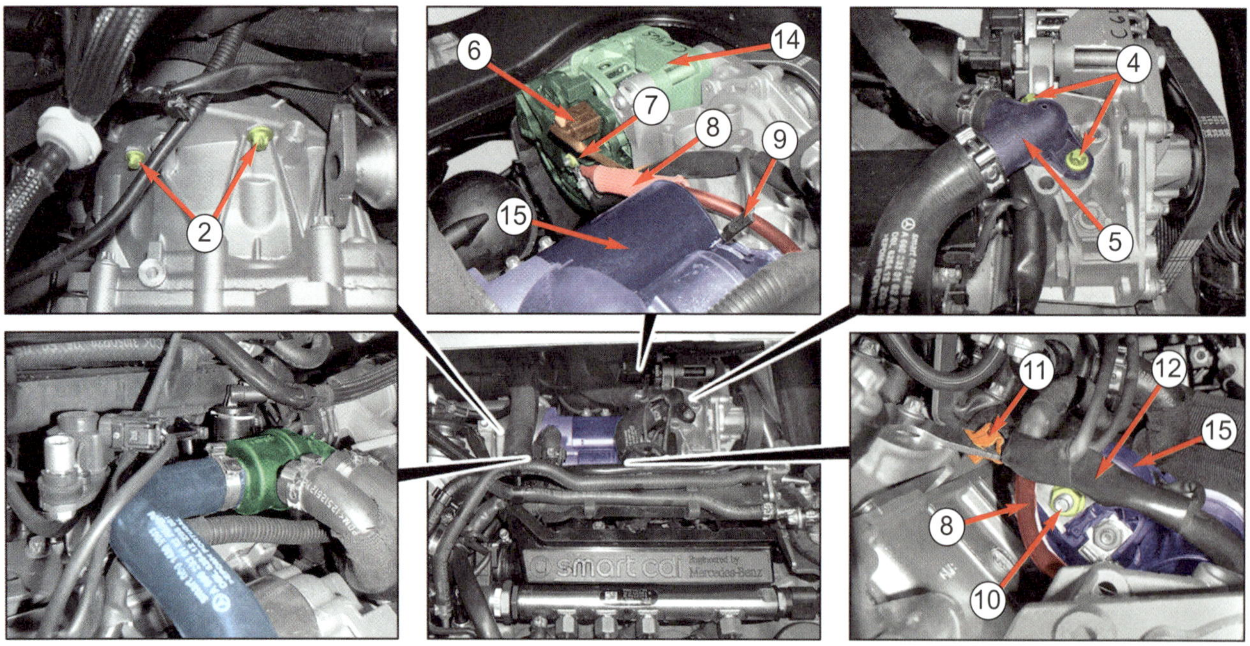

Startermotor beim Diesel: 1 Klemmschelle, 2 Kühlmittelleitung, 3 Kühlmitteltemperaturregler, 4 Schrauben, 5 Kühlmittelanschluss, 6 Elektrische Steckverbindung, 7 Mutter, 8 Ladestromleitung, 9 Stecker, 10 Mutter, 11 Halteklammer, 12 Elektrischer Leitungssatz, 13 Schrauben, 14 (G2) Generator, 15 (M1) Starter.

- Schrauben (13) herausschrauben und Starter (M1) aus dem Motorgehäuse herausführen

Die Montage erfolgt sinngemäß in umgekehrter Reihenfolge.

- Prüfen Sie die Funktion des Starters.

Demontage des Starters beim Benzinmotor

- Masseleitung an der Batterie abschließen.

- Fahrzeug zwischen den Hebebühnensäulen ausrichten und die vier Aufnahmeteller an den vom Fahrzeughersteller vorgeschriebenen Hebebühnenaufnahmepunkten platzieren.

- Das Fahrzeug mit der Hebebühne anheben.

Fahrzeuge ab 31.8.10:
- Die Abdeckung (5) am Starter (M1) nach vorn abziehen.

Weiter für alle Fahrzeuge:
- Die Mutter (1) abschrauben und die Ladestromleitung (2) vom Starter (M1) abnehmen.

- Den Stecker (3) am Starter (M1) abziehen.

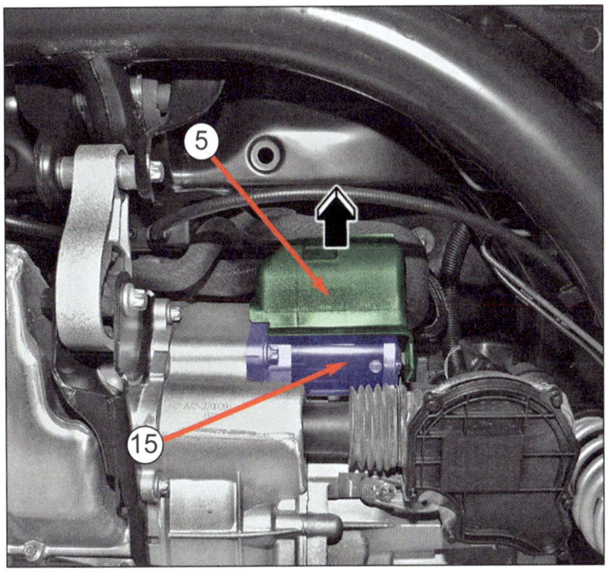

Abdeckung am Starter (ab 31.08.2010): 5 Abdeckung, 15 (M1) Starter (Anlasser).

- Die Schrauben (4) herausschrauben und den Starter (M1) vom Getriebe abnehmen.

Die Montage erfolgt sinngemäß in umgekehrter Reihenfolge.

- Prüfen Sie die Funktion des Starters.

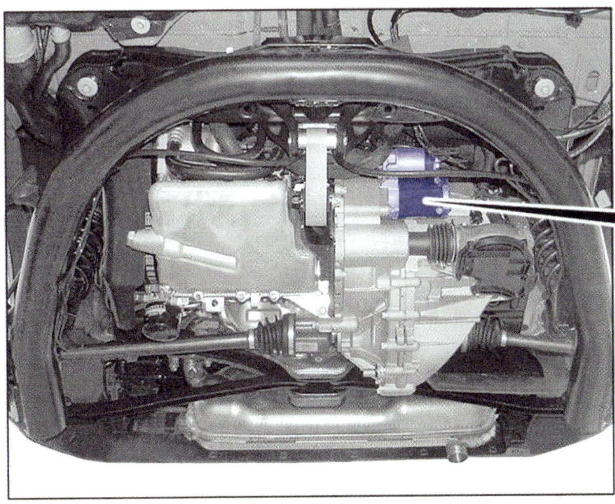

Einbauposition des Starters: Ansicht von unten in Fahrtrichtung links.

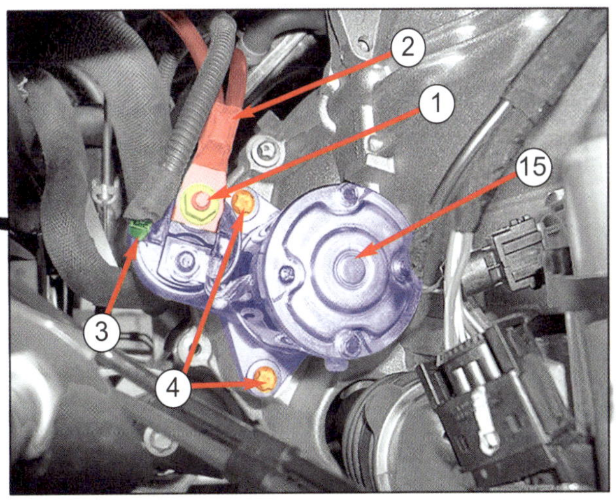

Starteranschluss und Verschraubung: 1 Mutter, 2 Ladestromleitung, 3 Stecker, 4 Schraube,15 (M1) Starter (Anlasser).

Generator (Lichtmaschine) aus- und einbauen

Auch für die Demontage des Generators gibt es markante Unterschiede für die beiden Motorkonzepte. Natürlich können für die unterschiedlichen Leistungsstufen des Motors aber auch im Laufe der Bauzeit leichte Änderungen vorliegen. Diese verändern den Arbeitsablauf allerdings nur unwesentlich.

Demontage des Generators beim Dieselmotor

- Masseleitung an der Batterie abklemmen.
- Unterdruckspeicher ausbauen.
- Schrauben (1) herausschrauben und Halter (2) des Unterdruckspeichers abnehmen.
- Keilrippenriemen (3) ausbauen.
- Elektrische Steckverbindung (4) am Generator (G2) entriegeln und trennen.
- Mutter (5) abschrauben und Ladestromleitung vom Generator (G2) abnehmen.
- Schraube (6) herausschrauben und Vierkantmutter abnehmen.

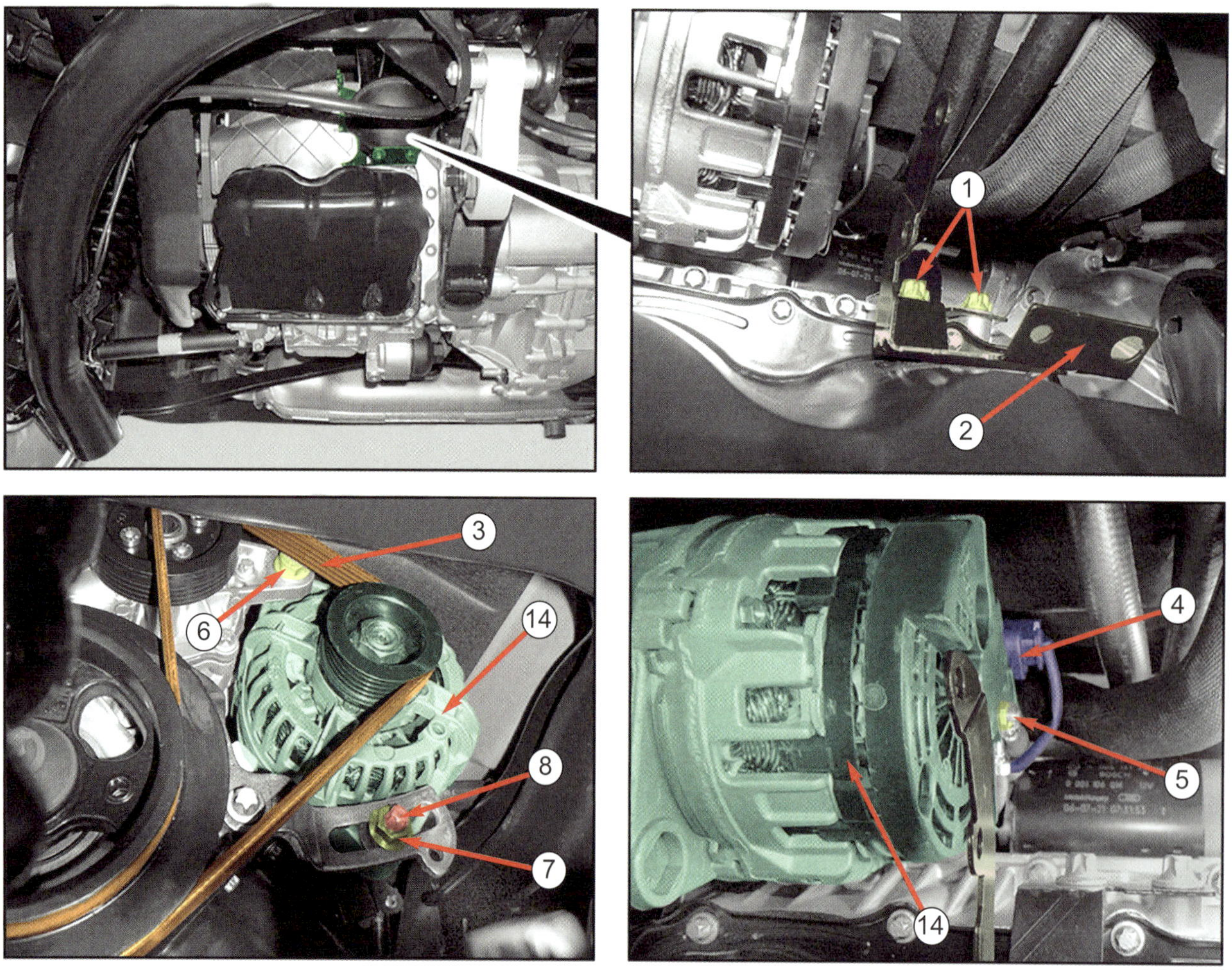

Generator beim Diesel: 1 Schrauben, 2 Halter, 3 Keilrippenriemen, 4 elektrische Steckverbindung, 5 Mutter, 6 Schraube, 7 Mutter, 8 Schraube,14 (G2) Generator.

■ Mutter (7) abschrauben und Schraube (8) abnehmen.

■ Generator (G2) abnehmen.

Die Montage erfolgt in umgekehrter Reihenfolge.

■ Prüfen Sie die Ladespannung und den Lauf des Keilrippenriemens.

■ Schraube (6) herausschrauben und Vierkantmutter abnehmen.

■ Mutter (7) abschrauben und Schraube (8) abnehmen.

■ Generator (G2) abnehmen.

Die Montage erfolgt sinngemäß in umgekehrter Reihenfolge.

■ Prüfen Sie die Ladespannung und den Lauf des Keilrippenriemens.

Demontage des Generators beim Benzinmotor

■ Innenraumklappe (Motorraumklappe) über Motor ausbauen.

■ Die Masseleitung an der Batterie abklemmen.

■ Das Heckantriebsmodul ablassen.

■ Den Innenkotflügel im rechten Hinterkotflügel ausbauen.

■ Den Keilrippenriemen ausbauen.

■ Das Fahrzeug vorsichtig mit der Hebebühne absenken. Prüfen Sie den sicheren Stand des Fahrzeuges auf der Hebebühne. Im Zweifel verzurren Sie das Fahrzeug mit Spanngurten.

■ Elektrische Steckverbindung (1) am Generator (G2) trennen.

■ Die Mutter (2) am Generator (G2) abschrauben und die Ladestromleitung (3) abnehmen.

■ Den Motor an der Ölwanne mit handhydraulischem Rangierheber abstützen. Verwenden Sie eine geeignete Schutzunterlage, um Beschädigungen an der Ölwanne zu vermeiden.

■ Das Motorlager rechts ausbauen.

■ Die Schrauben (4) herausschrauben.

Den Generator (G2) abnehmen.

Die Montage erfolgt sinngemäß in umgekehrter Reihenfolge.

■ Prüfen Sie die Ladespannung und den Lauf des Keilrippenriemens.

Einbauposition des Generators: Ansicht von rechts unten Blickrichtung in Fahrtrichtung links.

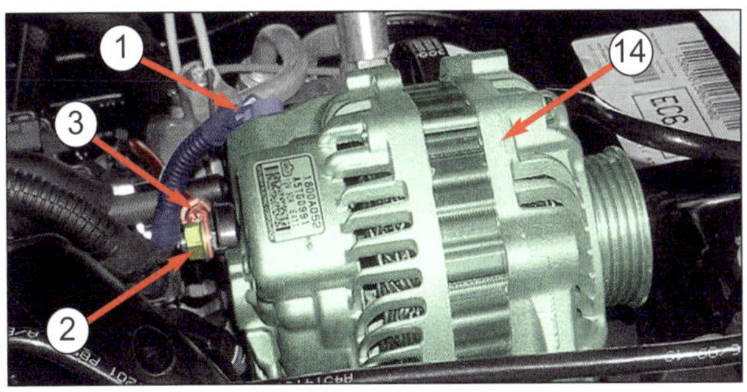

Verschraubungen oben: 1 Elektrische Steckverbindung, 2 Mutter, 3 Ladestromleitung, 14 (G2) Generator.

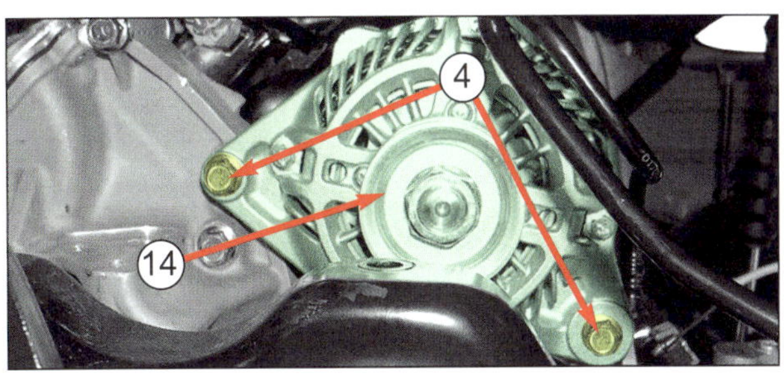

Verschraubungen unten: 4 Schrauben, 14 (G2) Generator.

Reparaturen am Generator

Generell ist es möglich, den Generator zu reparieren. Wie man schon an dem Schaubild gut sehen kann, besteht der Generator aus nicht allzu vielen Teilen. Die Zerlegbarkeit scheitert meist an unzureichendem Werkzeug. Beispielweise muss bei einigen Generatoren die Diodenplatte (der Gleichrichter) demontiert werden.

Da er angelötet ist und zudem recht dicke Drähte am Generator verbaut wurden, wird ein Lötgerät mit einer hohen Leistung notwendig.

Für die Demontage der Lager müssen passende Abzieher vorhanden sein, um den Anker und seine Welle nicht zu beschädigen. In den meisten Fällen sind die Kohlen des Reglers verschlissen. Bei einigen Generatoren sind diese einzeln, beziehungsweise mit dem Bürstenhalter lieferbar.

Entscheidend für einen sinnvollen Austausch der Kohlen ist der Zustand der Schleifringe des Ankers. Sind diese durch den langen Betrieb eingelaufen, werden die neuen Kohlen sehr schnell wieder verschleißen. Hier sollte dann auf einen Austauschgenerator zurückgegriffen werden.

Bei allen Arbeiten am Generator gelten die bekannten Hinweise: Nach Abklemmen des Massekabels den Minuspol der Batterie am besten mit Isolierband abkleben, Generator nicht bei angeschlossener Batterie ausbauen, beim Ausbau Radio-Codierung beachten, nach Wiedereinbau Fehlerspeicher auslesen. Fahrzeuggeneratoren und Anlasser sind Austauschteile: Ein defekter wird beim Kauf eines überholten oder neuen Teils in Zahlung genommen. Er muss aber noch vollständig, einigermaßen sauber und zusammengebaut sein.

Zerlegt kann Ihr Generator so aussehen: In wieweit sich diese Arbeit rechnet, hängt von Ihrer Austattung und ihrer fachlichen Erfahrung ab.

Spannungsregler ausbauen

Der Spannungsregler (2) mit Kontakt-Schleifkohlen (Kohlebürsten) ist an die Generatorrückseite geschraubt.
Seine Abdeckung (4) sieht bei den im Smart verwendeten Spannungsregler-Typen Bosch und Valeo etwas unterschiedlich aus. Ausbau und Prüfung zeigen wir am Bosch-Regler. Das Prinzip ist auf den Generator von Valeo übertragbar.

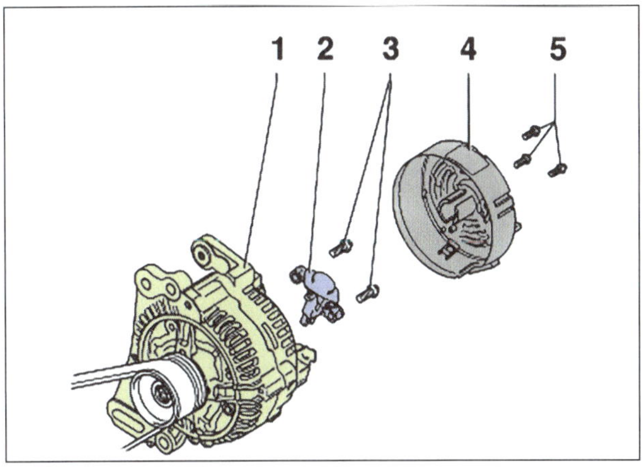

Reglereinheit im Generator: 1 Generator, 2 Generatorregler, 3 Schrauben, 4 Abdeckung, 5 Schrauben.

Ausbau

- Batterie abklemmen.
- Motorabdeckung, soweit verbaut, oben demontieren.
- Zeichnen Sie die Laufrichtung des Riemens an, falls er weiter verwendet werden soll.
- Generator wie schon beschrieben ausbauen, die B+-Leitung abschrauben.
- Die Schraube (5) abschrauben, Abdeckung (5) abnehmen. Die 2 Schrauben (3) herausschrauben und Regler (2) abnehmen.
- Die Montage erfolgt in umgekehrter Reihenfolge.

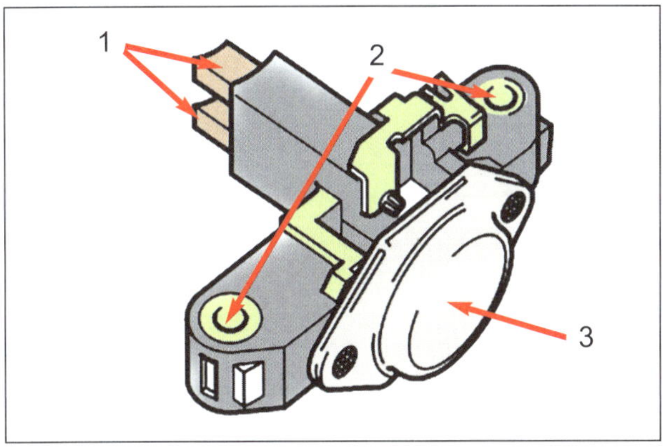

Reglereinheit im Generator: 1 Kohlebürsten, 2 Befestigungsschrauben, 3 Regler (Kühlbereich für den Transistor).

Prüfen der Reglerkohlen

Bei Fehlfunktionen des Generators, wie bei Aussetzern, können die Schleifkohlen (Kohlebürsten) des Spannungsreglers verschlissen sein und müssen überprüft werden. Sie dürfen die Verschleißgrenze nicht unterschreiten.

- Gemessen wird vom Reglergehäuse bis zum Ende der herausstehenden Kohlebürsten im ausgebauten Zustand des Reglers. Dieses Verschleißmaß (3) beträgt 5 mm bei 1 mm Toleranz zwischen beiden Kohlebürsten. Bei neuen Spannungsreglern sind die Bürsten 12 mm lang. Im Bedarfsfall müssen die Kohlen erneuert oder der Regler ausgetauscht werden.
- Der Einbau erfolgt sinngemäß umgekehrt.
- Die Kohlebürsten müssen korrekt auf den Schleifbahnen liegen. Die Schleifbahnen im Generator dürfen nicht eingelaufen sein.

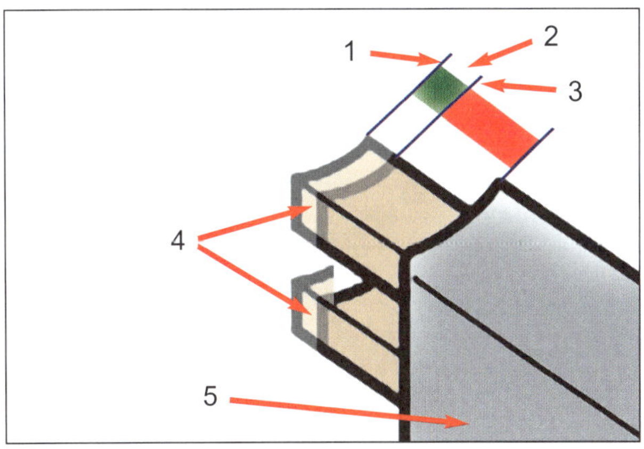

Verschleiß der Kohlebürsten: 1 Neumaß 12 mm, 2 Verschleißbereich, 3 Verschleißgrenze 5 mm, 4 Kohlebürsten, 5 Regler.

Einbaulage Keilrippenriemen

Die Montagearbeiten am Keilrippenriemen werden wir Ihnen im nächsten Kapitel vorstellen. Um Ihnen eine Übersicht zu verschaffen, stellen wir Ihnen hier die gängigen Einbaulagen des Keilrippenriemens am Smart vor. So können Sie den korrekten Einbau schnell mal nachkontrollieren.

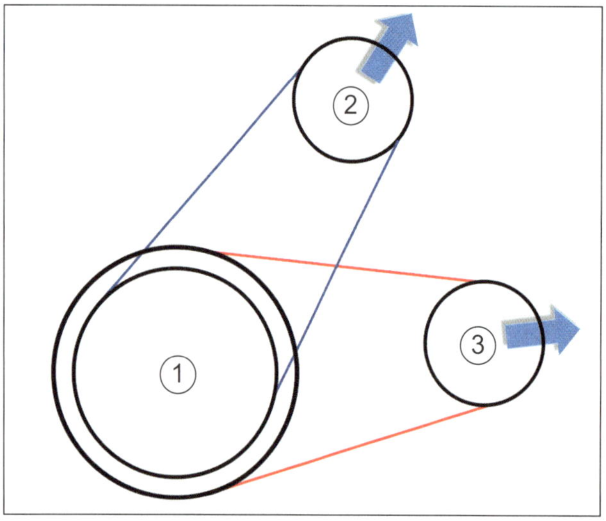

Diesel mit Klimaanlage: 1 Kurbelwellenriemenscheibe, 2 Klimakompressor mit selbstspannenden Stretchriemen, 3 Generator, Pfeil Spannvorrichtung.

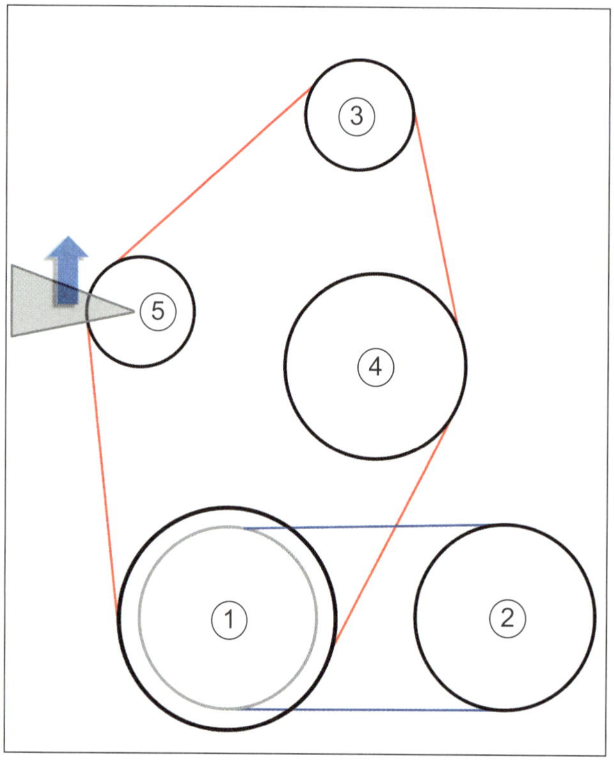

Benziner mit Klimaanlage: 1 Kurbelwellenriemenscheibe, 2 Klimakompressor mit selbstspannenden Stretchriemen, 3 Generator, 4 Wasserpumpe, 5 Spannrolle, Pfeil Spannvorrichtung.

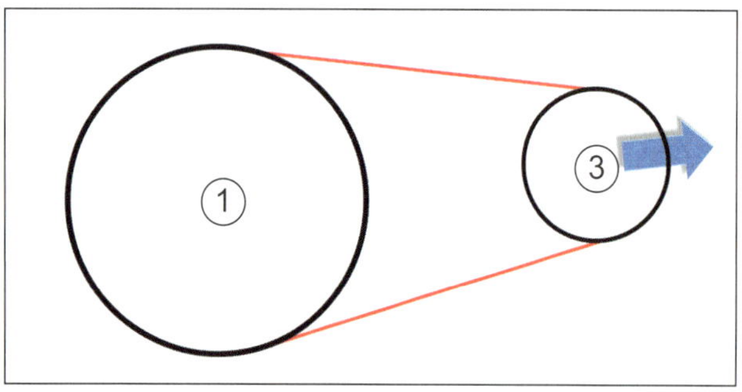

Diesel ohne Klimaanlage: 1 Kurbelwellenriemenscheibe, 3 Generator, Pfeil Spannvorrichtung.

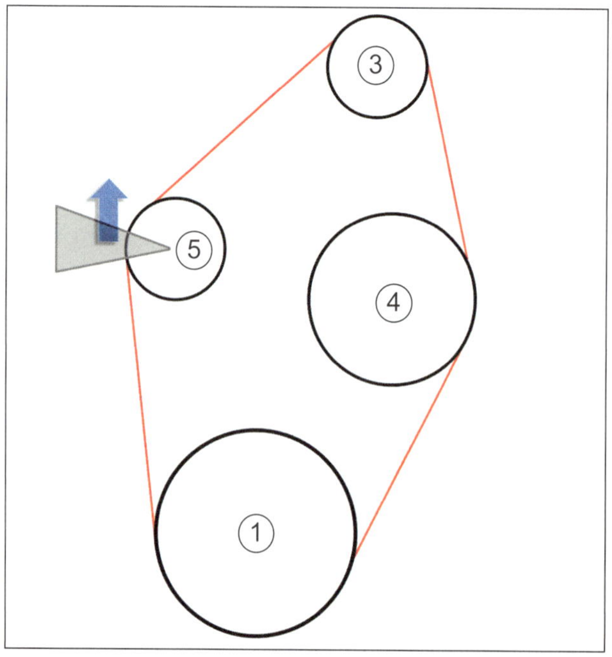

Rechts: Benziner ohne Klimaanlage: 1 Kurbelwellenriemenscheibe, 3 Generator, 4 Wasserpumpe, 5 Spannrolle, Pfeil Spannvorrichtung.

Schaltereinheiten

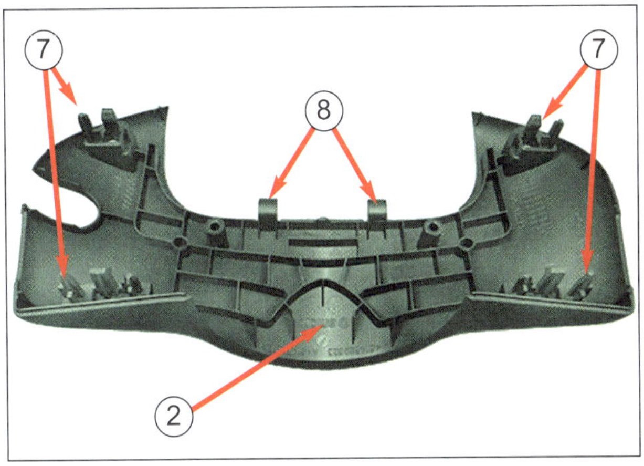

Lenksäulenverkleidung unten: 2 Lenksäulenverkleidung unten, 7 Rasthaken, 8 Führungen.

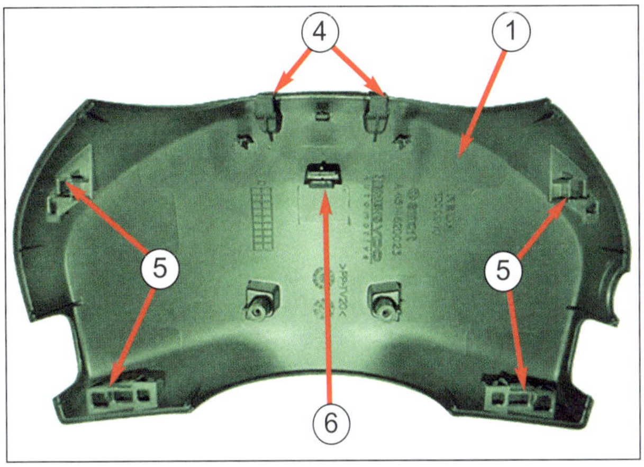

Lenksäulenverkleidung oben: 1 Lenksäulenverkleidung oben, 4 Führungen, 5 Halterungen, 6 Halter.

Die Arbeiten an der Lenksäule lassen sich durchführen ohne ins Airbagsystem einzugreifen.

Demontage der Lenksäulenverkleidung

- Schalten Sie die Zündung aus.
- Rasthaken (7) der Lenksäulenverkleidung unten (2) aus den Halterungen (5) der Lenksäulenverkleidung oben (1) ausclipsen und Lenksäulenverkleidung unten (2) abnehmen.
- Schrauben (3) der Lenksäulenverkleidung oben (1) herausschrauben.
- Halter (6) mit geeignetem Schraubendreher im gekennzeichneten Bereich (9) aus dem Mantelrohr ausclipsen und Lenksäulenverkleidung oben (1) vorsichtig nach oben abnehmen.

Die Montage erfolgt sinngemäß in umgekehrter Reihenfolge.

Beim Erneuern des Kombi-Schalters (S4):

- Abdeckkappe (2) mit geeignetem Messer am Kombi-Schalter (S4) lösen und abnehmen.

Die Montage erfolgt sinngemäß in umgekehrter Reihenfolge.

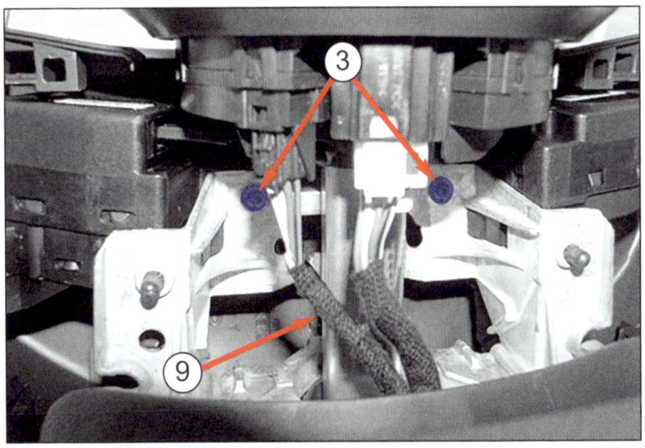

Lenksäulenverkleidung oben: 3 Schrauben, 9 Bereich zum Ausclipsen der Lenksäulenverkleidung.

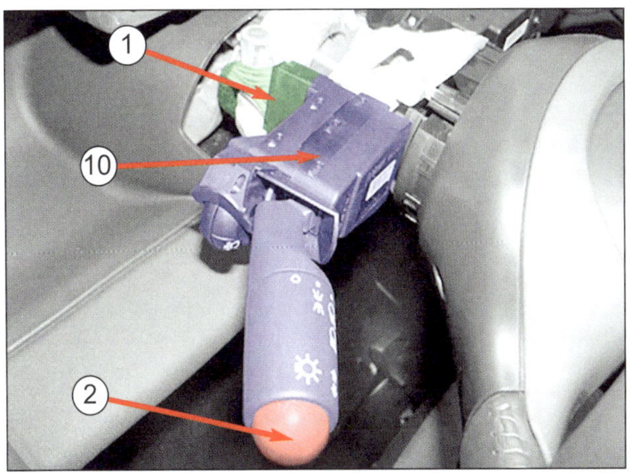

Licht-Kombi-Schalter: 1 Elektrische Steckverbindung, 2 Abdeckkappe, 10 (S4) Kombi-Schalter.

■ Prüfen Sie alle Funktionen des Kombischalters durch.

Wischer-Schalter aus- und einbauen

■ Schalten Sie die Zündung aus und bauen Sie die Lenksäulenverkleidung aus.

■ Wischerschalter rechts (S4/4) nach oben von den Führungen (4) abnehmen und zur Seite herausführen, bis die elektrische Steckverbindung zugänglich ist.

■ Elektrische Steckverbindung am Wischerschalter rechts (S4/4) trennen und Wischerschalter rechts (S4/4) abnehmen.

Beim Erneuern des Wischerschalters:

■ Abdeckkappe mit geeignetem Messer am Wischerschalter rechts wie beim Kombischalter gezeigt lösen und abnehmen.

Die Montage erfolgt sinngemäß in umgekehrter Reihenfolge.

■ Prüfen Sie alle Funktionen des Wischerschalters durch.

Schaltergruppe im Cockpit aus- und einbauen

■ Schaltergruppe im Cockpit (S6/1) mit dem Montagekeil lösen und so weit abnehmen, bis die elektrische Steckverbindung (1) zugänglich ist.

■ Elektrische Steckverbindung (1) trennen und die Schaltergruppe im Cockpit (S6/1) abnehmen. Prüfen Sie die Halteklammern (2) und erneuern Sie sie, falls das erforderlich sein sollte.

Die Montage erfolgt sinngemäß in umgekehrter Reihenfolge.

■ Prüfen Sie alle Funktionen der Schaltergruppe durch.

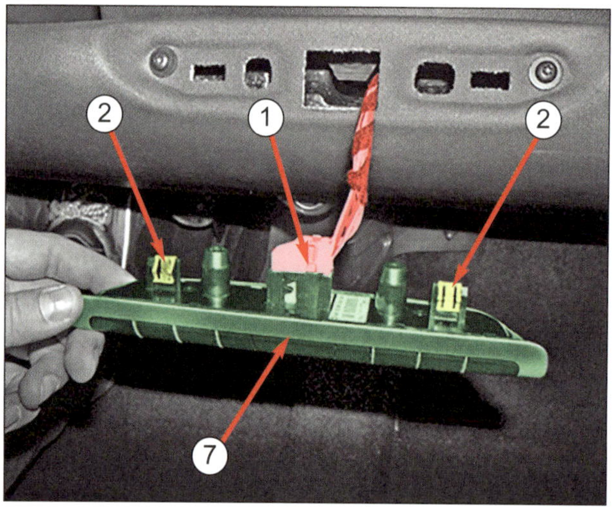

Schaltergruppe im Cockpit: 1 Elektrische Steckverbindung, 2 Halteklammer, 7 (S6/1) Schaltergruppe Cockpit.

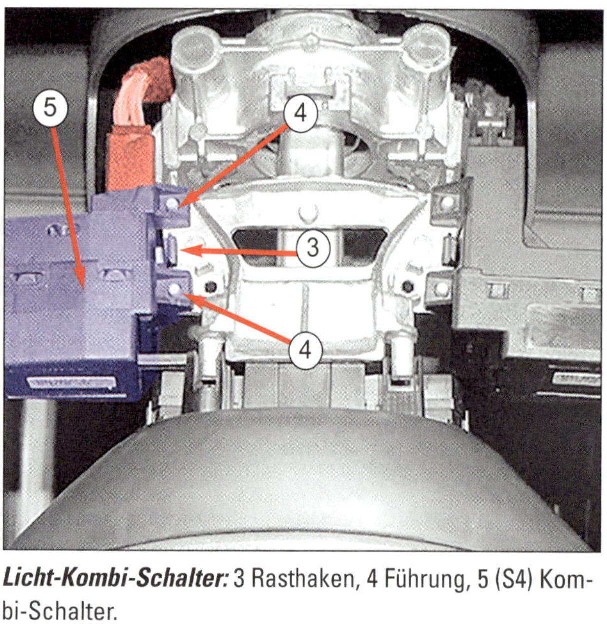

Licht-Kombi-Schalter: 3 Rasthaken, 4 Führung, 5 (S4) Kombi-Schalter.

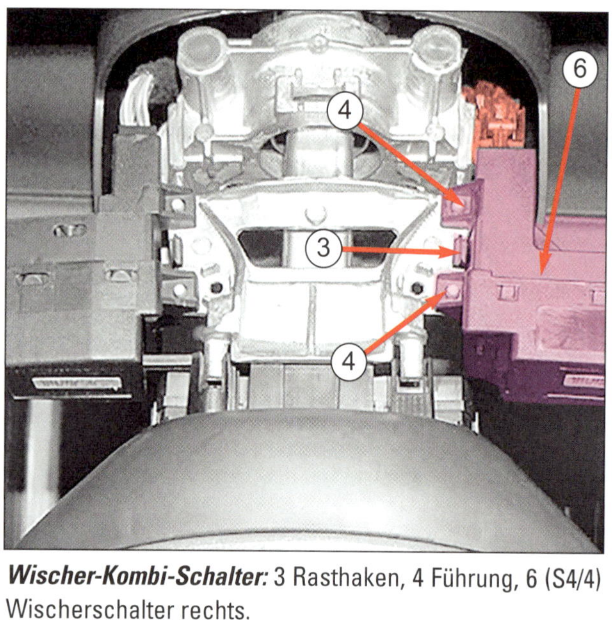

Wischer-Kombi-Schalter: 3 Rasthaken, 4 Führung, 6 (S4/4) Wischerschalter rechts.

Scheinwerfer vorne

- Die CBS-Front wie schon beschrieben ausbauen.
- Elektrische Steckverbindung (1) an der Leuchteinheit trennen.
- Elektrische Steckverbindung (2) am Standlicht trennen.
- Schrauben (3) der Leuchteinheit vorn herausschrauben.
- Leuchteinheit vorn abnehmen.

Die Montage erfolgt sinngemäß in umgekehrter Reihenfolge.

- Einstellung der Leuchteinheit vorn überprüfen, ggf. richtigstellen. Scheinwerfereinstellung prüfen, richtigstellen.

Scheinwerfer einstellen

- Fahrzeug auf ebene Standfläche fahren.
- Das Fahrzeug muss sich im fahrbereiten Zustand befinden (Leermasse, Kraftstoffbehälter voll oder entsprechendes Zusatzgewicht). Die Vorderräder müssen in Geradeausstellung stehen.
- Reifendruck prüfen und richtigstellen.

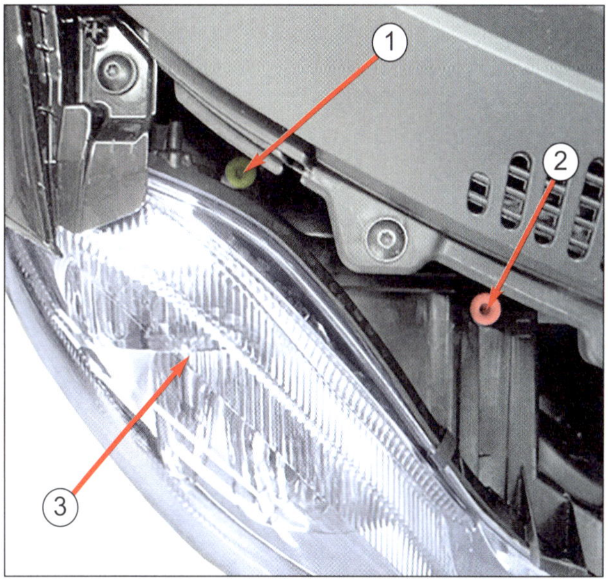

Scheinwerfer links: 1 Einstellschraube (vertikal), 2 Einstellschraube (horizontal), 3 (E1e1) Fern- und Abblendlicht links.

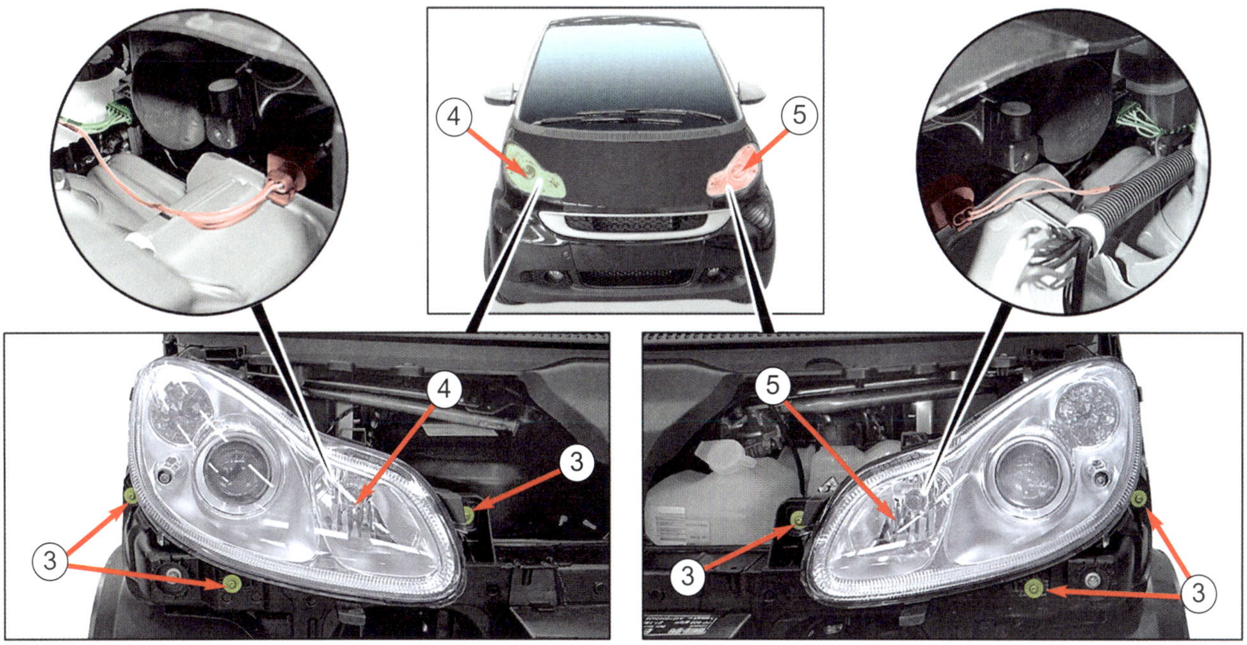

Scheinwerferbefestigung: 1 Elektrische Steckverbindung, 2 Elektrische Steckverbindung, 3 Schrauben, 4 (E1) Leuchteinheit vorn links, 5 (E2) Leuchteinheit vorn rechts.

- Fahrersitz mit 75 kg oder einer Person belasten und Leuchtweitenregulierung auf »0« stellen.

- Wartungsklappe (Fronthaube) ausbauen.

- Scheinwerfer-Einstellgerät zum Fahrzeug ausrichten und Höheneinstellung nach Mitte der Scheinwerfer vornehmen.

- Fernlicht und Fernlicht einschalten, dann die Lichteinstellung der beiden Leuchten prüfen und soweit erforderlich die Einstellung korrigieren.

Lampen wechseln

- Schalten Sie die Beleuchtung des Fahrzeuges aus.

- Schalten Sie die Zündung aus.

- Fassen Sie die Lampen niemals mit den Fingern an. Führen Sie die Montagearbeiten grundsätzlich mit einem Tuch durch.

Standlichtlampe wechseln:
- Drehen Sie die Lampenfassung (1) nach links gegen den Uhrzeigersinn.

- Ziehen Sie die Lampenfassung (1) aus dem Scheinwerfer heraus.

- Ziehen Sie die Lampe aus der Lampenfassung heraus.

Die Montage erfolgt in umgekehrter Reihenfolge.

- Prüfen Sie die Funktion der Lampe nach der Montage.

Abblendlichtlampe wechseln:
- Nehmen Sie den Deckel (3) von der Rückseite des Scheinwerfers ab.

- Ziehen Sie den Stecker an der Glühlampe ab.

- Drücken Sie die Spange schräg nach unten weg und hängen Sie sie aus dem Reflektor aus.

- Nehmen Sie die Glühlampe heraus.

Die Montage erfolgt in umgekehrter Reihenfolge.

- Prüfen Sie die Funktion der Lampe nach der Montage.

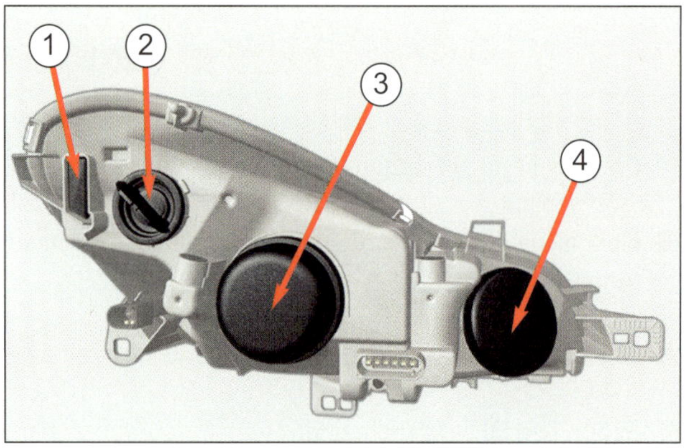

Scheinwerfer links: 1 Lampenhalter Standlicht, 2 Lampenhalter Blinker, 3 Gehäusedeckel Abblendlicht, 4 Gehäusedeckel Fernlicht.

Fernlichtlampe wechseln:
- Nehmen Sie den Deckel (4) von der Rückseite des Scheinwerfers ab und kippen den Lampenhalter nach unten und ziehen ihn heraus.

- Nehmen Sie die Glühlampe heraus.

Die Montage erfolgt in umgekehrter Reihenfolge.

- Setzen Sie die Lampe so ein, dass die Rastnase des Sockeltellers nach oben zeigt.

- Drücken Sie die Lampe so in die Halterung im Reflektor ein, dass sie merklich einrastet.

- Prüfen Sie die Funktion der Lampe nach der Montage.

Blinklampe wechseln:
- Drehen Sie den Lampenhalter etwa eine viertel Umdrehung gegen den Uhrzeigersinn.

- Nehmen Sie die Lampe zusammen mit dem Lampenhalter heraus.

- Drücken Sie leicht auf die Lampe und drehen Sie sie im Lampenträger gegen den Uhrzeigersinn etwa eine viertel Umdrehung und nehmen die Lampe aus dem Lampenträger heraus.

Die Montage erfolgt in umgekehrter Reihenfolge.

- Die Pfeilmarkierung auf dem Lampenträger und der Strich auf der Scheinwerferverkleidung müssen sich zum Einsetzen gegenüberstehen.

Nebelscheinwerfer im Stoßfänger vorne

In der Verkleidung können unterschiedliche Scheinwerfersysteme untergebracht sein. Wir stellen Ihnen hier exemplarisch die Nebelscheinwerfer vor. Die Vorgehensweise für andere Scheinwerfersysteme ist ähnlich.

Scheinwerfer demontieren

- Die Verkleidung (1) der Nebelleuchte links in den gekennzeichneten Bereichen (Pfeile) ausclipsen und abnehmen.
- Schrauben (2) der Nebelleuchte herausschrauben.
- Nebelleuchte nach vorn herausnehmen, bis die elektrische Steckverbindung (4) zugängig ist. Nebelleuchte vorsichtig aus der CBS-Front herausführen, da diese sonst durch Verkratzen beschädigt werden kann.
- Elektrische Steckverbindung (4) an der Nebelleuchte links trennen und Nebelleuchte abnehmen.

Die Montage erfolgt sinngemäß in umgekehrter Reihenfolge.

- Einstellung der Leuchteinheit vorn überprüfen, ggf. richtig stellen. Scheinwerfereinstellung prüfen, richtigstellen.

Licht einstellen

- Fahrzeug auf ebene Standfläche fahren.
- Das Fahrzeug muss sich im fahrbereiten Zustand befinden (Leermasse, Kraftstoffbehälter voll oder entsprechendes Zusatzgewicht). Die Vorderräder müssen in Geradeausstellung stehen.
- Reifendruck prüfen und richtigstellen.
- Fahrersitz mit 75 kg oder einer Person belasten und Leuchtweitenregulierung auf »0« stellen.
- Wartungsklappe (Fronthaube) ausbauen.
- Scheinwerfer-Einstellgerät zum Fahrzeug ausrichten

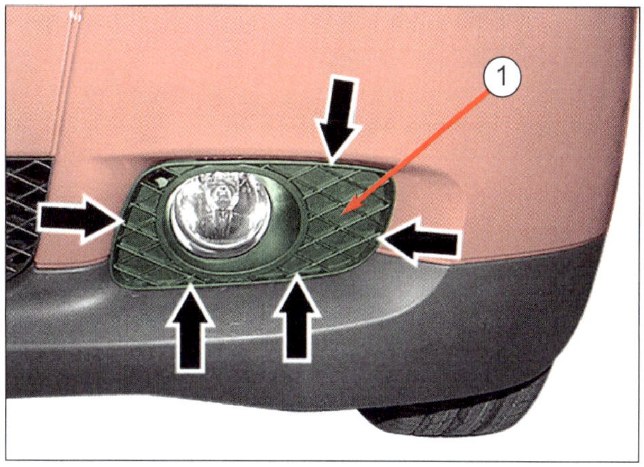

Nebelscheinwerfer-Abdeckung: 1 Verkleidung, Pfeile Position der Rastnasen.

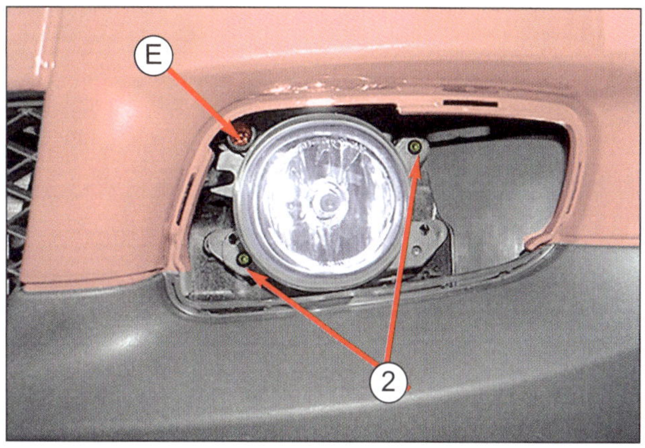

Nebelscheinwerfer-Befestigung: 2 Schraube, E5/1 E5/2 Nebelleuchte, E Einstellschraube Abblendhöhe.

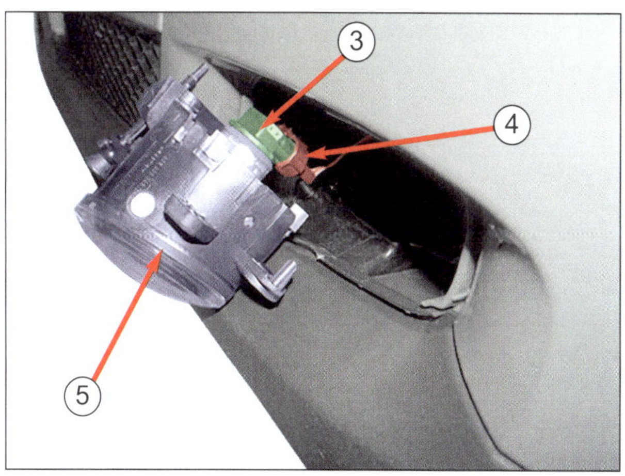

Nebelscheinwerfer-Anschluss: 3 Fassung, 4 Elektrische Steckverbindung, 5 (E5/1 E5/2) Nebelleuchte.

und Höheneinstellung nach Mitte der Scheinwerfer vornehmen.

- Nebelscheinwerfer einschalten, dann die Lichteinstellung der beiden Leuchten prüfen und soweit erforderlich die Einstellung an der Schraube (E) korrigieren.

Lampen wechseln

- Schalten Sie die Beleuchtung des Fahrzeuges und die Zündung aus.

- Drehen Sie die Lampenfassung (1) nach links gegen den Uhrzeigersinn und ziehen Sie die Lampenfassung (1) aus dem Scheinwerfer heraus.

- Ziehen Sie die Lampe aus der Lampenfassung heraus. Fassen Sie die Lampen niemals mit den Fingern an. Führen Sie die Montagearbeiten grundsätzlich mit einem Tuch durch.

Die Montage erfolgt sinngemäß in umgekehrter Reihenfolge.

- Prüfen Sie die Funktion der Lampe nach der Montage.

- Prüfen Sie die Höheneinstellung der Lampe.

Seitenblinkleuchte

Seitenblinkleuchte ausbauen

- Verrastung der Blinkleuchte (3) lösen und Zusatzblinkleuchte so weit aus der CBS- Front (1) herausnehmen, bis die Fassung (2) zugänglich ist.

- Fassung (2) um 90° gegen den Uhrzeigersinn drehen und aus der Zusatzblinkleuchte herausnehmen.

Die Montage erfolgt sinngemäß in umgekehrter Reihenfolge.

- Achten Sie darauf, dass die Blinkleuchte sicher einrastet.

- Prüfen Sie die Funktion der Lampe nach der Montage.

Lampe der Seitenblinkleuchte ausbauen

- Blinkleuchte aus der CBS-Front (1) ausclipsen und herausnehmen.

- Fassung (2) um 90° gegen den Uhrzeigersinn drehen und aus der Zusatzblinkleuchte links (E22/1) bzw. der Zusatzblinkleuchte rechts (E22/2) herausnehmen.

- Lampe gerade aus der Fassung herausziehen.

Die Montage erfolgt sinngemäß in umgekehrter Reihenfolge.

- Prüfen Sie die Funktion der Lampe nach der Montage.

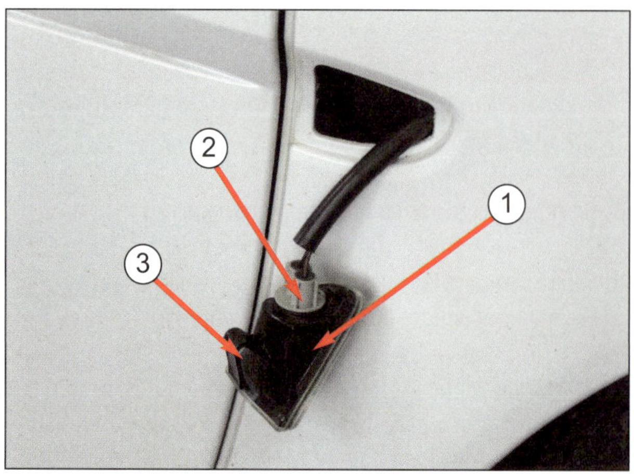

Seitenblinkleuchte: 1 (E22/1 E22/2) Seitenblinkleuchte (rechts oder links), 2 Fassung, 3 Verrastungen.

Rückleuchte

Rückleuchte ausbauen

- CBS-Heck (1) ausbauen.
- Halteclip im gekennzeichneten Bereich (Pfeile A) am CBS-Heck (1) lösen, Schlussleuchte nach unten klappen, aus Halterung (Pfeile B) lösen und abnehmen.

Die Montage erfolgt in umgekehrter Reihenfolge.

- Prüfen Sie die Funktion der Lampe nach der Montage.

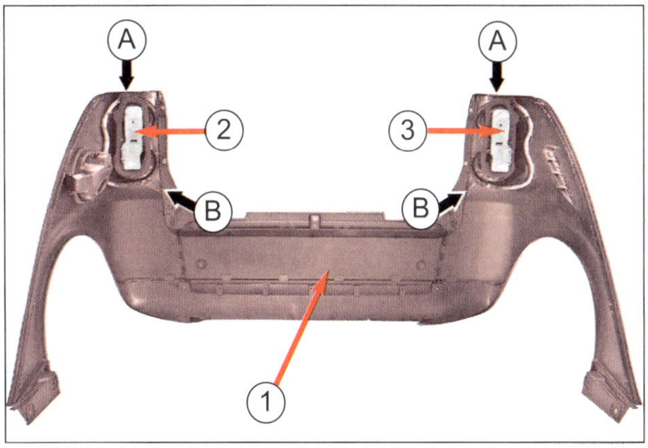

CBS-Heck mit Rückleuchten: 1 CBS-Heck, 2 (E3) Schlussleuchte links, 3 (E4) Schlussleuchte rechts, A Montagebereich Halteclip, B Halterung.

Lampen der Rückleuchte ausbauen

- Öffnen Sie die Hecktüre. Beim Cabrio sollten Sie das Heckverdeck nach oben klappen.
- Nehmen Sie die entsprechende seitliche Abdeckung heraus. Soweit verbaut, muss eventuell etwas Dämmmaterial weggeklappt werden.
- Die Haltelasche in der Mitte des Lampenträgers nach oben drücken und den Lampenträger herausnehmen.
- Drücken Sie leicht auf die Lampe und drehen Sie sie im Lampenträger gegen den Uhrzeigersinn etwa eine viertel Umdrehung.
- Nehmen Sie die Lampe aus dem Lampenträger heraus.

Die Montage erfolgt in umgekehrter Reihenfolge.

- Prüfen Sie die Funktion der Lampe nach der Montage.

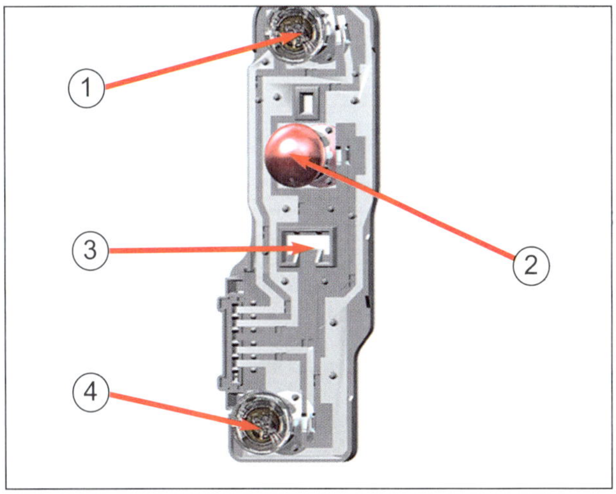

Rücklampenträger: 1 Brems- und Schlusslicht, 2 Blinker, 3 Haltelaschen, 4 Rückfahrlicht oder Nebelschlussleuchte.

Kennzeichenleuchten

Kennzeichenleuchte ausbauen

- Verrastung (Pfeil) lösen und Kennzeichenleuchte so weit nach unten aus der Rückwandtür herausführen, bis die Steckverbindungen (3) zugänglich sind.
- Elektrische Steckverbindungen (3) trennen und Kennzeichenleuchte abnehmen.

Die Montage erfolgt sinngemäß in umgekehrter Reihenfolge.

- Prüfen Sie die Funktion der Lampe nach der Montage.
- Achten Sie darauf, dass die Leuchte richtig in der Rückwandtür einrastet.

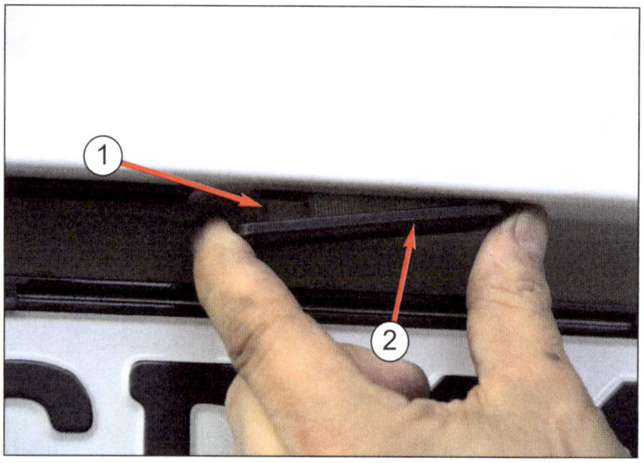

Kennzeichenleuchte: 1 Rastnase, 2 (E19/1) Kennzeichenleuchte links oder (E19/2) Kennzeichenleuchte rechts.

Lampe Kennzeichenleuchte ausbauen

- Schalten Sie die Beleuchtung des Fahrzeuges und die Zündung aus.
- Bauen Sie die Kennzeichenleuchte aus.
- Ziehen Sie den Stecker über der Soffitte ab und nehmen Sie die Soffitte (besondere Bauweise der Lampe) heraus.

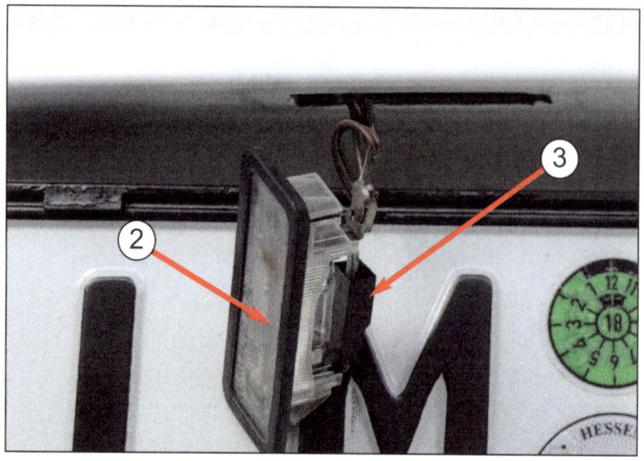

Kennzeichenleuchte: 2 (E19/1) Kennzeichenleuchte links oder (19/2) Kennzeichenleuchte rechts, 3 Steckkontakte.

Die Montage erfolgt sinngemäß in umgekehrter Reihenfolge.

- Prüfen Sie die Funktion der Lampe nach der Montage.
- Achten Sie darauf, dass die Leuchte richtig in der Rückwandtür hörbar einrastet.

Dritte Bremsleuchte

Dritte Bremsleuchte ausbauen

- Die Schrauben (1) der 3. Bremsleuchte (E21) herausschrauben und die dritte Bremsleuchte (E21) abnehmen, bis die elektrische Steckverbindung zugängig wird.
- Elektrische Steckverbindung an der dritten Bremsleuchte (E21) trennen und die dritte Bremsleuchte (E21) abnehmen.

Die Montage erfolgt in umgekehrter Reihenfolge.

- Prüfen Sie die Funktion der Lampe nach der Montage.

Lampe der dritten Bremsleuchte ausbauen

- Bauen Sie die dritte Bremsleuchte aus.
- Fassung um 90° gegen den Uhrzeigersinn drehen und aus der Zusatzblinkleuchte (E21) herausnehmen.

Die Montage erfolgt sinngemäß in umgekehrter Reihenfolge.

- Prüfen Sie die Funktion der Lampe nach der Montage.

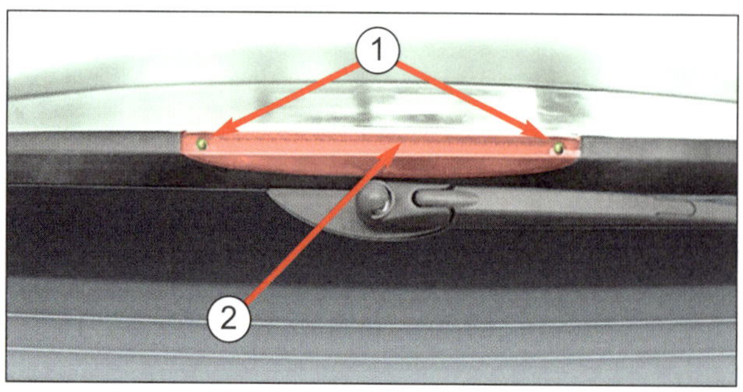

Dritte Bremsleuchte: 1 Schraube, 2 (E21) dritte Bremsleuchte.

Lichtanlage prüfen

Prüfung der Lichtanlage

Kontrollieren Sie mit einem Helfer regelmäßig die Funktion der Lampen und Leuchten. Kontrollieren Sie auch den Zustand hinsichtlich Beschädigungen und Verschmutzung.

- Schalten Sie die Zündung ein.
- Schalten Sie das Licht ein.
- Kontrollieren Sie Blinker, Standlicht, Tagfahrlicht, Nebelscheinwerfer, Aufblendlicht und Abblendlicht vorne.
- Kontrollieren Sie das Fahrlicht, die Kennzeichenleuchten, die drei Bremsleuchten, das Rückfahrlicht, die Blinker und die Nebelschlussleuchte hinten.
- Ersetzen Sie defekte Leuchtmittel sofort. Verwenden Sie ausschließlich die vorgesehenen Leuchtmittel.

Verbaute Lampen (Leuchtmittel) vorne

Funktion	Lampentyp
Blinker	PY21W
Abblendlicht	H7 55W
Standlicht	W5W
Nebelscheinwerfer	H11
Fernlicht	H7 55W
Blinkleuchten seitlich	WY5W

Verbaute Lampen (Leuchtmittel) hinten

Funktion	Lampentyp
Blinker	PY21W
Fahr/Bremslicht	12V 21/5W
Rückfahrlicht	12V21W
Nebelscheinwerfer	H11
Kennzeichenbeleuchtung	C5W
Nebelschlussleuchte	12V21W

Licht- und Schallzeichen prüfen

- Warnblinkanlage: Zündung aus, Druckschalter mit rot umrandetem Dreieck betätigen. Alle vier Blinklampen und Kontrollleuchte/Schalter sowie die zusätzlichen Blinkleuchten im Kotflügel leuchten im gleichen Rhythmus.
- Richtungsblinker: Zündung einschalten, Blinkerhebel drücken. Beide Blinker einer Fahrzeugseite müssen blinken, auch die Blinkerkontrolle in der Schalttafel.
- Bremsleuchten: Fahrzeug mit dem Heck zur Wand stellen, Bremspedal drücken: Wand muss rot aufleuchten oder ein Helfer gibt Bescheid. Funktionieren alle drei Lampen nicht: Sicherung und Bremslichtschalter prüfen.
- Lichthupe: Funktioniert die Lichthupe nicht, obwohl die Scheinwerfer brennen, zuerst prüfen, ob an den beiden roten Klemme-30-Kabeln zum Lenkstockschalter Spannung anliegt. Ist dies der Fall, dürfte der Lichtumschalter im Hebelschalter defekt sein.
- Signalhorn: Betätigen Sie die Druckplatte auf dem Lenkrad. Die Hupe muss ertönen.

STÖRUNGSBEISTAND

Batterie und Generator

Störung	Was kann das sein?	Was muss ich tun?
A Rote Ladekontrolle brennt nicht beim Einschalten der Zündung	**1** Batterie leer	Mit Starthilfekabel starten oder Wagen anschleppen
	2 Batteriekabel gebrochen. Kabelklemmen lose oder oxidiert	Batteriekabel und -klemmen kontrollieren
	3 Kontrollleuchte defekt	ersetzen
	4 Kabelweg zwischen Zündschloss, Kontrollampe und Bordnetzsteuergerät unterbrochen	Stromweg mit Multimeter kontrollieren
	5 Schleifkohlen abgenutzt	Regler tauschen
	6 Spannungsregler defekt	Regler austauschen
	7 Generator schadhaft	Generator überholen oder austauschen
	8 Feuchtigkeit bildet einen isolierenden Schmierfilm zwischen den Schleifringen und Kohlen (z.B. nach Motorwäsche)	Lichtmaschine mit Druckluft ausblasen oder Schleifringe und Kohlen sauberreiben
B Ladekontrolle brennt oder glimmt bei laufendem Motor	**1** Keilrippenriemen lose bzw. ohne Spannung	Keilrippenriemenspannung kontrollieren
	2 Mangelnder Kontakt an Kabelanschlüssen der Lichtmaschine oder unterbrochene Kabel	Kabelanschlüsse und Kabel prüfen
C Batterieoberfläche feucht	**1** Zu viel eingefülltes destilliertes Wasser	Ausgasen lassen, keine Säure absaugen
	2 Batterieverschlüsse verstopft	Entlüftungslöcher säubern
	3 Spannungsregler defekt	austauschen
D Batterie gast stark	**1** Batterie Zellenschluss	Batterie ersetzen
	2 Ladespannung zu hoch Fehlerspeicher auslesen (lassen)	Lastmanagement prüfen,

Anlasser

	Störung	Was kann das sein?	Was muss ich tun?
A	**Beim Drehen des Zündschlüssels in Startstellung dreht der Anlasser zu lange oder gar nicht**	**1** Kontrolllampen brennen schwach oder verlöschen **1a** Batterie entladen **1b** Kabelanschlüsse lose oder oxidiert **1c** Batterie entladen	Mit Starthilfekabel starten, Auto anschieben/anschleppen, Kabel befestigen, Anschlüsse säubern, Anlasser überholen lassen oder austauschen
		2 Kontrolllampen brennen hell, Klicken aus Richtung Anlasser **2a** Kohlenbürsten bzw. deren Anschlüsse im Anlasser gelöst **2b** Kontakte im Magnetschalter verschmort **2c** Anlasserwicklung schadhaft	Anlasser überholen lassen oder austauschen
B	**Der Anlasser dreht, aber der Motor dreht nicht**	**1** Ritzel verschmutzt	Ritzel reinigen
		2 Einrückvorrichtung klemmt	Anlasser überholen lassen
		3 Verzahnung des Ritzels oder der Motorschwungscheibe beschädigt	Wagen bei eingelegtem Gang durch Helfer ein Stück vorschieben lassen. Erneut starten. Beschädigte Teile ersetzen
C	**Magnetschalter schaltet schnell ein und aus. Anlasser läuft nicht an**	**1** Batterie stark entladen, beim Einschalten des Magnetschalters fällt die Spannung ab und er schaltet wieder ab	Batterie laden
		2 Einrückvorrichtung klemmt	Anlasser überholen lassen
		3 Verzahnung des Ritzels oder der Motorschwungscheibe beschädigt	Wagen bei eingelegtem Gang durch Helfer ein Stück vorschieben lassen – Zündung aus! Erneut starten. Beschädigte Teile ersetzen
D	**Anlasser läuft weiter, obwohl der Zündschlüssel losgelassen wurde**	**1** Magentschalter hängt oder schaltet nicht ab	Zündung sofort abschalten, notfalls Batterie abklemmen. Magnetschalter reparieren oder Anlasser austauschen
		2 Zünd-/Anlassschalter defekt	Schalter ersetzen
E	**Ritzel spurt nach Anspringen des Motors nicht aus**	**1** Rückstellfeder des Einrückhebels lahm oder gebrochen	Motor abstellen, Anlasser austauschen

STÖRUNGSBEISTAND

Hupe

	Störung	Was kann das sein?	Was muss ich tun?
A	Hupe tönt nicht	1 Sicherung defekt	Ersetzen
		2 Kabel vom Lenkrad zum Lenksäulensteuergerät unterbrochen	Kabelverlauf kontrollieren, Steckkontakte der Hupe blankkratzen
		3 Hupe defekt	Prüfen, ggf. ersetzen
		4 Relais defekt	Prüfen, ggf. ersetzen
B	Hupe tönt dauernd	1 Kabel vom Hupenkontakt zum Steuergerät hat Masseschluss	Anschlüsse zum Lenksäulensteuergerät prüfen
		2 Hupe hat inneren Masseanschluss	Hupe ersetzen. Unterwegs Kabel von der Hupe abziehen

STÖRUNGSBEISTAND

Bremslicht

	Störung	Was kann das sein?	Was muss ich tun?
A	Eine Bremsleuchte brennt nicht	1 Glühlampe durchgebrannt	Austauschen
		2 Masseverbindung unterbrochen. Brennen alle übrigen Lampen in derselben Heckleuchte?	Kabel kontrollieren
		3 Unterbrechung in der Zuleitung	Kabel kontrolllieren
B	Beide bzw. alle drei Bremslichter brennen nicht	1 Sicherung defekt	Ersetzen
		2 Bremslichtschalter defekt	Überprüfen, ggf. ersetzen
		3 siehe A1 und Van	
C	Bremslicht brennt dauernd	1 Kabel zum Bremslichtschalter haben direkten Kontakt	Kabel kontrollieren

Warnblink- und Blinkanlage

	Störung	Was kann das sein?	Was muss ich tun?
A	Kontrolllampe für Richtungsblinker leuchtet in ganz kurzen Intervallen auf. Normaler Blinkrhythmus beim Warnblinken	1 Eine Glühlampe defekt oder ohne Kontakt	Auswechseln
B	Blinkleuchten und Kontrollleuchte brennen bei Richtungs- und Warnblinken dauernd oder gar nicht	1 Blinkrelais defekt	Auswechseln
C	Richtungsblinken funktioniert, aber kein Warnblinken	1 Sicherung defekt	Auswechseln
		2 Kabel vom Steckkontakt am Warnblinkschalter zur Sicherung bzw. Blinkerrelais unterbrochen	Durchgang kontrollieren, ggf. erneuern
		3 Warnblinkschalter defekt	Auswechseln
D	Warnblinken funktioniert, aber kein Richtungsblinken	1 Kabel zwischen Blinkerschalter und Lenksäulensteuergerät unterbrochen	Durchgang kontrollieren, ggf. erneuern
		2 Blinkerschalter defekt	Auswechseln (lassen)
		3 Sicherung defekt	Ersetzen
E	Kein Richtungs- und kein Warnblinken	1 Sicherung defekt	Auswechseln
		2 Warnblinkschalter defekt	Auswechseln
		3 Anschlüsse zum Lenksäulensteuergerät defekt	prüfen
F	Kein Schalter der Hebel am Lenker funktioniert mehr	1 Anschlüsse zum Lensäulensteuergerät defekt	prüfen
		2 Lensäulensteuergerät defekt	Fehlerspeicher auslesen (lassen), Kabel und Anschlüsse prüfen
		3 CAN-Bus-Fehler	Fehlerspeicher auslesen (lassen), Pegel und Signalbild auf der Datenleitung prüfen

Antrieb: Motor und Öl, Kühlung und Getriebe

Der Smart hat kleine, leistungsstarke und sparsame Motoren. Die Wartung der Triebwerke am Schmier- und am Kühlsystem sowie die Anbindung der Motoren ans Fahrwerk über das Getriebe sind Gegenstand dieses Kapitels.

Die Motoren des Smart

Die fortschrittlichen Triebwerke der Smart fortwo sind durchweg Einspritzer: bei den Benzinern nach dem Motronicprinzip, bei den Dieselmotoren als Direkteinspritzer mit Abgasturbolader. Die Mercedes-Diesel werden als »CDI« bezeichnet. Im Smart wurden insgesamt 7 Motoren zwischen 0,8 l und 1,0 l Hubraum verbaut.
Die verbesserten Diesel- und Benzinmotoren zwischen 33 KW und 75 KW wurden mit automatisierten 5-Gang-Schaltgetrieben ausgerüstet. Laufleistungen jenseits der 100.000 km sind keine Seltenheit und noch lange nicht das Ende.
Natürlich finden sich wie schon immer in der Smart-Szene üblich einige wenige Modelle, die auch mit Straßenzulassung deutlich mehr Leistung auf den Asphalt drücken.
Der Machbarkeit steht mehr die Zulassungsbehörde als die Kombinationsmöglichkeit der Teile im Weg. Die Teilebeschaffung ist wie bei den meisten Fahrzeugen aus dem Hause Mercedes kein Problem.
Auch der Zubehörmarkt bietet Ersatz- und Umbauteile für den kleinen Kultflitzer in jeder Facette und für jeden Bereich der Fahrzeugtechnik und Ausstattung an.

Das Viertaktprinzip

WISSENSWERTES

Bei den Smart-Motoren umfasst ein Arbeitszyklus des Kolbens im Zylinder vier Takte. Der Raum, den der Kolben im Zylinder durchmisst, ist der Hubraum. Hat der Kolben darin seinen höchsten Punkt erreicht, bleibt nur der Brennraum mit dem Kraftstoff-Luft-Gemisch. Hubraum plus Brennraum bilden den Zylinderraum. Das Verhältnis des Zylinderraums zum Brennraum gibt an, auf den wievielten Teil des Zylinderraums das Kraftstoff-Luft-Gemisch verdichtet wird:

Verdichtung bei den Benzin-Motoren	10 : 1
Verdichtung bei den CDI-Motoren	18 : 1

Die vier Takte:

- Ansaugen: Der Kolben gleitet zum Unteren Totpunkt UT. Die Einlassventile öffnen, das Einspritzventil arbeitet, Luft und Kraftstoff strömen in den Zylinder.
- Verdichten: Der Kolben bewegt sich vom UT zum Oberen Totpunkt OT. Die Einlassventile schließen. Der Kolben verdichtet das eingeströmte Gemisch.
- Verbrennen: Kurz vor dem OT wird das Gemisch gezündet. Es verbrennt und drückt den Kolben zum UT. Sein Pleuel dreht die Kurbelwelle.
- Ausstoßen: Der Kolben geht nach oben. Die Auslassventile öffnen, die verbrannten Gase werden ins Abgassystem (und in den Turbolader) geschoben.

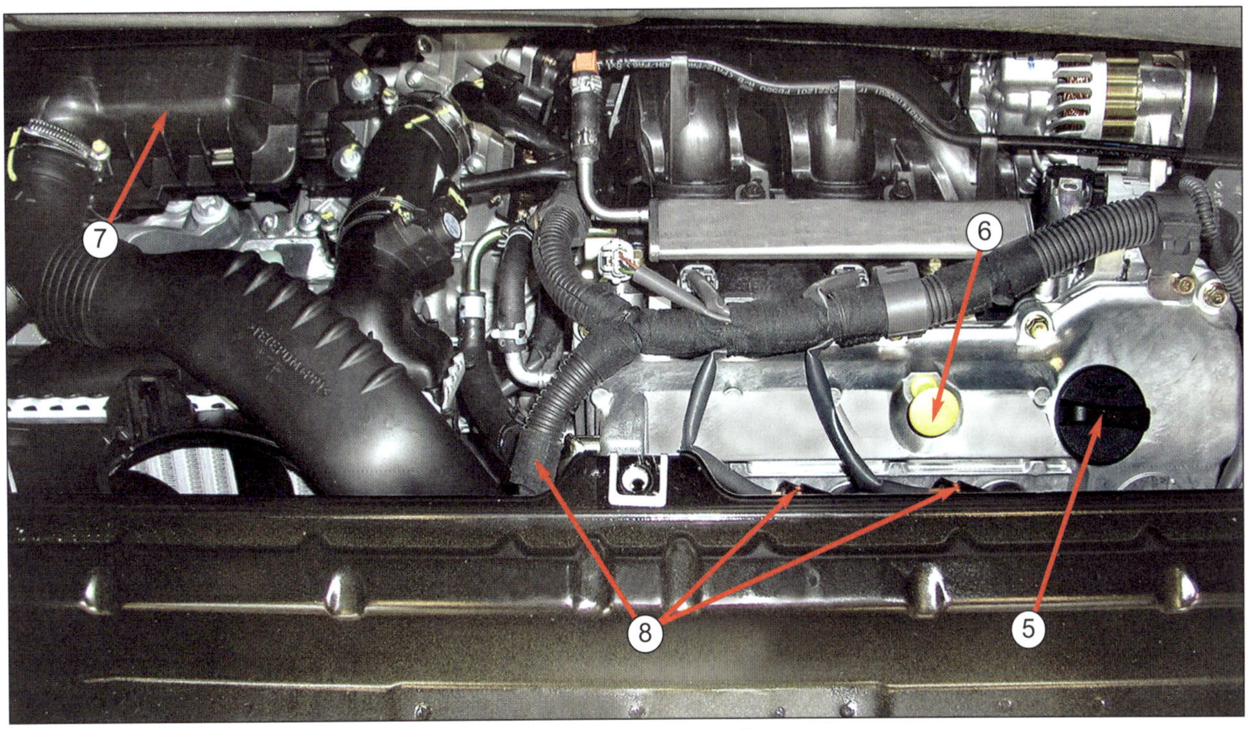

Motorraumübersicht beim Smart mit Benzinmotor: 5 Öleinfüllstutzen, 6 Ölpeilstab, 7 Luftfiltergehäuse, 8 Zündkerzen.

Das Schmiersystem

Alle Stellen im Motor, an denen Metalle aufeinander gleiten, müssen ständig mit Öl versorgt werden: Kolben, Zylinderlaufbahnen, die Lager von Kurbelwelle und Nockenwelle. Kein Triebwerk hält mehr als einige Minuten ohne passende Schmierung durch. Ein Teil des Schmieröls wird vom Kreislauf abgezweigt und zur Kühlung u. a. des Kolbens direkt in dessen Inneres gespritzt.

Das Motoröl

Öl vermindert Reibung und Verschleiß und dichtet die engen Räume zwischen Kolben, Kolbenringen und Zylinderwand so fein ab, dass der hohe Druck bei der Verbrennung fast ohne Verluste auf die Kurbelwelle übertragen wird. Öl kühlt auch den Motor, zum Beispiel die Kolben in den Zylindern und die Lager von Kurbelwelle und Nockenwelle. Außerdem schützt es vor Rost, bindet Schmutzpartikel und einen Teil der Verbrennungsrückstände. Wichtige Kenngröße für Motoröl ist seine Viskosität. Sie ist das Maß für die Fließfähigkeit des Schmieröls. Im Winter muss ein Motoröl so dünnflüssig sein, dass es nach dem Kaltstart sofort alle Schmierstellen versorgt. Bei höheren Temperaturen ist dickflüssiges Öl gefragt, das den Schmierfilm nicht abreißen lässt. Im Smart fließt ganzjährig fahrbares »Mehrbereichsöl«. Die meisten Motoröle sind solche Öle aus Mineralöl und bis zu 20% Additiven. Diese Zusätze bewirken, dass sich das Öl den Temperaturen im Motor anpasst, dass der Viskositäts-Index steigt (»VI-Verbesserer«). Sie schützen das Öl vor Oxidation und verhindern das Aufschäumen bei hohen Drehzahlen. Die Additive verschleißen aber bei hohen Temperaturen und verlieren ihre Wirkung. Wasser, Kraftstoff und Verbrennungsrückstände setzen der Lebensdauer des Motoröls ebenfalls Grenzen. Rechtzeitiger Ölwechsel, natürlich mit Filter, ist daher kein Luxus, sondern reine Notwendigkeit, wenn Ihr Motor reibungslos funktionieren soll.

Normen für Motoröl

WISSENSWERTES

■ **SAE-Klasse:** Einstufung durch die Society of Automotive Engineers. Bezeichnet die Klasse der Viskosität, zum Beispiel SAE 5W-30 (unser Bild). Je kleiner die erste Zahl, umso dünner und bei Kälte besser fließend ist das Öl (W = Winter). Ein Öl mit 0W schmiert noch bei minus 30 Grad, bei 5W ist es gut bis minus 25 Grad, bei 15W bis minus 15 Grad. Je höher die zweite Zahl, umso besser widersteht das Öl hohen Temperaturen. Das von Volkswagen empfohlene Öl entspricht wie in Bild 2 der SAE 5W-30.
■ **ACEA-Norm:** Von der Association des Constructeurs Européen d'Automobiles im Jahre 1996 eingeführte europäische Ölnorm. Nach ACEA gibt es für Benziner die Gruppen A1 (Sprit sparendes Öl), A2 (gering belastetes Öl), Smart (Hochleistungs-Öl). Für Diesel gilt eine Einteilung von B1 bis B4.
■ **API-Norm:** Vorschrift des American Petroleum Institute. Diese Spezifikation besteht aus den Buchstaben S bzw. G (Benziner) und C bzw. PD (Diesel) sowie einem weiteren Buchstaben bzw. einer Zahl. Je höher im Alphabet oder je größer die Zahl, umso besser ist die Qualität des Öls.

3-Zylinder-Benzin-Motor: M132 mit unterschiedlichen Leistungen und auch mit Aufladung ausgerüstet.

3-Zylinder-Diesel-Turbomotor: OM 660/1 mit 33 kW. Dieselmotor mit Verbrennungsrückständen und Turbolader.

Der Ölkreislauf

Im Motorblock strömt das Öl durch ein System von Leitungen und feinen Bohrungen an die richtige Adresse. Dieses System bildet von der Ölwanne unten am Motor über die verschiedenen Stationen bis in die Wanne zurück einen Kreislauf mit der Ölpumpe im Zentrum.
Die Pumpe holt über die Saugleitung das Öl aus der Wanne. Im Hauptstrom sitzt der Ölfilter (Bild unten), der Verunreinigungen wie Ruß, Metallabrieb und Staub zurückhält. Vom Filter gelangt das Motoröl über Bohrungen im Zylinderblock zu den Schmierstellen der Kurbelwelle und zu den Pleueln. Von den Gleitlagern der Kurbelwelle wird das Öl in den Zylinderkopf, zu den Nockenwellenlagern und an andere sensible Stellen gedrückt. Rücklaufkanäle führen wieder in die Ölwanne.

Der Ölfilter

Bauform und Montage des Ölfilters unterscheiden sich je nach Motortyp, aber das Prinzip ist immer ähnlich dem im Bild für den Diesel gezeigten. Der Filter arbeitet nur so lange, bis er vom Schmutz zugesetzt ist. Deshalb Filterpatrone (1 oder 5) beim Ölwechsel tauschen!
Wenn er nicht rechtzeitig gewechselt wurde, tritt ein Überdruckventil in Aktion. Es öffnet, und das Motoröl umgeht den Filter. Damit ist zwar die Ölversorgung sichergestellt, doch ungefiltertes Motoröl bewirkt einen höheren Verschleiß an den Lagerstellen.
Durch die Mittelachse der Filterpatrone gelangt das gereinigte Öl direkt in den Hauptölkanal. Der Öldruckschalter dort signalisiert über die Kontrollleuchte im Schalttafeleinsatz und einen Warnton zu niedrigen Öldruck .

Der Öldruck

Denn damit die Schmierung bei jeder Belastung des Motors sicher gestellt ist, muss der Öldruck stimmen. Bei zu kaltem und sehr zähflüssigem Öl kann ein zu hoher Druck entstehen. Dann öffnet ein Überdruckventil eine Umgehungsleitung (Bypass) und leitet das Öl direkt auf die Saugseite der Ölpumpe zurück. Der Ölkreislauf bleibt in diesem Fall erhalten.

Problematisch ist zu niedriger Öldruck, der z. B. vorkommt, wenn Sie bei zu geringem Ölstand mit hohem Tempo durch eine Kurve fahren. Die Ölpumpe saugt dann Luft anstatt Öl aus der Ölwanne. Der Öldruck fällt abrupt ab, was zu schweren Lagerschäden führen kann. Wenn nach schnellen Autobahn- oder Passfahrten die Öldrucklampe im Leerlauf flackert, ist das ein Indiz dafür, dass der Öldruck durch zu heißes und damit dünnflüssiges Öl unter den normalen Wert gesunken ist, obgleich das Öl einen extra Kühler passiert.
Wenn die Kontrollleuchte beim Gasgeben wieder verlischt, ist alles in Ordnung. Wenn aber der Geber in der Ölwanne zu geringen Ölstand signalisiert, könnte Motorschaden drohen. Sofort anhalten, Motor abstellen, Öl auffüllen und prüfen, ob die Warnsignale damit ausgeschaltet sind. Sonst Werkstatt oder Selbsthilfe!

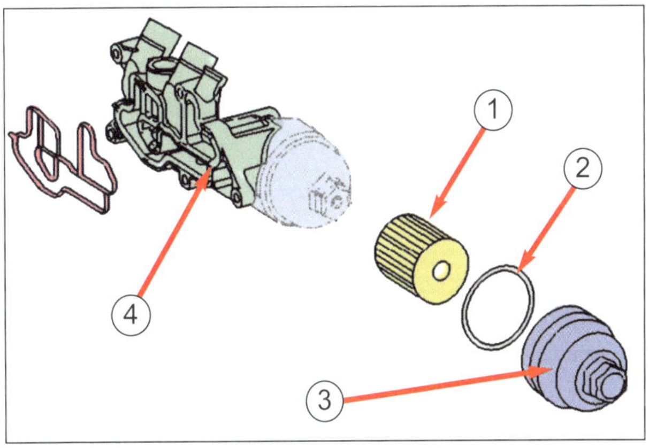

Dieselmotor: 1 Ölfiltereinsatz, 2 Dichtring, 3 Deckel, 4 Flansch.

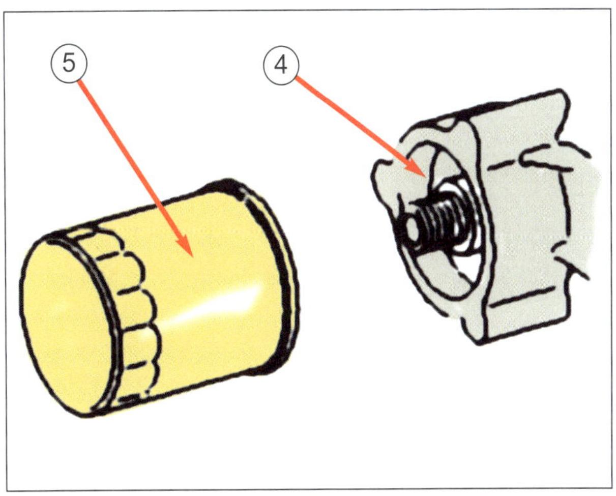

Benzinmotor: 4 Flansch, 5 Ölfilterpatrone.

Ölstand prüfen

■ Ölstand prüfen: Nach Betriebsanleitung des Fahrzeugs vorgehen. Ölstandskontrolle laut Faustregel nach jedem zweiten Tanken ist nicht verkehrt, aber bei den Smart-Motoren kaum noch nötig. Auf jeden Fall ist Prüfen mit dem Peil- oder Messstab (Bilder 1 und 2) in regelmäßigen Abständen erforderlich für sicheres Fahren zwischen den Ölwechseln.

■ Kontrolle bei mindestens 60 °C Öltemperatur (10 min Fahrt nach Kaltstart). Messstab ziehen (Vorsicht vor heißer Umgebung der Stabführung!). Stab flusenfrei abwischen, wieder einschieben, kurz warten, erneut herausziehen. Ölbedeckung an der Messspitze auswerten. Bild 2 zeigt Varianten der Messspitzen von Ölpeilstäben bei den verbauten unterschiedlichen Motoren. Es gilt:

A = Maximalstand, kein Öl nachfüllen.
B = Normalbereich, Nachfüllen nicht nötig, kann aber erfolgen bis höchstens zur Marke »A«.
C = Minimalstand, Öl muss nachgefüllt werden.

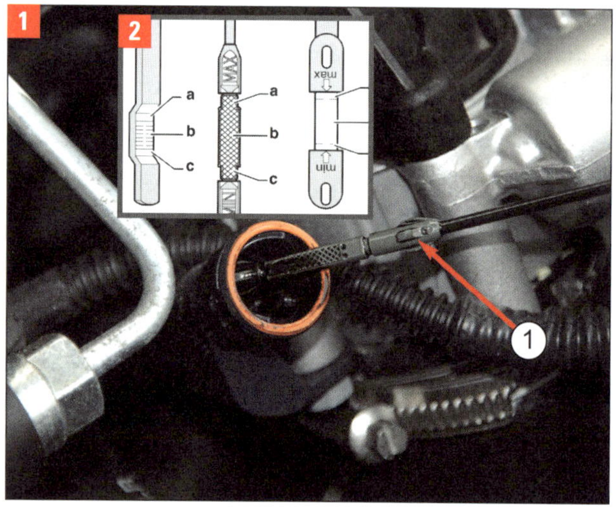

■ Öl nachfüllen: mit Trichter in die Öleinfüllöffnung. Nur Motoröl verwenden was für Ihren Motor freigegeben worden ist. Die neuesten Freigaben erfragen Sie am besten bei Ihrem Smart-Partner.

Öl und Filter wechseln

■ Öl und Filter wechseln: Motorenöle gestatten Intervalle von einem Jahr oder bis 20.000 Fahrkilometern bei den Benzin-Motoren und bei den Dieseln bis zu 15.000 km. Bei ausschließlichen Stadtfahrten macht früherer Wechsel in jedem Falle Sinn. Im Winterhalbjahr können schon sechs Monate (7000 bis 10.000 km) ausreichend sein.

■ Das Altöl kann abgesaugt werden, man kann es aber auch ablassen. Wenn ein Ölabsauggerät verfügbar ist (Mietwerkstatt), können Sie den Ölwechsel in eigener Regie vornehmen. Das sollte Sie aber nicht dazu veranlassen, billiges Motoröl zu verwenden. Das ist für die hoch entwickelten und damit auch sehr anspruchsvollen Motoren der jüngsten Generation nicht zu empfehlen.

■ Mit dem Ölwechsel ist immer auch der Ölfilterwechsel verbunden. Wir geben unter »Technische Daten« die Einfüllmengen mit und ohne Filterwechsel an. Der Ölfilter ist in der Regel von unten erreichbar. Soweit verbaut, muss die Geräuschdämmplatte unter dem Motor demontiert werden.

■ Ölwechsel am betriebswarmen Motor durchführen und die Entsorgungsvorschriften beachten. Den verschraubten Filter lösen und abschrauben.

■ Den Filterwechsel am besten vor dem Ölwechsel vornehmen. So können Sie eventuell abtropfendes Öl nachher zusammen von Motorblock und Ölwanne mit Bremsenreiniger und Lappen gründlich entfernen.

■ Filtereinsatz herausnehmen. Kontrollieren Sie, ob der O-Ring vom Filter abgelöst wurde und vielleicht noch am Wärmetauscher festhängt. Einen neuen Filtereinsatz (mit neuem O-Ring) am Dichtring etwas mit Öl benetzen und handfest anziehen.

■ Öl der genannten Spezifikation und Menge einfüllen. Nach dem Filter- und Ölwechsel beim ersten Motorstart beachten: Solange die Kontrollleuchte für Öldruck leuchtet, nur Leerlauf! Bei Gasstößen kann der Turbolader geschädigt werden oder ganz ausfallen.

Öldruck prüfen

- Öldruck prüfen: Öldruckschalter aus Filterhalter oder Motorblock ausschrauben und Öldruckprüfer einschrauben. Die Prüfung mit einem »Eigenbau-Druckmesser« ist natürlich auch möglich. Die Vorgehensweise unterscheidet sich nicht.

- Schalter an den Prüfer schrauben. Bei mindestens 80 °C Öltemperatur und normalem Ölstand prüfen. Motor erst im Leerlauf, dann mit erhöhter Drehzahl laufen lassen. Nachstehende Richtwerte sollten gemessen werden.

- Wenn die Sollwerte bei der Prüfung nicht erreicht werden, muss auf Lagerschäden untersucht, der Ölfilterhalter mit Überdruckventil ersetzt oder die Ölpumpe ausgetauscht werden. Das sind dann Arbeiten für erfahrene Mechaniker oder für die Spezialisten in einer Fachwerkstatt.

Druckmesswerte als Daumenwert

Die angegebenen Druckwerte sollten bei der Messung nachvollzogen werden können. Beachten Sie nicht nur den Mindestdruck. Das Überschreiten des Höchstdrucks kann die Hydrostößel leicht aufdrücken.

Im Leerlauf	Mindestüberdruck 0,3...0,7 / 0,8 bar
Bei 2000/min	Mindestüberdruck 2,0 / 1,5 bar
Bei 2000/min	Mindestüberdruck nicht über 7,0 / 5,0 bar
Erste Zahl Benzin-Motoren, zweite Zahl CDI-Motoren	

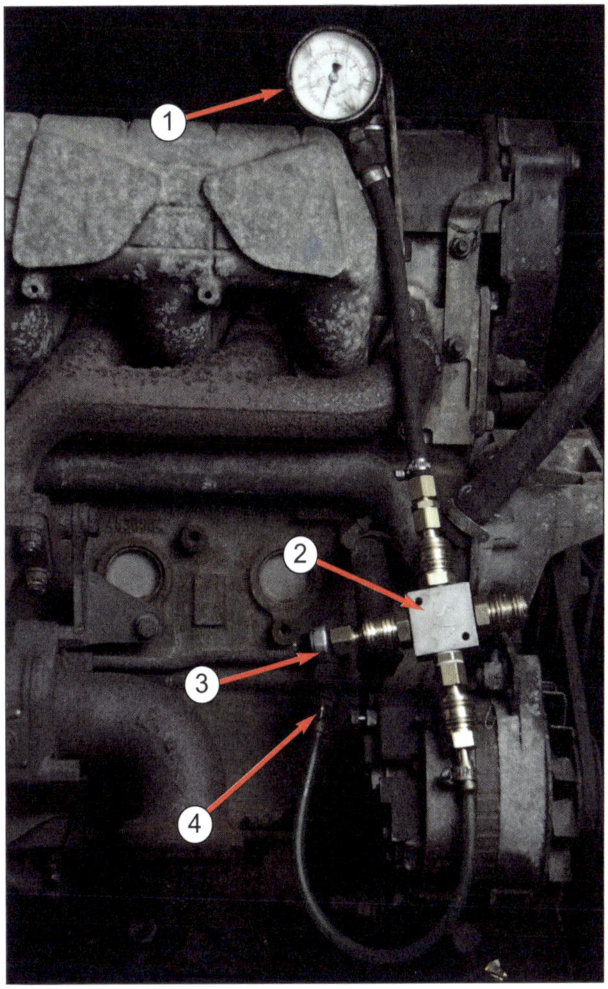

Anschluss am Motor: 1 Anzeige (Druckuhr), 2 Adapter im Eigenbau, 3 Öldruckschalter angeschlossen, 4 Anschluss des Öldruckschalters ist mit einem Adapter belegt

Einfache Oldruckschalterprüfung: Mit einem Druckminderer und einem Multimeter ist es möglich, die Schaltdrücke der Öldruckschalter zu prüfen.

Das Kühlsystem

Für die richtige Betriebstemperatur des Motors sorgt das Kühlsystem. Im Kreislauf zirkuliert die in den Ausgleichsbehälter eingefüllte Flüssigkeit aus Wasser und Kühlmittelzusatz. Das System besteht aus Kühler, Temperaturregler (Thermostat), Wasserleitungen und einem Netz kleiner Kanäle in Motorblock und Zylinder. Dieser Wassermantel führt die Verbrennungswärme über die Schläuche des Kühlsystems an den Kühler ab.

Der Kurzschlusskreislauf

Nach dem Kaltstart zirkuliert das Kühlmittel im kleinen Kühlkreislauf, der sich auf Motor und Heizung beschränkt. In diesem »Kurzschlusskreislauf« hält der Thermostat den Durchfluss zum Kühler geschlossen. Das Kühlmittel gelangt auf direktem Weg zurück in den Motor. So erhitzt sich die Kühlflüssigkeit schneller und der Motor wird schneller warm. Der Kühler tritt erst in Aktion, wenn die Kühlflüssigkeit eine bestimmte Temperatur erreicht hat. Wenn dann der Thermostat öffnet, wird kaltes Wasser aus dem Kühler mit erwärmtem Wasser aus dem kleinen Kühlkreislauf vorgemischt.

Kühlung bei Betriebstemperatur

Solange die Wassertemperatur steigt, öffnet der mit dem Anschlussstutzen in den Zylinderblock geschraubte Thermostat den Kaltwasserzufluss aus dem Kühler immer weiter und schließt den Kurzschlusskreislauf. Bei Betriebstemperatur zirkuliert die Kühlflüssigkeit vom unteren Kühlwasserschlauch zur Wasserpumpe (Kühlmittelpumpe), die sie in Motorblock und Zylinderkopf drückt. Der größte

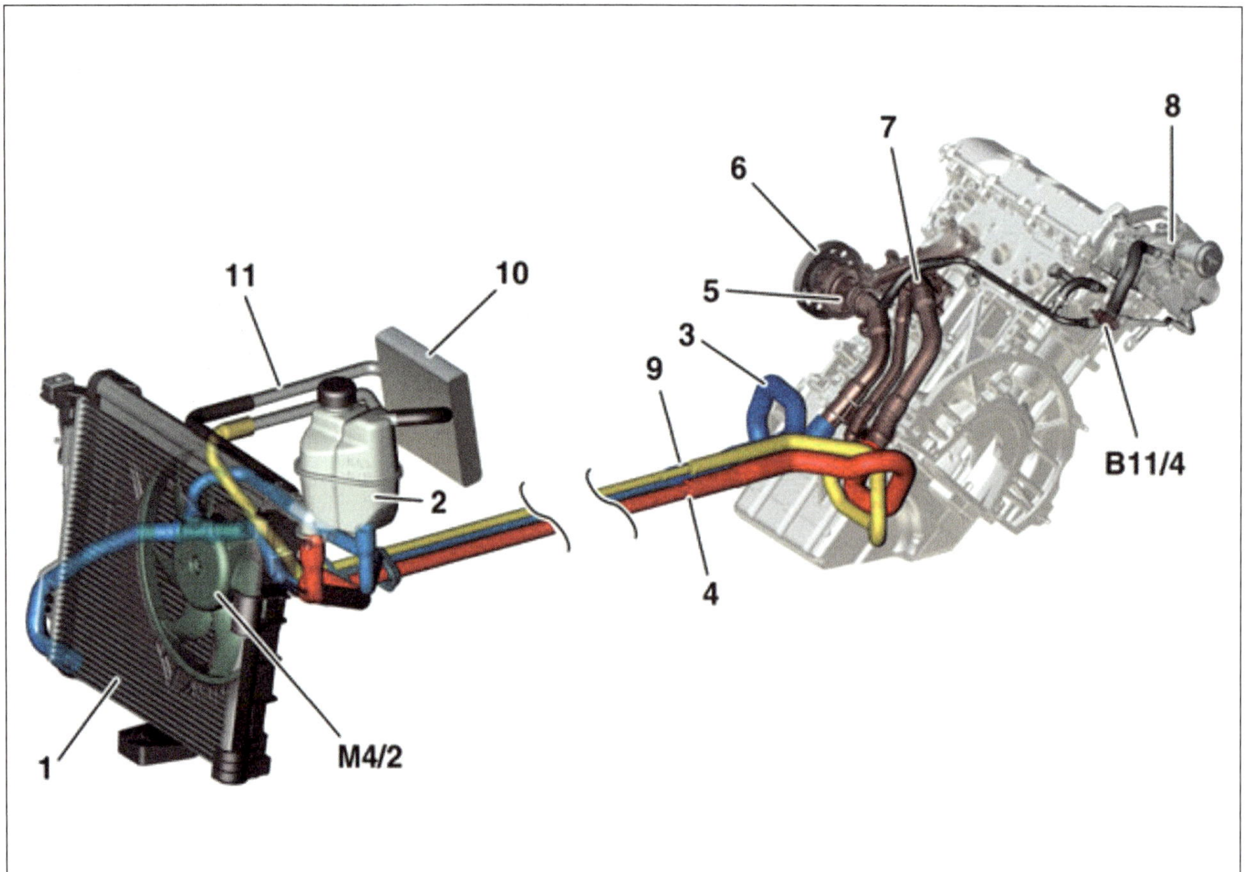

Kühlsystem am Benzinmotor: 1 Kühler, 2 Ausgleichsbehälter, 3 Kühlmittelrücklaufleitung, 4 Kühlmittelvorlauf (kurzer Kreislauf), 5 Kühlmittelpumpe, 6 Riemenscheibe Kühlmittelpumpe, 7 Thermostat, 8 Abgasturbolader, 9 Kühlmittelvorlauf, 10 Heizungswärmetauscher, 11 Kühlmittelrohr, B11/4 Temperaturfühler Kühlmittel, M4/2 Lüftermotor Kühlmotor.

Teil der Flüssigkeit läuft über den geöffneten Thermostat zum Kühler, der Rest zum Wärmetauscher der Heizung. Das im Kühler unten abfließende kalte Wasser zieht heißes Kühlmittel oben in den Kühler nach. Dort wird es durch die Kühlerlamellen abgekühlt. Sinkt während der Fahrt die Wassertemperatur unter die Soll-Betriebstemperatur, sperrt der Thermostat den Kühlerdurchfluss erneut, bis das Kühlmittel warm genug ist. Das Kühlsystem steht unter einem Überdruck von etwa 1,2 bis 1,5 bar bei Betriebstemperatur. Dadurch und durch den Einsatz von Kühlmittelzusätzen erhöht sich der Siedepunkt der Kühlflüssigkeit von 100 °C auf rund 135 °C. Die höhere Temperatur ermöglicht einen wirtschaftlicheren, Kraftstoff sparenden Motorbetrieb.

Der Kühlerventilator

Es kann bei langsamer Fahrt vorkommen, dass das Kühlmittel im System überhitzt wird. Dann muss der Kühlerventilator den Kühler zusätzlich kühlen. Bei 95 bis 105 °C Kühlmitteltemperatur wird automatisch der Lüftermotor eingeschaltet. Bei etwa 90 °C schaltet er wieder ab.

Arbeiten am Kühlsystem

Das Kühlmittel

Kühlflüssigkeit besteht aus Wasser und Kühlmittelzusatz. Bei dem Kühlmittelzusatz Beim Smart handelt es sich um eine blaugrünliche Flüssigkeit. Im Zubehör wird man bei Glysantin unter der Bezeichnung G48 fündig. Die Prüfnummer bei Mercedes lautet für dieses Produkt MB Aproval 325.0. Das Kühlmittel ist mit anderen artähnlichen Kühlmitteln mischbar. ist als Lebensdauerfüllung geeignet und schützt optimal vor Frost, Korrosionsschäden, Kalkansatz und Überhitzung. Der Kühlmittelzusatz verliert seine Wirksamkeit nach etwa vier Jahren und sollte dann erneuert werden. Die Autohersteller schreiben einen turnusmäßigen Wechsel nicht vor, aber Auffüllen von Zusatz nach Ablassen einer Differenzmenge kann nötig werden. Dann Vorsicht: Beim Öffnen des Ausgleichsbehälters kann heißer Dampf entweichen. Verschlussdeckel vor dem Aufdrehen mit Lappen abdecken und erst dann vorsichtig öffnen! Zischen zeigt Druckabbau. Wichtig bei Arbeiten am Kühlsystem ist die richtige Befestigung der Kühlmittelschläuche. Es sollten immer die originalen Klemmschellen des Herstellers verwendet werden. Das geeignetste Werkzeug bei Entfernung und Befestigung ist eine Schlauchklemmenzange.

Frostschutz prüfen

Das Mittel sorgt auch für bessere Wärmeableitung. Deshalb soll das Kühlsystem unbedingt ganzjährig mit dem Mittel befüllt sein, mindestens 40% gemischt mit 60% Wasser. Das Mischungsverhältnis sollte immer einmal mit einem handelsüblichen Prüfgerät (Bild 4) oder ganz präzise mit einem Refraktometer kontrolliert werden. Der Zusatzanteil am Gemisch von mindestens 40% sichert Frostschutz bis -25 °C. Bis zu dieser Temperatur muss der Frostschutz gewährleistet sein, in Ländern mit arktischem Klima sogar bis -35 °C. Der Anteil soll 60% nicht übersteigen, weil sich bei zu viel Zusatz Frostschutz und Kühlwirkung wieder verschlechtern.

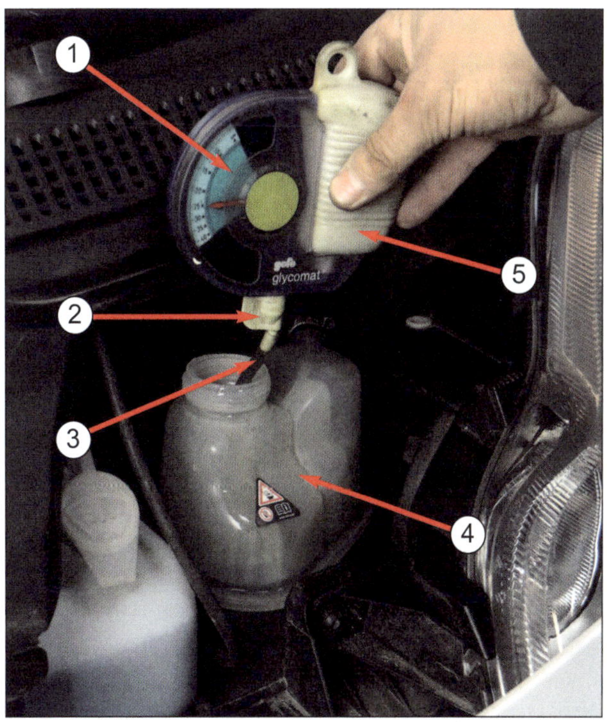

Frostschutz prüfen: 1 Anzeige Skala, 2 Hahn, 3 Entnahmeschlauch, 4 Ausgleichsbehälter, 5 Pumpball.

Frostschutzmittel: G12 in Rot und das »Normale« in Gelb.

- Starten Sie den Motor.
- Lassen Sie das Kühlsystem etwas abkühlen.
- Öffnen Sie vorsichtig den Deckel des Ausgleichsbehälters.
- Stecken Sie den Entnahmeschlauch (3) in den Ausgleichsbehälter (4) (siehe Bild auf S.210).
- Öffnen Sie den Hahn (2), drücken Sie den Pumpball (5) zusammen und saugen sie so viel Kühlmittel an, dass Sie keine Luftblase im Schauglas (1) sehen können.
- Lesen Sie auf der Skala (1) ab, bis wie viel °C Ihr Kühlmittel frostsicher ist.

Thermostat prüfen

Der Thermostat regelt die Temperatur des Kühlsystems, indem er den Zugang zum »großen Kühlkreislauf« freigibt oder langsam abregelt. Hier wird bestimmt, welche Wassermenge den Durchfluss zum Kühler schafft. Im Thermostat der alten Bauweise ist ein Wachselement verbaut, welches sich mit Zunahme der Temperatur ausgedehnt hat und dann das Ventil des Thermostaten entsprechend aufdrückte. Heute werden diese Regelfunktionen teilweise schon von angesteuerten Regelventilen übernommen. Diese Funktion ist deutlich schneller abzufragen und es kann leicht eine Systemüberwachung mit Kennfeldabgleich und auch entsprechende Fehlerspeicherablage realisiert werden.

- Bauen Sie den Thermostaten aus.
- Biegen Sie sich zwei Schweißdrähte so, dass Sie den Thermostat im Kochtopf zur Beobachtung aufhängen können.
- Füllen Sie den Kochtopf mit Wasser. Der Thermostat muss vollständig bedeckt sein.
- Positionieren Sie den Messsensor des Multimeters (5) so, dass Sie die Wassertemperatur am Thermostat erfassen können.
- Schalten Sie die Kochplatte (3) ein und beobachten Sie den Temperaturanstieg.
- Notieren Sie sich die Temperatur, an dem der Thermostat mit der Öffnung begonnen hat.
- Achten Sie darauf, dass sich der Thermostat ruckfrei öffnet. Ist das der Fall, muss er sofort ersetzt werden. Der Öffnungsringspalt muss auch gleichmäßig ausfallen. Eine ungleichmäßige Öffnung ist ein Hinweis auf Schäden am Thermostat.
- Die maximale Öffnung sollte bei etwa 95 °C erreicht sein.
- Nachdem der Thermostat seine maximale Öffnung erreicht hat, lassen Sie ihn abkühlen und beobachten hierbei das ruckfreie Schließen.

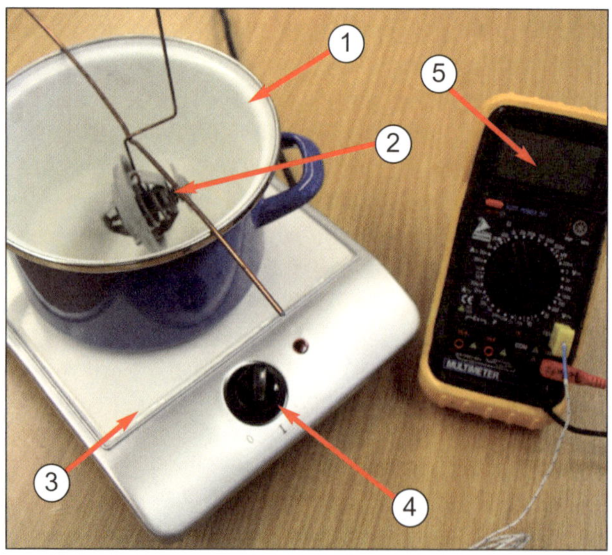

Thermostat prüfen: 1 Topf mit Wasser, 2 Thermostat mit Schweißdraht aufgehängt, 3 Kochplatte, 4 Schalter, 5 Multimeter mit Temperaturmessung.

Das Motormanagement-System

Kraftstoffzufuhr und -dosierung, Herstellung des optimalen Kraftstoff-Luftgemischs, Arbeit des Turboladers und Abgaskontrolle werden von der Motorsteuerung bewerkstelligt. Das Motormanagement ist mit Kennfeldern für Gemischaufbereitung und Kraftstoffeinspritzung vorprogrammiert. Gesteuert werden Einspritzmenge und -beginn, Leerlaufdrehzahl, Abgasrückführung, Turbolader, Aufladung, Ladeluftkühlung und Ladedruck.

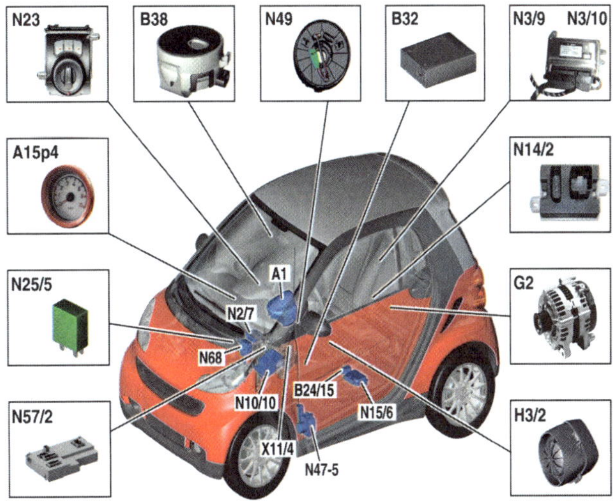

Gesamtvernetzung bei Vollausstattung beim Smart:

Kürzel	Bezeichnung
A1	Kombiinstument
A15p4	Drehzahlmesser
B24/15	Sensor Drehgeschwindigkeit und Querbeschleunigung
B32	Mikrowellensensor der Diebstahlwarnanlage
B38	Regen- und Lichtsensor
G2	Generator
H3/2	Alarmsirene mit Neigungsgeber
N2/7	Steuergerät für die Rückhaltesysteme
N3/9	Motorsteuergerät (CDI-Diesel)
N3/10	Motorsteuergerät (ME-Benzinmotoren)
N10/10	Steuergerät SAM (Bordnetzsteuergerät)
N14/2	Glühendstufe beim Diesel
N15/6	Steuergerät automatisiertes Schaltgetriebe
N23	Bediengerät Klimaanlage
N25/5	Steuergerät Sitzheizung
N47-5	Steuergerät ESP
N49	Lenkwinkelsensor
N57/2	Steuergerät Komfortbetätigung der Fensterheber
N68	Steuergerät Lenkhilfe
X11/4	OBD Diagnoseanschlussdose

Bordcomputer und Diagnose

Im Smart sind auch bei der Topausstattung noch eine überschaubare Anzahl von Steuergeräten verbaut. Zur Funktionsdiagnose und Fehlerabfrage von Steuergeräten gibt es im Fahrzeug den nach internationaler Vorschrift unter der Schalttafel Fahrerseite angeordneten Steckanschluss, der über Kabel mit dem mobilen Diagnosegerät verbunden wird. Relevante Fehler müssen schnell behoben werden. Freie typbezogene Tester erreichen, bis auf den Onlinesupport der Herstellers, die gleiche Diagnosetiefen wie die originalen Werkstatttester. Hilfestellungen zur Fehlersuche werden gut sortiert in entsprechenden Foren ausgearbeitet. Einige Hersteller bieten Diagnosegeräte für den typenoffenen Einsatz an. Im Vergleichstest 2009 der Sachverständigenorganisation DEKRA wurde der kompakte Steuergeräte-Diagnosetester KTS 340 von Bosch Testsieger. Preisgünstig angeboten werden Kleingeräte von Bosch mit Zubehör und Anschlusskabel. Der springende Punkt ist aber natürlich eine Software, mit der die Datenspeicher des eigenen Fahrzeugs auslesbar sind. Und diese ist zwar vom Hersteller unabhängig, muss aber kostenpflichtig von Bosch lizenziert werden.

Effiziente Systeme

Die elektronischen Systeme für das Motormanagement errechnen die bestmöglichen Werte für Kraftstoffaufbereitung und Verbrennung. Motorsteuergerät, Kraftstoff-Hochdruckpumpe beim Diesel und die nötigen Sensoren bilden das Einspritzsystem, das den Einspritzvorgang optimiert und maßgeblich zu hoher Wirtschaftlichkeit und niedrigen Emissionen der Motoren beiträgt. Die Elektronik wertet in Echtzeit alle Sensordaten über die Kühlmittel-, Kraftstoff- und Ansauglufttemperatur sowie über die momentane Motordrehzahl, die Gaspedalstellung und über die angesaugte Luftmasse aus. Das ist Voraussetzung für

Systeme wie elektronisches Gaspedal (E-Gas), automatische Geschwindigkeitsregelung (AGR) und Leerlauf-Regelung. Schließlich ermöglicht die Elektronik die On-Board-Diagnose sowie den Datenaustausch mit dem Steuergerät des Automatikgetriebes. Dies stellt sicher, dass der Motor im verbrauchsgünstigsten Bereich arbeitet, und gestattet ruckfreie Gangwechsel mit hoher Dynamik.

Steuergerät, CAN-System, Geber

Das Motorsteuergerät mit Funktions- und Überwachungsrechner ist gegen äußere Einflüsse in einem Metallgehäuse gekapselt. Es enthält vor Kurzschlüssen und Überlastung geschützte Endstufen, die genügend Leistung für direkten Anschluss der Stellglieder liefern. Zum Datenaustausch zwischen den elektronischen Komponenten dienen Daten-Bus-Systeme, bei denen sehr viele Daten parallel in einen einzigen Kabelstrang eingespeist werden. Für Kraftfahrzeuge wurde das Bussystem CAN konzipiert und international genormt. Die elektronischen Steuergeräte brauchen eine serielle Schnittstelle CAN, dann sind sie über die Datensammelschiene miteinander und auch mit dem Diagnoseanschluss zu verbinden. Das Steuergerät erfasst folgende Parameter:

Luftbeschaffenheit
Luftmassenmesser, Geber für Ansauglufttemperatur, Höhenmesser und Ladedrucksensor bestimmen präzise die Dichte der Umgebungsluft und den Druck für den Turbolader. Von der Luftdichte hängt der Anteil der für die Verbrennung entscheidenden Sauerstoffteilchen ab. Die Luftfüllung ist zusammen mit der Motortemperatur ein Berechnungsfaktor für Einspritzmenge und jeweiliges Motor-Drehmoment.

Motordrehzahl
Der Drehzahlgeber an der Kurbelwelle informiert über Motordrehzahl, genaue Stellung der Kurbelwelle und Stellung des Kolbens jedes einzelnen Zylinders. Dazu werden per Magnetfeld Impulse erzeugt, deren Anzahl pro Zeit ein Maß für die Drehzahl des Schwungrades ist.

Nockenwellenstellung
Der Nockenwellenpositionssensor (»Hallgeber«) gibt die Stellung der Nockenwelle an. Motordrehzahl und Nockenwellenstellung bestimmen Einspritzzeitpunkt und sequenzielle Einspritzung jedes Zylinders.

Das Duell von Diesel und Otto

WISSENSWERTES

Als Ende des 19. Jahrhunderts die Herren Rudolf Diesel und Nikolaus August Otto ihre Erfindungen zum Patent anmeldeten, konnten beide nicht ahnen, dass ihr Duell um das beste Motorenkonzept bis heute nicht entschieden sein wird. Lange Zeit galt der Benziner als das Maß der Dinge, war er doch auch schon rund 30 Jahre früher erfunden worden. Die schweren, robusten Diesel kamen zunächst nur bei Schiffen, Lastkraftwagen und Taxis zum Zuge, also überall dort, wo Temperament und Spitzenleistung kein Thema waren. Denn im Gegensatz zum Benziner, bei dem das Gemisch durch einen Funken fremdgezündet wird, braucht der hochverdichtete Diesel mehr Zeit, bis sich das Gemisch auf Grund des Druck- und Temperaturanstieges entzündet. Durch diesen so genannten Zündverzug kann der Diesel bis heute keine hohen Drehzahlen erreichen, bei maximal 5500 U/min ist Schluss. Kraft war dagegen schon immer vorhanden: Dieselkraftstoff hat mit 35,3 MJ/L nämlich einen höheren Energiegehalt als Benzin (32 MJ/L). Der spezifische Verbrauch pro kW war deshalb von Anfang an niedriger, das Drehmoment höher. Ab den 70er-Jahren machte der Turbolader den Dieseln zusätzlich Dampf. Das verfügbare Drehmoment hing bei hohem Luftüberschuss im Wesentlichen nur noch von der dazu eingespritzten Menge Diesel ab. Der Benziner ist dagegen in jedem Betriebszustand auf ein bestimmtes Gemisch (14,7 Teile Luft zu einem Teil Kraftstoff), abgesehen von den Benzindirekteinspritzern FSI, welche auch mit »Luftüberschuss« betrieben werden können, angewiesen. Alles andere verbrennt nur unvollständig. Das konnten erst die elektronisch gesteuerten Einspritzsysteme wirklich gut, die Anfang der 80er-Jahre zusammen mit dem geregelten Katalysator Einzug hielten. Die Diesel kamen erst später in den Genuss einer digitalen Motorsteuerung, dann aber zusammen mit der Hochdruck-Direkteinspritzung. Heute ist das Vorglühen eine Sache von Sekunden, Abgasrückführung und Rußfilter sorgen für eine weitgehend reine Weste. Aber: Das raue Laufgeräusch ist geblieben und längst nicht jedermanns Sache. Ebenfalls direkteinspritzende Benziner der neusten Generation versprechen weiteres Sparpotenzial und noch saubere Abgase. Die Technik von Diesel und Benziner wird dabei immer ähnlicher. Bereits heute laufen die ersten Diesotto-Motoren auf dem Prüfstand.

E-Gas und Dieselpumpe (Bild 1)
Zwei Geber für Gaspedalstellung sitzen als gemeinsames Modul direkt am Gaspedal. Das elektronische Gaspedal erfasst den »Fahrerwunsch« als eine Haupteingangsgröße für das Motorsteuergerät. Nach dieser Information wird die Einspritzmenge der Dieselpumpe in Abhängigkeit vom Betriebszustand reguliert. Beim Beschleunigen kann die Fördermenge schon stark Richtung Volllast angestellt werden, obgleich das Gaspedal erst halb durchgetreten ist. Auch die Einflussnahme auf die Systeme des Fahrwerks (ABS, ESP) ist möglich. Falls z. B. der Fahrer zu viel Gas gibt, kann das Steuergerät so weit drosseln, bis kein Rad mehr durchdreht.

Der Luftmassenmesser (Bild 2)
Er befindet sich im Ansaugrohr zwischen Luftfilter und Drosselklappe und bestimmt die Menge der angesaugten Luft. Im Gegensatz zum früher verwendeten mechanischen Luftmengenmesser, der lediglich das Volumen der durchgesetzten Luft im Ansaugtrakt bestimmen konnte, gibt der heute bei Diesel- und Benzinern verwendete Heißfilmluftmassenmesser viel präzisere Signale zur Einspritzregelung ab.

Motortemperaturfühler (Bild 3)
Der Motortemperatursensor sitzt im Kühlmittel-Kreislauf und gibt dessen Temperatur an das Steuergerät weiter. Der Ansauglufttemperatursensor befindet sich im Ansaugkanal und gibt die Temperatur der Ansaugluft an das Steuergerät weiter.

Der Saugrohrdrucksensor
Der Saugrohrdrucksensor liefert zusammen mit der Motordrehzahl eine der Hauptsteuergrößen für die Bestimmung der Einspritzgrundzeit. Er kann entweder im Saugrohr oder als Element der Motorsteuerung verbaut sein.

Das Drosselklappenpotentiometer
Die Stellung der Drosselklappe wird über diesen Sensor an die Motorsteuerung weitergegeben. Der Wert gibt an, wie weit die Drosselklappe tatsächlich angesteuert ist.

Der Klopfsensor
Ein Piezokeramik-Bauteil, eingebaut in den Zylinderblock, registriert die bei klopfender Verbrennung entstehende Schwingung und wandelt sie in elektrische Signale um. Die Motorsteuerung reguliert danach den Zündzeitpunkt.

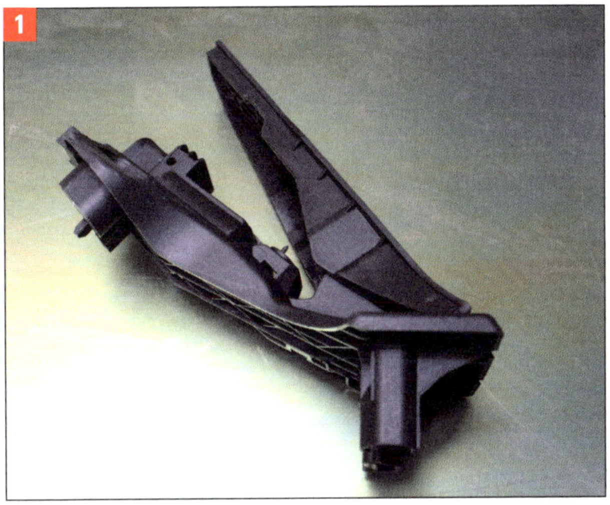

Fahrpedal- oder E-Gas-Sensor: Information an das Steuergerät über den Fahrerlastwunsch.

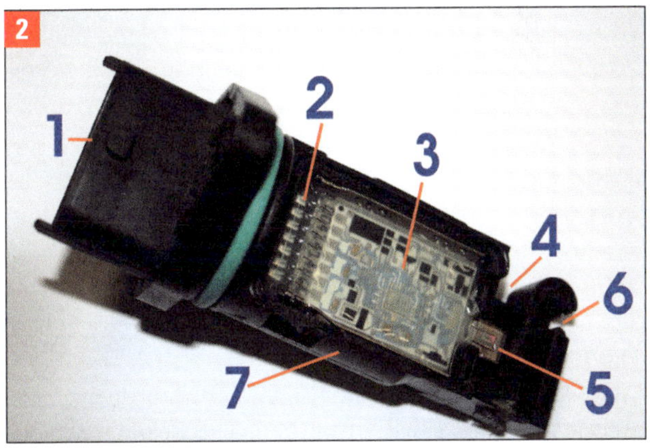

Luftmassenmesser geschnitten: 1 Anschluss, 2 Leitungen, 3 Platine, 4 Lufteinlass, 5 Sensorelement, 6 Luftauslass, 7 Gehäuse.

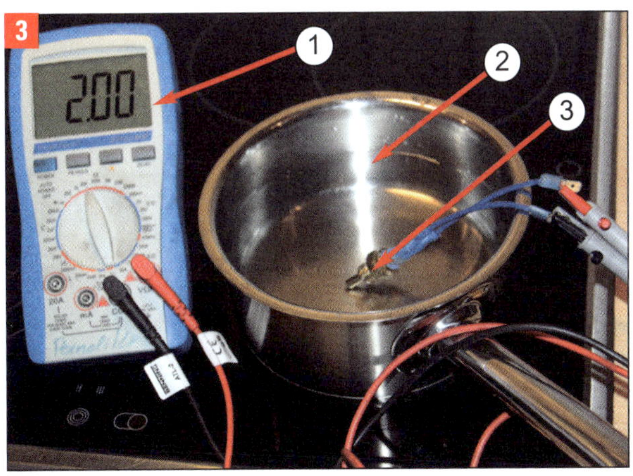

Leicht prüfbar (der Messwert liegt bei kalten Motor etwa bei 2–6 KOhm: 1 Multimeter, 2 Topf mit Wasser, 3 Temperaturfühler.

Motor und Gemischbildungssysteme

Ottos Motoren

Einspritzung und Zündung

Die Einspritzdüsen werden für jeden Zylinder einzeln angesteuert. Das bildet die ideale Grundlage für ein funktionales Gemischaufbereitungssystem. Die Betätigung der Einspritzventile erfolgt elektromechanisch, durch die Ansteuerung können die Einspritzzeit und damit auch die Einspritzmenge geregelt werden. Durch die verkürzten Wege im Saugrohr ist die Gefahr, dass sich bei kaltem Motor das Benzin an der Saugrohrwand niederschlägt, ebenfalls stark verringert. Auch die Zündanlage wird von diesem System komplett angesteuert. Jeder Zylinder hat seine eigene Zündspule, die auf der Zündkerze montiert ist. Verbrannte Verteilerkappen und Finger gehören bei diesen Zündanlagen endlich der Vergangenheit an. Die Ansteuerung durch das Steuergerät ermöglicht die Veränderung des Zündwinkels und des Zündzeitpunktes. Sogar eine Laufruheregelung für jeden einzelnen Takt des Motors wird nun möglich.

Die Einspritzdüsen

Das Steuergerät sorgt mit Hilfe eines elektrischen Impulses für das Öffnen der Einspritzdüsen. Die Öffnungsdauer, Art der Düsen und der anliegende Kraftstoffdruck entscheiden dann über die jeweils eingespritzte Kraftstoffmenge. In jedem Fall wird der Kraftstoff fein zerstäubt, um sich mit der Luft zu mischen.

Die Lambdasonde

Die Lambdasonde hat die Aufgabe den Luftanteil im Abgasstrom zu messen. Sie ist Bestandteil eines Regelkreises, der ständig die richtige Zusammensetzung des Luft-Kraftstoffgemisches sicherstellt. Das optimale Mischungsverhältnis der Luftmenge zu Kraftstoff, bei dem eine maximale Umsetzung der Schadstoffe im Katalysator erreicht wird, liegt bei Lambda=1. Es entspricht einem Anteil von Luft zu Kraftstoff im Verhältnis von etwa 14,5 : 1 (auch »stöchiometrisches Mittel« genannt). Änderungen dieser Zusammensetzung werden von der Lambdasonde, die im Abgasrohr sitzt, registriert und dienen dem Motormanagement zur Steuerung zahlreicher Funktionen. Übermäßige Abweichungen werden ebenfalls erkannt und gelten als erster Hinweis für mögliche Fehler. Das Funktionsprinzip der Lambdasonde beruht auf der Umwandlung des gemessenen Luft-Kraftstoffverhältnisses in elektrische Spannung. Dies ermöglicht ein gasundurchlässiger Keramikkörper, der von einer dünnen, mikroporösen Platinschicht ummantelt ist. Die Keramik erlaubt ab einer Temperatur von ca. 300 °C die Leitung von Sauerstoffionen. Der Unterschied an Sauerstoffanteilen im Abgasstrom zwischen Abgas- und Luftseite bewirkt dabei die Entstehung einer elektrischen Spannung.

Der Regelwert nimmt bei Lambda=1 sprunghaft einen bestimmten Wert (z. B. 500 mV) an. Bei Abweichungen dieser Größe (z. B. zwischen 100 mV = mageres Gemisch und 800 mV = fettes Gemisch), leitet das Motorsteuergerät entsprechende Korrekturmaßnahmen ein.

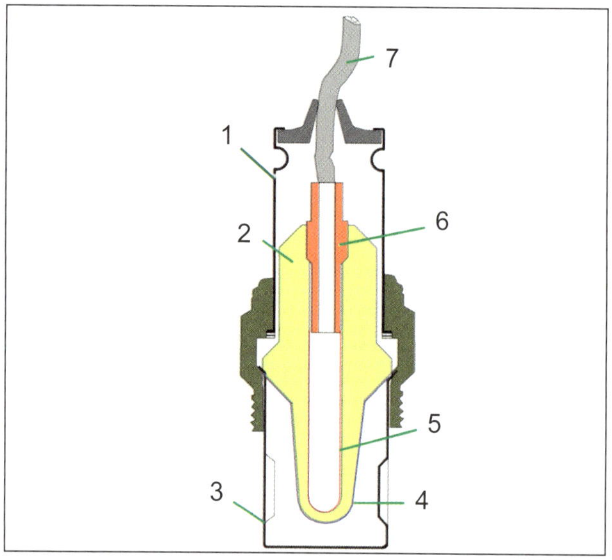

Aufbau der Lambdasonde: 1 Belüftung, 2 Sondenkeramik, 3 Schutzrohr, 4 Elektrode (-), 5 Elektrode (+), 6 Kontaktbuchse, 7 Anschlusskabel.

Kraftstoffdosierer für Benziner: Die Einspritzdüsen, hier mit der Schutzverpackung um den Anschluss oben und den Bohrungen unten.

Rudolfs Diesel hat Erfahrung

Turbomotor mit Railsystem

Die Dieselmotoren arbeiten mit einem der effizientesten Dieselsysteme, die derzeit auf dem Mark sind. Beim so genannten Railsystem fördert eine Kraftstoffpumpe den Kraftstoff vom Tank bis in die Hochdruckpumpe. Diese baut dann den Hochdruck im Sammelrohr, welches Rail (5) genannt wird, auf. Die Druckregelung erfolgt über das Druckregelventil Y74. Durch eine schnelle und kurze Öffnung kann mehr oder eben weniger Kraftstoff zurücklaufen. Je weniger Kraftstoff über die Rücklaufleitung in den Tank beziehungsweise in den Kraftstoffförderkreis zurückläuft, umso höher wird der Kraftstoffdruck im Rail-Rohr (5). Über den Raildrucksensor B4/6 wird der anstehende Druck im Railrohr dauernd erfasst. Der Messwert kann auch über einen Motortester als Istwert ausgelesen werden. Je nach Anforderung kann der Raildruck von 1300 bar auf 1650 bar angehoben werden. Durch den dauerhaft anstehenden Druck ist es möglich mehrere Einspritzungen je Arbeitstakt (so genannte Voreinspritzungen) zu platzieren. Das verbessert die Laufruhe, aber auch die Abgaswerte erheblich.

Die Elektronische Diesel Control (EDC)

Die Komplexität moderner Dieselmotoren stellt selbstverständlich auch Herausforderungen an die Steuerung des Verbrennungsvorganges. Ebenso wie der Einspritz- und Zündvorgang beim Benziner wird auch die Selbstzündung des Dieselkraftstoffs heute von Sensoren, Aktoren und einem Steuergerät beeinflusst und gesteuert. Zusammengefasst sind all diese Aufgaben in der Elektronik Diesel Control, kurz EDC. Ihr Regelkreis verfolgt dabei das klassische Prinzip Eingabe – Verarbeitung – Ausgabe. Für die Eingabe, die Datenerfassung aller momentanen Stellgrößen des Motors, sind die Sensoren zuständig. Zu den wichtigsten zählen Temperatursensoren im Kühlmittelkreislauf, im Ansaugkanal oder auch an der Einspritzpumpe. Der Kurbelwellen-Drehzahlsensor erkennt die Stellung der Kurbelwelle, wodurch die Position der einzelnen Kolben errechnet wird. Auch beim Diesel misst ein Luftmassenmesser die Menge und Dichte der angesaugten Luft. Die Aufladung mittels Turbo macht auch einen Ladedrucksensor erforderlich. Der Fahrpedalsensor gibt den Fahrerwunsch an das Steuergerät weiter. Dieses verarbeitet die Daten und bedient dann die Stellglieder, wie beispielsweise das Ladedruck-Regelventil oder auch die Regelung der Abgasrückführung.

Diese hat beim Diesel die Aufgabe die Rohemissionen zu senken und arbeitet nur in bestimmten Lastzuständen. Das wichtigste Teil ist jedoch die Pumpe, deren elektronische Regelung über Einspritzzeitpunkt und -menge wacht. Die Regelung ist dabei so exakt, dass während der kurzen Zeitdauer eines Taktspiels durch Veränderung der Einspritzintervalle eine Laufruheregelung möglich ist. Dadurch läuft ein Diesel wesentlich sanfter und umweltfreundlicher.

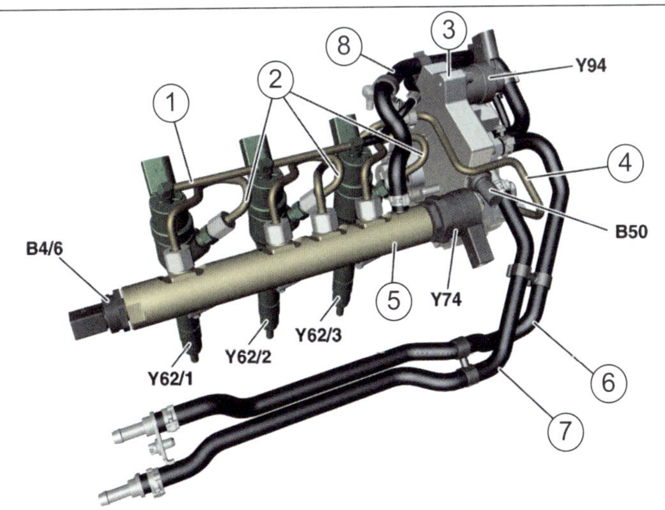

Einspritzsystem am Dieselmotor: 1 Leckölleitung, 2 Hochdruckleitung, 3 Hochdruckpumpe, 4 Hochdruckleitung, 5 Rail, 6 Kraftstoffvorlaufleitung, 7 Kraftstoffrücklaufleitung, 8 Kraftstoffrücklaufleitung vom Rail, B4/6 Raildrucksensor, B50 Temperaturfühler Kraftstoff, Y74 Druckregelventil, Y76/1 Kraftstoffinjektor Zylinder 1, Y76/2 Kraftstoffinjektor Zylinder 2, Y76/3 Kraftstoffinjektor Zylinder 3, Y94 Mengenregelventil.

Die Glühanlage

Da in der kalten Jahreszeit beim Startvorgang die Wärme der verdichteten Luft nicht zur Selbstzündung ausreicht, gibt es die Vorglühanlage. Sie heizt mittels einer Glühkerze den Brennraum auf Selbstzündungs-Temperatur auf. Die modernen 3-Phasen-Glühkerzen in Ihrem Smart ermöglichen einen problemlosen Kaltstart genauso schnell wie beim Benziner, selbst bis -30 Grad Celsius Außentemperatur. Nach Einschalten der Zündung hat die Glühkerze in weniger als zwei Sekunden bereits eine Temperatur von 850 Grad Celsius erreicht, was allemal genügt, um einen sicheren Kaltstart zu ermöglichen. Danach werden während dem Warmlaufen (Phase 2) die Glühkerzen weitergeglüht. Dies hat gleich mehrere Vorteile: Zum einen werden die Emissionen um bis zu 40% reduziert – vollständige Verbrennung des Dieselkraftstoffs –, zum anderen wird das dieseltypische Nagelgeräusch in dieser Phase minimiert. Als erfreulicher Langzeiteffekt bleibt Ihr Dieselaggregat durch den ruhigeren Motorlauf geschont, was zur längeren Lebensdauer beiträgt.

Die Hochdruckeinspritzung

Doch wie konnte sich aus dem ehemals stinkig-blauqualmenden und vor allen Dingen trägen Dieselmotor das leistungsfähige und drehmomentstarke TDI-Sparwunder entwickeln? Hauptverantwortlich für diesen Fortschritt ist die Entwicklung der Hochdruck-Direkteinspritzung. Zunächst unter Verwendung einer zentralen Verteilereinspritzpumpe, die den Dieselkraftstoff allen Einspritzventilen zuteilt, und später mit der Pumpe-Düse-Technologie, bei der jeder Zylinder seine eigene Hochdruckpumpe in Form eines Dieselinjektors direkt am Zylinder sitzen hat. Damit wurden Einspritzdrücke von über 2000 bar möglich. Gegenüber dem Vorkammer- oder Wirbelkammerverfahren bietet die Direkteinspritzung einen deutlich gesteigerten Wirkungsgrad. Der im Brennraum als feiner Sprühnebel verteilte Dieselkraftstoff bietet ein viel größeres Angriffsvolumen zur Entflammung und kann dadurch optimaler ausgenutzt werden.

Das Verschleißteil Glühkerze

Durch die Verwendung einer Regelwendel, die vor Überhitzung schützt, ist die Glühkerze sehr standfest. Um die Funktion sicherzustellen, empfehlen wir Ihnen die Glühkerzen regelmäßig etwa alle 15.000 km zu prüfen. Ein Wechsel wird von Smart alle 60.000 km vorgesehen, bei sehr stark beanspruchten Motoren, beispielsweise durch häufige Bergfahrten oder in überwiegend heißen Temperaturregionen, kann der Wechsel aber auch schon nach 30.000 km notwendig sein. Lesen Sie dazu im Arbeitsabschnitt die Seiten »Zünd- und Glühkerzen tauschen«. In allen Dieselmotorvarianten des Smart wird dieselbe Glühkerze verwendet. Sie können zum Beispiel vom Glühkerzenhersteller Beru das Modell GN015 einsetzen. Beachten Sie unbedingt das Anzugsdrehmoment von 15 Nm bei der Montage, um Schäden an der Glühkerze und dem Einschraubgewinde zu vermeiden.

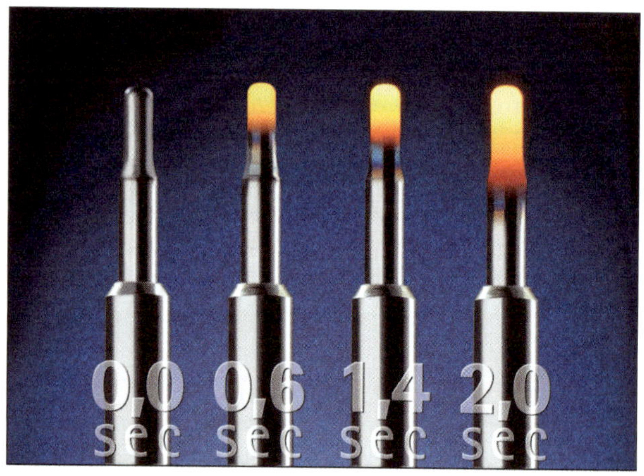

Zeitraffer: Bereits kurze Zeit nach der Ansteuerung durch das Vorglührelais erreicht die Glühstiftkerze eine Temperatur von 850 Grad Celsius.

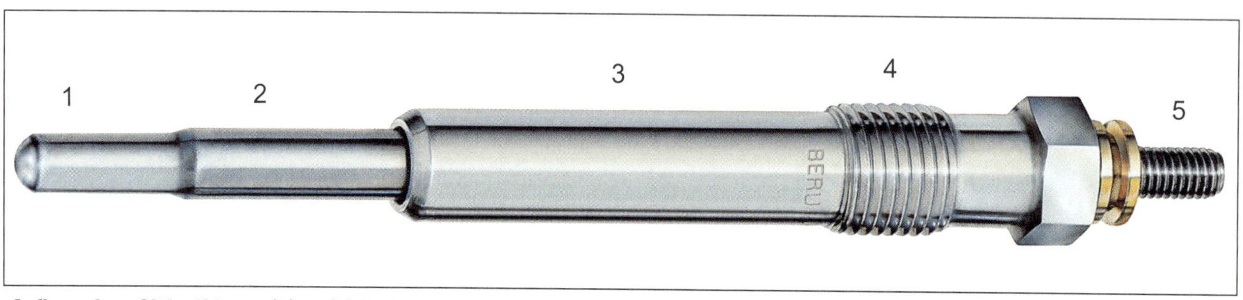

Aufbau einer Glühstiftkerze: (1) u. (2) Heiz- und Regelwendel (innerhalb des Glührohrs), (3) Kerzenkörper, (4) Einschraubgewinde, (5) Anschlussbolzen.

Keilrippenriemen prüfen

Die unterschiedlichen Einbaulagen des Keilrippenriemens Ihres Smart haben wir bereits im Kapitel »Fahrzeugelektrik« in der Arbeitsbeschreibung für den Generator-Aus- und Einbau beschrieben. In diesem Kapitel werden wir uns mit den unterschiedlichen Spannvorrichtungen befassen und den Umgang mit ihnen darstellen.
Die Prüfkriterien für den Keilriemen und den Keilrippenriemen unterscheiden sich im Ablauf und im Umfang nicht.

Spannung prüfen

Spannung für Keil und Keilrippenriemen prüfen (ohne automatische Spannvorrichtung)

- Drücken Sie den Antriebsriemen in einem Bereich (A), wo er frei hängt, mit einem kräftigen Daumendruck nach unten.
- Er sollte sich etwa 5 mm herunterdrücken lassen.
- Korrigieren Sie die Vorspannung, wenn erforderlich.

Spannung für Keilrippenriemen prüfen (mit automatischer Spannvorrichtung)

- Drücken Sie den Keilrippenriemen in einem Bereich, wo er frei hängt, mit einem kräftigen Daumendruck nach unten.
- Die Spannrolle muss nun nachgeben. Wenn Sie den Druck wegnehmen, muss die Spannrolle ohne Verzögerung sich zurückbewegen und den Antriebsriemen wieder spannen.

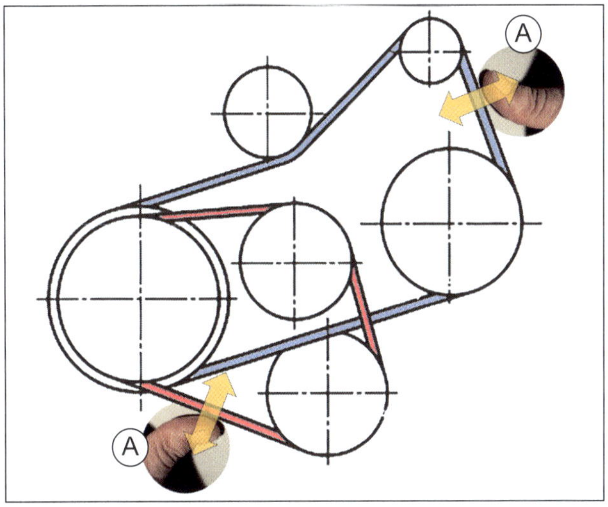

Riemenspannung prüfen: Grundsätzlich an Stellen, an denen der Riemen frei hängt (A).

Zustand Prüfen

Kontrollieren Sie die Keil- und Keilrippenriemen nach folgenden Gesichtspunkten an mehreren Stellen:

- Unterbaurisse (Anrisse, Kernbrüche, Querschnittsbrüche)
- Lagentrennung (Deckschicht, Zugstränge)
- Ausbruch am Unterbau
- Ausfransen der Zugstränge
- Flankenverschleiß (Materialabtrag, Ausfransungen, Flankenverhärtung, Oberflächenrisse)
- Öl- und Fettspuren

Keilrippenriemen aus- und einbauen

Stretchriemen beim Klimakompressorantrieb

Eine Besonderheit sind die verwendeten Antriebsriemen für den Klimakompressor. Der Stretchriemen benötigt keine Spannvorrichtung. Er wird mit einer Einfädelhilfe und mittels Verdrehen des Motors montiert oder demontiert. Weiterhin wird ein Startgenerator verbaut. Dieser übernimmt das Anlassen des Motors. Hier wird ein breiterer Antriebsriemen verbaut.

Antriebsriemen Klimaanlage: 1 Keilrippenriemen, 2 Keilrippenriemen, 3 Zentralschraube, 4 Riemenscheibe, 5 Montagewerkzeug.

Stretchriemen am Klimakompressor demontieren:

- Keilrippenriemen (1) des Generators oder des Startgenerators ausbauen.
- Eine Klammer des Montagewerkzeuges (5) im gekennzeichneten Bereich (Pfeil A) an der Riemenscheibe des Kältemittelverdichters ansetzen. Die Klammer des Montagewerkzeuges (5), mit dem langen Steg nach oben, an der Riemenscheibe ansetzen.
- Motor an der Zentralschraube (3) ca. 30° in Motordrehrichtung drehen, bis der Keilrippenriemen (2) auf der ersten Klammer des Montagewerkzeuges (5) aufliegt.

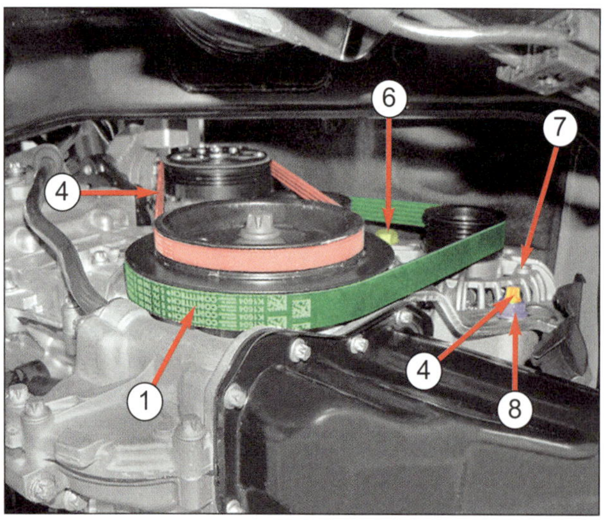

Antriebsriemen Generator: 1 Keilrippenriemen, 4 Keilrippenriemen Kompressor, 5 Mutter, 6 Schraube, 7 (G2) Generator, 8 Kontermutter.

- Zweite Klammer des Montagewerkzeuges (5) im gekennzeichneten Bereich (Pfeil A) an der Riemenscheibe des Kältemittelverdichters ansetzen. Die Klammer des Montagewerkzeuges (5), mit dem langen Steg nach oben, an der Riemenscheibe ansetzen.
- Motor an der Zentralschraube (3) ca. 30° weiterdrehen, bis der Keilrippenriemen (2) auch auf der zweiten Klammer des Montagewerkzeuges (5) aufliegt.
- Keilrippenriemen (2) mit einem geeigneten Montierhebel im oberen Bereich leicht nach außen drücken und Motor an der Zentralschraube (3) durchdrehen, bis der Keilrippenriemen (2) abgenommen werden kann.
- Keilrippenriemen (2) abnehmen.

Stretchriemen am Klimakompressor montieren:

- Keilrippenriemen (2) an der Riemenscheibe (4) positionieren, im oberen Bereich auf die Riemenscheibe des Kompressors auflegen und mit einer Klammer des Montagewerkzeuges (5) im gekennzeichneten Bereich (Pfeil B) arretieren. Keilrippenriemen (2) vor dem Einbau auf Verschleiß und Beschädigung prüfen, ggf. erneuern.
- Motor an der Zentralschraube (3) ca. 30° in Motordrehrichtung drehen und Keilrippenriemen (2) mit der zweiten Klammer des Montagewerkzeuges (5) im gekennzeichneten Bereich (Pfeil B) arretieren.
- Motor an der Zentralschraube (3) durchdrehen, bis der Keilrippenriemen (2) komplett aufliegt.
- Positionierung des Keilrippenriemens (2) auf der Riemenscheibe (4) prüfen, ggf. durch Führen mit der Hand und durch Drehen des Motors an der Zentralschraube (3) ausrichten.
- Keilrippenriemen (1) des Generators oder des Startgenerators einbauen.

Keilrippenriemen beim Generatorantrieb

Keilrippenriemen Generator (Riementrieb ohne Spannrolle)

Ausbau Keilrippenriemen:

- Fahrzeug mit der Hebebühne anheben. Das Fahrzeug muss zwischen den Hebebühnensäulen ausgerichtet werden und die vier Aufnahmeteller müssen an den vom Fahrzeughersteller vorgeschriebenen Hebebühnenaufnahmepunkten platziert sein.

- Spreizclips an der Riemenabdeckung ausbauen und die Abdeckung abnehmen.
- Keilrippenriemen Kompressor (4) soweit verbaut ausbauen.
- Mutter (5) und Schraube (6) am Generator (G2) lösen.
- Generator (G2) nach unten schwenken und Keilrippenriemen (1) abnehmen.

Einbau Keilrippenriemen:

- Soll der gebrauchte Keilrippenriemen wieder verwendet werden, muss der Keilrippenriemen (1) auf Verschleiß und Beschädigung geprüft werden.
- Den Keilrippenriemen (1) auflegen und durch nach oben Drücken des Generators (G2) spannen. Anschließend Mutter (5) und Schraube (6) festschrauben.
- Motor an der Zentralschraube der Riemenscheibe Kurbelwelle in Motordrehrichtung durchdrehen und Riemenspannung des Keilrippenriemens (1) an mehreren Stellen prüfen, ggf. Keilrippenriemen (1) nachspannen.
- Keilrippenriemen des Kompressor (4) einbauen.
- Abdeckung des Riementriebs positionieren und den Spreizclips (2) einbauen.

Keilrippenriemen ausbauen (Riementrieb mit Spannrolle)

Ausbau Keilrippenriemen:

- Fahrzeug mit der Hebebühne anheben. Das Fahrzeug muss zwischen den Hebebühnensäulen ausgerichtet werden und die vier Aufnahmeteller müssen an den vom Fahrzeughersteller vorgeschriebenen Hebebühnenaufnahmepunkten platziert sein.
- Spreizclips an der Riemenabdeckung ausbauen und die Abdeckung abnehmen.
- Spannvorrichtung (5) mit Stiftschlüssel entspannen und mit geeignetem Sicherungsstift (6) sichern. Der Sicherungsstift (6) sollte einen Durchmesser von ca. 4 mm haben.

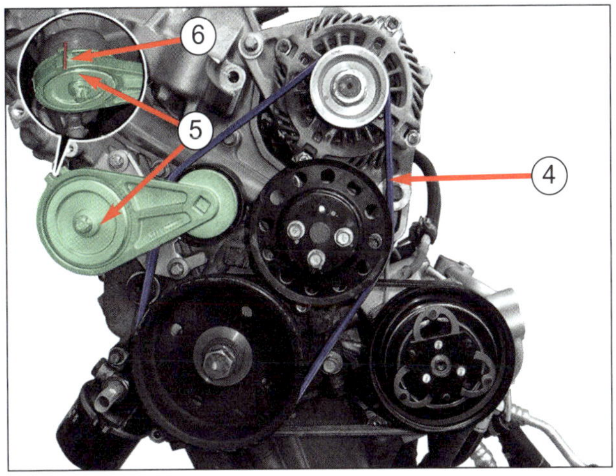

Automatische Spannvorrichtung: 4 Keilrippenriemen, 5 Spannvorrichtung, 6 Sicherungsstift.

- Keilrippenriemen (4) abnehmen.

Einbau Keilrippenriemen:

- Keilrippenriemen (4) vor dem Einbau auf Verschleiß und Beschädigung prüfen, ggf. erneuern.
- Spannvorrichtung (5) mit Stiftschlüssel entspannen und Sicherungsstift (6) entfernen.
- Abdeckung positionieren und Spreizclips einbauen.

Keilrippenriemen Starter-Generator

Diese Bauform findet sich bei den »MHD«-Fahrzeugen. Der »Micro-Hybrid-Drive beschreibt Fahrzeuge mit einer Start-Stopp-Automatik. Der Generator übernimmt zusätzlich die Funktion des Starters. Der Antriebsriemen muss entsprechend ausgelegt sein. Auch der Zustand des Antriebsriemens sollte genauestens betrachtet werden. Die Spannvorrichtung fällt auch deutlich kräftiger aus, als die beim normalen Generator. Schäden am Startgenerator können recht teuer werden. Der Anschaffungspreis für den Startgenerator liegt schnell mal bei über 400 Euro. Eine Lagerreparatur und das Verhindern eines Totalschaden des Generators ist also sinnvoll.

Ausbau Keilrippenriemen:

- Fahrzeug mit der Hebebühne anheben. Das Fahrzeug muss zwischen den Hebebühnensäulen ausgerichtet werden und die vier Aufnahmeteller müssen an den vom Fahrzeughersteller vorgeschriebenen Hebebühnenaufnahmepunkten platziert sein.

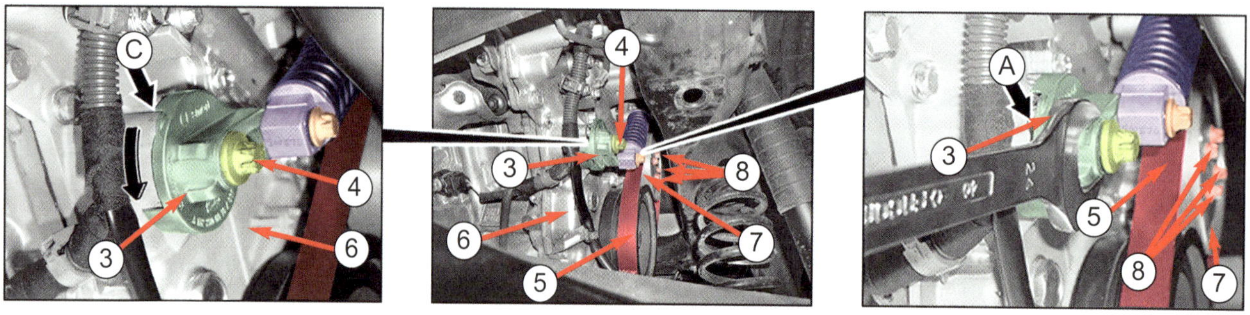

Antriebsriemen Starter-Generator: 3 Riemenspanner, 4 Schraube, 5 Keilrippenriemen, 6 Steuergehäusedeckel, 7 Riemenscheibe Kühlmittelpumpe, 8 Schrauben (4 Stück).

- Spreizclips an der Riemenabdeckung ausbauen und die Abdeckung abnehmen.
- Riemenspanner (3) durch Verdrehen entspannen.
- Riemenscheibe Kühlmittelpumpe (7) gegenhalten und Schrauben (8) herausschrauben.
- Riemenscheibe Kühlmittelpumpe (7) abnehmen.
- Den Keilrippenriemen (5) abnehmen.

Lagerspielprüfung des Starter-Generators:

- Bei Fahrzeugen mit alter Ausführung des Starter-Generators (M1/10) und alter Lagerausführung prüfen Sie, ob sich der Starter-Generator (M1/10) im Steuergehäusedeckel (6) deutlich spürbar axial und vertikal bewegen lässt. Die alte Lagerausführung ist an der Schraube (9) erkennbar. Bei Bedarf die Lagerung des Starter-Generators (M1/10) ersetzen.

Einbau Keilrippenriemen:

- Den Keilrippenriemen (5) auf die Riemenscheibe des Starter-Generators (M1/10) auflegen und über die Riemenscheibe Kurbelwelle führen. Einbaulage des Keilrippenriemens (5) beachten.
- Die Riemenscheibe der Kühlmittelpumpe (7) ansetzen und mit den Schrauben (8) festschrauben.
- Den Riemenspanner (3) bis zur Anlage (Pfeil C) in Pfeilrichtung (entgegen dem Uhrzeigersinn) spannen und Schraube (4) festschrauben. Darauf achten, dass der Bolzen (Pfeil A) richtig in die Bohrung im Steuergehäusedeckel (6) eingreift. Ansonsten kann der Steuergehäusedeckel (6) beschädigt werden. Der Bolzen (Pfeil A) ist nur bei der alten Ausführung des Riemenspanners (3) verbaut. Bei der neuen Ausführung des Riemenspanners (3) entfällt der Bolzen (Pfeil A). Wenn ein neuer Riemenspanner (3) verbaut wurde, so muss dieser entgegen dem Uhrzeigersinn gespannt werden. Dabei ist darauf zu achten, dass die Ausbuchtung am Riemenspanner (3) mit der Ausbuchtung am Steuergehäusedeckel (6) fluchtet. Die Ausbuchtung am Riemenspanner (3) befindet sich im Bereich der Anlage (Pfeil C).
- Abdeckung Riementrieb am Einbauort positionieren und Spreizniet einbauen.

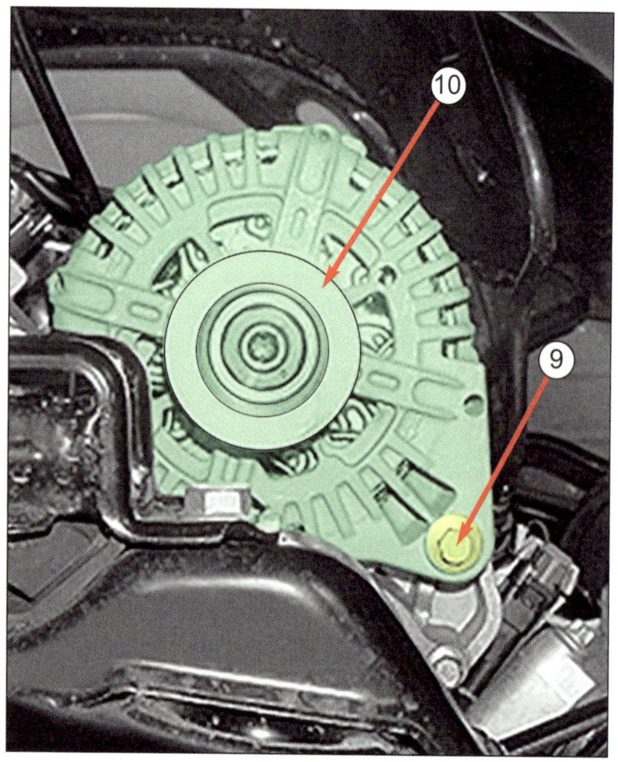

Alte Ausführung des Starter-Generators: 9 Schraube, 10 (M1/10) Starter-Generator.

Luftfilter aus- und einbauen

Bei allen Arbeiten am Luftfiltersystem muss genauestens darauf geachtet werden, dass keine Fremdstoffe in das Ansaugsystem gelangen können.

Vorarbeiten

- Grundsätzlich sollten Sie das Gehäuse reinigen und wenn erforderlich auch mit einem Staubsauger aussaugen, um Rückstände gründlich zu entfernen.
- Motorraumabdeckung und Innenraumklappe über Motor ausbauen.

Demontage des Luftfiltereinsatzes beim Dieselmotor

- Umschaltventil für die Abgasrückführung am Luftfilterkastenunterteil (1) lösen und mit angeschlossenen Unterdruckschläuchen sowie angeschlossener elektrischer Steckverbindung zur Seite ablegen.
- Elektrische Steckverbindung am Heißfilmluftmassenmesser (5) trennen.
- Schraubschelle (6) lösen und Luftansaugleitung (7) am Heißfilmluftmassenmesser (5) abziehen.
- Halteklammern (3) abclipsen und Luftfilterkastenoberteil (2) mit Heißfilmluftmassenmesser (5) abnehmen.
- Luftfiltereinsatz (13) aus dem Luftfilterkastenunterteil (1) herausnehmen.

Die Montage erfolgt in umgekehrter Reihenfolge.

Demontage des Luftfiltereinsatzes beim Benzinmotor

- Schraubschelle (6) lösen und Luftansaugschlauch (7) vom Luftfiltergehäuse-Oberteil (2) abziehen.
- Luftfiltereinsatz (13) herausnehmen.

Die Montage erfolgt sinngemäß in umgekehrter Reihenfolge.

- Luftfiltergehäuse-Oberteil (2) im hinteren Bereich in die Führungen am Luftfiltergehäuse-Unterteil (4) einsetzen und Klammern (3) schließen.

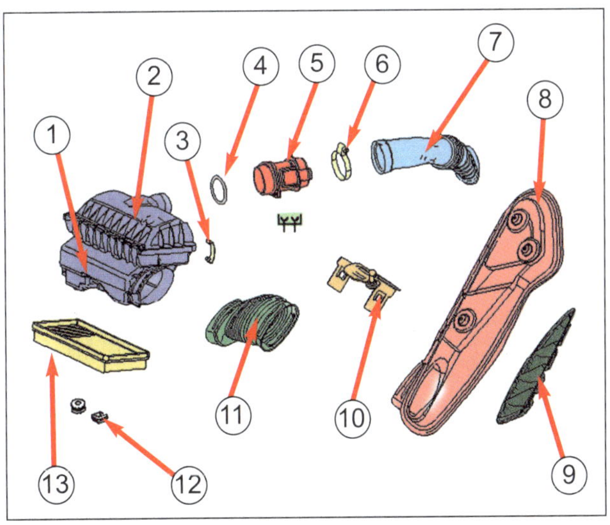

Luftfilter am Dieselmotor: 1 Luftfilterkastenunterteil, 2 Luftfilterkastenoberteil, 3 Schnellverschluss Luftfilter, 4 Dichtring/Dichtung Anschlussflansch Saugrohr, 5 Heißfilm-Luftmassensensor, 6 Sicherungsklammer/Schelle Luftansaugschlauch/-rohr, 7 Reinluftleitung, 8 Saugstutzen Luftansaugschlauch Motor, 9 Gitter Luftansaugung Luftfilter, 10 Halter Luftfilter, 11 Luftansaugschlauch Motor, 12 Lager Schraube/Mutter Luftfilter, 13 Luftfiltereinsatz.

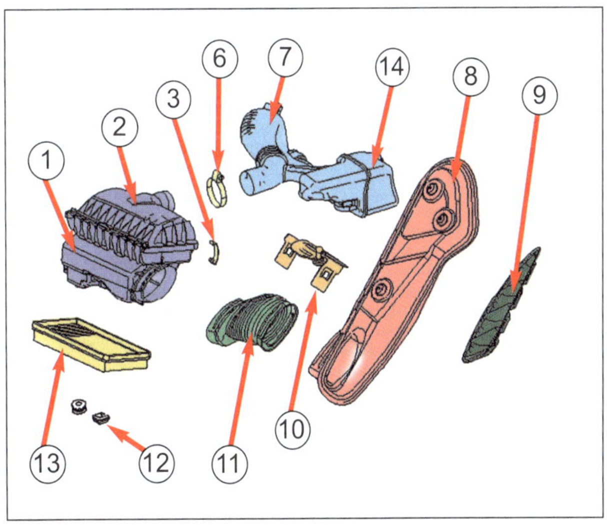

Luftfilter am Benzinmotor: 1 Luftfilterkastenunterteil, 2 Luftfilterkastenoberteil, 3 Schnellverschluss Luftfilter, 4 Dichtring/Dichtung Anschlussflansch Saugrohr, 6 Sicherungsklammer/Schelle Luftansaugschlauch/-rohr, 7 Reinluftleitung, 8 Saugstutzen Luftansaugschlauch Motor, 9 Gitter Luftansaugung Luftfilter, 10 Halter Luftfilter, 11 Luftansaugschlauch Motor, 12 Lager Schraube/Mutter Luftfilter, 13 Luftfiltereinsatz, 14 Geräuschdämpfer Ansaugluft.

Kraftstofffilter

Kraftstofffilter beim Benzinmotor

Der Kraftstofffilter ist nur beim Dieselmotor extern verbaut. Bei den Benziner-Modellen ist er in der Tankfördereinheit integriert. Der Wechsel ist nicht vorgesehen. Der Filter ist, wie auch bei anderen Herstellern, für einen lebenslangen Einsatz ausgelegt. Unter diesem Aspekt ist der Einbau in der Kraftstofffördereinheit nicht abwegig.

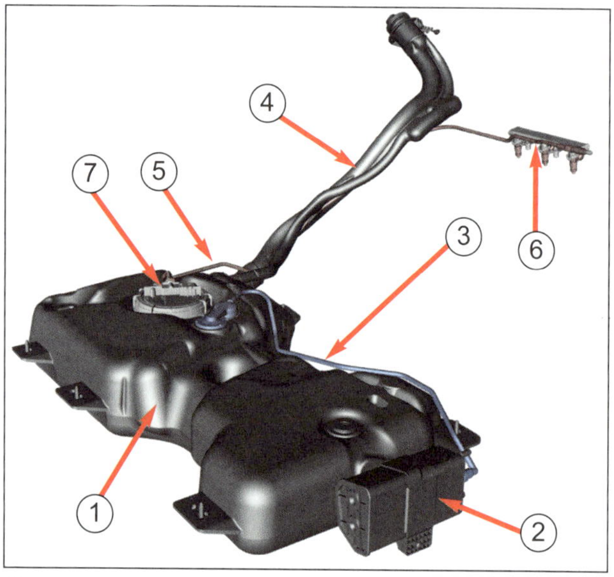

Tankanlage beim Benzinmotor: 1 Kraftstoffbehälter, 2 Aktivkohlebehälter, 3 Entlüftungsleitung, 4 Einfüllstutzen, 5 Kraftstoffleitung, 6 Verteilerrohr (Einspritzanlage), 7 (M3/3) Kraftstoffpumpe mit Tankgeber und Filter.

Ausbau beim Dieselmotor

- Tankklappe und Tankdeckel öffnen und wieder verschließen, um Druck im Kraftstoffbehälter abzubauen.
- Fahrzeug mit der Hebebühne anheben und Unterbodenverkleidungen ausbauen. Das Fahrzeug zwischen den Hebebühnensäulen ausrichten und die vier Aufnahmeteller an den vom Fahrzeughersteller vorgeschriebenen Hebebühnenaufnahmepunkten platzieren.
- Kraftstoffleitungen (2, 3) am Kraftstofffilter (1) entriegeln und abziehen.
- Auslaufenden Kraftstoff in einem geeigneten Behälter auffangen.
- Rasthaken am Halter (4) auseinanderdrücken und Kraftstofffilter (1) nach hinten aus dem Halter (4) herausnehmen.

Die Montage erfolgt sinngemäß in umgekehrter Reihenfolge.

- Kraftstoffleitungen (2, 3) am Kraftstofffilter (1) auf Beschädigungen prüfen.
- Dichtheit der Kraftstoffanlage im Bereich des Kraftstofffilters (1) prüfen.

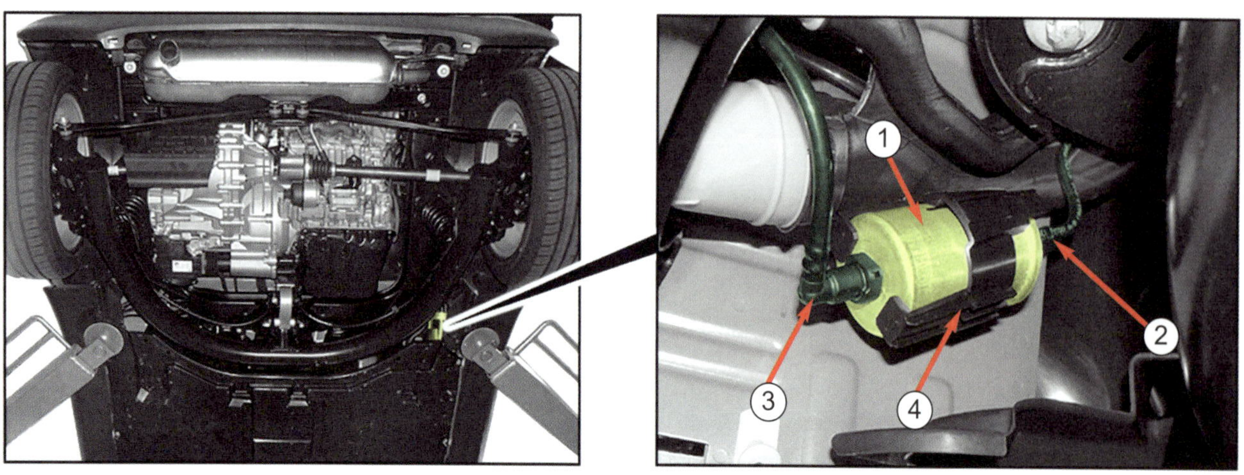

Kraftstofffilter bei den Dieselmodellen: 1 Kraftstofffilter, 2 Kraftstoffleitung, 3 Kraftstoffleitung, 4 Halter.

Zünd- und Glühkerzen

Glühkerzen am Diesel

Die Glühkerzen sind auch ein Verschleißteil. Sie müssen zwar nicht turnusmäßig ersetzt werden sollten aber zumindest geprüft werden, wenn man mal die Stecker abgezogen hat oder in Sachen Wartung gerade mal gut dran kommt.

Glühkerzen aus und einbauen

- Innenraumklappe über dem Motor ausbauen.
- Die elektrische Steckverbindungen (1) der Glühkerzen (R9) mit geeigneter Zange abziehen. Achten Sie darauf, dass Sie die Kabel nicht beschädigen. Zum Lösen der Stecker können diese etwas hin und her gedreht werden.
- Blasen Sie das Glühkerzengewinde mit Druckluft aus, setzen Sie die neue Glühkerze in das Gewinde ein und drehen Sie sie mit einigen Gewindegängen hinein. Ein aufgesteckter Schlauch auf die Glühkerze kann hier sehr hilfreich sein.
- Glühkerzen (R9) herausschrauben. Verwenden Sie eine Ratschennuss in langer Ausführung um weder die Leitungen noch die Glühkerzen zu beschädigen. Prüfen Sie, ob sich die Glühkerzen lösen lassen. Immer dann, wenn die Glühkerzen sich nicht lösen lassen, könnte das Gewinde festgebacken sein. Lassen Sie den Motor in diesen Fällen richtig warm laufen.

Die Montage erfolgt sinngemäß in umgekehrter Reihenfolge.

- Ziehen Sie die Glühkerze fest und stecken Sie die Anschlusskabel wieder auf. Achten Sie auf die Verrastung der Stecker und den richtigen Sitz auf der Glühkerze.
- Fehlerspeicher auslesen, ggf. löschen.

Prüfen der Glühkerze

- Bauen Sie die Glühkerzen aus und legen Sie sie in Einbaureihenfolge ab.
- Stellen Sie Ihr Multimeter auf einen möglichst kleinen Messwert für den Widerstand.
- Halten Sie die rote Messspitze an den Anschluss für den Stecker am oberen Ende der Glühkerze. Halten Sie die schwarze Messspitze an das Gewinde der Glühkerze.
  Sie sollten nun einen Messwert um etwa 1 Ohm ablesen können. Ist der Widerstand deutlich größer, muss die Glühkerze ersetzt werden.

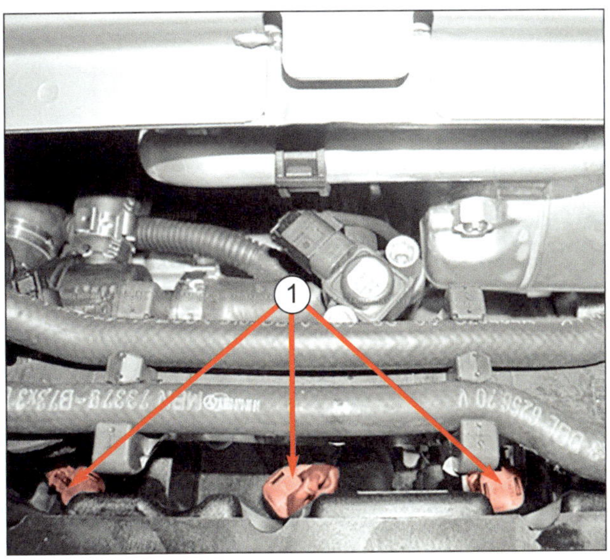

Glühkerzen beim Dieselmotor: 1 Elektrische Steckverbindungen auf den Glühkerzen.

Glühkerzen beim Dieselmotor: 2 (R9) Glühkerzen im Zylinderkopf.

Zündkerzen am Benziner

Die Zündkerzen sollten turnusmäßig alle 45.000 km ersetzt werden. Grundsätzlich können Sie den Zustand der Kerzen im Rahmen der Wartungsarbeiten im Auge behalten. Der Wechsel kann nämlich durchaus auch früher fällig werden.

Zündpulen beim Benziner aus- und einbauen

- Zündung abschalten und Zündschlüssel abziehen.
- Innenraumklappe über Motor ausbauen.
- Elektrische Steckverbindung (1) an der jeweiligen Zündspule (T1/1, T1/2, T1/3) entriegeln und trennen.
- Schraube (2) an der jeweiligen Zündspule (T1/1, T1/2, T1/3) herausschrauben.
- Zündspulen (T1/1, T1/2, T1/3) herausziehen.

Die Montage erfolgt sinngemäß in umgekehrter Reihenfolge.

- Ziehen Sie die Zündspulen fest und stecken Sie die Anschlusskabel wieder auf. Achten Sie auf die Verrastung der Stecker und den richtigen Sitz auf der Zündspule.
- Fehlerspeicher auslesen, ggf. löschen.

Fehlersuche an Einzelfunkenspulen

Bei einem ausgefallenen Zylinder kann die Zündspule des Zylinders, die Ansteuerung der Spule oder aber auch die Motormechanik die Ursache sein. Um die Zündspule ausschließen zu können, bauen Sie die Zündspule des ausgefallen Zylinders und eine weitere eines laufenden Zylinders aus und tauschen diese untereinander aus.

- Läuft nun der andere Zylinder nicht mehr mit, können Sie davon ausgehen, dass die Zündspule defekt ist.
- Verändert sich nichts, müssen Sie den Fehler in der Zündkerze, der Ansteuerung der Spule oder Motormechanik suchen.
- Lesen Sie grundsätzlich immer den Fehlerspeicher aus.

Zündkerzen beim Benziner aus- und einbauen

- Bauen Sie die Zündspulen aus.
- Blasen Sie das Glühkerzengewinde mit Druckluft aus, setzen Sie die neue Glühkerze in das Gewinde ein und drehen Sie sie mit einigen Gewindegängen hinein. Ein aufgesteckter Schlauch auf die Glühkerze kann hier sehr hilfreich sein.
- Drehen Sie die Zündkerzen heraus.

Die Montage erfolgt in umgekehrter Reihenfolge.

- Ziehen Sie die Zündkerzen fest und stecken Sie die Zündspulen wieder auf.

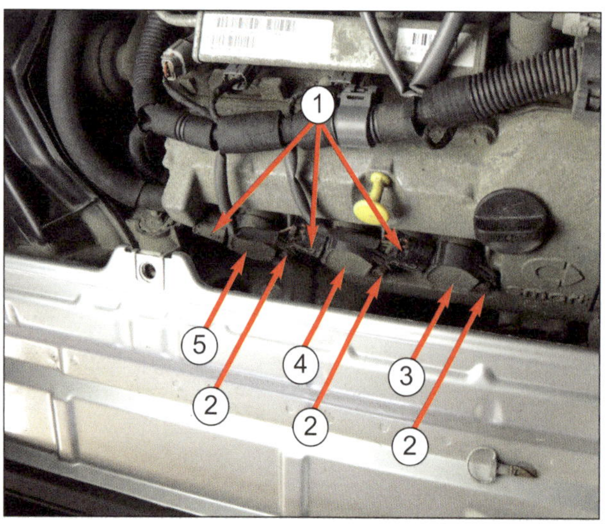

Zündspulen beim Benzinmotor: 1 Elektrische Steckverbindung, 2 Schraube, 3 (T1/1) Zündspule Zylinder 1, 4 (T1/2) Zündspule Zylinder 2, 5 (T1/3) Zündspule Zylinder 3.

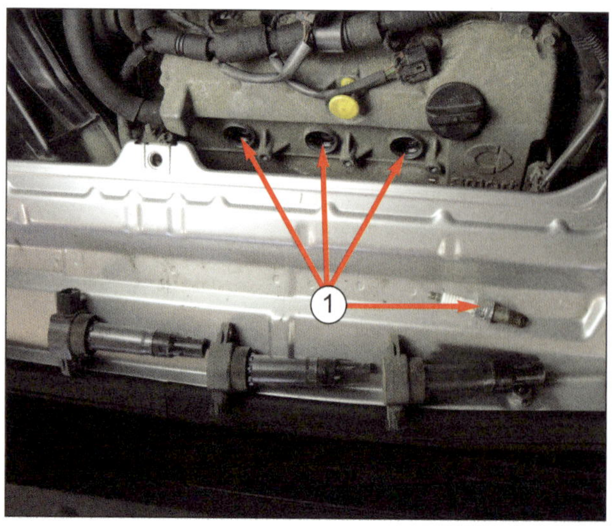

Zündkerzen beim Benzinmotor: 1 Zündkerzen.

Abgasanlage beim Saugmotor

Endschalldämpfer aus- und einbauen

- Fahrzeug mit der Hebebühne anheben. Fahrzeug zwischen den Hebebühnensäulen ausrichten und die vier Aufnahmeteller an den vom Fahrzeughersteller vorgeschriebenen Hebebühnenaufnahmepunkten platzieren.
- Die Heckschürze (2) ausbauen.
- Die Schraube (6) am Wärmeschutzblech (5) herausschrauben.
- Schrauben (4) herausschrauben.
- Endschalldämpfer (1) aus den Haltegummis (3) aushängen und mit Dichtung (7) abnehmen.

Die Montage erfolgt sinngemäß in umgekehrter Reihenfolge.

- Die Dichtung (7) grundsätzlich erneuern.

Katalysator aus- und einbauen

- Endschalldämpfer wie schon beschrieben ausbauen.
- Halter (7) der Steckverbindung 02-Sonde vor Kat (G3/2x1) ausclipsen.
- Die Steckverbindung O_2-Sonde vor Kat (G3/2x1) und Steckverbindung O_2-Sonde nach Kat (G3/1x1) trennen.

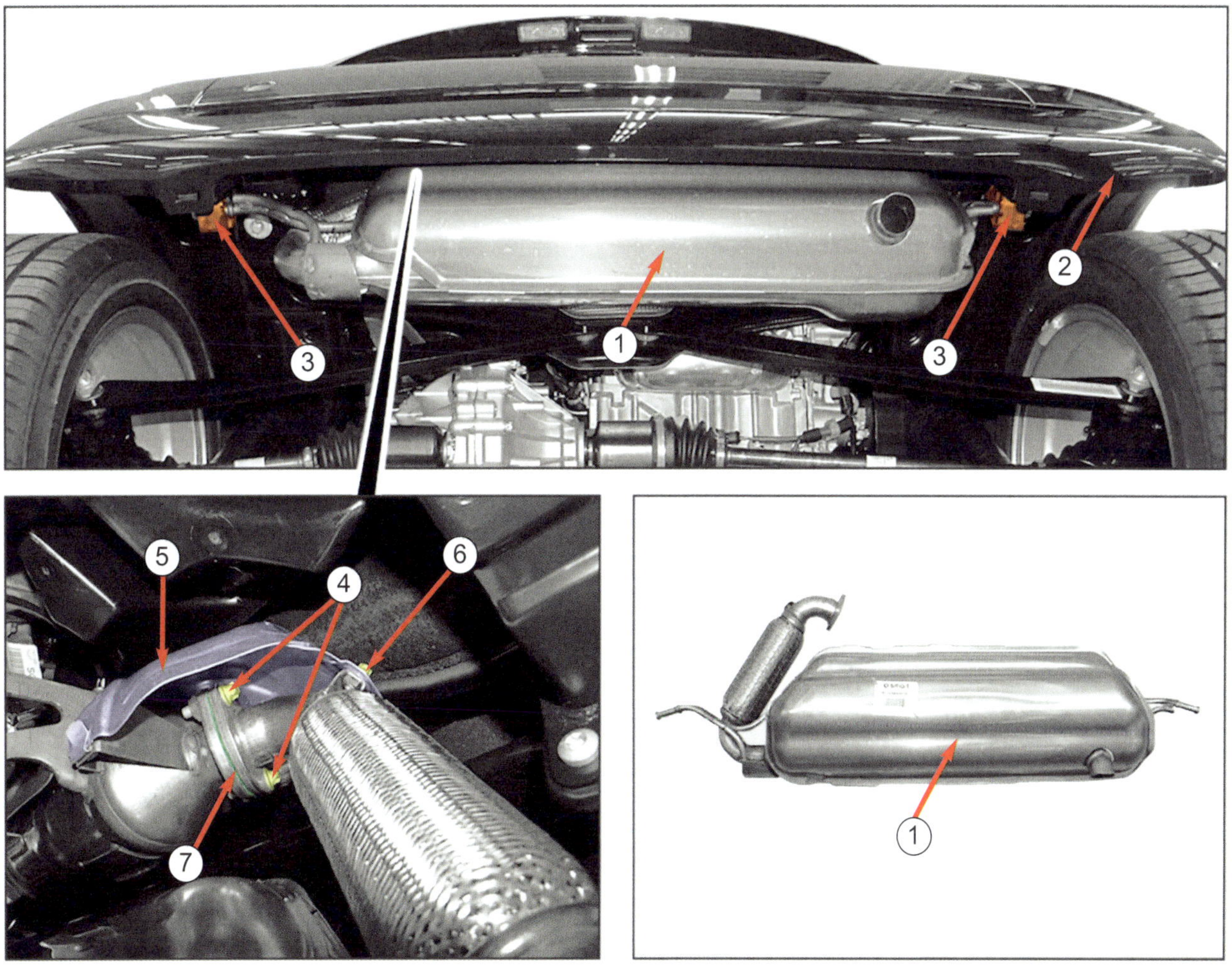

Endschalldämpfer beim Sauger: 1 Endschalldämpfer, 2 Heckschürze, 3 Haltegummi, 4 Schrauben, 5 Wärmeschutzblech (Motor 132.910), 6 Schraube (Motor 132.910), 7 Dichtung.

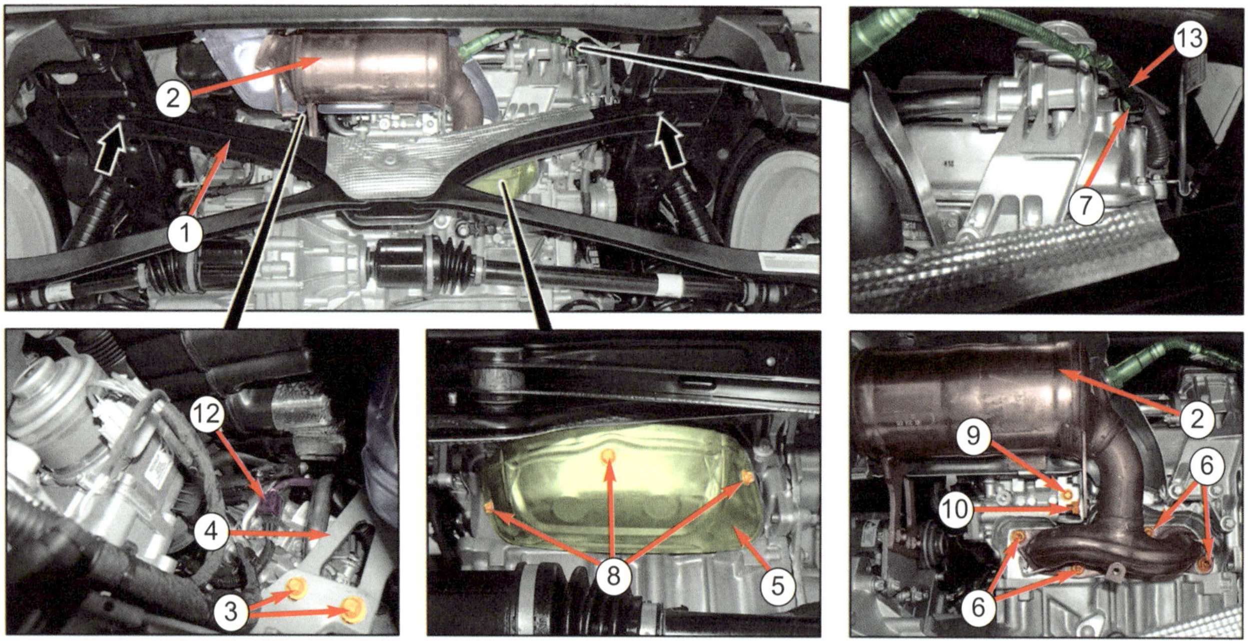

Katalysatorausbau: 1 Querträger Hinterachse, 2 Katalysator, 3 Schrauben, 4 Halter, 5 Wärmeschutzblech, 6 Muttern, 7 Halter, 8 Schrauben, 9 Schraube, 10 Halter, 11 Mutter, 12 (G3/1x1) Steckverbindung O_2-Sonde nach Kat, 13 (G3/2x1) Steckverbindung O_2-Sonde vor Kat.

- Den Querträger Hinterachse (1) mit dem Getriebeheber und einer geeigneten Unterlage als Schutz abstützen, die Schrauben (Pfeile) herausschrauben und den Querträger der Hinterachse (1) absenken.
- Die Schrauben (8) herausschrauben und das Wärmeschutzblech (5) abnehmen.
- Die Schrauben (3) am Halter (4) herausschrauben.
- Die Schraube (9) am Halter (10) herausschrauben.
- Die Muttern (6) abschrauben und den Katalysator (2) abnehmen.

Beim Erneuern des Katalysators :

- Das Wärmeschutzblech (5) ausbauen.
- Die O_2-Sonde vor Kat und die O_2-Sonde nach Kat aus dem Katalysator (2) herausschrauben.
- Die Muttern (11) abschrauben und den Halter (10) abnehmen.

Die Montage erfolgt sinngemäß in umgekehrter Reihenfolge.

- Dichtungen grundsätzlich erneuern.
- Gewinde der O_2-Sonden nach Kat und vor Kat mit Paste bestreichen, wenn sie demontiert wurden.
- Alle selbstsichernden Muttern (6) erneuern.

Abgasanlage beim Turbomotor

Benzin Turbomotor

Aus- und einbauen des Endschalldämpfers

Die Demontage des Endschalldämpfers unterscheidet sich nur unwesentlich von den schon beschriebenen Montagearbeiten am Saugmotor. Wir möchten Sie auf diese Anweisung verweisen.

Aus- und einbauen des Katalysators

- Innenraumklappe über Motor ausbauen.

- Steckverbindung O_2-Sonde vor Kat (G3/2x1) trennen.
- Fahrzeug mit der Hebebühne anheben. Das Fahrzeug zwischen den Hebebühnensäulen ausrichten und die vier Aufnahmeteller an den vom Fahrzeughersteller vorgeschriebenen Hebebühnenaufnahmepunkten platzieren.
- Heckschürze ausbauen
- Schrauben (2) herausschrauben und zusammen mit den Federn abnehmen.
- Katalysator (1) aus dem rechten Haltegummi (3) aushängen und so weit absenken, bis die Steckverbindung O_2-Sonde nach Kat (G3/1x1) zugängig ist.
- Steckverbindung O_2-Sonde nach Kat (G3/1x1) trennen.
- Katalysator (1) aus dem linken Haltegummi (3) aushängen und abnehmen.
- Dichtring vom Abgasrohr abnehmen, auf Beschädigungen prüfen und ggf. erneuern.

Beim Erneuern des Katalysators:

- O_2-Sonde vor Kat und O_2-Sonde nach Kat aus dem Katalysator (1) herausschrauben.

Die Montage erfolgt sinngemäß in umgekehrter Reihenfolge.

- Dichtflächen am Abgasrohr und am Katalysator (1) reinigen.
- Haltegummi (3) auf Beschädigung prüfen, ggf. erneuern.

Auspuffrohr aus- und einbauen

- Innenraumklappe über Motor ausbauen.
- Wärmeschutzblech der Auspuffanlage ausbauen, Wärmeschutzblech im Motorraum belassen.
- Auspuffrohr (1) abnehmen.

Die Montage erfolgt in umgekehrter Reihenfolge.

- Dichtflächen am Auspuffrohr (1), Katalysator und am Auspuffkrümmer oder Abgasturbolader reinigen.
- Dichtungen grundsätzlich erneuern.

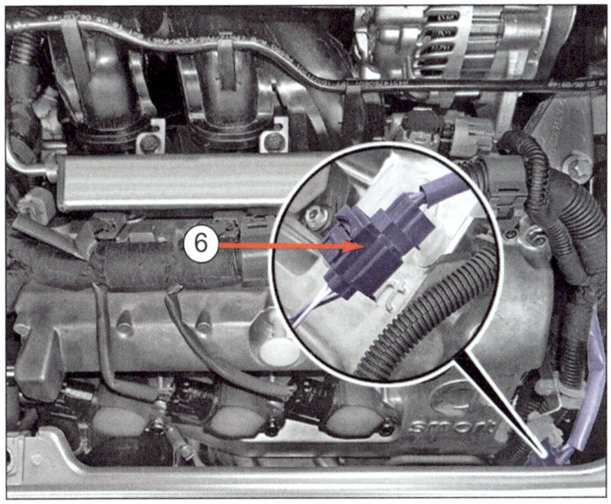

Katalysator beim Turbobenzinmotor: 6 (G3/2x1) Steckverbindung O_2-Sonde vor Kat.

Katalysator beim Turbobenzinmotor: 1 Katalysator, 2 Schrauben, 3 Haltegummi, 7 (G3/1x1) Steckverbindung O_2-Sonde nach Kat.

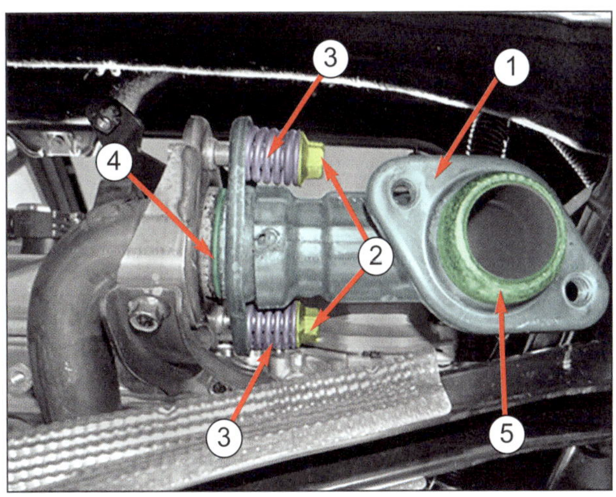

Auspuffrohr: 1 Auspuffrohr, 2 Schrauben, 3 Federn, 4 Dichtring, 5 Dichtring.

Turbolader aus- und einbauen

- Wartungsklappe (Haube vorne) und Innenraumklappe über dem Motor ausbauen.
- Den Verschlussdeckel am Ausgleichsbehälter für das Kühlmittel eine halbe Drehung entgegen dem Uhrzeigersinn drehen, Überdruck ablassen und anschließend Verschlussdeckel herunterschrauben.
- Die Schraubschelle (2) lösen und den Ladeluftschlauch (3) am Abgasturbolader (1) abbauen. Sofort nach der Demontage die Öffnung des Abgasturboladers (1) verschließen.
- Schrauben (4, 5) herausschrauben und das Wärmeschutzblech (6) zur Seite schieben.
- Die Klemmschelle (7) lösen und den Kühlmittelschlauch (8) von der Kühlmittelleitung Rücklauf (9) abziehen. Eventuell auslaufendes Kühlmittel in einem geeigneten Behälter auffangen.
- Die Hohlschraube (10) der Ölvorlaufleitung (11) am Abgasturbolader (1) herausschrauben.
- Die Kühlmittelleitung »Vorlauf« für Abgasturbolader (1) ausbauen.
- Den Querträger der Hinterachse (12) mittig mit Getriebeheber abstützen. Dazu eine geeignete Unterlage verwenden. Die Schrauben (13) herausschrauben und den Querträger Hinterachse (12) absenken.
- Den Unterdruckschlauch (14) an der Luftansaugleitung Resonanzbehälter (15) abziehen, die Schraubschelle (16) lösen und die Luftansaugleitung am Resonanzbehälter (15) am Abgasturbolader (1) abziehen.
- Den Unterdruckschlauch (17) am Abgasturbolader (1) und Unterdruckschlauch (18) an der Unterdruckdose abbauen. Die Montagepositionen der Unterdruckschläuche (17, 18) durch Farbmarkierungen kennzeichnen.
- Die Schrauben (19) des linken und rechten Halters (20) am Abgasturbolader (1) herausschrauben.
- Die Schrauben (21) des linken und rechten Halters (20) am Zylinderkopf lösen und dann herausschrauben. Anschließend mit dem Halter (20) abnehmen.
- Die Muttern (22) abschrauben und Abgasturbolader (1) vom Auspuffkrümmer (23) abnehmen.

Beim Erneuern des Abgasturboladers (1):

- Die Hohlschraube (24) und Schraube (25) am Abgas-

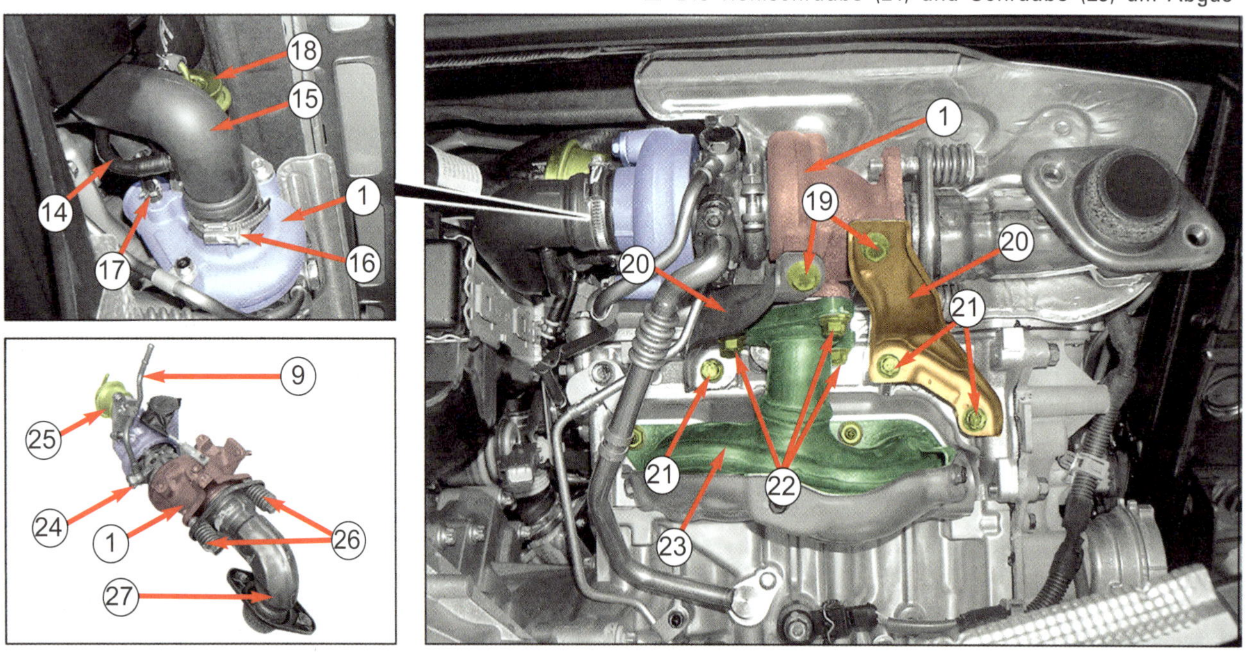

Abgasturbolader: 1 Abgasturbolader, 9 Kühlmittelleitung Rücklauf, 14 Unterdruckschlauch, 15 Luftansaugleitung Resonanzbehälter, 16 Schraubschelle, 17 Unterdruckschlauch, 18 Unterdruckschlauch, 19 Schrauben, 20 Halter, 21 Schrauben, 22 Muttern, 23 Auspuffkrümmer, 24 Hohlschraube, 25 Schraube, 26 Schrauben (bis 30.8.10), 27 Auspuffrohr (bis 30.8.10).

turbolader (1) herausschrauben und Kühlmittelleitung Rücklauf (9) abnehmen.

- Die Schrauben (26) herausschrauben und Auspuffrohr (27) vom Abgasturbolader (1) abnehmen.

Die Montage erfolgt sinngemäß in umgekehrter Reihenfolge.

- Prüfen Sie den Motorölstand mittels Ölmessstab und füllen Sie ihn falls erforderlich auf.
- Die Dichtfläche am Abgasturbolader (1) und am Auspuffkrümmer (23) reinigen.
- Alle selbstsichernden Muttern (22) erneuern.
- Die Dichtung zwischen Abgasturbolader (1) und Auspuffkrümmer (23) grundsätzlich erneuern.

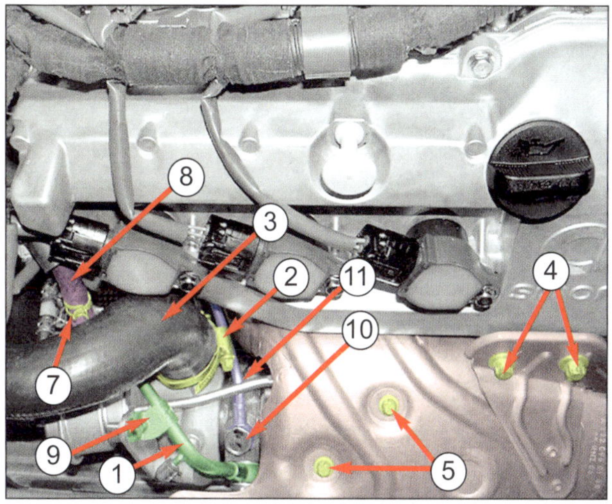

Turbo beim Benzinmotor: 1 Abgasturbolader, 2 Schraubschelle, 3 Ladeluftschlauch, 4 Schrauben, 5 Schrauben, 6 Wärmeschutzblech, 7 Klemmschelle, 8 Kühlmittelschlauch, 9 Kühlmittelleitung Rücklauf, 10 Hohlschraube, 11 Ölvorlaufleitung.

Diesel Turbomotor

Bei Fahrzeugen mit Dieselpartikelfilter ist im Endschalldämpfer (1) die Katalysator-Dieselpartikelfilter-Einheit integriert.

Ausbauen des Endschalldämpfers

- Fahrzeug mit der Hebebühne anheben. Das Fahrzeug zwischen den Hebebühnensäulen ausrichten und die vier Aufnahmeteller an den vom Fahrzeughersteller vorgeschriebenen Hebebühnenaufnahmepunkten platzieren.
- Die Heckschürze ausbauen.
- Den Endschalldämpfer (1) mit Kabelbindern an den Aufnahmen der Heckschürze sichern.
- Schrauben (3) oder Muttern am Abgasturbolader (4) abschrauben. Bei Fahrzeugen mit Dieselpartikelfilter ist der Endschalldämpfer (1) an Stelle der Schrauben (3) mit Muttern befestigt.

Fahrzeuge ohne Dieselpartikelfilter:

- Endschalldämpfer (1) aus den Haltegummis aushängen.

Fahrzeuge mit Dieselpartikelfilter:

- Kabelbinder an der Steckverbindung O_2-Sonde vor Kat (G3/2x1) ausbauen.

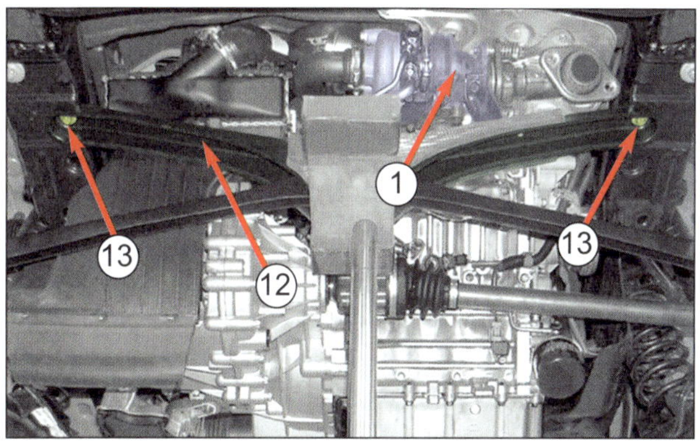

Turbo beim Benzinmotor: 1 Abgasturbolader, 12 Querträger Hinterachse, 13 Schraube.

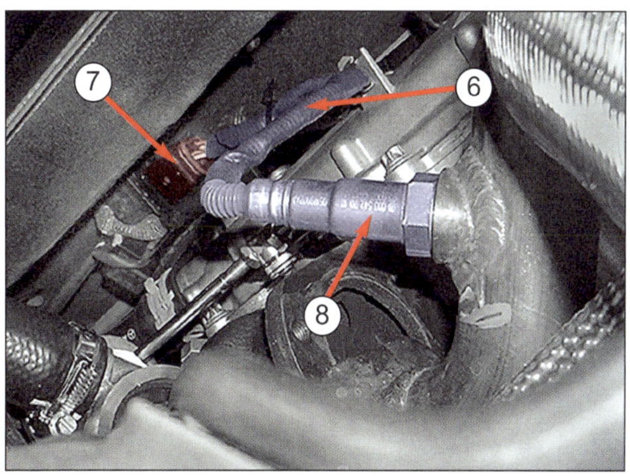

Auspuff beim Diesel: 6 Elektrischer Leitungssatz, 7 (G3/2x1) Steckverbindung O2-Sonde, 8 (G3/2) O_2-Sonde vor Kat.

weiter für alle Fahrzeuge:

- Elektrischen Leitungssatz (6) der O_2-Sonde vor Kat (G3/2) freilegen und Steckverbindung O_2-Sonde vor Kat (G3/2x1) trennen.
- Kabelbinder durchtrennen und Endschalldämpfer (1) abnehmen.

Beim Erneuern des Endschalldämpfers:

- O_2-Sonde vor Kat (G3/2) aus dem Endschalldämpfer (1) umbauen.
- Haltegummis auf Beschädigung prüfen, ggf. erneuern.
- Abgastemperatursensor vor Dieselpartikelfilter (DPF) umbauen.
- Halter der langen und kurzen Druckleitungen umbauen.

Einbauen des Endschalldämpfers

- Endschalldämpfer (1) mit Getriebeheber positionieren und zusammen mit den Dichtung und Muttern am Abgasturbolader (4) fixieren.
- Steckverbindung der Sonden aufstecken und die Leitungssätze verlegen und wieder mit Kabelbindern befestigen.
- Den Endschalldämpfer (1) am Abgasturbolader (4) positionieren und Schrauben (3) hineinschrauben.
- Die Heckschürze einbauen und das Fahrzeug mit der Hebebühne absenken.
- Den Fehlerspeicher auslesen, und löschen.

Turbolader aus- und einbauen

- Innenraumklappe über Motor ausbauen.
- Schraubschelle lösen und Luftansaugleitung (3) am Heißfilmluftmassenmesser (B2/5) abbauen.
- Die Luftansaugleitung (3) am Gehäuse des Lüftermotors Ladeluft (M44) ausclipsen.
- Den Endschalldämpfer wie schon beschrieben ausbauen.
- Die elektrische Steckverbindung Abgastemperatursensor vor Abgasturbolader (B19/11x1) trennen.

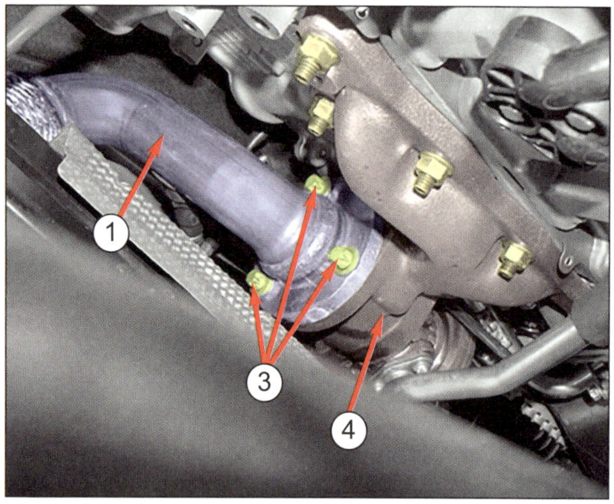

Auspuff beim Diesel: 1 Endschalldämpfer, 3 Schrauben (ohne Dieselpartikelfilter), 4 Abgasturbolader.

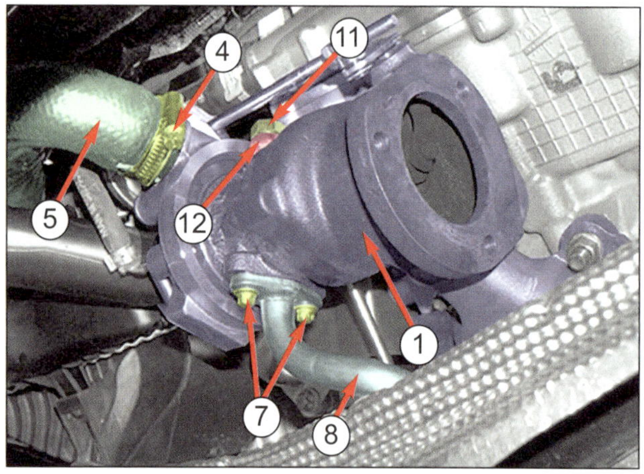

Turbolader beim Diesel: 1 Abgasturbolader, 4 Schraubschelle, 5 Ladeluftschlauch, 7 Schrauben, 8 Ölrücklaufleitung, 11 Hohlschraube, 12 Ölvorlaufleitung.

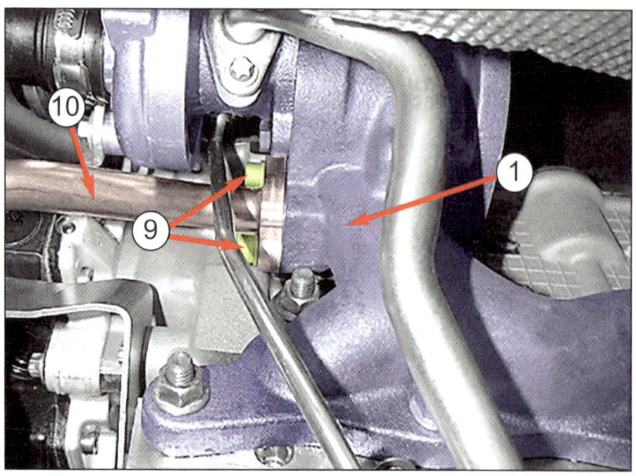

Turbolader beim Diesel: 1 Abgasturbolader, 9 Schrauben, 10 Abgasrückführrohr.

- Schraubschelle (4) lösen und den Ladeluftschlauch (5) am Abgasturbolader (1) abbauen.
- Die Schraubschelle (6) lösen und den Luftansaugleitung (3) am Abgasturbolader (1) abbauen.
- Die Schrauben (7) herausschrauben und die Ölrücklaufleitung (8) am Abgasturbolader (1) abbauen.
- Schrauben (9) herausschrauben und den Abgasrückführrohr (10) am Abgasturbolader (1) abbauen.
- Hohlschraube (11) herausschrauben und die Ölvorlaufleitung (12) am Abgasturbolader (1) abbauen.
- Die Muttern des Abgasturboladers (1) am Zylinderkopf abschrauben und den Abgasturbolader (1) abnehmen.

Beim Erneuern des Abgasturboladers:

- Überwurfmutter (13) abschrauben und Abgastemperatursensor vor Abgasturbolader (B19/11) aus dem Abgasturbolader (1) herausnehmen.

Die Montage erfolgt sinngemäß in umgekehrter Reihenfolge.

- Motorprobelauf durchführen und Abgasanlage im Bereich des Abgasturboladers (1) auf Dichtheit prüfen.
- Den Fehlerspeicher mit dem Diagnosetester auslesen und wenn erforderlich löschen.

Kontrollen am Aufladungssystem

- Verwenden Sie für die Sicherung der Schlauchverbindungen mit Schlauchschellen nur solche, die dem Serienstand entsprechen.
- Schlauchstutzen und Schläuche für Ladeluftsystem müssen unbeschädigt und dicht sein. Geringe Ölspuren können im Laufe der Betriebszeit schon auftreten. Erheblichem Ölverlust muss aber nachgegangen werden.
- Achten Sie auf die korrekte Lage der Anschlusskabel und Schläuche.
- Die Laderegelung mit der Druckdose muss sich leicht und ruckfrei von Hand bewegen lassen.
- Die Ölversorgung und der Ablauf müssen dicht sein.

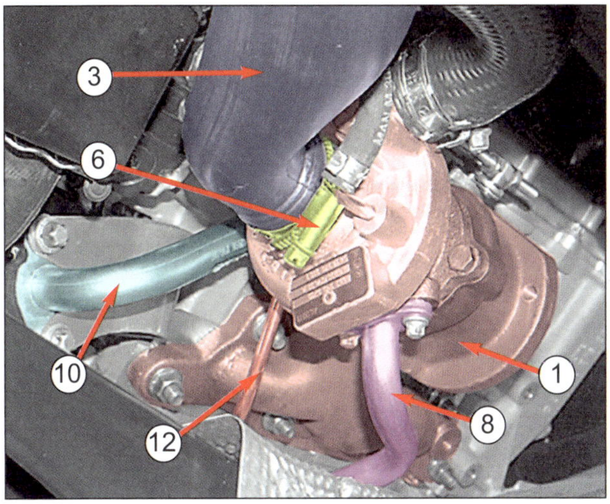

Turbolader beim Diesel: 1 Abgasturbolader, 3 Luftansaugleitung, 6 Schraubschelle, 8 Ölrücklaufleitung, 10 Abgasrückführrohr, 12 Ölvorlaufleitung.

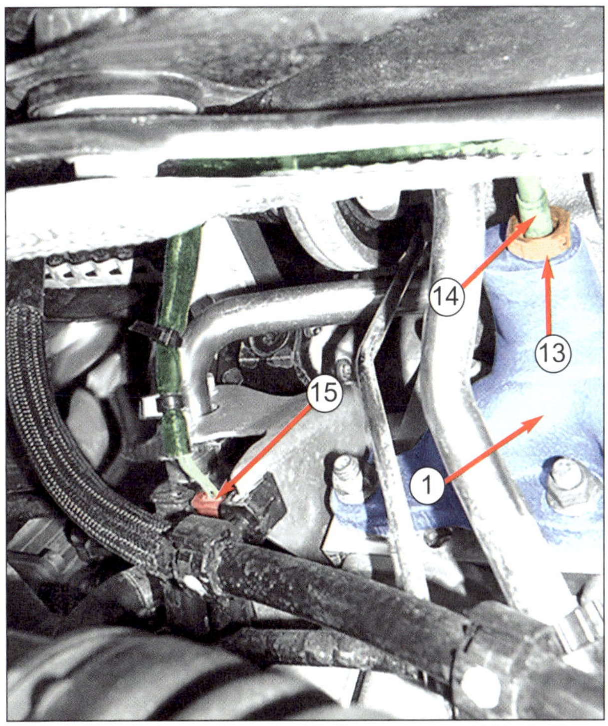

Turbolader beim Diesel: 1 Abgasturbolader, 13 Überwurfmutter, 14 (B19/11) Abgastemperatursensor, 15 (B19/11x1) Elektrische Steckverbindung.

- Kühlmittelpumpe und Anschlüsse für den Kompressor müssen dicht sein.
- Achten Sie auf die korrekte Befestigung der Abschirmbleche und der Geräuschdämmmatten.

Prüfung der Ladedruckdose

In der Werkstatt steht hierfür eine kleine Handpumpe zur Verfügung, mit der ein Unterdruck erzeugt werden kann. Diese Prüfung können Sie aber durchaus mit einer handelsüblichen Medizinspritze durchführen. Mit dieser Prüfung können Sie die Dichtheit der Leitung sowie die Funktion der Druckdose, die Betätigung der Abregelmechanik für beide Systeme überprüfen. In Ruhestellung erfolgt beim VTG-Lager die »Anblasung« für die hohe Drehzahl, beim Bypass-Lader ist das Bypass-Ventil geschlossen. Beaufschlagt mit Unterdruck wird beim VTG-Lader die Verstellung der Leitschaufeln in den Außenbereich des Turbinenrades bewirkt für niedrigeren Ladedruck. Beim Bypass-Lader wird das Bypass-Ventil geöffnet.

- Ziehen Sie den Unterdruckschlauch an der Druckdose ab.
- Schließen Sie mit einem Schlauch eine Medizinspritze an die Druckdose an.
- Ziehen Sie die Spritze langsam auf und erzeugen Sie so einen Unterdruck an der Druckdose.

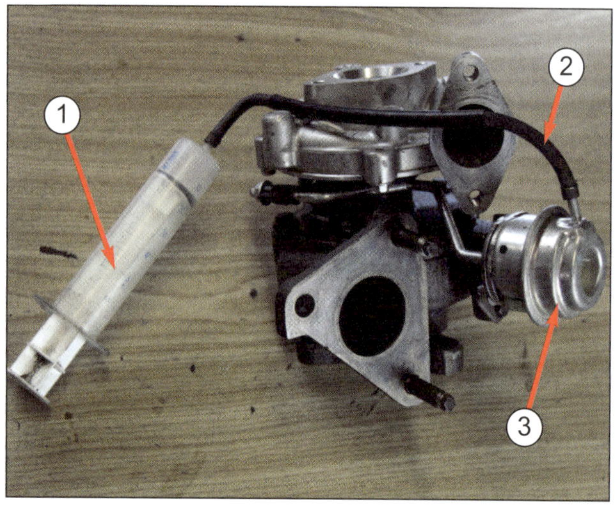

Druckdosenprüfung: 1 Medizinspritze, 2 Gummischlauch, 3 Unterdruckdose.

- Beobachten Sie das Regelgestänge des Turboladers. Die Ladedruckregelgestänge der Druckdose muss sich leicht und ruckfrei synchron zu der Bewegung des Kolbens Ihrer Medizinspritze bewegen lassen.
- Achten Sie auf die Dichtheit der Ladedose.

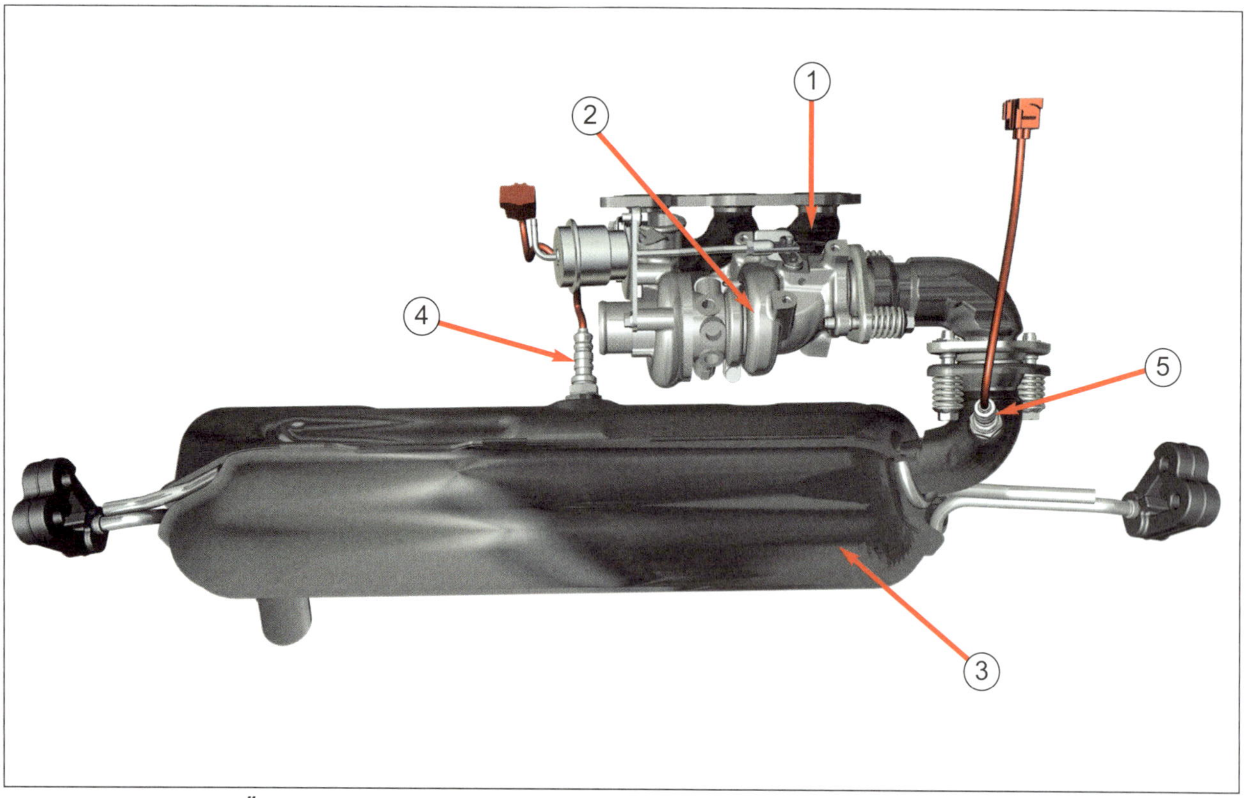

Aufladesystem in der Übersicht: 1 Abgaskrümmer, 2 Abgasturbolader, 3 Hauptschalldämpfer mit Partikelfilter und/oder Kat, 4 (G3/1) O2-Sonde nach Kat, 5 (G3/2) O2-Sonde vor Kat.

Antrieb und Getriebe

Ölwechsel am Getriebe
Grundsätzlich das Getriebeöl nur bei betriebswarmem Getriebe (2) ablassen. Austretendes Getriebeöl in einem geeignetem Behälter auffangen. Das Getriebeöl immer vollständig ablaufen lassen.

- Das Fahrzeug mit der Hebebühne anheben. Das Fahrzeug zwischen den Hebebühnensäulen ausrichten und die vier Aufnahmeteller an den vom Fahrzeughersteller vorgeschriebenen Hebebühnenaufnahmepunkten platzieren.
- Die Umgebung der Öleinfüllschraube (1) am Getriebe (2) reinigen und die Öleinfüllschraube (1) herausschrauben.
- Ölablassschraube (3) am Getriebe (2) herausschrauben und Getriebeöl ablassen.
- Die Ölablassschraube (3) am Getriebe (2) festschrauben.
- Das Getriebeöl bis zur Unterkante der Einfüllöffnung einfüllen.
- Die Öleinfüllschraube (1) am Getriebe (2) festschrauben.
- Das Fahrzeug mit der Hebebühne absenken.

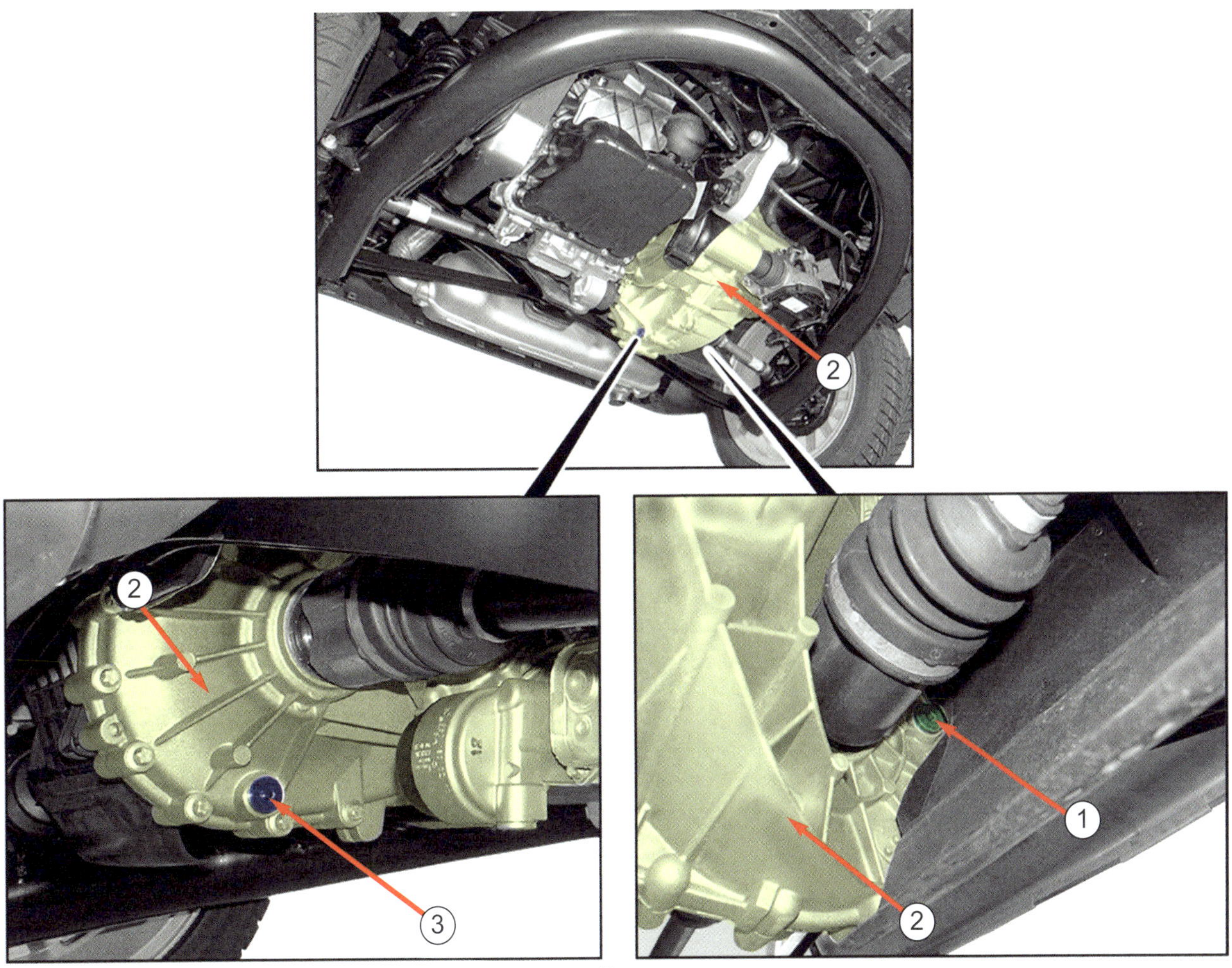

Ölwechsel am Getriebe: 1 Öleinfüllschraube, 2 Getriebe, 3 Ölablassschraube.

STÖRUNGSBEISTAND

Motor

	Störung	Was kann das sein?	Was muss ich tun?
A	**Motor startet nicht, Anlasser dreht nicht**	**1** Die Wegfahrsperre bzw. die Anlasssicherung	Zu- und wieder aufschließen, Bremse getreten halten und Schalthebel auf Stellung N
		2 Batterie leer	Wenn die Scheinwerfer bei eingeschalteter Zündung nur schwach leuchten: Alle Verbraucher abschalten, Starthilfekabel benutzen und dann mindestens 20 Kilometer fahren
B	**Der Anlasser dreht, aber der Motor springt nicht an**	**1** Die häufigsten Ursachen sind: Kein Sprit und/oder kein Zündfunke. Das kann leider an sehr vielen Bauteilen liegen	Zuerst prüfen, ob noch Sprit und auch die richtige Sorte (Benzin oder Diesel) im Tank ist. Dann die Verkabelung im Motorraum auf Beschädigungen prüfen (Marderbiss?) Vorsicht! Zündung dabei unbedingt ausschalten!
C	**Motor läuft nach dem Start unrund**	**1** Benziner: ein Fehler in der Kraftstoffversorgung und/oder Zündanlage, Nebenluft durch undichte Schläuche	Zunächst eine Sichtkontrolle des Motorraums bei ausgeschalteter Zündung durchführen. Beschädigte Leitungen mit Isolierband notdürftig flicken. Mit einem Diagnosegerät den Fehlerspeicher auslesen lassen.
		2 Diesel: Falschbetankung oder defekte Glühkerzen	Vorsicht: Bei Falschbetankung nicht mehr weiterfahren, sonst kann die Hochdruckpumpe kollabieren
D	**Motor qualmt und stinkt aus dem Auspuff**	**1** Turbolader (blauer Rauch) oder Zylinderkopfdichtung (weißer Rauch) defekt	Ist der Turbolader defekt, besteht akute Gefahr: Bruchstücke wandern durch den Motor. Nicht mehr starten! Bei einer kaputten Kopfdichtung fehlt Wasser im Ausgleichsbehälter, auf jeden Fall auffüllen
		2 Diesel: Wenn der Motor warm gut läuft, sind es die Glühkerzen	Die Glühkerzen können Sie selber prüfen und ersetzen. Anleitung dazu finden Sie in diesem Kapitel
E	**Motor zieht nicht mehr richtig**	**1** Der Hauptverdächtige ist auch hier der Turbolader, besonders wenn der Motor im Leerlauf oder bei wenig Gas noch gut läuft	Beobachten Sie die Ladedruckanzeige (sofern vorhanden) und achten Sie auf ungewöhnliche Geräusche beim Beschleunigen. Eventuell entweicht Ladedruck. Ein blockierter Lader macht dagegen gar keine Geräusche mehr
		2 Luftmassenmesser defekt	Ladedruck prüfen und Fehlerspeicher auslesen
		3 AGR-Ventil prüfen	AGR-Ventil rüfen, Fehlerspeicher auslesen
F	**Hoher Verbrauch**	**1** Wahrscheinlich ist der Luftfilter stark verschmutzt	Luftfilter austauschen, die Anleitung dazu finden Sie in diesem Kapitel
G	**Motor wird zu langsam warm**	**1** Thermostat hängt	Sie können zunächst weiter fahren, der Thermostat sollte jedoch so bald wie möglich getauscht werden

Bezeichnung	AHW/AKQ	APE/AXP/ BCA	AEH/AKL/ APF	AVU (ausschl. Automatik)	ATN/AUS/ AZD/BCB (16V)	BAD (Benzin einspritz…
Zylinder /Ventile	4 / 16	4 / 16	4 / 8	4 / 8	4 / 16	4 / 16
Hubraum	1390 cm³	1595 cm³	1595 cm³	1598 cm³	1598 cm³	1598 cm³
Bohrung	76,5 mm	76,5 mm	81,0 mm	81,0 mm	[illegible]	76,5 mm
Hub	75,6 mm	75,6 mm	77,4 mm	77,4 mm	86,9 mm	86,9 mm
Verdichtung	10,5:1	10,5:1	10,2:1	10,3:1	11,5:1	12,1:1
Höchstleistung	55 kW/75 PS	55 kW/75 PS	74 kW/100 PS	75 kW/102 PS	77 kW/105 PS	81 kW/1…
bei 1/min	5.000	5.000	5.600	5.600	5.700	5.800
Max. Drehmom.	128 Nm	128 Nm	145 Nm	148 Nm	[illegible]	155 Nm
bei 1/min	3.300	3.300	3.800	3.800	4.500	4.400
Vmax (km/h)	171	171	188	185	192	19…
Beschleunigung 0-100 km/h in s	13,9	13,9	10,9	12,7	10,8	10,6
Verbrauch (l/100 km)						
– städtisch	8,9-9,1	8,9-9,1	5,8 / 5,8	11,2-11,5	9,3-9,5	7,9-8,4
– außerstädtisch	5,3-5,5	5,3-5,5	4,2 / 4,5	6,2-6,4	5,5-5,7	5,2-5,6
– kombiniert	6,6-6,8	6,6-6,8	4,8 / 5,0	8,0-8,3	6,9-7,1	6,2-6,6
CO_2-Emission	158-163 g/km	158-163 g/km	202 g/km	192-199 g/km	166-170 g/km	149-158 …
Emissionsklasse	EU2/D3/…	D4, EU4 / EU4	EU2, D3, D4	EU 4	D4 (ATN)/ EU4	EU4

Technische Daten – Praxis – Wartung

Wartung ist eine wichtige Komponente im Betrieb eines Fahrzeuges, wenn es um einen zuverlässigen Funktionsablauf geht. Vernachlässigte Arbeiten erhöhen nicht nur das Ausfallrisiko Ihres Fahrzeuges, sondern nehmen Ihnen die Möglichkeit mit kleinen Reparaturen teurere Schäden zu vermeiden.

Datenblätter nach Motor und Ausrüstung

Motordaten

Bezeichnung	**1,0 und 1,0 mhd**	**1,0 und 1,0 mhd**	**1,0**	**1,0 Brabus**	**0,8 l CDI**	**0,8 l CDI**
Leistung	**45 kW**	**52 kW**	**62 kW**	**72 kW (75 kW)**	**33 kW**	**40 kW**
Größtes Drehmoment	89 Nm	92 Nm	120 Nm	140 Nm (147 Nm)	110 Nm	130 Nm
Anzahl der Zylinder	3	3	3	3	3	3
Hubraum	999 cm³	999 cm³	999 cm³	999 cm³	799 cm³	799 cm³
Kraftstoff	95 ROZ Super	95 ROZ Super	95 ROZ Super	Super Plus	Diesel	Diesel
Gemischaufbereitung	Motronic	Motronic	Motronic	Motronic	Common-Rail	Common-Rail
Aufladung	keine	keine	Turbolader	Turbolader	Turbolader	Turbolader
Bauart Ventiltrieb	DOHC	DOHC	DOHC	DOHC	DOHC	DOHC

Fahrleistung

Bezeichnung	**1,0 und 1,0 mhd**	**1,0 und 1,0 mhd**	**1,0**	**1,0 Brabus**	**0,8 l CDI**	**0,8 l CDI**
Leistung	**45 kW**	**52 kW**	**62 kW**	**72 kW (75 kW)**	**33 kW**	**40 kW**
Höchstgeschw.	145 km/h	145 km/h	145 km/h	155 km/h (155 Km/h)	135 km/h	135 km/h
Beschleunigung 0–100 (mhd)	16,7 s (16,8 s)	13,3 s (13,7 s)	10,7 s	9,9 s (8,9 s)	19,8 s	16,8 s

Kraftstoffverbrauch

Bezeichnung	**1,0 und 1,0 mhd**	**1,0 und 1,0 mhd**	**1,0**	**1,0 Brabus**	**0,8 l CDI**	**0,8 l CDI**
Leistung	**45 kW**	**52 kW**	**62 kW**	**72 kW (75 kW)**	**33 kW**	**40 kW**
Verbrauch kombiniert (Automatikgetriebe)	4,7 l/100 km (4,2-4,3 l/100 km)	4,7-4,9 l/100 km (4,2-4,4 l/100 km)	4,9 l/100 km	5,4 l/100 km (5,2 l/100 km)	3,3 l/100 km	3,3 l/100 km
CO_2-Emissionen (Automatikgetriebe)	112 g/km (97–98 g/km)	112–116 g/km (97–100 g/km)	114-115 g/km	124 g/km (119 g/km)	88 g/km	86-87 g/km

Gewichte und Lasten

Bezeichnung	**1,0 und 1,0 mhd**	**1,0 und 1,0 mhd**	**1,0**	**1,0 Brabus**	**0,8 l CDI**	**0,8 l CDI**
Leistung	**45 kW**	**52 kW**	**62 kW**	**72 kW (75 kW)**	**33 kW**	**40 kW**
Leergewicht*	750 kg	750 kg	780 kg	780 kg	780 kg	780 kg
Zulässiges Gesamtgewicht	1020 kg	1020 kg	1050 kg	1050 kg	1050 kg	1050 kg
Zuladung	270 kg	270 kg	270 kg	270 kg	270 kg	270 kg
Stützlast Anhängekupplung	45 kg	45 kg	45 kg	–	45 kg	45 kg
Anhängelast max.	450 kg	450 kg	450 kg	–	450 kg	450 kg

** nach DIN: inkl. 75-kg-Fahrer und zu 90% gefülltem Tank*

Aussagen zu Drehmoment und Leistung

Eigentlich ist die Leistungsangabe in PS nicht mehr üblich und wurde nicht nur aufgrund der besseren Vergleichbarkeit gegen die Leistungsangabe in kW (Kilowatt = 1000 W) ersetzt. Tatsächlich gehören die PS aber zu den Stammtischgesprächen, wie der Hopfen zum Bier. Die Angaben in PS werden wahrscheinlich nicht nur aus alter Tradition als vorstellbarer Vergleichswert herangezogen. Spricht man über die Eckdaten eines Fahrzeuges, wird recht häufig die Motorleistung als eines der wichtigsten Themen angesprochen. Kaum jemand schenkt dem Begriff »Drehmoment« Beachtung. Betrachtet man allerdings den Inhalt der Gespräche genauer, stellt sich oftmals heraus, dass mit der Leistung eben die »Power« gemeint ist und der Durchzug am Berg beschrieben wird. Um zu verstehen, was Leistung eigentlich darstellt, muss zuerst klar werden, aus welchen Bestandteilen sich Leistung zusammensetzt.

Leistung und Arbeit

Nehmen wir an, Ihr Fahrzeug hat eine Panne und Sie schieben es nach Hause. Physikalisch gesehen bewegen Sie nun ein Gewicht über eine bestimmte Strecke. Um das Fahrzeug zu schieben, benötigen Sie Kraft. Genauer betrachtet verrichten Sie »Arbeit« um Ihr Fahrzeug nach Hause zu bewegen. Um allerdings eine Leistung benennen zu können, benötigen wir natürlich noch die Zeit, in der Sie das Fahrzeug nach Hause geschoben haben. Je schneller Sie mit Ihrem Fahrzeug zu Hause sind, umso größer war die erbrachte Leistung. Konnten Sie das Fahrzeug gar nicht bewegen, so ist die erbrachte Leistung zumindest aus physikalischer Sicht gleich null. Arbeit = Bewegung des Fahrzeugs über eine Distanz, Leistung = Arbeit in einem Zeitraum.

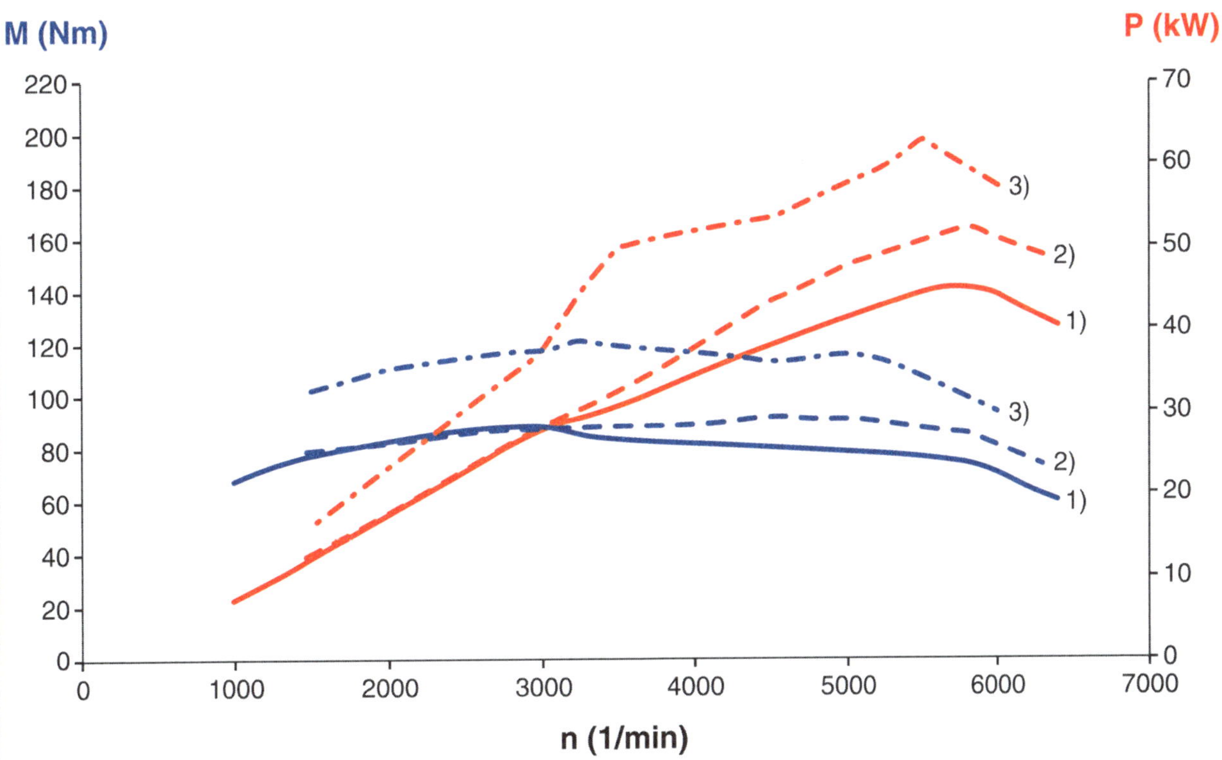

Drehmoment und Leistungskurven für den M132: 1 45 kW/89 Nm im leistungsreduzierten Motor, 2 52 kW/92 Nm Saugmotor, 3 62 kW/120 Nm Turbomotor.

Wartungsdaten

Für Wartung und Pflege sind bestimmte Werte, Angaben und Informationen erforderlich. Sicherlich werden wir Ihnen nur diese Daten zur Verfügung stellen können, die bis zum Redaktionsschluss dieses Buches bekannt waren. Entsprechen sollten Sie sich über Ihr Fahrzeug während der Arbeit Notizen machen und eventuelle Veränderungen an der Grundausrüstung oder durch Umbauten im Tuningbereich neben diesen Daten festhalten. Das wird Ihnen die Arbeit zu einem späteren Zeitpunkt wesentlich erleichtern können. Die Mengenangabe sollen als Daumenwert herhalten und Ihnen den Einkauf der passenden Gebinde helfen.

Motoröl

Motor (Menge mit Filter)	Anforderung	Bemerkung (mein Motoröl) (Viskosität)
1,0 l Benzin (ca. 3,5 l*)	Aktuell bei Händler anfragen	
0,8 l Diesel (ca. 2,7 l*)	Aktuell bei Händler anfragen	
*Markierungen auf dem Peilstab beachten!		

Getriebeöl

Getriebe (Menge)	Anforderung	Bemerkung (mein Getriebeöl)
Schaltgetriebe (bis zu 1,7 Liter*)	235.71	
*Ablauf durch Füllbohrung beachten!		

Kühl- und Frostschutzmittel

Flüssigkeit (Menge)	Anforderung	Bemerkung
Kühlsystem Motor (ca. 4,5 Liter Füllmenge) Mischen mit destilliertem Wasser	Blaugrün (Glysantin G48) (Mischen mit min. 40% Frostschutz)	
Klimaanlage (keine Angabe)	R134A (NUR IN FACHWERKSTATT!)	
Scheibenwaschanlage (ca. 3–4 l)	Markenwaschkonzentrat (Mischung nach Packungsangabe!)	

Leuchtmittel

Glühlampen	Bezeichnung	Bemerkung
Abblendlicht	H7 55W	
Blinker hinten	PY21W	
Blinker vorne	PY21W	
Blinkleuchten seitlich	WY5W	
Fahr/Bremslicht	12V 21/5W	
Fernlicht	H7 55W	
Kennzeichenbeleuchtung	C5W	
Nebelscheinwerfer	H11	
Nebelschlussleuchte	12V21W	
Rückfahrlicht	12V21W	
Standlicht	W5W	

Wartung nach Plan

Ihr Smart weist zwei unterschiedliche Wartungsstufen aus, die an unterschiedliche aber aufeinander abgestimmte Wartungsarbeiten gekoppelt sind. Die Anzeige erfolgt im Display Ihres Tachometers. Die Wartungs-Intervall-Anzeige kurz »WIA« stellt Ihnen den Wartungsstatus Ihres Fahrzeuges dar. Besondere Belastungen oder Fahrzustände werden nicht erfasst. Die Anzeige arbeitet lediglich nach Datum oder Laufleistung.

WIA Anzeige im Tachodisplay

»kein Schlüssel«
Sie müssen keine Wartungsarbeiten durchführen.

»1 Schlüssel«
Die Jahresfrist oder der Kilometerstand machen einen Ölwechselservice (Ölservice-Plus) erforderlich. Den Umfang dazu werden wir auf den folgenden Seiten offenlegen.

»Zwei Schlüssel«
Die Wartung wird lesbar, wenn Sie die Jahresinspektion angehen sollen. Den Umfang dazu werden wir auf den folgenden Seiten offenlegen.

»Zusatzarbeiten«
Hinzu kommen noch Zusatzarbeiten, die laufleistungsbezogen abgearbeitet werden müssen, aber zumeist über dem Displayintervall der WIA liegen.

Rückstellung der WIA im Tachodisplay

Nachdem ein Service durchgeführt wurde, muss auch die WIA zurückgesetzt werden. Das Zurücksetzen der Anzeige ist wie folgt durchzuführen:

Tachometer im Smart: 1 Taste, A1 Kombiinstrument.

Normen für Motoröl

WISSENSWERTES

- **SAE-Klasse:** Einstufung durch die Society of Automotive Engineers. Bezeichnet die Klasse der Viskosität, zum Beispiel SAE 5W-30 (unser Bild). Je kleiner die erste Zahl, umso dünner und bei Kälte besser fließend ist das Öl (W = Winter). Ein Öl mit 0W schmiert noch bei minus 30 Grad, bei 5W ist es gut bis minus 25 Grad, bei 15W bis minus 15 Grad. Je höher die zweite Zahl, umso besser widersteht das Öl hohen Temperaturen. Das von Volkswagen empfohlene Öl entspricht wie in Bild 2 der SAE 5W-30.

- **ACEA-Norm:** Von der Association des Constructeurs Européen d'Automobiles im Jahre 1996 eingeführte europäische Ölnorm. Nach ACEA gibt es für Benziner die Gruppen A1 (Sprit sparendes Öl), A2 (gering belastetes Öl), Van (Hochleistungs-Öl). Für Diesel gilt eine Einteilung von B1 bis B4.

- **API-Norm:** Vorschrift des American Petroleum Institute. Diese Spezifikation besteht aus den Buchstaben S bzw. G (Benziner) und C bzw. PD (Diesel) sowie einem weiteren Buchstaben bzw. einer Zahl. Je höher im Alphabet oder je größer die Zahl, umso besser ist die Qualität des Öls.

- Bei eingeschalteter Zündung innerhalb der ersten 4 Sekunden zweimal die Taste (1) am Kombiinstrument (A1) drücken.
- Innerhalb von ca. 10 Sekunden Zündung ausschalten.
- Taste (1) am Kombiinstrument (A1) drücken.
- Zündung einschalten und Taste (1) am Kombiinstrument (A1) weiter gedrückt halten.
- Abwarten, bis die Serviceanzeige blinkt und dann auf »Startlaufwertc174 zurückspringt. Die Serviceanzeige ist zurückgesetzt.
- Taste (1) loslassen und anschließend Zündung ausschalten.

Regelmäßige Kontrollen

Hier beschreiben wir die Arbeiten, die zwischendurch auch mal beim Tanken oder bei der Fahrzeugwäsche kontrolliert werden sollen.

Arbeitsschritte	Bemerkung	OK / Defekt
Scheibenwaschwasser auffüllen. Scheibenwischer und Waschanlage prüfen.		
Wasserablauf im Wasserkasten prüfen. Blätter und Blütenreste.		
Motorölstand und Kühlflüssigkeit prüfen, eventuell nachfüllen.		
Standlicht, Abblend- und Fernlicht prüfen.		
Bremsleuchten, Blinker und Warnblinker sowie das Signalhorn (auch Lichthupe) prüfen.		
Bremsen und Bremsflüssigkeit prüfen.		
Reifen (und, falls vorhanden, Reserverad): Zustand, Reifenlaufbild, Fülldruck und Profiltiefe prüfen. Wenn damit ausgestattet: Haltbarkeitsdatum des Reifenreparatur-Sets prüfen.		
Prüfen Sie, ob das Haltbarkeitsdatum des Verbandskastens überschritten ist.		

Umfang im Fahrzeuginnenraum

Hier beschreiben wir die Arbeiten, die in Fahrzeuginnenraum durchgeführt werden sollen.

Ö	W	Z	Bezeichnung	Bemerkung	OK / Defekt
X	X		Elektrische Fensterheber, Heckscheibenheizung, Sitzheizung, Zigarettenanzünder und Spiegeleinstellung auf Funktion prüfen.		
X	X		Bedienelemente von Heizung und Lüftung		
			auf Funktion prüfen.		
X	X		Scheibenwischer, Scheibenwaschanlage		
			auf Funktion prüfen.		
X	X		Leuchten im Kombiinstrument und Innen-		
			beleuchtung prüfen.		
X	X		Kombiinstrument: Serviceanzeige zurücksetzen.		
X	X		Reifendichtmittel prüfen.	Verfallsdatum:	
	X		Batterie: Flüssigkeitsstand prüfen, eventuell korrigieren.		
		X	Aktivkohle-Staubfilter erneuern.		

Umfang an der Fahrzeugaußenseite

In diesem Abschnitt geht es um die Karosserie und die Anbauteile außen.

Ö	W	Z	Bezeichnung	Bemerkung	OK / Defekt
X	X		Außenbeleuchtung auf Funktion prüfen.		
	X		Scheinwerfereinstellung prüfen und einstellen.		
X	X		Karosserie im sichtbaren Bereich auf Lackschäden prüfen.		
X	X		Frontscheibe auf Beschädigung prüfen.		
	X		Zentralverriegelung auf Funktion prüfen.		
	X		Scharniere und Türschlösser und Klappen schmieren.		

Umfang an der Fahrzeugunterseite

Arbeiten unter dem Fahrzeug sind in diesem Abschnitt als Schwerpunkt anzusehen.

Ö	W	Z	Bezeichnung	Bemerkung	OK / Defekt
X	X		Reifen auf Beschädigung und Rissbildung prüfen.		
X	X		Alle sichtbaren Teile der Fahrzeugunterseite auf Beschädigungen und Undichtheit prüfen.		
X	X		Alle sichtbaren Teile der Abgasanlage auf Beschädigungen, Undichtheiten und schadhafte Befestigung prüfen.		
X	X		Alle sichtbaren Teile von Motor und Getriebe auf Beschädigungen, Undichtheiten und schadhafte Befestigung prüfen.		
X			Keilrippenriemen im sichtbaren Bereich auf Verschleiß prüfen (Benzinmotor).		
	X		Keilrippenriemen im sichtbaren Bereich auf Verschleiß prüfen (Dieselmotor).		
	X		Vorderachsgelenke auf Spiel prüfen, Manschetten prüfen.		
	X		Spur- und Lenkstangengelenke auf Spiel prüfen, Manschetten prüfen (alle 80.000 km).		
		X	Kraftstofffilter erneuern (Dieselmotor) alle 60.000 km.		
		X	Keilrippenriemen erneuern (Dieselmotor) alle 60.000 km.		
		X	Keilrippenriemen erneuern (Benzinmotor) alle 100.000 km.		
		X	Keilrippenriemen erneuern (Klimaanlage) alle 90.000 km		
		X	Kühlmittel Hauptkreislauf erneuern (alle 60.000 km).		
		X	Dichtmanschetten, Radbremszylinder und Bremsnachsteller auf Beschädigung prüfen.		

Umfang im Motorraum

Arbeiten, die speziell im Motorraum anfallen, werden hier vorgestellt.

Ö	W	Z	Bezeichnung	Bemerkung	OK / Defekt
X	X		Motorkühlsystem: Kühlmittelstand und Frostschutzgehalt prüfen.		
X	X		Motor Öl- und Filterwechsel durchführen.		
	X		Kraftstoffleitungen auf Dichtheit und Zustand prüfen.		
		X	Luftfiltereinsatz erneuern alle 45.000 km.		
		X	Zündkerzen erneuern (Benzinmotor) alle 45.000 km.		
		X	Ventilspiel prüfen, einstellen alle 90.000 km.		

Umfang im Service- und Wartungsbereich unter der Frontklappe

In diesem Abschnitt stellen wir Ihnen die Arbeiten vor, für die die Wartungsklappe vorne abgenommen werden muss.

Ö	W	Z	Bezeichnung	Bemerkung	OK / Defekt
X	X		Scheibenwaschanlage: Flüssigkeitsstand prüfen, richtigstellen.		
X	X		Bremsanlage: Bremsflüssigkeitsstand prüfen.		
X	X		Bremsflüssigkeit Nasssiedepunkt prüfen.		
		X	Bremsflüssigkeit erneuern (nach 2 Jahren).		

Umfang rund um das Thema Rad und Bremse

In diesem Abschnitt stellen wir Ihnen die Arbeiten vor, die für die Wartung an Rad und Bremse erforderlich sind

Ö	W	Z	Bezeichnung	Bemerkung	OK / Defekt
X	X		Bremsentest auf einem Prüfstand durchführen und Ergebnisse notieren.		
	X		Vorderachse: Bremsbelagstärke prüfen.		
	X		Vorderachse: Bremsscheiben auf Zustand prüfen.		
	X		Hinterachse: Bremsbelagstärke prüfen.		
X	X		Reifendruck korrigieren und den korrigierten Reifendruck unter »Bemerkungen« vermerken.		